计算机类技能型理实一体化新形态系列

信息技术基础教程

（微课+活页式）

主　编　高　晶
副主编　葛俊杰　栾志玲
　　　　纪志凤　颜廷法

清华大学出版社
北　京

内容简介

本书根据信息技术发展现状及普通高等学校计算机基础课程教学的实际情况编写，旨在培养学生的信息素养、计算思维和计算机应用能力。本书共包含11章，其中，第1章为信息技术基础，第2章为计算思维，第3章为操作系统，第4章为字处理软件，第5章为电子表格系统，第6章为演示文稿软件，第7章为数据库管理系统的，第8章为计算机网络基础，第9章为数字多媒体技术基础，第10章为信息安全，第11章为新一代信息技术。

本书可作为高校计算机公共课程的教材，也可作为计算机初学者自学参考书或升学考试用书。

本书封面贴有清华大学出版社防伪标签，无标签者不得销售。
版权所有，侵权必究。举报：010-62782989，beiqinquan@tup.tsinghua.edu.cn。

图书在版编目(CIP)数据

信息技术基础教程：微课＋活页式/高晶主编. —北京：清华大学出版社，2024.1
(计算机类技能型理实一体化新形态系列)
ISBN 978-7-302-64779-9

Ⅰ.①信… Ⅱ.①高… Ⅲ.①电子计算机－高等学校－教材 Ⅳ.①TP3

中国国家版本馆CIP数据核字(2023)第195174号

责任编辑：张龙卿 李慧恬
封面设计：曾雅菲 徐巧英
责任校对：刘 静
责任印制：曹婉颖

出版发行：清华大学出版社
网　　址：https://www.tup.com.cn，https://www.wqxuetang.com
地　　址：北京清华大学学研大厦A座　　**邮　　编**：100084
社 总 机：010-83470000　　**邮　　购**：010-62786544
投稿与读者服务：010-62776969，c-service@tup.tsinghua.edu.cn
质量反馈：010-62772015，zhiliang@tup.tsinghua.edu.cn
课件下载：https://www.tup.com.cn，010-83470410
印 装 者：三河市君旺印务有限公司
经　　销：全国新华书店
开　　本：185mm×260mm　　**印　　张**：22.25　　**字　　数**：537千字
版　　次：2024年1月第1版　　**印　　次**：2024年1月第1次印刷
定　　价：69.00元

产品编号：100739-01

前　言

本书依据全国高等院校计算机基础教育研究会发布的《中国高等院校计算机基础教育课程体系 2014》、教育部高等学校大学计算机课程教学指导委员会编写的《大学计算机基础课程教学基本要求》，根据信息技术发展现状及山东省普通高等学校计算机基础课程教学的实际情况编写，以 Windows 10 及 Microsoft Office 2016 为平台，强调理论与实践相结合，旨在培养学生的信息素养、计算思维和计算机应用能力。

党的二十大报告中提出：科技是第一生产力，人才是第一资源，创新是第一动力。深入实施科教兴国战略、人才强国战略和创新驱动发展战略，这三大战略共同服务于创新型国家的建设。

本书秉承“德才兼备，以德为先”的主旨，坚持把“立德树人”作为根本任务，按照“以学生为中心，以能力培养为导向，促进自主学习”的思路开发设计。以突出信息素养为主，融入思政元素，在学习中培养学生参与环境保护的意识，弘扬工匠精神，培养学生科学严谨的工作作风，潜移默化地融入爱国主义情怀和社会主义核心价值观的教育，为学生的个人成长助力。

本书充分体现“微课＋活页式”新形态一体化教材的特点，依托智慧树平台建设了“信息技术”在线开放课程，建设了包括教学视频、教学案例微视频、授课用 PPT、测试题库等的数字化学习资源，实现“理论＋实操”“纸质教材＋数字资源”的合理结合。既便于学生利用线上、线下资源的自主学习，又便于学生通过二维码实现即扫即学的个性化学习。多元化的学习资源激发了学生的学习兴趣，提升了学习效果。

本书由高校教师和烟台炬龙文化传媒有限公司采用“双元”模式合作开发。参编人员具有丰富的教学和实践经验，了解社会对人才的需求，将现实工作案例引入教材，使教材体现了校企合作特征。本书编写中既注重基础知识和实用技能，又考虑新技术与新领域。本书编排结构严谨，直接面向高校的教学，力求教材的建设能够为学生能力提升和就业奠定基础。其中第 1 章、第 2 章、第 11 章由葛俊杰编写，第 3 章、第 6 章由栾志玲编写，第 4 章、第 9 章由高晶编写，第 5 章由纪志凤编写，第 7 章、第 8 章、第 10 章由颜廷法编写，辛飞飞负责强化训练和课程资源建设。全书由高晶统稿。特别感谢编者本校教务处领导和信息工程系主任崔玉礼在教材建设过程中给予的指导与大力支持。

由于编者水平有限,书中难免存在疏漏之处,敬请读者批评、指正,以使本书在修订时得以完善和提高。

编　者

2023年8月

目　录

第 1 章　信息技术基础

思维导学

思维导图

请扫描二维码查看本章的思维导图。

明德育人

党的二十大报告指出："要加快实施创新驱动发展战略。坚持面向世界科技前沿，面向经济主战场，面向国家重大需求，面向人民生命健康，加快实现高水平科技自立自强。"

我国从 1956 年开始研制计算机，1958 年研制出第 1 台电子管计算机，1965 年研制成功第 1 台大型晶体管计算机，1983 年研制成功每秒运算 1 亿次的"银河-Ⅰ"巨型机。虽然起步较晚，但我国先后自主开发了"银河""曙光""深腾"和"神威"等系列高性能计算机，取得令人瞩目的成果。2019 年 11 月，第一期全球超级计算机 500 强榜单发布，我国的"神威太湖之光""天河二号"分列第三、第四位，以 228 台蝉联上榜数量第一。以联想、浪潮等为代表的我国计算机制造业非常发达，已成为世界计算机主要制造中心之一。2002 年 8 月 10 日，我国成功制造出首枚高性能通用 CPU——龙芯一号。此后龙芯二号、三号相继问世，龙芯的诞生打破了国外的长期技术垄断，结束了中国近 20 年无"芯"的历史。

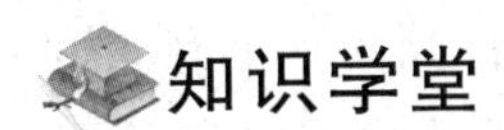

知识学堂

1.1　信息与信息技术

1.1.1　信息技术相关概念

1. 信息与数据

1）信息

信息是现代社会中广泛使用的一个概念，我们生活的环境中充满着信息。刮风下雨、喜怒哀乐以及用语言、文字、符号、图像和声音等方式表达的新闻、消息、情报和数据等都是信息。但是，关于信息的定义迄今仍然众说纷纭。控制论创始人、美国数学家维纳认为：信息是我们在适应外部世界、感知外部世界的过程中与外部世界交换的内容。信息论创始人、美国数学家香农则认为：信息是能够用来消除不确定性的东西，也就是说，信息能消除事物的不确定性，把不确定性变成确定性。一般认为，信息是在自然界、人类社会和人类思维活动中普遍存在的一切物质和事物的属性。

2）数据

描述事物的属性必须借助于一定的符号，这些符号就是数据的形式。所谓数据，是指存储在某种媒体上可以加以鉴别的符号资料。这里所说的符号，不仅指文字、字母、数字，还包括了图形、图像、音频与视频等多媒体数据。

信息是通过不同形式的数据表示的。例如，同样是星期日，英文用 Sunday 表示。一件商品的生产日期，也可以表示成不同的形式。

数据和信息既有区别又有联系，使用计算机处理信息时，必须将要处理的有关信息转换成计算机能识别的符号，数据是信息的具体表现形式，是信息的载体，信息的符号化就是数据。而信息是对数据进行加工得到的结果，它可以影响到人们的行为、决策，或对客观事物的认知。例如，一件食品的生产日期为 2021 年 8 月 17 日，保质期为 5 天，而现在是 8 月 27 日，经过计算，就可以得知食品已过期，不能购买。

2. 信息技术

人们可以通过手、眼、口等感官获得信息，也可以用照相机、计算机、传感器等仪器设备更快、更多、更准确地获得信息。信息技术是指人们获取、存储、传递、处理、开发和利用信息资源的相关技术。在现代信息处理技术中，传感技术、计算机技术、通信技术和网络技术是主导技术。计算机在其中起到了关键的作用，信息处理过程的每一个环节都是由计算机直接或间接参与完成的。

3. 信息社会

信息社会也称信息化社会，是继工业化社会以后，以信息活动为社会发展的基本活动的新型社会形态。在信息社会中，信息成为与物质和能源同等重要的第三资源，网络和电网、自来水管线、煤气管道等公共设施一样，成为人们生活的基础条件。以信息的收集、加工、传播为主要经济形式的信息经济在国民经济中占据主导地位，并构成社会信息化的物质基础。以开发和利用信息资源为目的的信息经济活动正在迅速扩大，逐渐取代工业生产活动而成为国民经济活动的主要内容。

在信息社会中，信息经济为主导经济形式，信息技术是物质和精神产品生产的技术基础，信息文化导致了人类教育理念和方式的改变，也导致了生活、工作和思维模式的改变，还导致了道德和价值观念的改变，随着新技术革命的迅猛发展，信息技术将会给人类带来无法预测的无数奇迹。

巩固训练

一、单选题

下面关于信息技术的叙述正确的是(　　)。

A. 信息技术就是计算机技术

B. 信息技术就是通信技术

C. 信息技术就是传感技术

D. 信息技术是可以扩展人类信息功能的技术

【答案】D

【解析】信息技术包括计算机技术、通信技术、传感技术等，它扩展了人类认识世界的能力。选项 A、B、C 都片面强调一种技术，D 选项是合适的。

二、判断题

在信息技术领域，信息的符号化就是数据。(　　)

A. 正确　　　　　　B. 错误

【答案】 A

【解析】 数据是信息的表现形式，是信息的载体，信息是对数据进行加工得到的结果。

1.1.2　计算机文化

1. 文化的定义

文化是人类社会的特有现象，是人类行为的社会化，是人类创造功能和创造成果的较高和较普遍的社会形式。文化应具有以下几方面的基本属性。

(1) 广泛性：既涉及全社会的每一个人、每一个家庭，又涉及全社会的每一个行业、每一个应用领域。

(2) 传递性：这种事物应当具有传递信息和交流思想的功能。

(3) 教育性：这种事物应能成为存储知识和获取知识的手段。

(4) 深刻性：不是给社会某一方面带来变革，而是给整个社会带来全面、深刻的根本性变革。

2. 计算机文化的内涵

所谓计算机文化，就是以计算机为核心，集网络文化、信息文化、多媒体文化于一体，并对社会生活和人类行为产生广泛、深远影响的新型文化。计算机文化是人类文化发展的第四个里程碑(前三个分别为语言的产生、文字的使用与印刷术的发明)，代表一个新的时代文化，它将一个人经过文化教育后所具有的能力由传统的读、写、算上升到了一个新高度——具有计算机信息处理能力。这就是计算机文化的真正内涵。

计算机的起源与发展

1.2　计算机技术概述

1.2.1　计算机的起源与发展

计算机(computer)也称为“电脑”，是一种具有计算功能、记忆功能和逻辑判断功能的机器设备。它能接收数据、保存数据，按照预定的程序对数据进行处理，并提供和保存处理结果。

1. 计算机的起源

在数字电子计算机发明以前，人们通过手指、绳子、算筹、算盘等工具完成计算，效率很低。如祖冲之通过算筹工具花费 15 年时间将圆周率 π 值计算到小数点后 7 位。19 世纪，英国数学家查尔斯・巴贝奇最先提出通用数字电子计算机的基本设计思想，并于 1822 年设计制造了差分机。1834 年他开始设计一种基于计算自动化的程序控制的分析机，他提出了几乎完整的计算机设计方案，因此被称为“计算机之父”。

第二次世界大战期间，美国军方为了解决大量军用数据的难题，成立了研究小组，开展数字电子计算机的研制工作。经过三年的努力，1946 年 2 月第一台数字电子计算机

ENIAC(electronic numerical integrator and calculator)由美国宾夕法尼亚大学研制成功，如图 1-1 所示，该计算机具有重要的历史意义，它是人类历史上第三次产业革命(信息产业)的标志。

图 1-1　第一台电子计算机 ENIAC

ENIAC 是一个庞然大物，共有 17000 多个电子管，占地约 170 平方米，功率为 150 千瓦，重达 30 吨，采用十进制运算，运算速度为每秒 5000 次加法。当时用它来处理弹道问题，从人工计算的 20 小时缩短到 30 秒。ENIAC 的诞生奠定了数字电子计算机的发展基础，开辟了信息时代，把人类社会推向了第三次革命的新纪元。

2. 计算机的发展

1）计算机的发展阶段

人们根据计算机采用的主要电子元器件的不同，将电子计算机的发展分为四代，如表 1-1 所示。

表 1-1　计算机的发展阶段

类　别	主要逻辑元件	运算速度/s	软　　件	应　　用
第一代 (1946—1958 年)	电子管	几千次	机器语言、汇编语言	科学计算
第二代 (1958—1964 年)	晶体管	几十万次	ALGOL、FORTRON 等高级语言	科学计算、数据处理
第三代 (1964—1971 年)	中小规模集成电路	几十万～几百万次	操作系统、会话式语言	文字处理、图形处理
第四代 (1971 年至今)	大规模、超大规模集成电路	上亿～亿亿次	数据库、计算机网络	社会的各个方面

2）未来计算机的发展趋势

计算机技术是当今世界发展最快的科学技术之一，未来的计算机将以超大规模集成电路为基础，向以下方向发展。

(1) 巨型化。巨型化不是从计算机的体积上考虑的，主要是指研制速度更快、存储量更大、功能更强、可靠性更高的巨型计算机，主要应用于天文、气象、地质、核技术、航天飞机和轨道卫星计算等国家的尖端科学技术领域，研制巨型计算机是衡量一个国家科学技术和工业发展水平的重要标志。

(2) 微型化。微型化主要是从应用上考虑,利用微电子技术和超大规模集成电路技术,将计算机的体积进一步缩小,价格进一步降低,以便于携带和方便使用。各种笔记本电脑和掌上电脑的大量使用,是计算机微型化的一个标志。

(3) 网络化。网络化是指将计算机和相关装置连接起来,形成网络。计算机网络的作用不仅是实现基本的软硬件共享,而且可以提供一个分布式的计算平台,极大地提高计算机系统的处理能力。

(4) 智能化。智能化是指计算机具有模拟人的感觉和思维过程的能力。智能化研究包括模式识别、物形分析、自然语言的生成和理解、博弈、定理自动证明、自动程序设计、专家系统、学习系统以及智能机器人等。

巩固训练

一、单选题

1. 世界上公认的第一台计算机是在(　　)年诞生的。

A. 1846　　B. 1864　　C. 1946　　D. 1964

【答案】 C

【解析】 略。

2. 下列关于计算机发展史的叙述中,错误的是(　　)。

A. 世界上第一台电子计算机是在美国发明的 ENIAC

B. ENIAC 不是存储程序控制的计算机

C. ENIAC 是 1946 年发明的,所以世界上从 1946 年起就开始了计算机时代

D. 世界上第一台投入运行的具有存储程序控制的计算机是英国人设计的 EDSAC

【答案】 C

【解析】 第一台真正意义上的电子计算机是 ENIAC,EDVAC 是美国人设计的第一台采用二进制的冯·诺依曼计算机,EDSAC 是英国人制造的第一台投入运行的冯·诺依曼计算机。

3. 电子计算机的发展过程经历了四代,其划分依据是(　　)。

A. 计算机体积　　B. 计算机速度

C. 构成计算机的电子元件　　D. 内存容量

【答案】 C

【解析】 从 ENIAC 发展到今天,人们通常把计算机的发展分为四代,是依据构成计算机的电子元器件来划分的。请读者注意,按照电子元器件可将计算机划分为四代,而不是五代。

二、填空题

未来的计算机将向巨型化、微型化、________、智能化的方向发展。

【答案】 网络化

【解析】 略。

1.2.2 计算机的特点与分类

1. 计算机的特点

计算机之所以具有很强的生命力,并能飞速地发展,是因为计算机本身具有许多特点,

具体体现在以下几个方面。

1）运算速度快

计算机的运算部件采用的是电子器件，其运算速度远非其他计算工具所能比拟，而且运算速度还以每隔几个月提高一个数量级的速度快速发展。例如，2021 年中国超级计算机“神威·太湖之光”的峰值计算速度达每秒 12.5 亿亿次浮点运算。

2）计算精度高

计算机的计算精度取决于计算机的字长，而非它所用的电子器件的精确程度。计算机的计算精度在理论上不受限制，一般的计算机均能达到十几位到几十位有效数字，经过技术处理甚至可达到任意的精度。

3）存储容量大

计算机的存储性是计算机区别于其他计算工具的重要特征。存储器不但能够存储大量的信息，而且能够快速准确地存入或取出这些信息。

4）具有逻辑判断能力

计算机的运算器除了能够完成基本的算术运算外，还可以借助于逻辑运算，让计算机做出逻辑判断，分析命题是否成立，并可根据命题成立与否采取相应的对策。

5）工作自动化

由于计算机的工作方式是将程序和数据先存放在计算机内，工作时按程序规定的操作一步一步地自动完成，一般无须人工干预，因而自动化程度高。这是一般计算工具所不具备的。

6）通用性强

通用性表现在几乎能求解自然科学和社会科学中一切类型的问题，这是计算机能够应用于各种领域的基础，任何复杂的任务都可以分解为大量的、基本的算术运算和逻辑操作。

2. 计算机的分类

随着计算机技术的迅速发展和应用领域的不断扩大，计算机的种类也越来越多，可以从不同的角度对计算机进行分类，如表 1-2 所示。

表 1-2 计算机的分类

划分依据	名 称	特 点
用途	通用机	适用于解决一般问题，适应性强，应用面广
	专用机	用于解决某一特定方面的问题，配有为解决特定问题而专门开发的硬件与软件，应用于如自动化控制、工业仪表和军事等领域
规模	巨型机	又称超级计算机，是一定时期内运算速度最快、存储容量最大、体积最大、造价最高的计算机，主要用于国民经济和国家安全的尖端科技领域，如预报天气、模拟核爆炸、研究洲际导弹等
	大型机	硬件配置高档，性能优越，可靠性好，价格昂贵，主要用于金融、证券等大中型企业数据处理或用作网络服务器
	小型机	性能适中，价格相对较低，适合用作中小型企业、学校等的服务器
	微型机	又称个人计算机(PC)，通用性好、软件丰富、价格低廉，是目前发展最快、应用最广泛的计算机之一
	工作站	面向专业应用领域，具有强大的数据运算与图形、图像处理能力，主要应用于工程设计、动画制作、软件开发、模拟仿真等专业领域

续表

划分依据	名　称	特　　点
处理信号	模拟计算机	专用于处理连续的电压、温度、速度等模拟数据，计算精度低，应用范围较窄
	数字计算机	专用于处理数字数据，数据处理的输入/输出量都是数字量，是不连续的信息，具有逻辑判断功能
	混合计算机	既可处理数字数据，也可处理模拟数据，具有很强的实时仿真能力

1.2.3　计算机的应用

计算机强大的功能和良好的通用性使得其应用领域扩大到社会各行各业，推动着社会的发展。计算机的应用主要体现在以下几个方面。

1. 科学计算

科学计算是指科学和工程中的数值计算，是计算机最早的应用领域。随着科学技术的发展，各种领域中的计算模型日趋复杂，靠人工计算无法解决，如在天文学、空气动力学、核物理等领域中，都需要依靠计算机进行复杂的运算。

2. 信息管理

信息管理也称为数据处理，是指以计算机技术为基础，对大量数据进行加工处理，形成有用的信息。目前，信息管理广泛应用于办公自动化、企业管理、情报检索、报刊编排处理等领域，是计算机应用最广泛的领域之一。

3. 过程控制

过程控制又称实时控制，是指用计算机及时采集检测数据，按最佳值迅速对控制对象进行自动控制或自动调节。过程控制在冶金、石油、纺织、化工、水电、机械、航天等部门得到广泛应用。

4. 计算机辅助系统

计算机辅助系统是指通过人机对话，使计算机辅助人们进行设计、加工、计划和学习等工作，如计算机辅助设计(CAD)、计算机辅助制造(CAM)、计算机辅助测试(CAT)、计算机辅助教育[CBE，包括计算机辅助教学(CAI)和计算机管理教学(CMI)]、计算机集成制造系统(CIMS)等。

5. 人工智能

人工智能(artificial intelligence，AI)是研究怎样让计算机做一些通常认为需要智能才能做的事情，如判断、推理、证明、识别、感知、理解、设计、思考、规划、学习和问题求解等思维活动，也称机器智能。目前研究的人工智能主要有博弈、专家系统、机器人、模式识别(如图像识别、汉字识别等)、机器翻译等。

6. 计算机网络与通信

利用通信技术，将不同地理位置的计算机互联，可以实现世界范围内的信息资源共享，并能交互式地交流信息。Internet 的建立和应用使世界变成了一个“地球村”，它正在深刻地改变着我们的生活、学习和工作方式。目前，基于 Internet 的物联网技术是新一代信息技术的重要组成部分。

7. 多媒体技术应用系统

多媒体技术是指利用计算机、通信等技术将文本、图像、声音、动画、视频等多种形式的信息综合起来,使之建立逻辑关系,并进行加工处理的技术。多媒体技术被广泛应用于通信、教育、医疗、设计、出版、影视娱乐、商业广告和旅游等领域。

8. 嵌入式系统

嵌入式系统是以应用为中心,以计算机技术为基础,软硬件能灵活变化以适应所嵌入的应用系统,对功能、可靠性、成本、体积、功耗等有严格要求的专用计算机系统。主要应用于工业控制、仪器仪表、汽车电子、家用消费电子类产品等领域。

巩固训练

单选题

1. CAM 的中文含义是(　　)。

A. 计算机辅助设计　　B. 计算机辅助制造

C. 计算机辅助工程　　D. 计算机辅助教学

【答案】 B

【解析】 计算机辅助设计简称 CAD;计算机辅助制造简称 CAM;计算机辅助教学简称 CAI。请读者注意计算机辅助教育 CBE 和计算机辅助教学 CAI 的区别。

2. 在计算机应用领域中,下面叙述不正确的是(　　)。

A. CAM 的全称是 Computer Aided Manufacturing

B. CAI 即是计算机辅助教学

C. 人工智能是研究怎样让计算机做一些通常认为需要人类智能才能做的事情

D. 电子计算机一经问世就广泛应用于社会各个部门

【答案】 D

【解析】 电子计算机 ENIAC 问世后,计算机的发展就进入了第一个阶段(电子管计算机),这个时代的计算机主要用于科学计算和科学研究方面,直到发展到第三代计算机(集成电路计算机),高级语言得到了很大的发展,计算机才开始广泛应用于各个领域。所以说,电子计算机一经问世就广泛应用于社会各个部门是不正确的,最初的计算机主要集中在大型科研机构及高等院校的实验室中。

3. 按计算机应用的类型划分,某单位自行开发的工资管理系统属于(　　)。

A. 科学计算　　B. 辅助设计　　C. 数据处理　　D. 实时控制

【答案】 C

【解析】 某单位自行开发的工资系统是对非数值信息的处理,因此属于“数据处理”应用领域。数据处理也称为数据管理或信息管理。

1.3 计算机中数据的表示

在计算机中,不管是什么样的数据,都采用二进制编码形式表示和处理,任何形式的数据,输入计算机后都必须进行 0 和 1 的二进制编码转换。计算机内部之所以采用二进制编码,主要有以下四个方面的原因:一是易于表示,技术实现简单(计算机是用逻辑电路组成的，逻辑电路通常只有两种状态，刚好可以用二进制的两个数码 0 和 1 来表示）；二是运算简单；三是适用于逻辑运算；四是可靠性高。

1.3.1　数制及其转换

进制转换

1. 进位计数制的概念

用进位的原则进行计数，称为进位计数制，简称数制。日常生活中人们习惯用十进制，有时也使用其他进制。例如，一周七天，可以看作七进制；一小时 60 分钟，可以看作六十进制。

在进位计数制中，包含数码、基数、位权三个概念。

1）数码

数码是一组用来表示某种数制的符号。例如，十进制的数码有 0,1,2,3,4,5,6,7,8,9。

2）基数

基数是指数制所使用的数码个数，常用 r 表示，称为 r 进制，例如，十进制基数是 10。

3）位权

位权是指数码在不同位置上的权值，一般是用基数的幂次表示。例如，十进制的位权是 10 的幂次。在进位计数制中，处于不同数位的数码代表的数值不同，如十进制 123.45 可以表示为

$$1\times10^{2}+2\times10^{1}+3\times10^{0}+4\times10^{-1}+5\times10^{-2}$$

2. 常用的四种进位计数制

常见的四种进位计数制如表 1-3 所示。

表 1-3　常见的四种进位计数制

进制	数　　码	基数	位　权	运算规则	字母标识
十进制	0,1,2,…,8,9	10	10 的幂次	逢十进一 借一当十	D(可省略)
二进制	0,1	2	2 的幂次	逢二进一 借一当二	B
八进制	0,1,2,3,4,5,6,7	8	8 的幂次	逢八进一 借一当八	O
十六进制	0,1,2,…,9,A,B,C,D,E,F	16	16 的幂次	逢十六进一 借一当十六	H

四种进制的对应关系如表 1-4 所示。

表 1-4　四种进制的对应关系

十进制	二进制	八进制	十六进制	十进制	二进制	八进制	十六进制
0	0	0	0	9	1001	11	9
1	1	1	1	10	1010	12	A
2	10	2	2	11	1011	13	B
3	11	3	3	12	1100	14	C
4	100	4	4	13	1101	15	D
5	101	5	5	14	1110	16	E
6	110	6	6	15	1111	17	F
7	111	7	7	16	10000	20	10
8	1000	10	8	17	10001	21	11

3. 数制转换

1）r 进制数转换为十进制数

r 进制数转换为十进制数的方法是，先写出按位权展开式，然后按照十进制规则进行求和计算，其结果就是转换后的十进制数据。例如：

$$(1101.11)_2=1\times2^3+1\times2^2+0\times2^1+1\times2^0+1\times2^{-1}+1\times2^{-2}=(13.75)_{10}$$

$$(75.2)_8=7\times8^1+5\times8^0+2\times8^{-1}=(61.25)_{10}$$

$$(AC.8)_{16}=10\times16^1+12\times16^0+8\times16^{-1}=(172.5)_{10}$$

2）十进制数转换为 r 进制数

对于十进制数的整数部分和小数部分，在转换时需作不同的计算，分别求值再组合。对于整数部分，转换规则是除以基数取余数，直到商为 0 时结束，余数倒序输出；对于小数部分，转换规则是乘以基数取整数部分，直至小数部分为 0 或者满足转换精度要求为止，整数部分顺序输出。

【例 1-1】 将十进制数 100.125 转换为二进制数。

首先对整数 100 进行转换。采用除 2 取余法，即逐次除以 2，得到余数，直至商为 0，将得到的余数倒排，即为二进制各位的数码，结果为 1100100。

对于十进制小数部分 0.125，采用乘 2 取整法，即逐次乘以 2，从每次乘积的整数部分得到二进制数各位的数码，直到剩下的乘积小数部分为 0，结果为 0.001。

最后得到的结果是 1100100.001B，如图 1-2 所示。

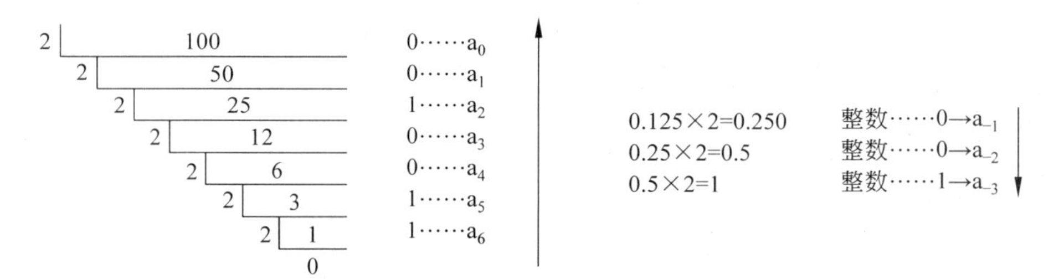

图 1-2　将十进制数 100.125 转换为二进制数

还有一种方法可以将十进制整数部分转换成二进制，称为减权定位法。首先依次写出各位的位权，将十进制数 100 依次与二进制的高位权值进行比较，若够减则对应位置为 1，减去该权值后，将差再向下比较；若不够减则对应位置为 0，将权值向下比较，重复操作直至差为 0，如图 1-3 所示。

2^7	2^6	2^5	2^4	2^3	2^2	2^1	2^0
128	64	32	16	8	4	2	1
0	1	1	0	0	1	0	0

图 1-3　减权定位法

问：所有的十进制数都能精确地转换为二进制数吗？

答：十进制整数能精确地转换为二进制数，但不是任意十进制小数都可以精确地转换为二进制小数，有些十进制小数是无法精确地转换为二进制小数的。

3）二进制数转换成八进制数

将二进制数从小数点开始，对整数部分向左每 3 位分成一组，不足 3 位的向高位补 0 凑成 3 位；对小数部分向右每 3 位分成一组，不足 3 位的向低位补 0 凑成 3 位。然后将每组的 3 位二进制数分别转换成八进制数码中的一个数字即可。

【例 1-2】 把二进制数 10011101.11 转换为八进制数。

以小数点为界，整数部分与小数部分 3 位一组进行分组，不足 3 位添 0 补足 3 位，然后将每组 3 位二进制数用一位八进制数来表示，结果为 235.6O，如表 1-5 所示。

表 1-5　二进制数转换为八进制数

二进制 3 位分组	010	011	101.	110
转换为八进制数	2	3	5.	6

4）八进制数转换成二进制数

将八进制数转换成二进制数，只要将每一位八进制数转换成相应的 3 位二进制数，依次连接起来即可。

【例 1-3】 将八进制数 753.1 转换为二进制数。

依次把 7、5、3、1 四个八进制数转换成三位二进制，结果为：111 101 011.001B。

5）二进制数转换成十六进制数

二进制数转换成十六进制数，以小数点为界，分别向左、向右把每 4 位二进制分成一组，不足 4 位的分别向高位或低位补 0 凑成 4 位，再将每组二进制数分别转换成十六进制数码中的一个数字，全部连接起来即可。

【例 1-4】 将 1011 0001.101B 转换为十六进制数。

以小数点为界，将整数部分为 0001、1011 两组，小数部分低位补 0 分为 1010 一组，然后将每组 4 位二进制数用一位十六进制数表示，结果为 B1.AH，如表 1-6 所示。

表 1-6　二进制数转换为十六进制数

二进制 4 位分组	1011	0001	1010
转换为十六进制数	B	1	A

6）十六进制数转换成二进制数

十六进制数转换成二进制数，只要将每一位十六进制数转换成 4 位二进制数，然后依次连接起来即可。

【例 1-5】 将十六进制数 A7C.9 转换为二进制数。

依次把 A、7、C、9 四个十六进制数转换成四位二进制，结果为 1010 0111 1100.1001B。

问：为什么要使用八进制和十六进制？八进制数如何转换为十六进制数？

答：由于二进制数码少，表示信息时位数太多，不方便，所以人们采用八进制、十六进制来书写和表示。八进制数是不能直接转换为十六进制数的，借助于二进制数作桥梁可以方便实现八进制数与十六进制数的相互转换。

 巩固训练

一、单选题

1. 下列各种数制的数中，最大的数是（　　）。

A. $(231)_{10}$　　B. $(F5)_{16}$　　C. $(375)_8$　　D. $(1101101)_2$

【答案】C

【解析】把它们都转换成十进制数,则 A 为 231,B 为 245,C 为 253,D 为 219,所以选 C。

2. 下列数中,有可能是八进制数的是(　　)。

A. 128　　B. 317　　C. 387　　D. 469

【答案】B

【解析】八进制数码只能是 0、1、2、3、4、5、6、7,不能出现 8 和 9。

3. 与十进制数 291 等值的十六进制数为(　　)。

A. 123　　B. 213　　C. 231　　D. 132

【答案】A

【解析】根据转换规则可将十进制数转换成二进制数,然后转换成十六进制数。

4. 已知 8+6=12,则 8×2=(　　)。

A. 16　　B. 18　　C. 10　　D. 14

【答案】D

【解析】根据 8+6=12,可知该运算为十二进制,则 8×2 的值逢十二进一,为 14。

5. 有一个数值 152,它与十六进制 6A 相等,那么该数值是(　　)。

A. 二进制数　　B. 八进制数　　C. 十进制数　　D. 四进制数

【答案】B

【解析】首先可以排除二进制数和四进制数,十六进制 6A 转换成十进制是 106,所以 152 应该是八进制数。$(152)_8=1\times8^2+5\times8^1+2\times8^0=106$。

二、填空题

二进制数 110101.10101 转换成十六进制数是________,转换成十进制数是________。

【答案】6D. A8、109.65625

【解析】二进制数转换成十六进制数:以小数点为左右起点,四位一组,缺位补 0,按相应关系转换。

算术与逻辑运算

1.3.2　二进制数的运算规则

在计算机中,采用二进制可以方便地实现各种算术运算和逻辑运算。

1. 算术运算规则

加法规则:0+0=0　0+1=1　1+0=1　1+1=10(向高位进位)

减法规则:1−0=0　1−1=0　0−0=0　0−1=1(向高位借位)

【例 1-6】 计算 10010001B+01011011 的值。

从右向左依次逐位运算,将被加数、加数及向低位进位三数相加,进行求和计算,结果为 11101100。

进位	0	0	1	0	0	1	1	0
	1	0	0	1	0	0	0	1
+	0	1	0	1	1	0	1	1
	1	1	1	0	1	1	0	0

【例 1-7】 计算 10110001B－01011011 的值。

$$\begin{array}{r} 1\ 0\ 1\ 1\ 0\ 0\ 0\ 1 \\ -\ 0\ 1\ 0\ 1\ 1\ 0\ 1\ 1 \\ \hline 0\ 1\ 0\ 1\ 0\ 1\ 1\ 0 \end{array}$$

2. 逻辑运算规则

主要有与(AND)、或(OR)、非(NOT)、异或(XOR)几种运算,运算规则如表 1-7 所示。

表 1-7 逻辑运算规则

A	B	A∧B(与)	A∨B(或)	$\overline{A}$	A⊕B(异或)
0	0	0	0	1	0
0	1	0	1	1	1
1	0	0	1	0	1
1	1	1	1	0	0

问:逻辑运算有什么特点?

答:逻辑运算按位进行。

运算双方只要有一个 0,与的结果就是 0;运算双方只要有一个 1,或的结果就是 1。

运算双方相同,异或的结果是 0;运算双方不同,异或的结果是 1。

【例 1-8】 计算 10110001B∧01011011 的值。

$$\begin{array}{r} 1\ 0\ 1\ 1\ 0\ 0\ 0\ 1 \\ \wedge\ 0\ 1\ 0\ 1\ 1\ 0\ 1\ 1 \\ \hline 0\ 0\ 0\ 1\ 0\ 0\ 0\ 1 \end{array}$$

【例 1-9】 计算 10110001B⊕01011011 的值。

$$\begin{array}{r} 1\ 0\ 1\ 1\ 0\ 0\ 0\ 1 \\ \oplus\ 0\ 1\ 0\ 1\ 1\ 0\ 1\ 1 \\ \hline 1\ 1\ 1\ 0\ 1\ 0\ 1\ 0 \end{array}$$

1.3.3 计算机中数据的单位

数据单位与数值表示

计算机中存储和处理的数据是二进制数,为了表示数据量的多少,引入位、字节、字等数据单位的概念。

1. 位

位是计算机中存储数据的最小单位,是指二进制数中的一个数位,一个二进制位称为比特(bit),用 b 表示。

2. 字节

8 个二进制位构成 1 字节,通常用 B 表示。字节是计算机数据处理和存储的基本单位。

计算机存储容量的大小是用字节的多少来衡量的,常用的存储单位还包括千字节(KB)、兆字节(MB)、千兆字节(GB)等,其中 B 代表字节(Byte),这些衡量单位之间的换算关系如下所示:

1B＝8b

1KB＝1024B,1MB＝1024KB,1GB＝1024MB,1TB＝1024GB

1TB＝2^{10}GB＝2^{20}MB＝2^{30}KB＝2^{40}B

3. 字

计算机处理数据时,CPU 通过数据总线一次存取、加工和传送的数据称为一个字,字的二进制位数称为字长。字长是衡量计算机性能的重要指标,字长越长,速度越快,精度越高。常见的计算机字长有 8 位、16 位、32 位、64 位等,一般是 8 的倍数。当前流行的都是 64 位机,也就是说,CPU 一次可处理 8 字节的数据。

巩固训练

单选题

1. 1 字节有(　　)比特。

A. 2　　B. 8　　C. 4　　D. 32

【答案】 B

【解析】 略。

2. 存储容量 1TB 等于(　　)。

A. 1024KB　　B. 1024MB　　C. 1024GB　　D. 2048MB

【答案】 C

【解析】 1P＝1024TB,1TB＝1024GB,1GB＝1024MB,1MB＝1024KB,1KB＝1024B。

1.3.4　计算机中数值的表示

计算机中的所有数据都用二进制表示,数的正负号也用 0 和 1 表示。通常规定一个数的最高位作为符号位,0 表示正,1 表示负。用正、负符号加绝对值来表示的实际数值称为真值。采用二进制、连同数符一起代码化了的数据称为机器数。常用的机器数编码形式可分为以下几种。

1. 原码

原码表示法中用最高位表示符号位,其中正数的符号位为 0,负数的符号位为 1,数值部分用二进制数的绝对值表示。

【例 1-10】 求 X1＝＋110101、X2＝－1011011 的原码表示,假定机器数长度是 8。

$$[X1]_{原}=00110101,\quad [X2]_{原}=1\ 1011011$$

2. 反码

对于一个带符号的数来说,正数的反码与原码相同;负数反码的符号位为 1,各数值位按位取反。

【例 1-11】 求 X＝＋1011011,Y＝－1011011 的反码表示,假定机器字长为 8 位二进制数。

$$[X]_{反}=01011011,\quad [Y]_{反}=10100100$$

3. 补码

正数的补码和原码相同,采用"符号位为 0,数值部分保持不变"的原则求得;负数的补码,可根据原码,采用"符号位为 1,数值部分各位按位取反,末位加 1"的原则求得。

【例 1-12】 分别求 X1＝1011011,X2＝－1011011 的补码表示,假定机器数长度是 8。

$$[X1]_{补}=0\ 1011011,\quad [X2]_{补}=1\ 0100101$$

知识拓展

机器字长是 n 位的无符号整数 $X_{n-1}\cdots X_1X_0$，表示的范围为 $0\sim 2^{n-1}-1$。

代码序列 $X_{n-1}\cdots X_1X_0$（共 n 位整数，其中 X_{n-1} 是符号位，小数点在最低位之后）的原码、反码定点整数表示范围为 $-(2^{n-1}-1)\sim(2^{n-1}-1)$，补码定点整数表示范围为 $-2^{n-1}\sim(2^{n-1}-1)$。

例如，8位原码表示数的范围是－127～＋127，8位补码表示数的范围是－128～＋127。

问：补码能表示的数的范围为何与原码、反码不一样？

答：在补码表示中，0有唯一的编码，即$[+0]_{补}=[-0]_{补}=00000000$，因而可以用多出来的一个编码10000000扩展补码所能表示的数值范围，即将负数从最小－127扩大到－128，这里的最高位1既可看作负数的符号位，又可看作数值位，其值为－128，因此8位补码所能表示数的范围为－128～＋127，这就是补码与原码、反码最小值不同的原因。

4. BCD码

为了在计算机的输入/输出操作中能直观迅速地与常用的十进制数相对应，习惯上将每个十进制数据用4位二进制代码表示，这种编码方法简称BCD码或8421编码。例如，$(239)_{10}$的BCD编码为001000111001。

1.3.5 字符的编码表示

汉字编码

计算机处理的数据中，除了数值型数据以外，还有如字符、图形等非数字型数据，其中字符是日常生活中使用最频繁的非数字型数据，它包括大小写英文字母、符号以及汉字等。由于计算机只能识别二进制编码，为了使计算机能够对字符进行识别和处理，因此要对其进行二进制编码表示。

1. 西文字符编码

目前采用的字符编码主要是ASCII码，即美国标准信息交换代码，已被国际标准化组织ISO采纳。

ASCII码是一种西文机内码，有7位和8位两种，7位ASCII码称为标准ASCII码，可表示128个不同字符。这些字符包括大小写英文字母、十进制数字、标点符号及通用控制字符，如图1-4所示。

从图1-4可以看出，ASCII码值的大小为：小写英文字母→大写英文字母→数字字符，其中数字字符0的ASCII码为30H，其他的数字符号以此类推，例如字符9的ASCII码为39H；大写字母A的ASCII码为41H，大写字母B的ASCII码为42H，以此类推；小写字母a的ASCII码为61H，小写字母b的ASCII码为62H。不难发现，同一个字母，小写字母的ASCII码值比大写字母大20H（即十进制数32）。

2. 汉字字符编码

与英文字符一样，中文在计算机系统中也要使用特定的二进制符号来表示。通过键盘输入汉字时，实际是输入汉字的编码信息，这种编码称为汉字的输入码。计算机为了存储、处理汉字，必须将汉字的外部码转换成汉字的内部码。为了将汉字以点阵的形式输出，还要将汉字的内部码转换为汉字的字形码，此外，在计算机与其他系统或设备进行信息、数据交流时，还要用到国标码（交换码），汉字编码的转换过程如图1-5所示。

Binary	Dec	Hex	字符	Binary	Dec	Hex	字符	Binary	Dec	Hex	字符	Binary	Dec	Hex	字符
00000000	0	00	NUT	00100000	32	20	空格	01000000	64	40	@	01100000	96	60	`
00000001	1	01	SOH	00100001	33	21	!	01000001	65	41	A	01100001	97	61	a
00000010	2	02	STX	00100010	34	22	"	01000010	66	42	B	01100010	98	62	b
00000011	3	03	ETX	00100011	35	23	#	01000011	67	43	C	01100011	99	63	c
00000100	4	04	EOT	00100100	36	24	$	01000100	68	44	D	01100100	100	64	d
00000101	5	05	ENQ	00100101	37	25	%	01000101	69	45	E	01100101	101	65	e
00000110	6	06	ACK	00100110	38	26	&	01000110	70	46	F	01100110	102	66	f
00000111	7	07	BEL	00100111	39	27	'	01000111	71	47	G	01100111	103	67	g
00001000	8	08	BS	00101000	40	28	(	01001000	72	48	H	01101000	104	68	h
00001001	9	09	HT	00101001	41	29	)	01001001	73	49	I	01101001	105	69	i
00001010	10	0A	LF	00101010	42	2A	*	01001010	74	4A	J	01101010	106	6A	j
00001011	11	0B	VT	00101011	43	2B	+	01001011	75	4B	K	01101011	107	6B	k
00001100	12	0C	FF	00101100	44	2C	,	01001100	76	4C	L	01101100	108	6C	l
00001101	13	0D	CR	00101101	45	2D	-	01001101	77	4D	M	01101101	109	6D	m
00001110	14	0E	SO	00101110	46	2E	.	01001110	78	4E	N	01101110	110	6E	n
00001111	15	0F	SI	00101111	47	2F	/	01001111	79	4F	O	01101111	111	6F	o
00010000	16	10	DLE	00110000	48	30	0	01010000	80	50	P	01110000	112	70	p
00010001	17	11	DCI	00110001	49	31	1	01010001	81	51	Q	01110001	113	71	q
00010010	18	12	DC2	00110010	50	32	2	01010010	82	52	R	01110010	114	72	r
00010011	19	13	DC3	00110011	51	33	3	01010011	83	53	S	01110011	115	73	s
00010100	20	14	DC4	00110100	52	34	4	01010100	84	54	T	01110100	116	74	t
00010101	21	15	NAK	00110101	53	35	5	01010101	85	55	U	01110101	117	75	u
00010110	22	16	SYN	00110110	54	36	6	01010110	86	56	V	01110110	118	76	v
00010111	23	17	TB	00110111	55	37	7	01010111	87	57	W	01110111	119	77	w
00011000	24	18	CAN	00111000	56	38	8	01011000	88	58	X	01111000	120	78	x
00011001	25	19	EM	00111001	57	39	9	01011001	89	59	Y	01111001	121	79	y
00011010	26	1A	SUB	00111010	58	3A	:	01011010	90	5A	Z	01111010	122	7A	z
00011011	27	1B	ESC	00111011	59	3B	;	01011011	91	5B	[	01111011	123	7B	{
00011100	28	1C	FS	00111100	60	3C	<	01011100	92	5C	\	01111100	124	7C	|
00011101	29	1D	GS	00111101	61	3D	=	01011101	93	5D	]	01111101	125	7D	}
00011110	30	1E	RS	00111110	62	3E	>	01011110	94	5E	^	01111110	126	7E	~
00011111	31	1F	US	00111111	63	3F	?	01011111	95	5F		01111111	127	7F	DEL

图 1-4　ASCII 码

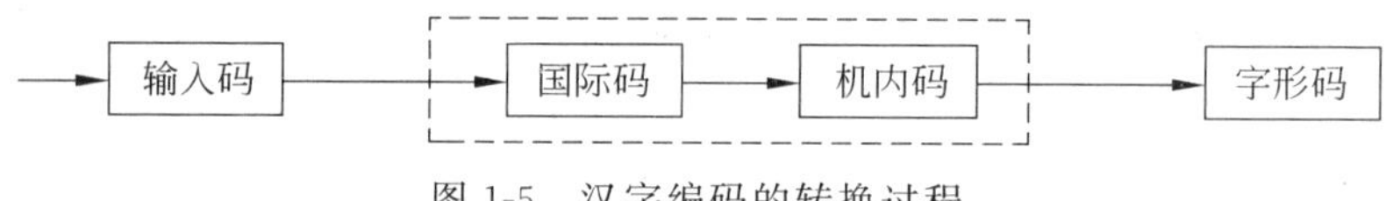

图 1-5　汉字编码的转换过程

1）汉字输入码

将汉字通过键盘输入计算机时采用的代码称为汉字输入码，也称为汉字外部码（外码）。目前我国的汉字输入码编码方案已有上千种，可分为流水码、音码、形码和音形结合码四类。区位码、电报码属于流水码；智能 ABC、微软拼音、搜狗拼音等汉字输入法为音码；五笔字型为形码；自然码为音形结合码。

汉字输入除了用键盘外，还出现了使用手写输入、语音识别、扫描识别等多种方式，输入方法已经走向智能化，输入速度不断提高。

2）汉字国标码（交换码）

1980 年，我国颁布了《信息交换用汉字编码字符集——基本集》（GB 2312—1980），简称“国标码”，是我国内地和新加坡等海外华语区通用的汉字交换码。共收集 6763 个汉字及 682 个符号，共 7445 个字符。国标码用连续的两字节（16 个二进制位）来表示一个汉字，奠定了中文信息处理的基础。

问：什么是区位码？区位码与国标码如何转换？

答：区位码是将国家标准局公布的 6763 个汉字分为 94 个区，每个区分 94 位，实际上把汉字集排列成二维数组的形式，行为区，列为位，每个汉字在数组中的下标就是区位码，区码和位码各用二位十进制数字表示。区位码和国标码之间转换的方法是将一个汉字的十进制区号和十进制位号分别转换成十六进制数，然后分别加上 20H，即汉字国标码＝汉字区位码＋2020H。

3）汉字机内码

汉字在计算机内部使用的编码就是内码，也称机内码。国标码不能直接在计算机中使用，因为它没有考虑与基本的信息交换代码 ASCII 码的冲突。比如，“大”的国标码与字符组合“4S”的 ASCII 码相同。为了能区分汉字编码与 ASCII 码，在计算机内部表示汉字时把交换码（国标码）两字节最高位改为 1，称为“机内码”。这样，当某字节的最高位是 1 时，必须和下一个最高位同样为 1 的字节合起来，代表一个汉字。

汉字机内码的计算公式为

汉字机内码＝汉字国标码＋8080H＝汉字区位码＋A0A0H

4）汉字字形码

汉字字形码记录汉字的外形，用来将汉字显示到屏幕上或打印输出，是汉字的输出形式。通常有点阵式和矢量式两种方式。点阵式是用点阵表示汉字字形，如图 1-6 所示是汉字“中”16×16 的点阵字形，有笔画的小正方形可以表示一个二进制位的“1”，无笔画的小正方形表示二进制位的“0”，表示一个这样的 16×16 点阵的汉字则要占用 16×16/8＝32 字节的存储空间。除此之外，还有 32×32、48×48、64×64 等点阵。一般说来，点阵数越大，字形质量越高，占用的字节数越多。

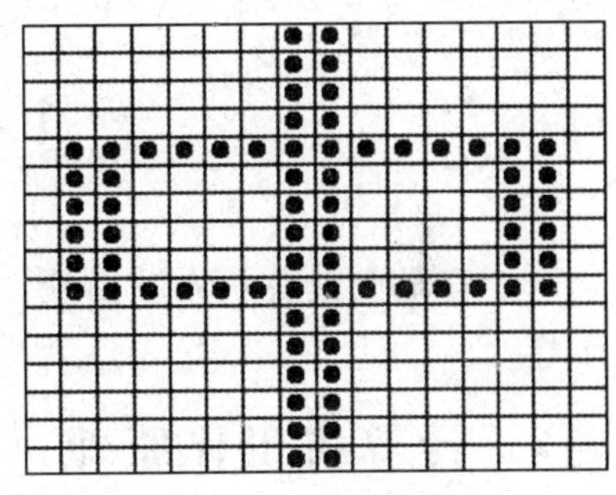

图 1-6　汉字字形点阵

由于汉字的点阵字形在汉字输出时要经常使用，所以要把各个汉字的字形信息固定地存储起来，存放各个汉字字形信息的实体称为字库。为满足不同的需要，还出现了各种各样的字库，如宋体字库、黑体字体、楷体字库等。

巩固训练

一、单选题

1. 关于汉字操作系统中的汉字输入码，下面叙述正确的是（　　）。

A. 汉字输入码应具有易于接受、学习和掌握的特点

B. 从汉字的特征出发，汉字输入码可分为音码、形码和音形结合码

C. 汉字输入码与我国制定的“标准汉字”（GB 2312—1980）不是一个概念

D. A、B、C 项都对

【答案】 D

【解析】 汉字输入码的编码原则应该易于接受、学习、记忆和掌握，码长尽可能短。目前我国的汉字输入码编码方案很多，根据编码规则是按照读音还是字形（汉字的特征），汉字输

入码可以分为流水码、音码、形码和音形结合码四种。

汉字输入码是从输入设备输入计算机字符的一种编码方式；而 GB 2312—1989 是一种汉字交换码，所以这两种编码在性质上是完全不同的。

2. 在 GB 2312—1980 中规定，每一个汉字的图形符号的机内码都用（　　）字节表示。

A. 1　　B. 2　　C. 3　　D. 4

【答案】B

【解析】由于汉字数量极多，一般用连续的两字节（16 位二进制位）来表示一个汉字，所以 GB2312-80 字符集中的每个汉字都用连续的两字节来表示。

二、填空题

在计算机中，应用最普遍的字符编码是________。

【答案】ASCII 码

【解析】目前采用的字符编码主要是 ASCII 码，它是 American Standard Code for Information Interchange 的缩写（美国标准信息交换码），它已被国际标准化组织（ISO）采纳，作为国际通用的信息交换标准代码，ASCII 码是一种西文机内码。

计算机系统

1.4　计算机系统

一个完整的计算机系统由硬件系统和软件系统两大部分组成，并按照“存储程序”的方式工作。

1.4.1　计算机工作原理

1. 指令

指令是指示计算机执行某种操作的命令，它由一串二进制数码组成，包括操作码和地址码两部分。操作码规定了操作的类型，即进行什么样的操作；地址码规定了操作对象和操作结果的存放地址。

一台计算机有许多指令，作用也各不相同，所有指令的集合称为计算机指令系统。计算机系统不同，指令系统也不同。目前常见的指令系统有复杂指令系统（CISC）和精简指令系统（RISC）。

2. “存储程序”工作原理

计算机之所以能够自动完成运算或者处理信息，是因为采用“存储程序”的工作原理，这是美籍匈牙利科学家冯・诺依曼提出的，其基本思想是存储程序与程序控制。存储程序是指人们必须事先把计算机程序及运行中所需的数据，通过一定方式输入并存储在计算机的存储器中；程序控制是指计算机运行时能自动地逐一取出程序中的一条条指令，加以分析并执行规定的操作。

“存储程序”工作原理确立了现代计算机的基本组成和工作方式，至今仍为计算机设计者所遵循。

问：冯・诺依曼体系结构的内容是什么？

答：目前计算机都是冯・诺依曼体系结构，主要内容包括：①计算机的硬件系统由运算器、控制器、存储器、输入设备和输出设备组成；②计算机内部采用二进制；③计算机运行采用“存储程序”设计思想。

3. 计算机工作过程

计算机的工作过程就是自动执行程序的过程。按照程序设定的次序依次执行指令，直到遇到结束指令。每条指令的执行包括以下几个步骤。

1）取指令

按照指令计数器中的地址，从内存储器中取出指令，并送到指令寄存器中。

2）分析指令

对指令寄存器中存放的指令进行分析，确定执行什么操作，并由地址码确定操作数的地址。

3）执行指令

根据分析的结果，由控制器发出完成该操作所需要的一系列控制信息，去完成该指令所要求的操作。

4）计数加 1

上述步骤完成后，指令计数器加 1，为执行下一条指令做好准备。

巩固训练

一、单选题

为解决某一特定问题而设计的指令序列称为(　　)。

A. 文档　　B. 语言　　C. 程序　　D. 系统

【答案】C

【解析】程序是由一系列指令组成的，它是为解决某一个问题而设计的一系列排列有序的指令的集合。

二、判断题

1. 计算机能够按照人们的意图自动、高速地进行操作，是因为程序存储在内存中。(　　)

A. 正确　　B. 错误

【答案】B

【解析】计算机能够按照人们的意图自动、高速地进行操作，主要是因为计算机采用存储程序工作原理，程序存储在内存中只是其中的一方面。

2. 计算机执行一条指令需要的时间称为指令周期。(　　)

A. 正确　　B. 错误

【答案】A

【解析】指令周期是执行一条指令所需要的时间，一般由若干个机器周期组成，是从取指令、分析指令到执行完所需的全部时间。

三、填空题

世界首次提出存储程序计算机体系结构的科学家是________。

【答案】冯·诺依曼

【解析】1944 年，美籍匈牙利数学家冯·诺依曼提出计算机基本结构和工作方式的设想，为计算机的诞生和发展提供了理论基础。

1.4.2 计算机硬件系统

计算机硬件是指计算机系统中由电子、机械和光电元件等组成的各种计算机部件和计算机设备。这些部件和设备依据计算机系统结构的要求构成一个有机整体，称为计算机硬件系统。未配置任何软件的计算机叫裸机，它是计算机完成工作的物质基础。

1. 硬件系统的组成

冯·诺依曼提出的“存储程序”工作原理决定了计算机硬件系统由五个基本组成部分组成，即运算器、控制器、存储器、输入设备和输出设备，如图 1-7 所示。各部分的功能如表 1-8 所示。

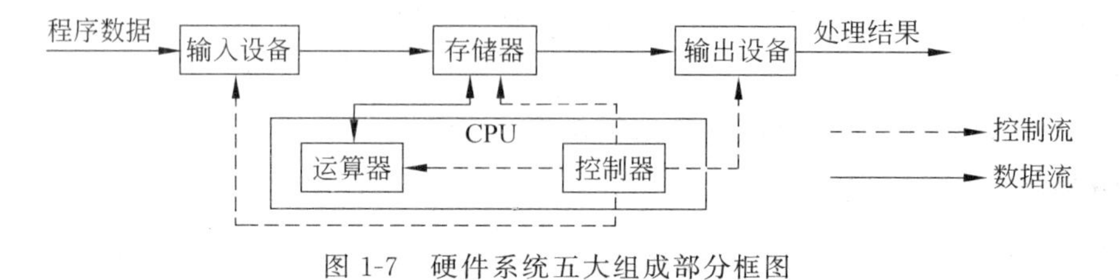

图 1-7 硬件系统五大组成部分框图

表 1-8 硬件系统五大基本组成部分的功能

名　称	功　能
运算器	运算器是计算机中执行数据处理指令的器件，由算术逻辑单元(ALU)和寄存器等组成。运算器负责对信息进行加工和运算，它的速度决定了计算机的运算速度。运算器除了完成算术运算和逻辑运算外，还可以进行数据的比较、移位等操作
控制器	控制器是整个计算机系统的控制中心，它指挥计算机各部分协调工作，保证计算机按照预先规定的目标和步骤有条不紊地进行操作及处理。 控制器从内存储器中顺序取出指令，并对指令代码进行翻译，然后向各个部件发出相应的命令，完成规定的操作。这样逐一执行一系列的指令，就使计算机能够按照由这一系列指令组成的程序的要求自动完成各项任务
存储器	存储器是计算机中用来存储程序和数据的部件，并能在计算机运行过程中高速、自动地完成程序或者数据的存取
输入设备	输入设备的主要功能是把原始数据和处理这些数据的程序转换为计算机能够识别的二进制代码，通过输入接口输入计算机的存储器中，供 CPU 调用和处理
输出设备	输出设备是将计算机处理的数据、计算结果等内部信息转换成人们习惯接收的信息形式(如字符、图形、声音等)并输出

通常把控制器和运算器合称为中央处理器(central processing unit，CPU)，它是计算机的核心部件。

2. 存储器的特点和分类

1）存储器特点

存储器是计算机的“记忆”装置，主要用来保存数据和程序，具有存取数据和提取数据的功能。存储器采用二进制的形式存储数据。存储器的基本存储单位是“存储单元”，每个存储单元存放一定位数(微机上一般为 8 位)的二进制数，存储器就是由成千上万个存储单元构成的。每个存储单元都有唯一的编号，称为存储单元的地址，不同的存储单元用不同的地址来区分，如图 1-8 所示。计算机采用按地址访问的方式到存储器中存取数据，因此，存储器的存取速度是计算机系统的一个非常重要的性能指标。

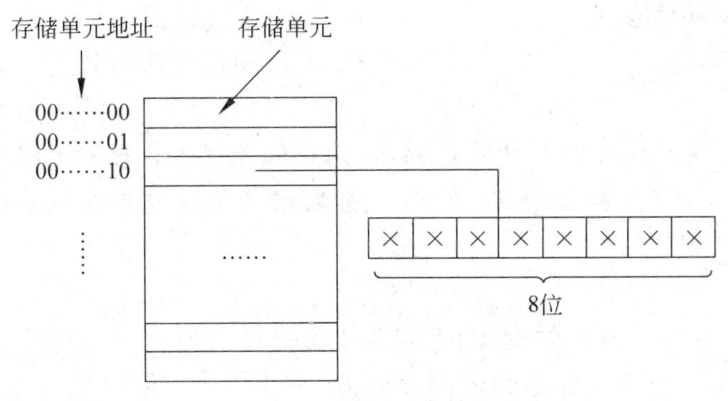

图 1-8　存储器结构图

2）存储器分类

存储器分为两大类：内存和外存。内存又称为主存；外存又称为辅助存储器，简称“辅存”。其中内存是 CPU 可直接访问的存储器，是计算机的工作存储器，当前运行的程序和数据都必须存放在内存中，它和 CPU 一起构成了计算机的主机部分。

内存分为 ROM(read only memory，只读存储器)、RAM(random access memory，随机存取存储器)和 Cache(高速缓冲存储器，简称高速缓存)，其中 Cache 是为了协调 CPU 同内存之间速度不匹配的矛盾而提出的，具有容量小、速度快、价格昂贵的特点。外存存放暂时不参加运算或处理的数据和程序，包括磁盘、光盘、闪存等。读写速度：Cache＞RAM＞硬盘＞光盘＞软盘 。

表 1-9 列出了不同存储器的名称、特点和速度。

表 1-9　存储器的分类及特点比较

分　类		特　点
内存	RAM	随机存取存储器，断电后其中的数据全部丢失，其存储能力和存取速度影响计算机的整体性能
	ROM	只读存储器，其中的数据是计算机厂商一次性写入的，存放系统的基本数据，通常用户不能改写，断电后不会丢失
	Cache	高速缓冲存储器，是为了匹配 CPU 和内存之间的速度差异而引入的
外存		CPU 不能直接访问外存，外存中的数据必须通过内存进行写入和读出；当断电后，数据也不丢失，一般用于存储用户需要长期保存的大量数据。外存包括硬盘、软盘、优盘、CD-ROM 等

问：常见的输入/输出设备有哪些？

答：常见的输入设备有键盘、鼠标、扫描仪、光笔、手写板、数字化仪、条形码阅读器、数码相机、扫描仪、模/数(A/D)转换器等；常见的输出设备有显示器、打印机、绘图仪、数/模(D/A)转换器等。

从数据输入/输出的角度来说，磁盘驱动器既属于输入设备，又属于输出设备。

 巩固训练

一、单选题

外存储器与中央处理器(　　)。

A. 可以直接交换信息　　　　　　　　B. 不需要交换信息

C. 不可以交换信息　　　　　　　　　D. 可以间接交换信息

【答案】 D

【解析】 存储器包括内存储器和外存储器,内存储器可以直接同 CPU 交换信息,而外存储器是不能直接同 CPU 交换信息的,外存中的数据必须首先调入内存,然后才能同 CPU 交换信息。

二、多选题

1. 存储器是计算机中重要的设备,下列关于存储器的叙述中,正确的是(　　)。

A. 存储器分为外部存储器和内部存储器

B. 用户的数据几乎全部保存在硬盘上,所以硬盘是唯一外部存储器

C. RAM 是指随机存储器,通电时存储器的内容可以保存,断电内容也不会丢失

D. ROM 是只读存储器,只能读出原有的内容,一般不能由用户再写入新内容

【答案】 AD

【解析】 用户的数据全部保存在外存储器上,并且硬盘也不是唯一的外部存储器,软盘、光盘、U 盘等也属于外存储器。

2. 以下不属于输出设备的是(　　)。

A. 扫描仪　　　　B. 触摸屏　　　　C. 音响　　　　D. U 盘

【答案】 ABD

【解析】 扫描仪和触摸屏属于输入设备,U 盘属于存储设备。

三、判断题

任何存储器都具有记忆功能,即存放在存储器中的信息不会丢失。(　　)

A. 正确　　　　　　　　　　　　　B. 错误

【答案】 B

【解析】 RAM 在断电后,内容会丢失。

四、填空题

随着 CPU 主频的不断提高,CPU 对 RAM 的存取速度加快,而 RAM 的响应速度相对而言减慢,为协调二者之间的速度差,引入了________技术。

【答案】 Cache(高速缓存)

【解析】 Cache 的出现主要是为了解决 CPU 运算速度和内存读写速度不匹配的矛盾。随着 CPU 主频的不断提高,CPU 运算速度要比内存的反应速度快很多,这样会使 CPU 花费很长时间等待数据的到来或把数据写入内存,从而使得计算机整体速度下降。由于 Cache 的读写速度比内存快很多,于是人们就将 Cache 用于 CPU 和 RAM 之间传送数据。Cache 容量越大,运算性能提高越明显,但由于 Cache 价格昂贵,一般 CPU 内部的 Cache 容量是非常有限的。

1.4.3　计算机软件系统

输入计算机的信息一般有两类:一类称为数据,另一类称为程序。软件是指计算机运行所需的程序、数据和有关文档的总和。解决某一具体问题的指令序列称为程序;数据是程序的处理对象;文档是与程序的研制、维护和使用有关的资料。计算机是通过执行程序所规

定的各种指令来处理各种数据的。

计算机软件系统可分为系统软件和应用软件两大类。软件系统的作用在于对计算机硬件资源的有效控制与管理，协调各组成部分工作，扩展计算机功能，如图 1-9 所示。

1. 系统软件

系统软件是管理、监控和维护计算机系资源（包括硬件和软件）以及开发应用软件的软件。系统软件居于计算机系统中最靠近硬件的一层，主要包括操作系统、语言处理程序、支撑服务软件和数据库管理系统等。

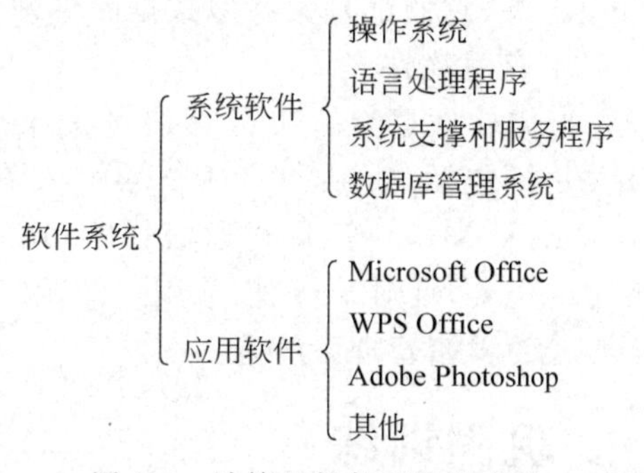

图 1-9　计算机软件系统的分类

1）操作系统

操作系统（operating system，OS）是一组对计算机资源进行控制与管理的系统化程序集合，它是用户和计算机硬件系统之间的接口，为用户和应用软件提供了访问和控制计算机硬件的桥梁。常见的操作系统包括 Windows、Linux、UNIX 等。

操作系统是直接运行在裸机上的最基本的系统软件，任何其他软件必须在操作系统的支持下才能运行。操作系统的主要作用体现在两个方面：一是管理控制和分配计算机的软硬件资源；二是组织计算机的工作流程，用户无须了解计算机硬件或软件的具体细节，通过操作系统提供的友好界面就能方便地使用计算机。

2）语言处理程序

程序设计语言是用户编写应用程序使用的语言，是用户与计算机之间交换信息的工具，程序设计语言可以分为机器语言、汇编语言和高级语言三类。计算机不能直接执行用机器语言以外的程序设计语言（如汇编语言以及 Fortran、Delphi、C ++ 、BASIC、Java 等高级语言）编写的源程序，必须经过翻译（对汇编语言源程序是汇编，对高级语言源程序则是编译或解释）才能执行，这些翻译程序就是语言处理程序，包括汇编程序、编译程序和解释程序等，其特点如表 1-10 所示。

表 1-10　语言处理程序

分　类	阐　　述
汇编程序	用汇编语言编制的源程序不能被计算机直接执行，必须经过汇编程序翻译成计算机所能识别的机器语言程序（也称为目标程序）后才能被执行，将机器语言源程序转换为等价的目标程序的过程称为汇编
解释程序	解释程序接受用某种高级程序设计语言（如 BASIC 语言）编写的源程序，然后对源程序的每条语句逐句进行解释并执行，最后得出结果。解释程序对源程序是一边翻译，一边执行，不产生目标程序
编译程序	编译程序是翻译程序，它将高级语言编写的源程序翻译成等价的用机器语言表示的目标程序，其翻译过程叫作编译。大多数高级语言都是采用编译的方式

3）支撑服务软件

支撑服务软件又称工具软件，如系统诊断程序、调试程序、查杀病毒程序、压缩程序等，都是为维护计算机系统的正常运行或支持系统开发所配置的软件系统。

4) 数据库管理系统

数据库管理系统(dataBase management system,DBMS)是一种操纵和管理数据库的系统软件,用于建立、使用和维护数据库。常见的数据库管理系统有 Oracle、SQL Server、Access 等,它们都是关系型数据库管理系统。

2. 应用软件

应用软件是为解决计算机各类某应用问题而编写的软件。如办公类软件 Microsoft Office(不包括 Access)、WPS Office,图形处理软件 PhotoShop、Illustrator,三维动画软件 3ds MAX、Maya 等,即时通信软件 QQ、MSN、UC 和 Skype;还有的应用软件是为完成某一特定的任务,针对某行业、某用户的特定需求而专门定制开发的,如某部门的财务管理系统、某学校的学籍管理系统等。

巩固训练

一、单选题

以下软件不属于应用软件的是(　　)。

A. 学籍管理系统　　B. 财务系统　　C. Office 软件　　D. 编译软件

【答案】 D

【解析】 编译软件属于系统软件。

二、多选题

下列属于系统软件的有(　　)。

A. Windows XP　　B. Windows 7　　C. Flashget　　D. 浏览器

【答案】 AB

【解析】 系统软件是管理、监控和维护计算机资源以及开发应用软件的软件,主要包括操作系统、语言处理程序、数据库管理系统、支撑服务软件等。

三、填空题

1. 计算机中系统软件的核心是________,它主要用来控制和管理计算机的所有软硬件资源。

【答案】 操作系统

【解析】 系统软件包括操作系统、语言处理程序、支撑服务软件和数据库管理系统等,其中操作系统主要用于控制和管理计算机的所有软硬件资源,它是最核心的系统软件。

2. 将汇编语言源程序转换成等价的目标程序的过程称为(　　)。

【答案】 汇编

【解析】 略。

1.5　微型计算机系统

微机常用设备

1.5.1　微型计算机的分类与性能指标

1. 微型计算机的分类

微型计算机按其性能、结构、技术特点等可分为单片机、单板机、PC、便携式微机等。

1）单片机

将微处理器(CPU)、一定容量的存储器以及I/O接口电路等集成在一个芯片上，就构成了单片机，也就是说单片机是具有计算机功能的集成电路芯片。单片机体积小、功耗低，使用方便，但存储容量较小，一般用于专用机器或控制仪表、家用电器等。

2）单板机

将微处理器、存储器、I/O接口电路安装在一块印刷电路板上，就称为单板机。一般这块板上还有键盘、显示器，以及外存储器接口等。单板机价格低、易扩展，广泛应用于工业控制、微机教学和实验中。

3）PC

PC(personal computer，个人计算机)是指一种大小、价格和性能适合个人使用的多用途计算机，是目前使用最多的一种微机之一。

4）便携式微机

便携式微机包括笔记本电脑和个人数字助理(PDA)等。便携式微机将主机和主要的外部设备集成为一个整体，可以用电池直接供电。

2. 微型计算机的性能指标

1）主频

主频即时钟频率，是指计算机CPU在单位时间内发出的脉冲数，它在很大程度决定了计算机的运算速度，主频的单位是赫兹(Hz)。例如，PIV/2.4G CPU的主频是2.4GHz。

2）字长

字长是指计算机的运算部件能同时处理的二进制数据的位数，它与计算机的功能及用途有很大的关系。计算机的字长越长，计算机处理信息的效率越高，计算机内部所存储的数值精度越高，计算机所能识别的指令数量就越多，功能也就越强。字长决定了指令直接寻址的能力。一般机器的字长都是字节的整数倍，如286机为16位机，386、486机以及Pentium系列都是32位机，Intel的630系列以后的产品以及AMD的Athlon 64等均为64位机。

3）内核数

随着社会对CPU处理效率要求提高，尤其是对多任务处理速度要求的提高，厂家推出多核心处理器。所谓多核心处理器，就是在一块CPU基板上集成多个处理器核心，并通过并行总线将各处理器核心连接起来。多核心处理技术的推出，大大提高了CPU的多任务处理性能。

4）内存容量

内存容量是指内存储器中能存储信息的总字节数。一般来说，内存容量越大，计算机的处理速度就越快。随着内存价格的降低，微机所配置的内存容量不断增大。注意，我们平常所说的内存容量是指RAM的容量，而不包括ROM的容量。

5）运算速度

运算速度是一项综合性的性能指标，其单位是MIPS(million instructions per second，每秒10^6条指令)和BIPS(billion instructions per second，每秒10^9条指令)。一般来说，主频越高，运算速度越快；字长越长，运算速度越快；内存容量越大，运算速度越快；存取周期越小，运算速度越快。

巩固训练

一、单选题

1. 486DX/66 是对微处理器的一种描述,其中 66 表示该 CPU 的(　　)。

A. 主频　　B. 字长　　C. 运算速度　　D. 高速缓存的容量

【答案】 A

【解析】 486DX/66 中的 66 是主频,是指主频 66MHz,主频是指 CPU 在单位时间内发出的脉冲数,它在很大程度上决定了计算机的运算速度。

2. 以下关于计算机技术指标的论述中,错误的是(　　)。

A. BIPS 与 MIPS 都是标识计算机运行速度的单位

B. 作为标识计算机运行速度的单位:1000BIPS=1MIPS

C. 主频的单位是赫兹

D. 计算机字长越长,计算机处理信息的效率就越高

【答案】 B

【解析】 运算速度是一项综合性的性能指标,其单位是 MIPS 和 BIPS,并且 1BIPS=1000MIPS。主频即时钟频率,单位是赫兹。计算机字长越长,计算机处理信息的效率越高,运算速度越快。

二、填空题

"64 位计算机"中的 64 是指计算机的________,其越长,计算机的运算速度越快。

【答案】 字长

【解析】 "64 位计算机"是指该计算机处理数据的字长值是 64 位。字长是计算机的运算部件能同时处理的二进制数据的位数,计算机的字长越长,计算机处理信息的效率越高,计算机内部所存储的数值精度越高,计算机所能识别的指令数就越多,功能也就越强。

1.5.2 常见微型计算机的硬件设备

1. 微处理器

微型计算机的 CPU 也称为微处理器,是将运算器、控制器和高速缓存集成在一起的超大规模集成电路芯片,是计算机的核心部件。

微处理器的生产厂家有 Intel、IBM、AMD 等,近年来,我国也开始了微处理器的研发,龙芯中科研制的龙芯 3A4000 设计为四核 64 位,主频超过 1.8GHz,比较适合笔记本平台,如图 1-10 所示。我国的超级计算机"神威·太湖之光"采用的是我国江南计算所自主研发的申威处理器。

(a) Intel公司产品

(b) AMD公司产品

(c) 我国产品

图 1-10　各厂家生产的 CPU

2. 存储器

1）内存

微机中的内存一般是指随机存储器（RAM）。目前常用的内存有 SDRAM 和 DDR SDRAM 两种。实际的内存是由多个存储器芯片组成的插件板，俗称内存条，如图 1-11 所示。内存条插入主板的插槽中，与 CPU 一起构成了计算机的主机。

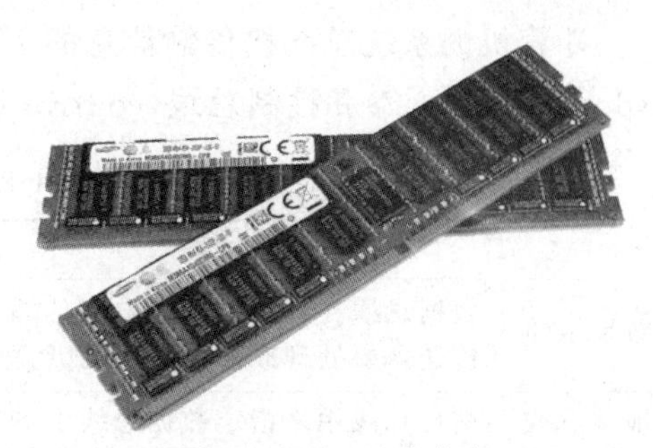

图 1-11　DDR 内存条

2）外存

外存的特点是存储容量大、可靠性高、价格低，在断电后可以永久地保存信息。微机中的外存按存储介质的不同可分为磁表面存储器、光存储器和半导体存储器（闪存）。人们使用的磁表面存储器主要是磁带和磁盘，其中，磁盘又分为硬盘和软盘（已很少见），光盘存储器和以 U 盘为代表的半导体存储器已成为移动存储的主要方式。常见的外存及特点如表 1-11 所示。

表 1-11　常见的外存及特点

名　称	种　类	特　点
硬盘	移动硬盘　微型硬盘　固态硬盘	微机上最重要的外存，由多个涂有磁性材料的金属盘片组成，是目前存取速度最快的外存之一，容量从几百吉字节到几太字节不等
闪存		由作为存储介质的半导体集成电路制成的电子盘已成为主流的可移动外存。电子盘又称 U 盘，体积小，容量较大，可反复存取数据
光盘存储器		利用激光技术存储信息的装置。目前用于计算机系统的光盘可分为：只读光盘（CD-ROM、DVD）、追记型光盘（CD-R、WORM）和可改写型光盘（CD-RW、MO）等，具有价格低、保存时间长、存储量大等特点

3. 总线

总线（bus）是计算机各功能部件之间传送信息的公共通信干线，它是由导线组成的传输线束。微机内部信息的传送是通过总线进行的，各功能部件通过总线连在一起。

1）总线的分类

按数据传输方式的不同，总线可分为串行总线和并行总线。在串行总线中，二进制数据逐位通过一根数据线发送到目的部件或设备。在并行总线中，数据线有多根，一次能发送多个二进制位数据。

按连接部件的不同，总线可分为片内总线和系统总线。片内总线是指 CPU 芯片内部的总线,如CPU内部的各个寄存器之间、寄存器与ALU之间都是由片内总线相连的。系统总线是指CPU、内存、外部设备(通过I/O接口)各功能部件之间的信息传输总线。通常说的计算机总线就是系统总线。

计算机的系统总线按传输信息的不同可分为三类:数据总线(data bus,DB)、地址总线(address bus,AB)和控制总线(control bus,CB),如表1-12所示。

表1-12　系统总线的分类

分　类	阐　　述
数据总线	数据总线在各功能部件之间传输数据信息,它是双向传输总线。如在CPU与内存之间来回传送需要处理或需要存储的数据
地址总线	地址总线用来指定数据总线上的数据在内存单元中的地址,它是单向传输总线
控制总线	控制总线是用来传送控制信号的传输线。控制总线的传送方向由具体控制信号而定,对任一控制线而言,它的传输是单向的;对于控制总线总体而言,一般认为是双向的

2)总线标准

微机的总线标准主要有PCI、AGP、USB和IEEE 1394总线等。

(1)PCI总线。PCI总线与CPU之间不直接相连,而是通过桥接芯片组电路连接。该总线稳定性和匹配性出色,提升了CPU的工作效率。

(2)AGP总线。AGP是加速图形端口的缩写,是为提高视频带宽而设计的总线结构,它是一种显卡专用的局部总线,使图形加速硬件与CPU和系统存储器之间直接连接,无须经过繁忙的PCI总线,提高了系统实际数据传输速率和随机访问内存时的性能。

(3)USB总线。USB总线即通用串行总线,是一种广泛采用的接口标准。它连接外设简单快捷,支持热插拔,成本低、速度快、连接设备数量多,广泛地应用于计算机、摄像机、数码相机和手机等各种数码设备上。

(4)IEEE 1394总线。IEEE 1394是一种串行接口标准,能非常方便地把计算机、计算机外设、家电等设备连接起来,达到实时传送多媒体视频流的高速高带宽数据传输效果。IEEE 1394总线是一种高速外部串行总线。

4. 主板

主板是微型计算机系统中最大的一块电路板,有时又称为母板或系统板,是一块带有各种插口的大型印刷电路板(PCB)。它将主机的CPU芯片、存储器芯片、控制芯片、ROM BIOS芯片等各个部分有机地组合在一起。此外,主板还连接着硬盘、键盘、鼠标的I/O接口插座以及供插入接口卡的I/O扩展槽等组件。通过主板,CPU可以控制诸如硬盘、键盘、鼠标、内存等各种设备。主板中最重要的部件之一是芯片组,芯片组是主板的灵魂,它决定了主板所能够支持的功能,负责控制外部I/O设备的连接通信。图1-12所示芯片组为P55的主板。

5. 输入设备

输入/输出(I/O)设备是计算机系统与外界进行信息交流的工具。输入设备是将原始信息转换为计算机能接收的二进制数,以便计算机能够处理的设备。输入设备有很多,常见的有键盘、鼠标、扫描仪、数码相机、条形码阅读器等。

图1-12 P55的主板

1）键盘和鼠标

键盘和鼠标是微机最基本的输入设备，键盘将按键的位置信息转换为对应的数字编码并送入计算机主机，用户通过键盘输入指令才能实现对计算机的控制。鼠标是一种控制屏幕上的光标的输入设备，可以通过操作鼠标告诉计算机要做什么，鼠标可分为机械式鼠标、光电式鼠标、无线遥控鼠标等。

键盘通常连接在PS/2（紫色）接口或USB接口上，鼠标通常连接在PS/2（绿色）接口或USB接口上。近几年利用“蓝牙”技术无线连接到计算机的无线鼠标和无线键盘越来越多。

2）数码相机

数码相机是一种采用光电子技术摄取静止图像的照相机。数码相机摄取的光信号由电荷耦合器件（CCD）转变成电信号，保存在CF卡、SM卡或SD卡上，将其与计算机的USB通信端口连接，可将拍摄的照片转存到计算机内进行编辑。分辨率是数码相机最重要的性能指标，数码相机的分辨率用图像的绝对像素数来衡量，像素数量越多，分辨率就越高，所拍图像的质量也就越高。

3）扫描仪

扫描仪是计算机输入图片和文字的一种输入设备，它内部有一套光电转换系统，可以将彩色图片、印刷品等各种图片信息自动转换成计算机图像数据，并传送给计算机，再由计算机进行图像处理、编辑、存储、打印输出或传送给其他设备。

6. 输出设备

输出设备是将计算机内部的信息以人们易于接受的形式传送出来的设备，常用的有显示器、打印机、绘图仪和音箱等。

1）显示器

显示系统是微型机最基本的、必备的输出设备，包括显示器和显示适配器（又称显卡）。显示器的种类很多，按所采用的显示器件，可分为阴极射线管（CRT）显示器、液晶显示器（LCD）等。液晶显示器具有无辐射、体积小、耗电量低、美观等优点，是显示器的主流配置。其主要参数如下。

（1）分辨率：显示器所能显示的像素点的多少。像素是显示器显示图像的最小单位，

PC上能看到的图形都是由成千上万的像素组成的。通常看到的分辨率都是以乘法形式表现的,如1024×768像素,其中1024表示屏幕水平方向的点数,768表示屏幕垂直方向的点数。液晶显示器的像素间距已经固定,因此其物理分辨率是固定不变的,只有在最大分辨率下,液晶显示器才能显现最佳影像。

(2) 颜色质量:在某一分辨率下,每个像素点由多少种色彩来描述,单位是位(bit)。颜色位数决定了颜色数量,颜色位数越多,颜色数量越多。例如,若颜色质量为N位,则颜色数量为2^N种。此外,人们还定义了一个"增强色"(16位及以上的颜色质量)、真彩24位色及真彩32位色等概念来描述色深。

(3) 响应时间:屏幕上的像素由亮转暗或由暗转亮所需要的时间,单位是毫秒(ms)。响应时间越短,显示器闪动就越少,在观看动态画面时不会有尾影。目前,液晶显示器的响应时间是16ms和12ms。

2) 打印机

打印机是微机系统中常用的输出设备之一,是可选件。打印机的主要性能指标有两个:打印速度和分辨率。根据打印机的工作原理,可以将打印机分为点阵打印机、喷墨打印机和激光打印机等,如表1-13所示。

表1-13 打印机分类及特点

分 类	图 片	特 点
点阵打印机		利用打印头内的点阵撞针撞击打印色带,在打印纸上产生打印效果,其特点是打印成本低,对纸张要求低,噪声大,速度慢,精度低
喷墨打印机		打印头由细小的喷墨口组成,并按一定方式喷射出墨水,打印到纸张上形成字符和图形,其特点是打印质量较高,噪声较小,耗材高,喷墨口不易保养
激光打印机		激光扫描技术与电子照相技术相结合的产物。特点是打印质量高,速度快,耗材和购置费用都较高,多用于高档的桌面印刷系统

问:什么是3D打印?

答:3D打印是一种新型的打印技术,以计算机模型文件为基础,运用粉末状塑料或金属等可黏合材料,通过逐层打印的方式来构造物体。用传统的方法制造出一个模型通常需要数天,而用3D打印的技术则可以将时间缩短为数个小时。

3) 声音系统

音频信号是连续的模拟信号,而计算机处理的只能是数字信号,因此,计算机要对音频信号进行处理,首先必须进行模/数(A/D)转换。转换过程是对音频信号的采样和量化过程,即把时间上连续的模拟信号转变为时间上不连续的数字信号。只要在连续量上等间隔地取足够多的点，就能逼真地模拟出原来的连续量。这个"取点"的过程我们称为采样(sampling)。采样频率是指每秒对音频信号的采样次数。当采样频率达到 44.1kHz 时即达到了 CD 音质水平。

巩固训练

一、判断题

总线是计算机各功能部件之间传送信息的公共通道。(　　)

A. 正确　　　　B. 错误

【答案】 A

【解析】 略。

二、填空题

地址码长度为二进制 24 位时，其寻址范围是________MB。

【答案】 16

【解析】 有 24 位二进制数作为地址，则有 24 种地址组合，对应 2^{24} 个存储单元。微机中一个存储单元对应 1 字节，则 24 位地址码的寻址范围是 2^{24} Byte＝16MB。

强化训练

请扫描二维码查看强化训练的具体内容。

强化训练

参考答案

请扫描二维码查看参考答案。

参考答案

第2章　计算思维

思维导图

思维导学

请扫描二维码查看本章的思维导图。

明德育人

党的二十大报告指出："教育、科技、人才是全面建设社会主义现代化国家的基础性、战略性支撑。必须坚持科技是第一生产力、人才是第一资源、创新是第一动力,深入实施科教兴国战略、人才强国战略、创新驱动发展战略,开辟发展新领域新赛道,不断塑造发展新动能新优势。"

科技兴则民族兴,科技强则国家强。计算思维代表着一种普遍的认知和一类普适的技能,不仅是科学家,每个人都应该关心它的学习与运用。编程可以非常好地训练逻辑思维,提升学生的抽象思维能力、空间思维能力,培养学生的计算思维和创新思维,同时,也越来越会发展为所有学生将来不管从事任何行业的必备技能。

知识学堂

计算思维

2.1　计算思维及其应用

2.1.1　计算思维的基本概念

1. 计算思维的概念

思维就是要解决我们生活、工作、科学研究中对问题求解的一种思路。科学研究的三大方法是理论、实验和计算,对应的三大科学思维分别是理论思维、实验思维和计算思维。

1）理论思维

理论思维又称推理思维,以推理和演绎为特征,以数学学科为代表。理论思维强调推理。

2）实验思维

实验思维又称实证思维,以观察和总结自然规律为特征,以物理学科为代表。实验思维强调归纳。

3）计算思维

计算思维又称构造思维,以设计和构造为特征,以计算机学科为代表。计算思维希望能自动求解。

美国卡内基梅隆大学原计算机科学系主任周以真教授在美国计算机权威期刊 *Communications of the ACM* 上提出并定义了计算思维。她认为，计算思维是运用计算机科学的基础概念进行问题求解、系统设计以及人类行为理解等涵盖计算机科学之广度的一系列思维活动。计算思维是分析、解决问题的一种能力，目的是求解问题、设计系统和理解人类行为，而使用的方法是计算机科学的方法。

2. 计算思维的特征

计算思维具有以下特征。

(1) 计算思维是人类求解问题的一条途径，是属于人的思维方式，不是计算机的思维方式。

(2) 计算思维的过程既可以由人执行，也可以由计算机执行。

(3) 计算思维是求解问题的过程中包含的思想，不是人造物。

(4) 计算思维是概念化，不是程序化。

(5) 计算思维是一种根本的，而不是刻板的技能。

(6) 计算思维是数学和工程思维的互补与融合。

(7) 计算思维面向所有人、所有地方。

3. 计算思维的本质

计算思维的本质与核心是抽象和自动化。计算思维中的抽象完全超越物理的时空观，并完全用符号来表示，其中，数字抽象只是一类特例。自动化就是机械地一步一步自动执行，其基础和前提是抽象。计算思维反映了计算的根本问题，即什么能被有效地自动进行。当计算思维真正融入人类活动的整体时，人们像运用读、写、算能力一样，在需要的时候自然地运用计算思维这一解决问题的有效工具。

4. 计算思维的内涵

1) 计算思维的基本问题

(1) 可计算性。"一个问题是可计算的"是指可以使用计算机在有限步骤内解决问题。从本质上说，计算机的计算是数值计算，但是很多非数值问题是通过转化成数值问题再成为可计算的问题。可计算性的另一个定义就是邱奇——图灵论题：一切直觉上可计算的函数都可用图灵机计算，反之亦然。也就是说，图灵机可计算的问题就是可计算的问题。

(2) 计算复杂性。计算复杂性就是用计算机求解问题的难易程度，其度量标准有两个：时间复杂性和空间复杂性。

2) 计算思维的基本方法

周以真教授阐述了七大类计算思维方法。

(1) 约简、嵌入、转换和仿真等方法，用来把一个看起来困难的问题重新阐释成一个人们知道怎样解决的问题的思维方法。

(2) 递归方法、并行方法、把代码译成数据又能把数据译成代码的方法、多维分析推广的类型检查方法。

(3) 抽象和分解方法，用来控制庞杂的任务或者进行巨大复杂系统设计；基于关注分离的方法。

(4) 选择合适的方式去陈述一个问题的方法，对一个问题的相关方面进行建模使其易于处理的思维方法。

(5) 按照预防、保护及通过冗余、容错、纠错的方式,并在最坏情况下进行系统恢复的一种思维方法。

(6) 启发式推理,用于在不确定情况下的规划、学习和调度的思维方法。

(7) 利用海量数据加快计算,在时间和空间之间、处理能力和存储容量之间进行折中的思维方法。

巩固训练

多选题

关于计算思维的说法正确的是(   )。

A. 计算思维是运用计算机科学的基础概念进行问题求解、系统设计以及人类行为理解等涵盖计算机科学之广度的一系列思维活动

B. 计算思维的核心是抽象和自动化

C. 计算思维是人的思想,不是计算机的思维

D. 计算思维是分析和解决问题的能力,不是刻板的操作技能

【答案】 ABCD

【解析】 略。

2.1.2 计算思维的应用

计算思维作为一种基本技能和普适思维方法,不仅渗透进每个人的生活,让人们学会如何分析、解决问题,还影响了其他学科的发展,形成了一系列新的学科分支。

1. 计算生物学

计算生物学是指开发和应用数据分析及理论的方法、数学建模、计算机仿真技术等,用于生物学、行为学和社会群体系统研究的一门学科。计算生物学的最终目的是运用计算机的思维解决生物问题,用计算机的语言和数学的逻辑构建和描述并模拟出生物世界。

2. 计算神经科学

计算神经科学是使用数学分析和计算机模拟的方法在不同水平上对神经系统进行模拟和研究。从神经元的真实生物物理模型、它们的动态交互关系以及神经网络的学习,到脑的组织和神经类型计算的量化理论等,从计算角度理解脑,研究非程序的、适应性的、脑风格的信息处理的本质和能力,探索新型的信息处理机理和途径,从而创造脑。它的发展将对智能科学、信息科学、认知科学、神经科学等产生重要影响。

3. 计算化学

计算化学是理论化学的一个分支。计算化学是根据基本的物理化学理论,以大量数值运算方式来探讨化学系统的性质。研究领域包括数值计算、化学模拟、模式识别应用、数据库及检索、化学专家系统等。

4. 计算物理学

计算物理学是一门新兴的边缘学科。它是利用现代电子计算机的大存储量和快速计算的有利条件,通过计算机模拟物理学、力学、天文学和工程中复杂的多因素相互作用过程。如原子弹的爆炸、火箭的发射等。

5. 计算经济学

计算经济学是以计算机为工具而研究人和社会经济行为的社会科学,是经济学的一个分支。现在主流的 ACE(agent-based computational economics,基于代理的计算经济学),是将复杂适应系统理论、基于代理的计算机仿真技术应用到经济学的一种研究方法。

6. 计算机艺术

计算机艺术是指用计算机以定性和定量方法对艺术进行分析研究,以及利用计算机辅助艺术创作。计算机艺术尚未形成一个完整的学科体系。计算机在造型艺术中用于绘画和雕刻,即为计算机绘画;计算机在综合艺术中用于动画片,即为计算机动画;计算机在表演艺术中用于音乐和舞蹈等领域,即为计算机音乐和计算机舞蹈。

7. 其他领域

计算思维除了可应用于电子、土木、机械、航空航天等工程学外,还可应用于社会科学、地质学、天文学、数学、医学、法律、娱乐、体育等领域。

2.2 问题求解

2.2.1 计算机求解问题的基本步骤

1. 分析问题

在开始解决问题时,首先要弄清楚所求解问题相关领域的基本知识,应做到以下几点。

(1) 分析题意,搞清楚问题的含义,以及要解决问题的目标。

(2) 弄清楚问题的已知条件和已知数据。

(3) 弄清楚要求解的结果以及需要什么类型的报告图表或信息。

2. 确定数学模型

在分析问题的基础上,要建立计算机可实现的计算模型,确定数学模型就是把实际问题直接或间接转换为数学问题,直到得到求解问题的公式。例如,对于求解一元二次方程 $ax^2+bx+c=0$ 的根,求根公式

$$x=\frac{-b\pm\sqrt{b^2-4ac}}{2a}$$

就是解本题的数学模型,直接用求根公式求得。对于高次方程,没有直接的数学模型,则需要通过数值模拟的方法求得方程的近似解。

建模是计算机解题中的难点,也是计算机解题成败的关键。

3. 算法设计

算法是求解问题的方法和步骤,设计从给定输入到期望输出的处理步骤。学习程序设计最重要的是学习算法思想,掌握常用算法并能自己设计算法。

4. 程序编写、编辑、编译和连接

当算法设计正确完成后,那么编写程序代码将相对简单。要编写程序代码,首先选择编程语言,然后按照算法并根据语言的语法规则写出源程序。

当然,计算机是不能直接执行源程序的,在编译方式下必须通过编译程序将源程序翻译

成目标程序。生成的目标程序还不能被执行，还需通过连接程序将目标程序和程序中所需的系统中固有的目标程序模块链接后生成可执行文件。

5. 运行和测试

测试的目的是找出程序中的错误。测试是以程序通过编译，没有语法和连接上的错误为前提的。在此基础上，通过让程序试运行一组数据，看程序是否满足预期结果。这组测试数据应是以“任何程序都是有错误的”为前提精心设计出来的，称为测试用例。

2.2.2 计算思维解决计算问题的方法

计算思维的本质是抽象和自动化。也就是说，求解问题的过程大致可以分为两步：一是问题抽象；二是自动化，即编写程序。

1. 抽象

抽象是一种古已有之的方法，其本义是从众多的事物中抽取出共同的、本质性的特征，而舍弃其非本质的特征。在计算机科学中，抽象是简化复杂的现实问题的最佳途径。抽象的具体形式是多种多样的，但是离不开两个要素，即形式化和数学建模。

1）形式化

形式化是指在计算机科学中，采用严格的数学语言且具有精确的数学语义的方法。形式化是基于数学的方法，运用数学语言描述清楚问题的条件、目标以及达到目标的过程是问题求解的前提和基础。不同形式化方法的数学基础是不同的。

2）数学建模

数学建模就是通过计算得到的结果来解释实际问题，并接受实际的检验，来建立数学模型的全过程。数学模型一般是实际事物的一种数学简化，常常是以某种意义上接近实际事物的抽象形式存在的，但与真实的事物有着本质的区别。例如，龙卷风模型、潮汐模型等。

2. 自动化

抽象是自动化的前提和基础。计算机通过程序实现自动化，而程序的核心是算法。因此，对于常见的简单问题，自动化分为两步：设计算法和编写程序。

2.3 算法与数据结构

计算机是一种按照程序，高速、自动地进行计算的机器。一个计算机程序主要描述两部分内容：问题中对象和对象之间的关系以及对这些对象的处理规则。其中，对象和对象之间的关系是数据结构的内容，而处理规则是求解的算法。针对问题所涉及的对象和需要完成的处理设计合理的数据结构可以有效地简化算法。数据结构和算法是程序最主要的两个方面，著名计算机科学家沃思提出一个经典公式：

程序＝算法＋数据结构

2.3.1 算法基础知识

1. 算法的概念与特性

1）算法的概念

用计算机解题时，任何答案的获得都是按指定顺序执行一系列指令的结果。因此，用计算机解题前，需要将解题方法转换成一系列具体的、在计算机上可执行的步骤，这些步骤能清楚地反映解题方法一步步“怎样做”的过程，这个过程就是通常所说的算法。

算法可以看作由有限个步骤组成的用来解决问题的具体过程，实质上反映的是解决问题的思路。通俗地说，算法就是解决问题的方法和步骤，解决问题的过程就是算法实现的过程。

例如，求 1＋2＋3＋…＋100 的算法如下。

(1) k＝1，s＝0。

(2) 如果 k＞100，则算法结束，s 为所求的和，输出 s，否则转向(3)。

(3) s＝s＋k，k＝k＋1。

(4) 转向(2)。

对于这个问题，还有别的算法，就像解决同一个数学问题有多种方法一样。另外，现代计算机已远远突破了数值计算的范围，算法包括大量的非数值计算，如检索信息、表格处理、判断和决策、逻辑演绎等。

2) 算法的特性

计算机的算法有以下几个性质。

(1) 输入：在算法中可以有零个或者多个输入。

(2) 输出：在算法中至少有一个或者多个输出。

(3) 有穷性：算法必须在执行有限个步骤后结束。也就是说，解题过程必须是可以终止的。

(4) 确定性：算法的每一个步骤都必须明确地定义，不应该在理解时产生二义性。

(5) 可行性：每个算法都可以有效地执行，并能得到确定的结果。

2. 算法的分类

算法种类有很多，分类标准也有很多，根据处理的数据是数值数据还是非数值数据，可以分为数值计算算法和非数值计算算法。

1) 数值计算算法

数值计算算法用于科学计算，其特点是少量的输入/输出和复杂的运算。例如，求高次方程的近似根、求函数的定积分等。

2) 非数值计算算法

非数值计算算法的目的是对数据进行管理，其特点是大量的输入/输出、简单的算术运算和大量的逻辑运算。例如，对数据的排序、查找等算法。随着计算机技术的发展和应用面的普及，非数值计算算法涉及面更广，研究的任务更重。

2.3.2 算法的表示方法

算法的表示方法有很多，常用的有自然语言、传统的流程图、N-S 图、伪代码和计算机语言等。

1. 自然语言

用人们日常使用的语言，即自然语言来描述算法通俗易懂，但存在以下缺陷：一是易产生歧义，往往要根据上下文才能判别其确切含义；二是语句烦琐、冗长，尤其是描述包含选择和循环结构的算法时，不太方便。因此，一般不用自然语言来描述算法，除非是很简单的问题。

2. 传统的流程图

流程图是描述算法的常用工具,采用一些图框、线条以及文字说明来形象、直观地描述算法处理过程。美国国家标准化协会(ANSI)规定了一些常用的流程图符号,如表 2-1 所示。

表 2-1 常用的流程图符号

符号名称	图形	功能
起止框	(圆角矩形)	表示算法的开始和结束
输入/输出框	(平行四边形)	表示算法的输入/输出操作
处理框	(矩形)	表示算法中的各种处理操作
判断框	(菱形)	表示算法中的条件判断操作
流程线	→	表示算法的执行方向

【例 2-1】 用流程图表示计算 5!的算法。

计算 5!的流程图如图 2-1 所示。

3. N-S 图

N-S 图是一种简化的流程图,去掉了流程图中的流程线,全部算法写在一个矩形框内。用 N-S 图表示的三种基本结构——顺序结构、选择结构、循环结构,如图 2-2 所示。用 N-S 图表示算法直观形象,且比流程图紧凑易画,实际应用中经常采用。

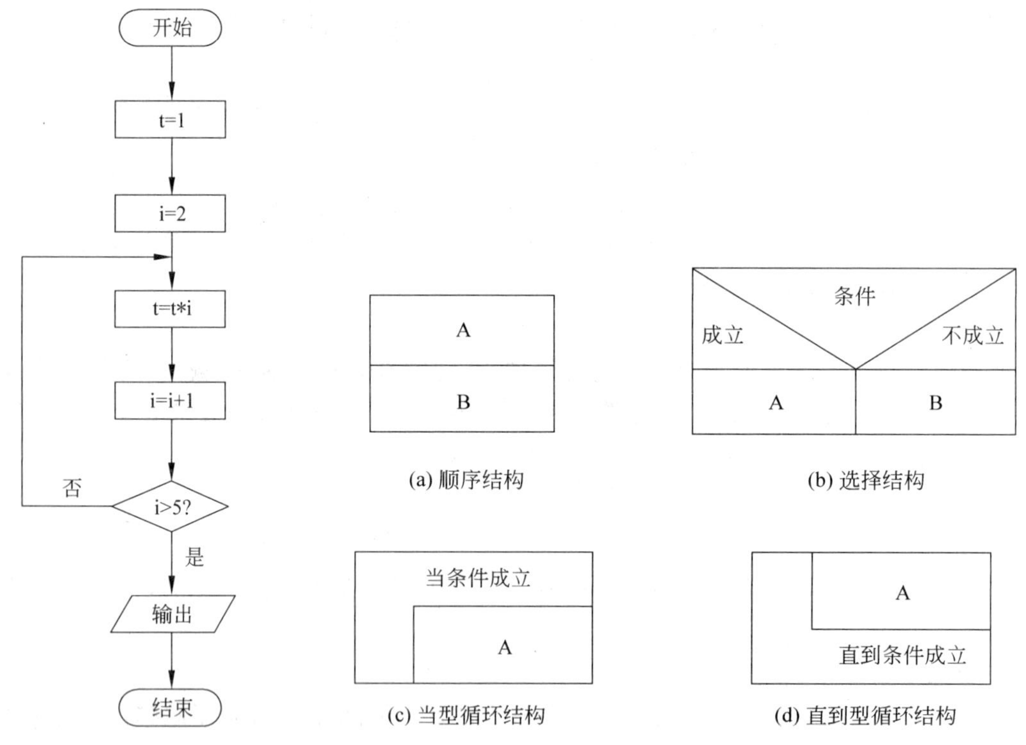

图 2-1 计算 5!的流程图

图 2-2 N-S 图三种基本结构

【例 2-2】 用 N-S 图表示计算 5!的算法。

计算 5!的 N-S 图如图 2-3 所示。

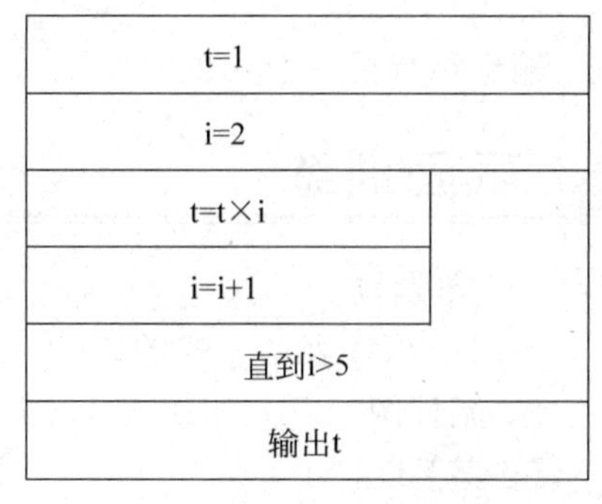

图 2-3 计算 5!的 N-S 图

4. 伪代码

用流程图表示算法直观易懂,但画起来比较费事,尤其当设计一个复杂算法并需要反复修改时,就更加麻烦。为了设计算法时方便,常用一种称为伪代码的工具。所谓“伪代码”,就是用介于自然语言和计算机语言之间的文字和符号来描述算法。用伪代码写的算法不能被计算机所理解,但便于转换成用某种语言编写的计算机程序。

例如,一种伪代码有如下简单约定。

(1) 每个算法以 Begin 开始,以 End 结束。若仅表示部分实现代码可省略。

(2) 每一条指令占一行,指令后不跟任何符号。

(3) “//”标志表示注释的开始,一直到行尾。

(4) 算法的输入/输出以 Input/Print 后加参数表的形式表示。

(5) 用“←”表示赋值。

(6) 用缩进表示代码块结构,包括 While 和 For 循环、If 分支判断等。块中多句语句用一对{}括起来。

【例 2-3】 用伪代码表示计算 5!的算法。

```
Begin              //算法开始
t←1
i←2
While(i≤5)
{
    t←t*i
    i←i+1
}
End While
Print t
End                //算法结束
```

5. 计算机语言

计算机无法识别自然语言、流程图、伪代码。这些方法仅为了帮助人们描述、理解算法,要用计算机解题,就要用计算机语言描述算法。用计算机语言编写的程序,需要解释程序或者被编译成目标程序才能被计算机执行。

【例 2-4】 用 C 语言编程实现计算 5!。

```
#include <stdio.h>
int main()
{
  int i,t;         /* t用来存放计算结果,i表示循环变量*/
  t=1;
  for(i=1;i<=5;i++)
    t= t*i;
  printf("5!=%d\n",t);
```

```
  return 0;
}
```

输出结果是“5!＝120”。

巩固训练

一、单选题

不属于算法表达方式的是(　　)。

A. 流程图　　B. 伪代码　　C. 自然语言　　D. E-R 图

【答案】D

【解析】E-R 图是实体关系图,是描述现实世界概念结构模型的有效方法,不属于算法表达方式。

二、填空题

如图 2-4 所示的流程图的输出结果是________。

【答案】12

【解析】略。

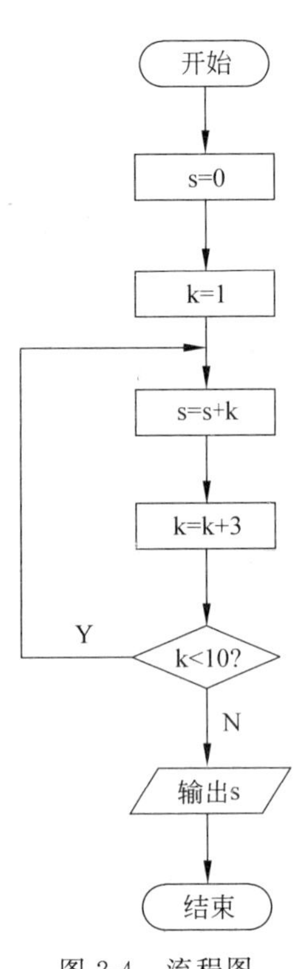

图 2-4　流程图

2.3.3　典型问题求解策略

1. 递归法

递归是设计和描述算法的一种有力的工具,它在复杂算法的描述中经常被采用。递归描述的算法通常有这样的特征:为求解规模为 n 的问题,设法将它分解成规模较小的问题,然后由这些小问题的解方便地构造出大问题的解,并且这些规模较小的问题也能采用同样的分解和综合方法,分解成规模更小的问题,并由这些更小问题的解构造出规模较大问题的解。

2. 穷举法

穷举法也称“枚举法”,即将可能出现的每一种情况一一测试,判断是否满足条件,一般采用循环来实现。

3. 回溯法

回溯法是系统地搜索问题的所有解的算法。在问题的解空间树中,回溯法按深度优先策略,从根结点出发搜索解空间树。算法搜索至解空间树的任一结点时,先判断该结点是否包含问题的解。如果肯定不包含,则跳过对以该结点为根的子树的搜索,逐层向其祖先结点回溯;否则,进入该子树,继续按深度优先策略搜索。回溯法求问题的所有解时,要回溯到根,且根结点的所有子树都被搜索一遍才结束。

4. 贪婪法

贪婪法是一种不追求最优解,只希望得到较为满意解的方法。贪婪法一般可以快速得到满意的解,因为它省去了为找最优解要穷尽所有可能而必须耗费的大量时间。贪婪法常以当前情况为基础作最优选择,而不考虑各种可能的整体情况。

5. 分治法

分治法的设计思想是：将一个难以直接解决的大问题，分割成一些规模较小的相同问题，以便各个击破，分而治之。

2.3.4 算法的复杂度分析

对一个算法的评价主要从时间复杂度和空间复杂度来考虑，这也是提升应用程序质量的落脚点。

1. 算法的时间复杂度

1）时间频度

一个算法执行所耗费的时间，从理论上是不能算出来的，必须上机运行测试才能知道。但我们不可能也没有必要上机测试每个算法，只需知道哪个算法花费的时间多，哪个算法花费的时间少就可以了。并且一个算法花费的时间与算法中语句的执行次数成正比，哪个算法中语句执行次数多，它花费时间就多。一个算法中的语句执行次数称为语句频度或时间频度。

2）时间复杂度

在时间频度中，n 称为问题的规模，当 n 不断变化时，时间频度 $T(n)$ 也会不断变化。但有时我们想知道它变化时呈现什么规律，为此，我们引入时间复杂度的概念。一般情况下，算法中基本操作重复执行的次数是问题规模 n 的某个函数，用 $T(n)$ 表示，若有某个辅助函数 $f(n)$，使得当 n 趋近于无穷大时，$T(n)/f(n)$ 的极限值为不等于零的常数，则称 $f(n)$ 是 $T(n)$ 的同数量级函数，记作 $T(n)=O(f(n))$，称 $O(f(n))$ 为算法的渐近时间复杂度，简称时间复杂度。

在各种不同算法中，若算法中语句执行次数为一个常数，则时间复杂度为 $O(1)$。另外，在时间频度不相同时，时间复杂度有可能相同，如 $T(n)=n^2+3n+4$ 与 $T(n)=4n^2+2n+1$，它们的频度不同，但时间复杂度相同，都为 $O(n^2)$。随着问题规模 n 的不断增大，时间复杂度不断增大，算法的执行效率不断降低。

2. 算法的空间复杂度

与时间复杂度类似，空间复杂度是指算法在计算机内执行时所需存储空间的度量。算法执行期间所需要的存储空间包括以下 3 个部分。

- 算法程序所占的空间。
- 输入的初始数据所占的存储空间。
- 算法执行过程中所需要的额外空间。

在许多实际问题中，为了减少算法所占的存储空间，通常采用压缩存储技术。

巩固训练

一、单选题

把一个难以直接解决的大问题，分割成一些规模较小的相同问题，以便逐个求解的方法是(　　)。

A. 穷举法　　B. 回溯法　　C. 贪婪法　　D. 分治法

【答案】D

【解析】分治法是将一个难以直接解决的大问题,分割成一些规模较小的相同问题,且这些子问题都可解,并可利用这些子问题的解求出原问题的解。

二、判断题

算法的时间复杂度和与空间复杂度成正比。( )

A. 正确　　　　　　　　　B. 错误

【答案】B

【解析】时间复杂度和空间复杂度是评价算法的两个重要指标,二者没有正比关系。

2.3.5　数据结构

1. 数据结构的概念

数据结构是从问题中抽象出来的数据之间的关系,它代表信息的一种组织方式,用来反映一个数据的内部结构,即一个数据由哪些数据项构成,以什么方式构成,呈什么结构。数据结构有逻辑上的数据结构和物理上的数据结构之分。逻辑上的数据结构反映各数据项之间的逻辑关系,而物理上的数据结构反映成分数据在计算机内部的存储安排。

求解简单的数值问题时,涉及的数据量少,数据处理逻辑简单,可以很少考虑数据结构的问题。但当涉及图、表的复杂信息结构,或者大量数据的处理时,就必须考虑数据结构问题。例如,大型超市的商品管理包括的商品信息非常多,如果不采取一定的数据结构(如商品的分类、价格和厂家等信息编排统一有序的检索号等),则系统的实现是很困难的。所以,数据结构是信息的一种组织方式,其目的是提高算法的效率。它通常与一组算法的集合相对应,通过这组算法集合可以对数据结构中的数据进行某种操作。

2. 典型数据结构

典型的数据结构包括线性表、堆栈和队列等。

1)线性表

线性表是最简单也是最常用的一种数据结构,插入与删除运算简单。顺序存储结构的线性表特点如下。

(1)元素所占的存储空间必须连续。

(2)元素在存储空间的位置是按逻辑顺序存放的。

2)堆栈

堆栈是一种特殊的线性表,其插入运算与删除运算都只在线性表的一端进行,也被称为"先进后出"表或"后进先出"表。其特点如下。

(1)栈顶元素是最后被插入和最早被删除的元素,栈底元素是最早被插入和最后被删除的元素。

(2)在顺序存储结构下,栈的插入和删除运算不需移动表中其他数据元素。

(3)栈顶指针 top 动态反映了栈中元素的变化情况。

3)队列

队列是指允许在一端进行插入,在另一端进行删除的线性表,又称"先进先出"的线性表。其中队尾是指允许插入的一端,用尾指针指向队尾元素。排头是允许删除的一端,用头指针指向头元素的前一位置。

2.4 程序设计基础

2.4.1 程序设计语言

从计算机诞生至今，计算机语言经历了机器语言、汇编语言和高级语言三个阶段，如表2-2所示。

表2-2 计算机语言的分类和特点

语言名称		阐述	特点
低级语言	机器语言	由0和1组成的二进制语言，是计算机唯一能识别的、不需要翻译就可以直接执行的语言	执行速度快，效率高；不能移植，编写、修改困难，可读性差
	汇编语言	符号化的机器语言，采用助记符来代替机器语言中的指令和数据	比机器语言便于使用，但不能直接识别，需要经过汇编程序将其翻译成机器语言程序才能执行
高级语言		接近于人的自然语言，编写、修改方便，可读性好，通用性强。但高级语言源程序必须经过专门的语言处理程序（解释程序或编译程序）翻译成机器语言程序才能执行	编写的程序易读、易修改，通用性好，不依赖于机器

机器语言和汇编语言一般都称为低级语言。为了更好、更方便地进行程序设计工作，必须屏蔽机器的细节，摆脱机器指令的束缚，使用接近人类思维逻辑习惯且容易读、写和理解的程序设计语言。从20世纪50年代中期开始，有几百种程序设计语言问世，常用的高级语言有面向过程的Fortron、COBOL、Pascal、Basic、C等，面向对象的C++、Visual Basic、Java、C#等。随着大数据和人工智能的兴起，Python程序设计语言也成为人们编程常用的语言之一。

问：Python语言有何特点？

答：Python语言是一种面向对象的解释型程序设计语言，语法简洁清晰，易学易读，具有丰富和功能强大的类库，以支持应用开发所需的各种功能。

巩固训练

一、单选题

1. 直接用二进制代码指令表达的计算机语言是（　　）。

A. 机器语言　　B. 汇编语言　　C. 智能语言　　D. 高级语言

【答案】 A

【解析】 机器语言是由0、1二进制代码组成的能被机器直接理解、执行的指令集合。

2. 以下（　　）是计算机程序设计语言经历的主要阶段。

A. 机器语言、BASIC语言和C语言　　B. 机器语言、汇编语言和C++语言

C. 机器语言、汇编语言和高级语言　　D. 二进制代码语言、机器语言和高级语言

【答案】 C

【解析】 计算机程序设计语言经历了机器语言、汇编语言和高级语言三个阶段。

二、填空题

将高级语言编写的程序翻译成机器语言程序,采用的两种翻译方式是________和解释。

【答案】编译

【解析】略。

2.4.2 结构化程序设计方法

1. 结构化程序设计方法基础

在计算机出现的早期,价格昂贵、内存很小,速度不快。程序员为了在此限制下解决大量的科学计算问题,不得不使用巧妙的手段和技术,手工编写各种高效的程序。其中显著的特点是程序中大量使用 GOTO 语句,使得程序结构混乱、可读性差、可维护性差、通用性更差。

1966 年荷兰科学家 E. W. Dijkstra 提出结构化程序设计的概念,为结构化程序设计的技术奠定了理论基础。结构化编程主要包括以下两个方面。

(1) 在软件设计和实现过程中,提倡采用自顶向下、逐步细化的模块化程序设计原则,构成如图 2-5 所示的树状结构。

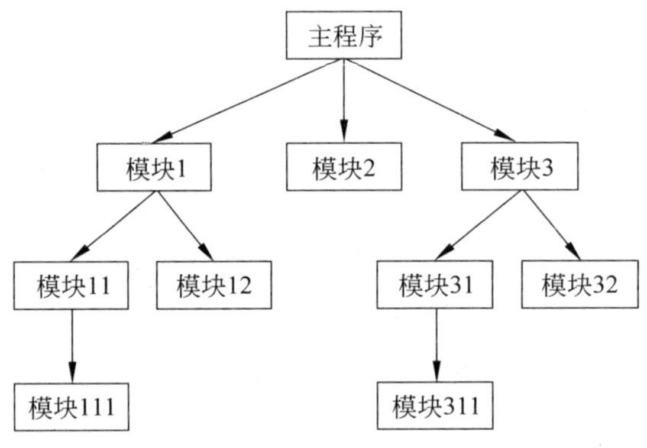

图 2-5　自顶向下的模块化设计图

(2) 在代码编写时,强调采用单入口、单出口的 3 种基本控制结构(顺序、选择、循环),避免使用 GOTO 语句,其构成如同一串珠子一样顺序清楚、层次分明。

2. 结构化程序设计的基本结构

1) 顺序结构

顺序结构是算法的基本结构,任何一个算法都包含顺序结构。如图 2-6 所示,虚线框内是一个顺序结构。其中 A 和 B 两个框是顺序执行的,即在执行完 A 框指定的操作后,必须接着执行 B 框指定的操作。

2) 分支结构

分支结构又称选取结构或选择结构,如图 2-7 所示,虚线框内是一个选择结构。此结构中必包含一个判断框。根据给定的条件 P 是否成立而选择执行 A 框或 B 框。注意在分支结构中,无论条件 P 是否成立,只能执行 A 框或 B 框之一,不可能既执行 A 框又执行 B 框。

3) 循环结构

循环结构又称重复结构,即反复执行某一部分的操作。循环结构可以分为两类。

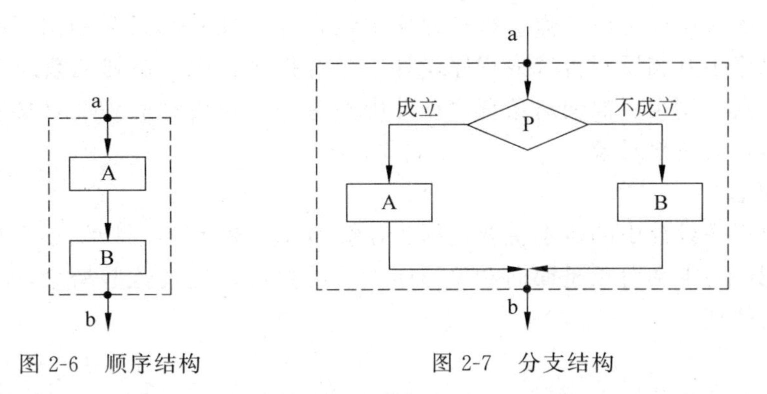

图 2-6　顺序结构　　　　图 2-7　分支结构

(1) 当(while)型循环结构。如图 2-8(a)所示,它的功能是:当给定的条件 P1 成立时,执行 A 框操作;执行完 A 框后,再判断条件 P1 是否成立,如仍然成立,再执行 A 框。如此反复执行 A 框,直到某一次 P1 条件不成立为止,此时不执行 A 框,而从 b 点脱离循环结构。

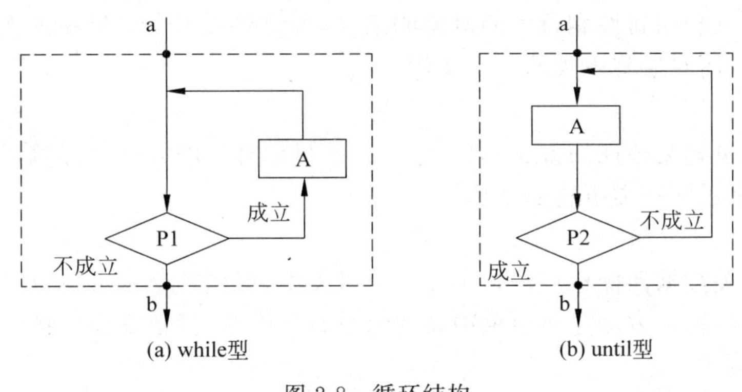

图 2-8　循环结构

(2) 直到(until)型循环结构。如图 2-8(b)所示,它的功能是:先执行 A 框,然后判断给定的条件 P2 是否成立,如果条件 P2 不成立,则再执行 A 框;然后对条件 P2 作判断,如果条件 P2 仍然不成立,再执行 A 框。如此反复执行 A 框,直到给定的 P2 条件成立为止,此时不再执行 A,从 b 点脱离循环结构。

结构化程序的结构简单清晰,可读性好,模块化强,描述方式符合人们解决复杂问题的普遍规律,在软件重用性、软件维护性等方面有所进步,可以显著提高软件开发的效率,因此,在应用软件的开发中发挥了重要的作用。

2.4.3　面向对象程序设计方法

1. 引入

结构化程序设计方法虽已得到广泛使用,但如下两个问题仍未得到很好的解决:一是难以适应大型软件的设计。结构化程序设计注重实现功能的模块化设计,程序和数据是分开存储的,在大型软件系统开发中,容易出错,难以维护。二是程序可重用性差。结构化程序设计方法不具备“软件部件”的工具,即使是面对老问题,数据类型变化或处理方法的改变都必将导致程序的重新设计。

面向对象程序设计可以看作一种在程序中包含各种独立而又互相调用的对象的思想，这与传统的思想刚好相反。传统的程序设计主张将程序看作一系列函数的集合，比如C语言就是基于函数的调用。面向对象程序设计中的每一个对象都应该能够接收数据、处理数据并将数据传达给其他对象。

2. 相关概念

面向对象程序设计中的概念主要包括：对象、类、抽象、封装、继承、多态性、消息、事件、事件驱动等，其中，类和对象是面向对象程序设计的核心。通过这些概念，面向对象的思想得到了具体的体现。

1）对象

对象是构成系统的基本单位，可以用对象名、属性和方法来描述。对象名是指每个对象应该有一个名字以区别于其他对象；属性是用一组状态来描述的对象的某些特征；方法是对属性的各种操作，每一个操作决定对象的一种功能或行为。

2）类

类是一个共享相同属性和行为的对象的集合，为该类的多个对象提供统一的抽象描述。类是对象的抽象，而对象是该类的一个实例。

3）抽象

抽象是处理事物复杂性的方法，只关注与当前目标有关的方面，而忽略与当前目标无关的方面，抽象能表示同一类事物的本质。

4）封装

一方面将有关数据和操作代码封装在一个对象中，形成一个基本单位，各个对象之间相互独立，互不干扰；另一方面是将对象中某些部分对外隐藏，只留下少量接口与外界联系。

5）继承

继承是类之间的关系，在这种关系中，一个类继承了一个或多个其他类中定义的结构和行为。派生类可以对基类的行为进行扩展、覆盖、重定义。

6）多态性

多态性是指基类中定义的属性或方法被派生类继承后，可具有不同的数据类型或表现出不同的行为，其对象对同一消息会作出不同的响应。

7）消息

在面向对象的系统中，对象与对象之间并不是彼此孤立的，它们之间存在着联系。对象之间的联系是通过消息来传递的。

当一个对象需要其他对象为其服务时，便可向那个对象发出请求服务的消息。收到消息的对象会根据这个消息执行相应的功能。因此，消息是对象之间相互请求或相互协作的手段，是激活某个对象执行其中某个功能操作的“源”。

8）事件

事件就是一些能够激活对象功能的动作。例如，在学校，上课的“铃声响起”是一个事件，老师听到铃声就要准备开始讲课。有同学“举手”也是一个事件，老师看到举手就会请同学起立发言。可见，不同的事件往往引发对象不同的动作。

把日常生活中的事件概念引入计算机。不难理解用户按键、单击、打开文件、关闭文件等都是发生在计算机上的事件。这些事件体现了人与机器之间的联系，计算机依据用户产生的这些事件执行相应的程序。

9）事件驱动

在面向对象的程序设计中，程序是由若干个规模较小的事件过程组成的。当程序处于运行状态时，特定事件的发生将引发对象执行相应的事件过程。例如，用户单击一个按钮时，可能引发一段程序的执行；当用户关闭文件时，可能又引发另外一段处理程序的执行。所以程序的执行不是按顺序进行的，而是由事件的发生驱动的。在事件驱动程序中，编写好的一段程序并不总是能够被执行，只有当对应的某一事件发生才执行这段程序。

巩固训练

一、单选题

面向过程的结构化程序设计原则不包括（　　）。

A. 自顶向下　　B. 逐步细化　　C. 模块化　　D. 多态性

【答案】D

【解析】面向过程的结构化程序设计原则包括自顶向下、逐步细化和模块化。多态性属于面向对象程序设计的基本概念。

二、多选题

关于面向对象程序设计，说法正确的有（　　）。

A. 类和对象是面向对象的核心

B. 类是对象的抽象，对象是类的实例

C. 面向对象具有封装、继承和多态等特点

D. 在面向对象程序设计中，类与类之间可以继承

【答案】ABCD

【解析】略。

强化训练

请扫描二维码查看强化训练的具体内容。

强化训练

参考答案

请扫描二维码查看参考答案。

参考答案

第3章　操作系统

思维导图

思维导学

请扫描二维码查看本章的思维导图。

明德育人

操作系统是计算机的灵魂。近几年中国在计算机操作系统和应用软件领域的一些关键技术发展方向上，已取得了一些令人振奋的阶段性成果，在开放平台生态不断成熟的背景下，中国本土操作系统凭借着开放平台生态和国家支持的东风，正快速崛起。

目前的国产操作系统厂商，以中标麒麟、银河麒麟、深度 Deepin、华为鸿蒙为代表，带领国内操作系统快速发展。国产厂商在竞争中的市场话语权和占有率不断得到提高，而华为鸿蒙更是在5G时代的IoT领域占据了很大的优势。随着我国对国产操作系统的重视程度日益提高，国产操作系统的应用前景十分广阔。

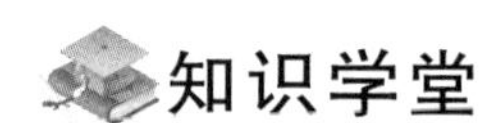

知识学堂

3.1　操作系统概述

操作系统是一组控制和管理计算机系统的硬件和软件资源、控制程序执行、改善人机界面、合理地组织计算机工作流程并为用户使用计算机提供良好运行环境的软件。在计算机系统中设置操作系统的目的在于提高计算机系统的效率，增强系统的处理能力，提高系统资源的利用率，方便用户使用计算机。操作系统是用户与计算机硬件之间的桥梁。

3.1.1　操作系统的功能

1. 处理机管理

处理机管理主要有两项工作：一是处理中断事件，二是处理器调度。正是由于操作系统对处理器的管理策略不同，其提供的作业处理方式也不同，例如，批处理方式、分时处理方式、实时处理方式等。

2. 存储管理

存储管理的主要任务是管理存储器资源，为多道程序运行提供有力的支撑。存储管理的主要功能包括：存储分配、存储共享、存储保护和存储扩充。

3. 设备管理

设备管理的主要任务是管理各类外围设备,完成用户提出的I/O请求,加快I/O信息的传送速度,发挥I/O设备的并行性,提高I/O设备的利用率,以及提供每种设备的设备驱动程序和中断处理程序,向用户屏蔽硬件使用细节。设备管理具有以下功能:提供外围设备的控制与处理,提供缓冲区的管理,提供外围设备的分配,提供共享性外围设备的驱动以及实现虚拟设备。

4. 文件管理

文件管理是对系统的信息资源进行管理。文件管理的主要任务是提供文件的逻辑组织方式、物理组织方式、存取方法、使用方法,实现文件的目录管理、存取控制和存储空间管理。

5. 作业管理

用户需要计算机完成各项任务时要求计算机所做工作的集合称为作业。作业管理的主要功能是把用户的作业装入内存并投入运行,一旦作业进入内存,就称为进程。进程管理的主要功能是创建进程,并按一定的调度算法把处理机分配给进程,协调进程关系,实现进程通信。

进程是程序及其数据在计算机上的一次执行过程,是操作系统进行资源分配和调度的一个独立单位。进程在它的整个生命周期中有以下3个基本状态。

(1) 就绪状态。进程已经获得除CPU之外的所有资源,一旦得到CPU便立即执行。

(2) 执行状态。进程已经获得CPU,其程序正在执行。

(3) 挂起状态。进程因等待某个事件而暂停执行时的状态。

程序与进程的主要差异体现在以下几个方面。

(1) 程序是指存放在外存储器上的程序文件,是一个静态的概念;进程是描述程序执行时的动态行为,是一个动态的概念。

(2) 程序是存放在外存储器上的文件,可以脱离机器长期保存;进程的生命是暂时的,程序执行完毕,进程就不存在了。

(3) 程序和进程不存在一一对应的关系,一个程序可以被执行多次,产生多个不同的进程。

为了更好地实现并发处理和共享资源,提高CPU的利用率,目前许多操作系统把进程再"细分"成线程。在Windows中,线程是CPU的分配单位。把线程作为CPU的分配单位的好处是充分共享资源,减少内存开销,提高并发性,切换速度相对较快。目前,大部分的应用程序都是多线程的结构。

3.1.2　操作系统的分类

目前操作系统的种类繁多,很难用单一的标准来统一划分,常见的分类标准有以下几种。

1. 按功能划分

1) 批处理操作系统

批处理操作系统的工作方式是用户将作业交给系统操作员,系统操作员将许多用户的作业组成一批作业,之后输入计算机中,最后由操作员将作业结果交给用户。

2) 分时操作系统

分时操作系统的工作方式是一台主机连接了若干终端,每个终端都由一个用户在使用,用户交互式地向系统提出命令请求,系统接受每个用户的命令。分时操作系统将 CPU 的运行时间划分为若干个片段,称为时间片。分时系统采用时间片轮转的方式处理服务请求,并通过交互方式在终端上向用户显示结果。

3)实时操作系统

实时操作系统是指使计算机能及时响应外部事件的请求,在规定的严格时间内完成对该事件的处理,并控制所有实时设备和实时任务协调一致地工作的操作系统。

实时操作系统的专用性很强,主要适用于信息处理和过程控制等有实时要求的领域,据此可以把实时操作系统分为两种:一种是实时信息处理系统,如飞机、火车订票系统和证券交易系统;二是实时过程控制系统,如导弹发射系统。

4)嵌入式操作系统

嵌入式操作系统是运行在嵌入式系统环境中,对整个嵌入式系统以及它所操作、控制的各种部件装置等资源进行统一协调、调度、指挥和控制的操作系统。

5)网络操作系统

网络操作系统是基于计算机网络以及在各种计算机操作系统上按网络体系结构、协议和标准开发的软件,包括网络管理、通信、安全、资源共享和各种网络应用,其目的是实现网络通信及资源共享,如 Windows Server。

6)分布式操作系统

大量的计算机通过网络连接在一起,可以获得极高的运算能力及广泛的数据共享,这种系统被称为分布式操作系统。

2. 按用户界面划分

我们一般按照操作系统用户界面的不同把操作系统分为命令行用户界面操作系统和图形用户界面操作系统,如表 3-1 所示。

表 3-1　操作系统按用户界面划分

类　　型	阐　　述
命令行用户界面操作系统	用户必须在命令提示符后输入命令才能操作计算机,如 DOS 操作系统
图形用户界面操作系统	在图形用户界面操作系统中,文件、文件夹用图标来表示,命令以菜单或按钮的形式列出,如 Windows 操作系统、macOS 等

3. 按是否能够同时允许多个任务划分

我们一般根据操作系统能否同时接受并处理多个任务将操作系统划分为单任务操作系统和多任务操作系统,如表 3-2 所示。

表 3-2　操作系统按是否能够同时运行多个任务划分

类　　型	阐　　述
单任务操作系统	用户一次只能提交一个任务,待该任务处理完毕后才能提交下一个任务,如 DOS 操作系统
多任务操作系统	用户一次可以提交多个任务,系统可以同时接受并进行处理,如 Windows、Linux、UNIX

4. 按同一时间使用计算机用户的多少划分

我们一般按照操作系统同一时间所支持用户数量的不同将操作系统划分为单用户操作

系统和多用户操作系统，如表3-3所示。

表3-3　操作系统按所支持的用户数划分

类　型	阐　述
单用户操作系统	一台计算机在同一时间只能由一个用户使用，该用户独自享用系统的全部硬件和软件资源
多用户操作系统	一台计算机在同一时间允许多个用户同时使用计算机的硬件和软件资源

3.1.3　常用操作系统简介

在计算机的发展过程中，出现了许多种类的操作系统，其中最为常用的有Windows、UNIX、Linux、macOS等。

1. Windows操作系统

Windows操作系统是Microsoft公司研发的图形用户界面操作系统。从1985年发布的Windows 1.0至今，已有多个版本，Windows操作系统具有图形用户界面、操作简单、生动形象等特点。目前使用较多的版本是Windows Sever 2019、Windows 7、Windows 8、Windows 10、Windows 11等，其中，Windows 11是美国微软公司研发的新一代跨平台及设备应用的操作系统。

2. UNIX操作系统

UNIX操作系统是一个功能强大的多用户、多任务操作系统，支持多种处理器架构，按照操作系统的功能分类，属于分时操作系统。UNIX系统易读、易修改、易移植，安全性较好。

3. Linux操作系统

Linux操作系统是一种基于个人计算机平台的开放式操作系统，是一个基于POSIX和UNIX的多用户、多任务、支持多线程和多CPU的操作系统。它能运行主要的UNIX工具软件、应用程序和网络协议。它支持32位和64位硬件。Linux继承了UNIX以网络为核心的设计思想，是一个性能稳定的多用户网络操作系统。

4. 华为鸿蒙操作系统

华为鸿蒙操作系统（HarmonyOS）是一款全新的面向全场景的分布式操作系统，它创造了一个超级虚拟终端互联的世界，将人、设备、场景有机地联系在一起，并将消费者在全场景生活中接触的多种智能终端极速发现、极速连接、硬件互助、资源共享，用合适的设备提供场景体验。

5. 苹果操作系统

苹果操作系统（macOS）是一套运行于苹果（Apple）公司的Macintosh系列计算机上的操作系统。macOS是首个在商用领域成功运用的图形用户界面操作系统，具有全屏模式、任务控制、快速启动面板等特点。

6. 智能手机操作系统

1）Android操作系统

Android是一种基于Linux的自由及开放源代码的操作系统，主要使用于移动设备，如智能机和平板电脑，由Google公司和开放手机联盟领导及开发，是目前市场占有率最高的手机操作系统。很多手机操作系统都基于 Android。

2）iOS 操作系统

苹果 iOS 操作系统是由苹果公司开发的智能手持设备操作系统。iOS 与苹果 macOS 一样，属于类 Linux 的商业操作系统。iOS 具有简单易用的界面、令人惊叹的功能，以及超强的稳定性，运行于 iPhone、iPad、Apple TV 等苹果公司设备上。

3）Windows Phone 8

Windows Phone 8 是微软针对智能设备开发的移动操作系统。

巩固训练

单选题

1. 以下关于操作系统的描述，不正确的是（　　）。

A. 操作系统是最基本的系统软件

B. 操作系统直接运行在裸机上，对硬件系统进行管理

C. 操作系统与用户对话的界面必定是图形界面

D. 各种应用程序必须在操作系统的支持下才能运行

【答案】 C

【解析】 DOS 操作系统就采用命令行进行操作，而不是图形界面，因此 C 项错误。

2. Windows 10 是一种（　　）操作系统。

A. 单用户单任务　B. 单用户多任务　C. 多用户多任务　D. 多用户单任务

【答案】 C

【解析】 MS-DOS 是单用户单任务操作系统；从 Windows 7 开始，Windows 操作系统变为多用户多任务操作系统；UNIX 是多用户多任务操作系统。

3.2 Windows 10 基础

3.2.1 Windows 10 的配置和安装

1. Windows 10 的配置

在计算机上运行 Windows 10 所需的基本硬件配置如表 3-4 所示（但不仅限于此要求）。

表 3-4 Windows 10 的基本硬件配置

硬　件	配　置
CPU	主频 1GHz 以上的 32 位或 64 位处理器
内存	至少 1GB，推荐 2GB（基于 64 位）的物理内存
硬盘	16GB 以上硬盘空间（基于 32 位）或 20GB 可用硬盘空间（基于 64 位）
显卡	支持 Directx 9 及以上
显示器	分辨率为 800×600 以上
其他	光盘驱动器、键盘及 Windows 支持的鼠标或定点设备等

Windows 10 系统的软件需求只是指对硬盘系统的要求。安装 Windows 10 系统的硬

盘分区必须采用 NTFS 结构，要确保至少有 16GB 的可用空间，最好能提供 40GB 可用空间的分区供系统安装使用。

2. Windows 10 的安装

在安装 Windows 前，首先要明确自己的计算机硬件配置是否能满足 Windows 运行环境，还需确定计算机安装的是 32 位还是 64 位 Windows 操作系统。因为目前 CPU 一般都是 64 位的，所以操作系统可以安装 32 位的，也可以安装 64 位的。若安装了 32 位的 Windows，则只能支持 32 位的应用程序；若安装了 64 位的 Windows，则 32 位和 64 位的应用程序都可以支持。通常情况下，Windows 10 有三种安装方法：升级安装、全新安装和多系统安装，通过 Windows 10 安装光盘进行系统安装是比较传统的安装方式。除此之外，还有从虚拟光驱安装、从硬盘安装和从 U 盘安装等多种安装方式。

3.2.2 Windows 10 的启动与退出

1. 启动

若计算机安装了 Windows 10，打开主机电源后，可以直接登录桌面完成启动。在 Windows 系统启动过程中，若长按 F8 键，可进入安全模式设置。安全模式是 Windows 用于修复操作系统错误的专用模式，它仅启动运行 Windows 所必需的基本文件和驱动程序。以安全模式方式启动，可以帮助用户排除问题，修复系统错误。

如果用户安装系统时设置了用户名和密码，则通过自检程序后，在登录界面用户名下方的文本框中输入密码，按 Enter 键确认后登录。

2. 关闭与重启计算机

单击任务栏的“开始”按钮，在“开始”菜单左侧单击“电源”按钮，在弹出的菜单中选择“关机”命令，则计算机关闭所有应用，操作系统会将计算机的电源自动关闭。选择“重启”命令，可以完成计算机的重新启动。单击“电源”按钮可看到如表 3-5 所示选项。

表 3-5 Windows 10 的关机选项

选项	阐 述
睡眠	选择“睡眠”命令，计算机就处于低耗能状态，显示器将关闭，而且计算机的风扇通常也会停止，它只需维持内存中的工作，操作系统会自动保存当前打开的文档和程序，所以在使计算机睡眠前不需要关闭用户的程序和文件
关机	选择“关机”命令，计算机关闭所有应用，操作系统会将计算机的电源自动关闭
重启	选择“重启”命令，将重新启动计算机，如果用户安装了多种操作系统，还可以选择其他操作系统

3.2.3 Windows 10 中鼠标、键盘的基本操作

常用操作系统简介

1. 鼠标操作

Windows 10 是图形化操作系统，而鼠标的使用就是 Windows 10 环境下的主要特点之一，鼠标具有快捷、准确、直观的屏幕定位和选择能力，具体操作方法如表 3-6 所示。

2. 键盘操作

键盘也是一种非常重要的输入设备，用鼠标来实现的操作同样可以通过键盘来实现。键盘操作分为输入操作和命令操作两种。输入操作是利用键盘向计算机输入信息，如输入

汉字、英文字母、数字以及各种符号等。命令操作是利用键盘实现对计算机的控制,以完成指定的工作。

表 3-6　鼠标的操作方法

操作方式	阐　述
移动/指向/定位	移动光标,使其指向操作对象
单击	按一下左键,表示选中某个对象或启动按钮
双击	快速连续地按两次左键,表示启动某个对象(等同于单击选中之后再按 Enter 键)
右击	按一下右键,表示启动快捷菜单(弹出式菜单)
拖曳	按住左键不放,然后拖曳鼠标到屏幕的另一个位置或另一个对象,表示选中一个区域,也可以表示移动对象位置或改变对象的大小

键盘可以使用其控制键、功能键(F1～F12),以及几个键的组合(称为快捷键)来实现特定的操作,Windows 10 中常用的快捷键如表 3-7 所示。

表 3-7　常用的快捷键

快捷键	功　能	快捷键	功　能
F1	显示 Windows 的帮助内容	Win 或 Ctrl+Esc	显示或隐藏"开始"菜单
Ctrl+C	复制	Alt+F4	关闭当前程序或窗口
Ctrl+X	剪切	PrintScreen	复制整个屏幕的图像
Ctrl+V	粘贴	Alt+PrintScreen	复制活动窗口的图像
Ctrl+Z	撤销	Win+D	显示桌面
Ctrl+A	全选	Win+R	打开"运行"对话框
Ctrl+S	保存当前操作的文件	Win+E	打开"文件资源管理器"
Ctrl+Space	切换中、英文输入法	Alt+Tab	在打开的窗口之间切换
Ctrl+Shift	在安装的输入法之间进行切换	Win+Tab	以 3D 形式在打开的窗口之间切换

3.2.4　Windows 10 的桌面

Windows 10 的桌面

计算机启动完成后,显示器上显示的整个屏幕区域称为桌面(desktop),桌面是用户与计算机交互的工作窗口。

1. 桌面上的主要元素

(1) 图标。桌面图标是由一个个形象的图形和相关的说明文字组成的。在 Windows 10 中,所有文件、文件夹和应用程序都用图标来形象地表示,双击这些图标可以快速地打开文件、文件夹或者应用程序。

(2) "开始"按钮。"开始"按钮就是一个菜单(又称为"开始"菜单),用户安装的应用程序以及系统提供的程序基本都可以通过"开始"按钮运行。

(3) 背景。桌面背景又称墙纸,即显示在计算机屏幕上的背景画面,起到丰富桌面内容、美化环境的作用。

(4) 快捷方式。快捷方式就是一个扩展名为 ink 的文件,一般与一个应用程序或文档关联。通过快捷方式可以快速打开相关联的应用程序或文档,以及访问计算机或网络上任何可访问的项目。

(5) 任务栏。在 Windows 10 中,任务栏是位于桌面底部的条状区域,包含"开始"按钮、快速启动栏、任务按钮区、通知区域等。

2. 个性化桌面设置

1) 排列图标

只要用鼠标拖曳桌面上的图标,就可以将图标移动到自己喜欢的位置。此外,还可以按一定规律排列桌面上图标。在桌面的任意空白处右击,将出现一个快捷菜单,如图 3-1 所示。选择"排序方式"命令,在级联菜单中可以选择按名称(项目的主名)、大小、项目类型(扩展名)和修改日期四种排列方式来排列桌面上的图标。

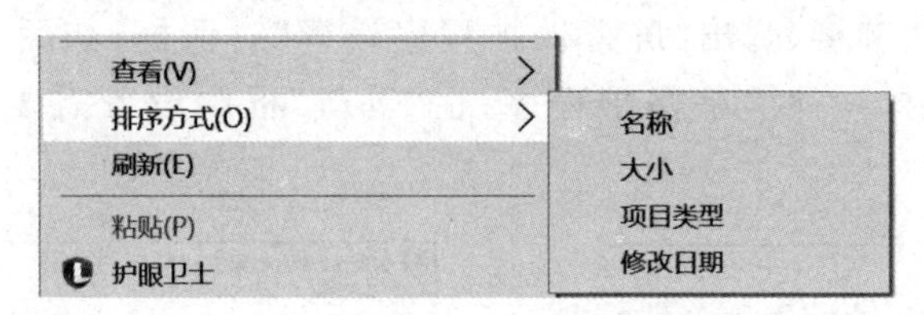

图 3-1 排列桌面图标菜单

2) 设置桌面图标

除了默认图标,Windows 10 允许用户根据自己的需求在桌面上添加或删除图标。方法如下。

在桌面的空白区域右击,在快捷菜单中选择"个性化"命令,在弹出的如图 3-2 所示的"设置"窗口中,单击左侧"主题",在窗口右侧"相关的设置"下方单击"桌面图标设置"链接,打开"桌面图标设置"对话框,如图 3-3 所示,选择要显示到桌面上的图标选项,单击"确定"按钮完成设置。

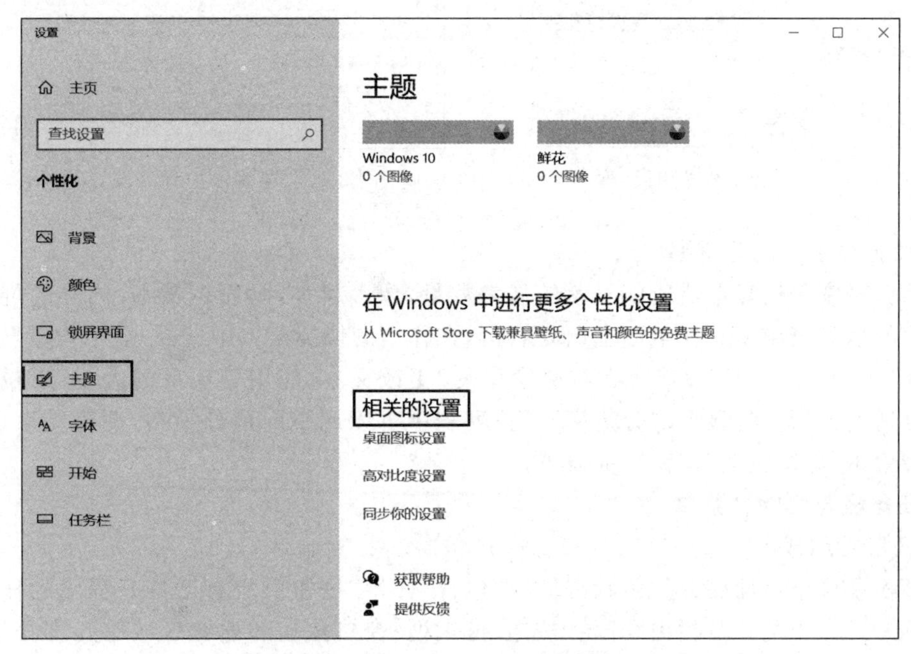

图 3-2 个性化设置窗口

3）设置桌面背景

在“个性化”设置窗口中，选择左侧的“背景”后，可以在右侧通过“背景”下拉列表选择“图片”“纯色”或“幻灯片放映”来设置自己的桌面背景。不同的选择将出现不同设置选项。选择“图片”，可选择默认的 Windows 桌面背景（系统提供了一些壁纸），也可以通过“浏览”按钮选择自己喜欢的图片。

4）设置屏幕保护程序

屏幕保护程序是指在开机状态下在一段时间内没有使用鼠标或键盘操作时，屏幕上出现的动画或图案。屏幕保护程序可以起到保护信息安全、延长显示器寿命的作用。

设置屏幕保护程序的步骤为：单击图 3-2 所示窗口左侧的“锁屏界面”，在窗口右侧单击“屏幕保护程序设置”链接，弹出“屏幕保护程序设置”对话框，如图 3-4 所示。在“屏幕保护程序”下拉列表中选择一种屏幕保护程序，在“等待”框中设置需要等待的时间，单击“确定”按钮完成设置。

图 3-3 “桌面图标设置”对话框

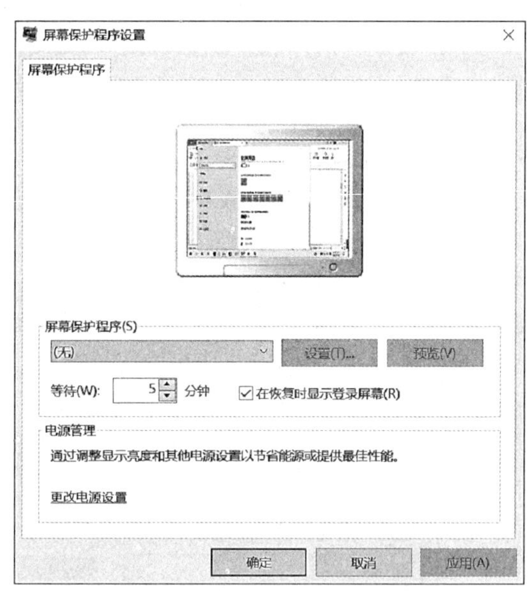

图 3-4 “屏幕保护程序设置”对话框

5）设置显示器的分辨率

显示分辨率是指显示器所能显示的像素数量，像素越多，画面越精细，同样的屏幕区域内能显示的信息也越多。在桌面空白处右击，在弹出的快捷菜单中选择“显示设置”命令，弹出如图 3-5 所示的“设置”窗口。在右侧窗口的“更改文本、应用等项目的大小”下拉列表中可选择合适的比例；在“显示器分辨率”下拉列表中可以调整屏幕分辨率，调整结束后，在确认界面中单击“保留更改”按钮完成设置。

3. 任务栏与“开始”菜单

1）任务栏组成

任务栏是位于桌面底部的条状区域，它包含“开始”按钮及所有已打开程序的任务栏按钮，Windows 10 中的任务栏由“开始”按钮、搜索框、窗口按钮和通知区域等几部分组成，如图 3-6 所示。

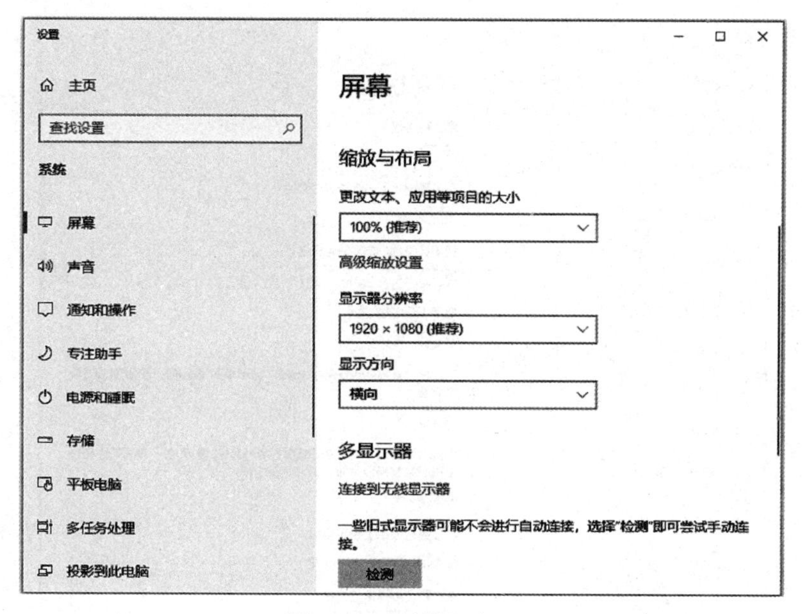

图 3-5 显示设置窗口

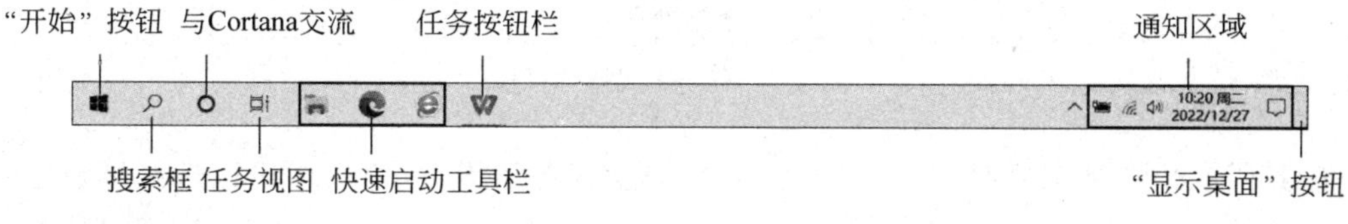

图 3-6 任务栏

(1)“开始”按钮：位于任务栏的最左侧，单击它可以打开“开始”菜单。

(2)搜索框：用户可以在此输入要搜索的内容，可以是计算机中的应用程序、文件、文件夹或网络信息。

(3)快速启动工具栏：单击其中的按钮即可启动相应程序。

(4)任务视图：单击该按钮或按 Win+Tab 组合键，可打开任务视图，又称虚拟桌面。

(5)任务按钮栏：显示已打开的程序或文档窗口的缩略图，单击任务栏按钮可以快速地在这些程序之间进行切换。也可以在任务栏上右击，通过弹出的快捷菜单对程序进行控制。

(6)通知区域：包括时钟、音量、网络、语言栏以及其他一些显示特定程序和计算机设置状态的图标。

(7)“显示桌面”按钮：将光标移动到该按钮上，可以预览桌面，若单击该按钮可以快速返回桌面。

2)任务栏设置

(1)自定义任务栏：在任务栏的空白处右击，在快捷菜单中选择“任务栏设置”命令，打开“任务栏设置”窗口，如图 3-7 所示。用户可以自定义任务栏，如设置任务栏在屏幕上的位置以及是否隐藏等。拖曳滚动条可以进行选择哪些图标显示在任务栏上以及打开或关闭系统图标等设置。

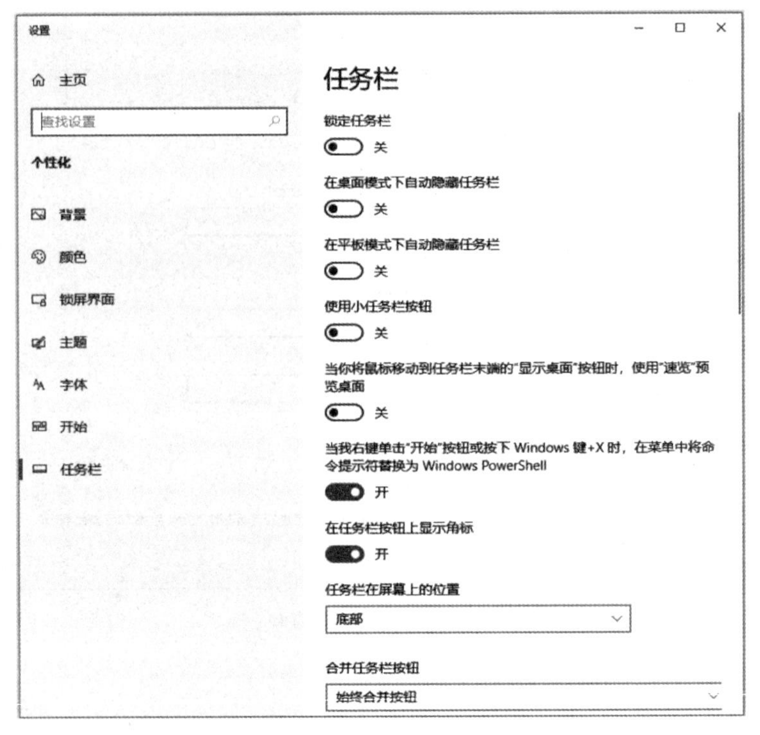

图 3-7　任务栏设置窗口

任务栏的位置和高度是可以改变的。除了在“任务栏设置”窗口中可以选择屏幕上任务栏的位置外，将光标移动到任务栏的上沿时，光标将变为双向箭头形状，此时，拖曳鼠标就可以改变任务栏的高度。把光标移动到任务栏空白处，然后向屏幕的其他边拖曳任务栏，就可将任务栏移动到屏幕的相应边上。

自动隐藏任务栏：选定后，任务栏将自动隐藏，以扩大应用程序的窗口区域。当光标移动到屏幕的下边沿时，任务栏将自动弹出。

注意：通过拖曳鼠标的方式调整任务栏的位置和高度的前提是取消锁定任务栏，具体操作是：在“任务栏设置”窗口，将“锁定任务栏”设置为“关”状态。

(2) 将应用固定到任务栏：单击“开始”按钮，在打开的“开始”菜单程序列表中选择应用程序并右击，在弹出的快捷菜单中选择“更多”→“固定到任务栏”命令，可以将该应用程序固定到任务栏，以便从桌面快速访问。

如果已经打开某应用，在任务栏上右击该应用图标，然后在快捷菜单中选择“固定到任务栏”命令即可。

如果要取消固定，在任务栏上右击该应用图标，在快捷菜单中选择“从任务栏取消固定”命令即可。

3) “开始”菜单

“开始”菜单中存放着 Windows 10 中的绝大多数命令和安装到系统里面的所有程序，是操作系统的中央控制区域。通过该菜单可以方便地启动应用程序、打开文件夹、对系统进行各种设置和管理。单击任务栏最左侧的“开始”按钮即可弹出“开始”菜单，如图 3-8 所示。

“开始”菜单的主要设置有：在图 3-7 所示的任务栏设置窗口左侧单击“开始”按钮，可

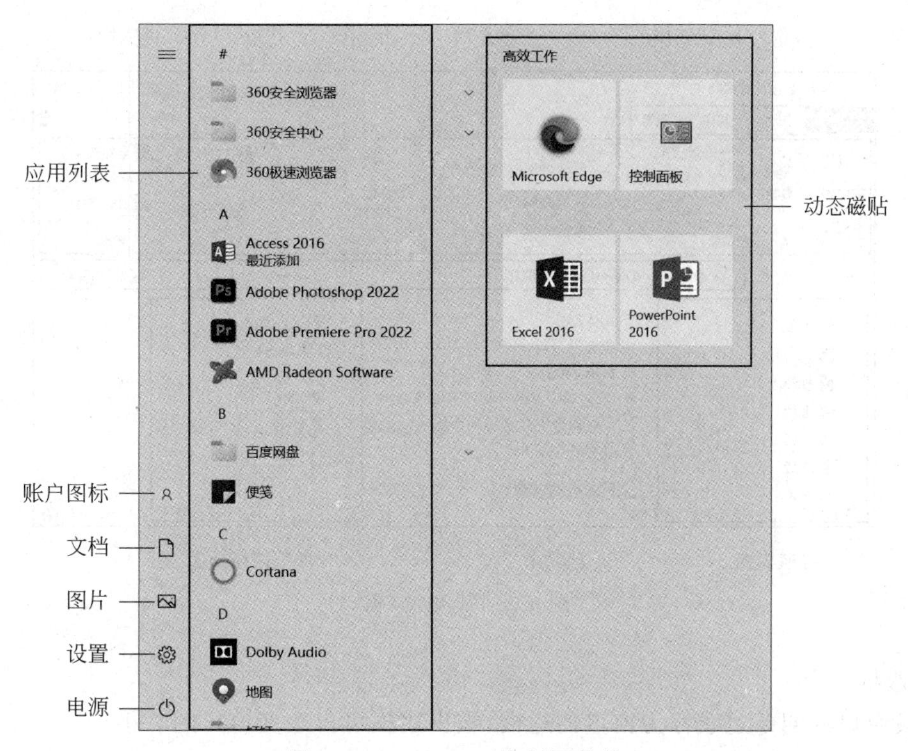

图 3-8 Windows 10“开始”菜单

以自定义“开始”菜单。在“开始”设置窗口,可以设置是否在“开始”菜单中显示更多磁帖、在“开始”菜单或任务栏的跳转列表中以及文件资源管理器的“快速访问”中是否显示最近打开的项目等。

如果要将某应用固定到“开始”菜单/“开始”屏幕,右击该应用,在弹出的快捷菜单中选择“固定到‘开始’屏幕”命令,则该应用图标就会出现在“开始”菜单右侧区域中。

3.2.5 窗口及其基本操作

窗口

1. 窗口的概念

Windows 10 操作系统及其应用程序采用图形化界面,只要运行某个应用程序或打开某个文档就会对应出现一个矩形区域,这个矩形区域称为窗口。当用户操作窗口中的对象时,程序会作出相应反应。用户可以通过关闭一个窗口来终止一个程序的运行;也可以通过选择相应的应用程序窗口来选择相应的应用程序。

Windows 10 是一个多任务操作系统,允许多个程序同时运行,但是在某一时刻,只能有一个窗口处于活动状态,这个窗口被称为活动窗口。所谓活动窗口,是指窗口可以接收用户的键盘和鼠标输入等操作,非活动窗口不会接收键盘和鼠标输入,但相应的应用程序仍在运行,称为后台运行。

2. 窗口的组成

Windows 采用了多窗口技术,虽然每个窗口的内容各不相同,但大多数窗口都具有相同的基本组成部分,这里以 Windows 10“此电脑”窗口为例进行介绍,如图 3-9 所示。

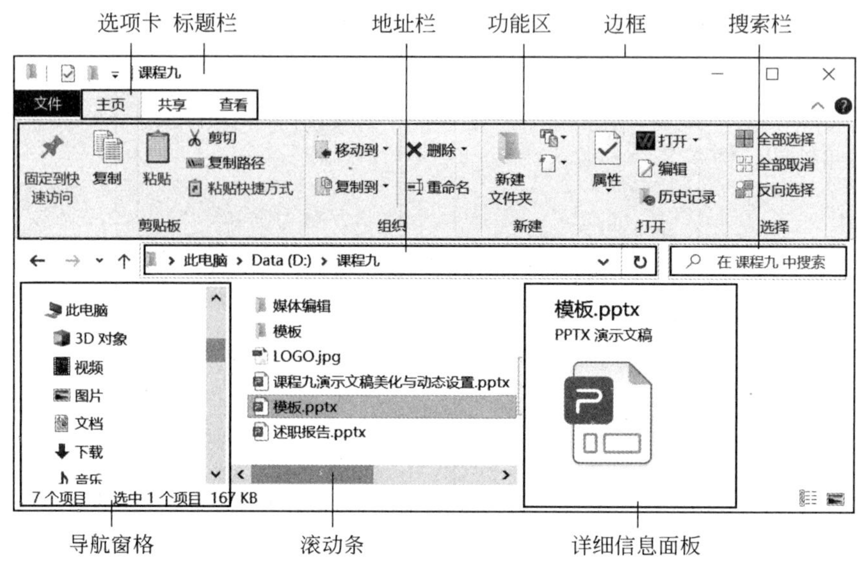

图 3-9 “此电脑”窗口

1) 边框

组成窗口的四条边线称为窗口的边框,拖曳边框可以改变窗口的大小。

2) 标题栏

窗口中最上边一行是标题栏,标题栏显示控制图标、快速访问工具栏、已打开应用程序名称等。还有“最小化”“最大化/向下还原”和“关闭”按钮。单击左上角的应用程序图标,会打开应用程序的控制菜单,使用该菜单也可以实现窗口的最小化、最大化和关闭等功能,双击该图标可以关闭窗口。另外,在非最大化情况下,拖曳标题栏可以移动窗口,双击标题栏可以完成窗口最大化和还原的切换。

3) 选项卡

“文件”“主页”“共享”“查看”等为选项卡,单击窗口左侧导航栏的不同项目会出现不同的选项卡项目。对于文件夹,选项卡一般包含“文件”“主页”“共享”“查看”四项,而对于驱动器,则会增加“驱动器工具”选项卡。

4) 功能区

Windows 10 在“文件资源管理器”窗口中采用 Ribbon 界面风格的功能区,把命令按钮放在一个带状、多行的工具栏中,称为功能区,功能区按应用分类。

5) 地址栏

地址栏显示当前所在位置,通过单击地址栏中的不同位置,可以直接导航到这些位置。

6) 搜索栏

在搜索栏中输入内容后,将立即对地址栏中指定位置进行筛选,并显示出与所输入内容相匹配的文件。在搜索时,如果不记得查找目标的确切名称,如需要查找多个文件名类似的文件,则可以在要查找的文件名中适当地插入通配符。

通配符有两个,即问号(?)和星号(*),其中问号(?)可以和任意一个字符匹配,而星号(*)可以和任意多个字符匹配。

7）导航窗格

用户可以在导航窗格中单击文件夹和保存过的搜索，以更改当前文件夹中显示的内容。

8）详细信息面板

详细信息面板显示当前路径下的文件或文件夹中的详细信息，如文件夹中的项目数、文件的名称、修改日期、类型、大小等。

9）滚动条

当文档的高度大于显示窗口的高度时，将在右侧出现垂直滚动条；当内容的宽度大于显示窗口的宽度时，将在底部出现水平滚动条。

3. 窗口的操作

1）打开窗口

通常情况下，只要双击要打开对象的图标，即可打开其窗口；选中要打开对象的图标后按 Enter 键可以打开窗口；另外，右击图标，在快捷菜单中选择“打开”命令也能打开窗口。

2）移动窗口

打开一个窗口后，可以使用鼠标拖曳标题栏来移动窗口，也可以通过鼠标和键盘的配合来实现。

3）最大化、最小化窗口

用户可以单击相应的按钮对打开的窗口进行最大化、最小化的操作，如表 3-8 所示。

表 3-8　最大化、最小化窗口

按钮类型	阐　述
最小化按钮 —	在暂时不使用某窗口时，可把它最小化，直接在标题栏上单击此按钮，窗口会以该程序的图标形式缩小到任务栏。当程序的窗口被最小化后，程序未被关闭，而是在后台继续运行
最大化按钮 □	单击此按钮可使窗口最大化。窗口最大化时将铺满桌面
向下还原按钮 ⧉	单击此按钮即可恢复窗口最大化前的大小

注意：“最大化”和“向下还原”按钮不会同时出现。

4）改变窗口大小

当窗口不是最大化状态时，可以改变窗口的宽度和高度，具体操作如表 3-9 所示。

表 3-9　改变窗口大小

要　求	操作步骤
改变窗口的宽度	将光标指向窗口的左边界或右边界，当光标变成横向双箭头符号后，将光标拖曳到所需位置
改变窗口的高度	将光标指向窗口的上边界或下边界，当光标变成纵向双箭头符号后，将光标拖曳到所需位置
同时改变窗口的宽度和高度	将光标指向窗口的任意一个角，当光标变成倾斜双箭头符号后，将光标拖曳到所需位置

5）排列窗口

当打开较多窗口，且需要全部处于可视状态时，需要对窗口进行排列，右击任务栏空白处，在弹出的快捷菜单中有如表 3-10 所示的排列方式。

表 3-10　排列窗口

窗口排列方式	阐　述
层叠窗口	窗口按系统动态维护的顺序依次排列在桌面上，窗口尺寸重新做适当调整，每个窗口的标题栏和左侧边缘可见，便于使用鼠标在各窗口之间切换
堆叠显示窗口	各窗口并排显示，在保证每个窗口大小相当的情况下，使得窗口尽可能往水平方向伸展
并排显示窗口	各窗口并排显示，在保证每个窗口都显示的情况下，使窗口尽可能往垂直方向伸展

6）切换窗口

当打开多个应用程序窗口时，在各个窗口之间切换的方法如下。

（1）在任务栏上单击此窗口的按钮即可切换到此窗口，当此窗口还处于最小化时，窗口会恢复到原来大小。另外，可以在窗口的任意可视位置单击，该窗口会变为当前活动窗口。

（2）用 Alt+Tab 或 Win+Tab 组合键切换窗口。按下 Alt+Tab 或 Win+Tab 组合键后，屏幕上会列出当前正在运行的窗口图标，保持按住 Alt 或 Win 键，按 Tab 键从中选择预切换到的窗口图标，选中后再释放两个键，选择的窗口即成为当前活动窗口。

注意：按 Win+Tab 组合键将以 3D 形式切换窗口。

7）关闭窗口

关闭窗口方法如下。

（1）直接在标题栏右侧单击“关闭”按钮。

（2）按 Alt+F4 组合键。

（3）右击任务栏上的窗口图标并在弹出的快捷菜单中选择“关闭窗口”命令。

（4）在标题栏上右击，在弹出的快捷菜单中选择“关闭”命令。

3.2.6　对话框

对话框是 Windows 10 中用于与用户交互的重要工具，通过对话框，系统可以提示或询问用户，并提供一些选项供用户选择。

对话框包含一系列控件，控件是一种具有标准外观和操作方法的对象。下面介绍最常见的控件，如图 3-10 所示。

（1）选项卡。当对话框参数较多时，Windows 10 按参数类别分成几个选项卡，放置在标题栏的下方。每个选项卡都有一个名称，通过选择相应的名称可切换到不同的设置页面。

（2）下拉列表。单击下拉列表右侧的下三角按钮，将弹出一个下拉列表，从中可以选择需要的选项。

（3）复选框。复选框左侧有一个小方框，用来表示是否选中该状态。单击选中，复选框前小方框内会出现一个“√”，表示该选项被选中，再次单击可取消选中，恢复之前的状态。很多对话框列出了多个复选框，允许用户一次选择多项。

（4）单选按钮。一般用一个圆圈表示，当圆圈内有一个黑色实心点时，则表示该项为选中状态；如果是空心圆圈，则表示该项未被选定。单选按钮为一组互相排斥的选项，在某一

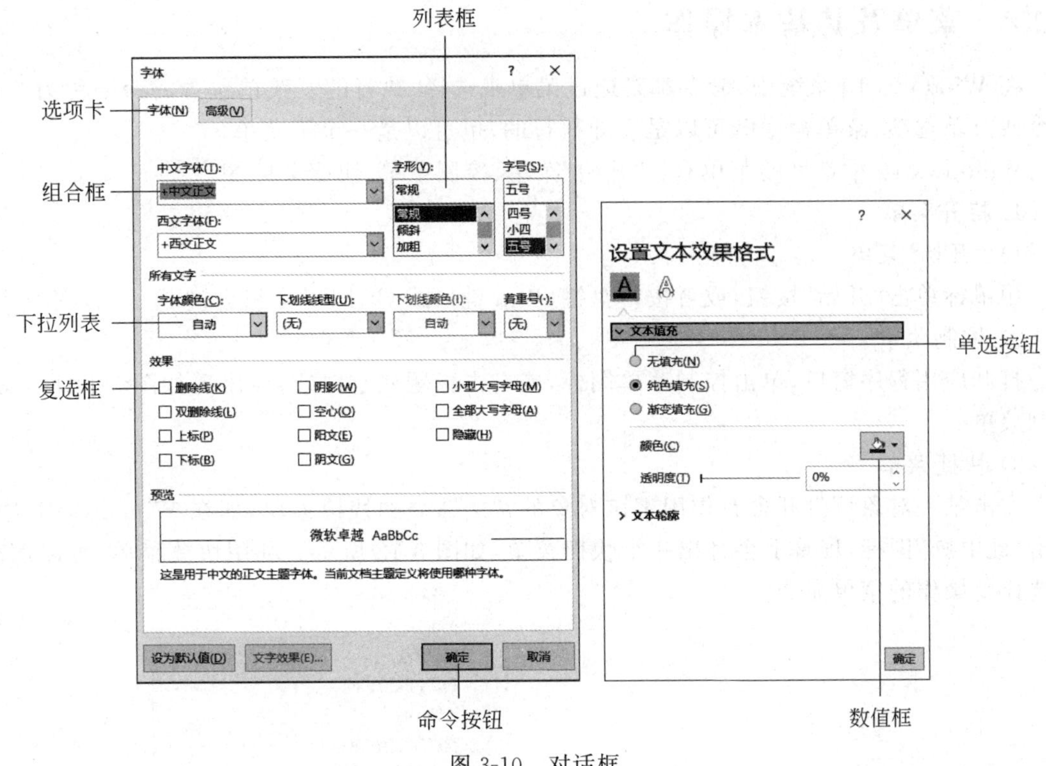

图 3-10 对话框

时刻只能单击选中其中一项。

(5) 数值框。用于输入数值信息,用户也可以通过单击数值框右侧的向上或向下的微调按钮来改变数值。

(6) 命令按钮。用来执行某种任务的操作,单击即可执行某项命令。

注意:对话框可以分为两种类型,即模式对话框和非模式对话框。模式对话框是指当该种类型的对话框打开时,主程序窗口被禁止,只有关闭对话框,才能处理窗口;非模式对话框是指那些即使正在显示仍可处理主窗口的对话框。

对话框不包含菜单栏,也没有"最小化"和"最大化/向下还原"按钮,与常规窗口不同,多数对话框无法进行最大化、最小化或调整大小等操作,但可以通过拖曳标题栏进行移动的操作。

3.2.7 剪贴板

剪贴板是 Windows 操作系统为了传递信息而在内存中开辟的临时存储区域,通过它可以实现 Windows 环境下运行的应用程序之间或应用程序内的数据传递和共享。剪贴板能够共享或传送的信息可以是一段文字、数字或符号组合,也可以是图形、图像、声音等。

Windows 可以将屏幕画面复制到剪贴板,要复制整个屏幕,按 PrintScreen 键;要复制活动窗口,按 Alt+PrintScreen 组合键。因为剪贴板是在内存里开设的存储空间,所以,当计算机关闭或重启时,存储在剪贴板中的内容将会丢失。

3.2.8 菜单及其基本操作

在 Windows 10 系统中,命令都是通过菜单来选择、执行的。菜单包含的命令称为菜单命令或菜单选项,菜单命令既可以是立即执行的,也可以是一个子菜单。

Windows 10 中常见的菜单有:“开始”菜单、控制菜单、快捷菜单等。

1. 打开菜单

1)“开始”菜单

用鼠标单击“开始”按钮,或者按键盘键(Win 键),或 Ctrl+Esc 组合键。

2)控制菜单

打开应用程序窗口,单击控制菜单图标,或右击标题栏空白处,会出现如图 3-11 所示的控制菜单。

3)快捷菜单

右击某一对象可打开含有作用于该对象的常用命令的快捷菜单,如在 Windows 10 中,右击“此电脑”图标,屏幕上会弹出一个快捷菜单,如图 3-12 所示。利用快捷菜单,可以迅速地选择要操作的菜单命令。

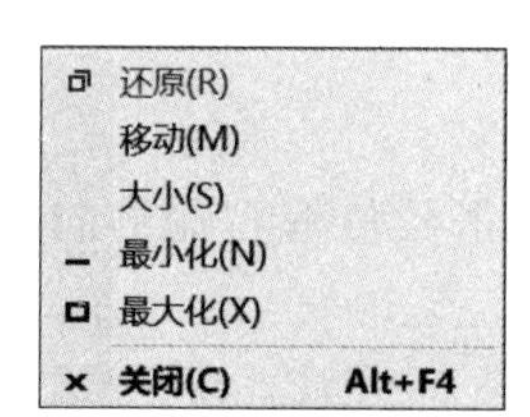

图 3-11 控制菜单

图 3-12 快捷菜单

2. 关闭菜单

单击菜单以外的任意地方或按 Esc 键即可关闭菜单。

3. 常见菜单命令的约定

Windows 菜单命令有不同的显示形式,不同的显示形式代表不同的含义,其说明如表 3-11 所示。

表 3-11 常见菜单命令的含义

命令形式	阐述
灰色显示的菜单命令	表示此命令在当前不可选用
命令前带有符号“√”	表示该命令是复选命令且被选中,再次选择则去掉该标记,此时命令无效
命令后带有符号“>”	表示当光标移至此命令上或单击此命令时,会打开级联菜单
命令前带有符号“•”	表示该命令是单选命令,在分组菜单中,有且只有一个选项带有此符号,表示组内仅此命令有效
命令后带有符号“...”	表示执行命令后会打开一个对话框

巩固训练

一、单选题

1. Windows 10 中普通窗口与对话框的区别是（　　）。

A. 普通窗口有标题栏而对话框没有　　B. 普通窗口可以移动而对话框不可移动

C. 普通窗口有命令按钮而对话框没有　　D. 普通窗口有菜单栏而对话框没有

【答案】D

【解析】对话框是为了完成某一项命令或任务，操作较为简单，往往不需要菜单栏，而普通窗口中包含的命令及任务很多，需要用户选择，往往含有菜单栏。

2. 在 Windows 10 中，将正在运行的某程序的窗口最小化，则该程序（　　）。

A. 暂停运行　　B. 终止执行

C. 仍在前台继续运行　　D. 转入后台继续运行

【答案】D

【解析】所谓后台运行，是指程序虽然不在桌面上显示其窗口，但是内部仍在正常运行。程序最小化后，即转入后台运行。

二、多选题

在 Windows 中，进行窗口切换的方法有（　　）。

A. 单击任务栏上的程序图标　　B. 按 Alt＋Tab 或 Alt＋Esc 组合键

C. 按 Shift＋Esc 组合键　　D. 按 Shift＋Tab 组合键

【答案】AB

【解析】同一时刻，Windows 只允许一个窗口处于活动状态。但是在同一时刻可以打开多个应用程序窗口，这些应用程序窗口之间可切换，转变为活动窗口。切换的方式有两种：一种是单击任务栏上的程序图标，另一种就是通过 Alt＋Tab 或 Alt＋Esc 组合键来实现。

3.3 Windows 10 的文件和文件夹管理

存放在计算机中的所有程序以及各种类型的数据，都是以文件的形式存储在磁盘上的，在 Windows 10 中，可以使用“此电脑”和“文件资源管理器”来完成对文件、文件夹或其他资源的管理。

3.3.1 基本概念

1. 磁盘

磁盘通常是指硬盘划出的分区，用于存放计算机中的各种资源。磁盘通常用磁盘图标、磁盘名称、磁盘盘符来表示。磁盘盘符用大写英文字母后加一个冒号来表示，如“C:”可以简称 C 盘。用户可根据需要在不同的磁盘中存放相应的内容。

2. 文件

文件是存储在磁盘上信息的集合，是计算机系统中数据组织的基本存储单位。文件可以存放应用程序、文本、多媒体数据或其他能被计算机识别并处理的信息。

1）文件和文件夹的命名规则

为了便于识别和管理文件，必须对文件进行命名。在 Windows 10 中，文件和文件夹命名有以下规定。

（1）文件名由主文件名和扩展名两部分组成。主文件名和扩展名之间用“.”作为分隔符。一般把主文件名直接称为文件名，表示文件的名称，文件扩展名一般标志着文件的类型。

（2）文件或文件夹名中不能出现＜、＞、*、?、/、\、:、"、|等符号。

（3）可以使用带有多个分隔符的文件名，如 c.first.test.doc 就是一个合法的文件名。

（4）文件名不区分英文字母的大小写，如 ABC.txt 和 abc.txt 属于同一个文件名。

（5）在同一个文件夹内不能有相同的文件名，而在不同的文件夹中可以使用相同的文件名。

2）文件的类型

在绝大多数的操作系统中，文件的扩展名表示文件的类型，如表 3-12 所示。

表 3-12　常见文件类型及含义

文件类型	扩展名	说明
可执行程序	exe、com	可执行程序文件
源程序文件	c、cpp、bas	程序设计语言的源程序文件
Office 文档	doc/docx、xls/xlsx、ppt/pptx	Word、Excel、PowerPoint 创建的文档
流媒体文件	wmv、rm、qt	能通过 Internet 播放的流式媒体文件
压缩文件	zip、rar	压缩文件
网页文件	htm、asp	前者是静态的，后者是动态的
图像文件	bmp、jpg、gif	不同格式的图像文件
音频文件	wav、mp3、mid	不同格式的音频文件

3. 文件夹及其组织形式

文件夹是存储文件和子文件夹的容器，文件夹中包含的文件夹通常称为“子文件夹”。子文件夹还可以存放子文件夹，这样逐级存放的组织结构被称为“树形结构”。如图 3-13 所示为 Windows 10“资源管理器”的树形结构。

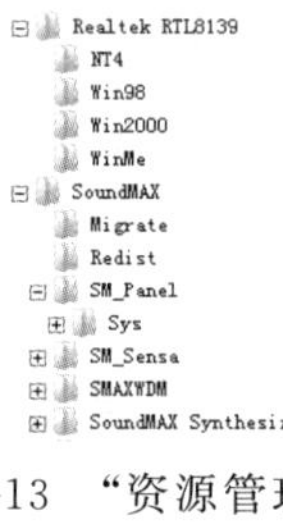

图 3-13　“资源管理器”的树形结构

4. 目录

Windows 操作系统是通过树形结构来组织和管理计算机资源的。在计算机中，磁盘的第一级文件夹称为根文件夹，即为根节点，又称根目录，用“\”表示，其他各级子文件夹称为树枝节点，即为子目录，文件相当于树叶。

磁盘根目录是在磁盘格式化时自动生成的，如 C:\。一个盘有且只有一个根目录，根目录不能被删除。

5. 路径

在 Windows 10 的多级文件系统中，若用户要访问某个文件，除了文件名外，还需要知道文件的路径，即文件存放的驱动器（盘符）和文件夹。所谓路径，是指到达指定文件的一条文件夹路径。路径由驱动器和一系列文件夹名加上分隔符“\”组成。

注意：路径从根目录开始，则称为绝对路径；不是从根目录开始的路径称为相对路径。

3.3.2　“此电脑”和“文件资源管理器”

1.“此电脑”

用户通过使用“此电脑”可以显示整个计算机的文件及文件夹等信息，可以完成启动应用程序以及打开、查找、复制、删除、重命名、创建新的文件及文件夹的操作，实现计算机资源管理。双击桌面上的“此电脑”图标，可以打开“此电脑”窗口。

2.“文件资源管理器”

“文件资源管理器”也是 Windows 10 操作中最常用的文件和文件夹管理工具之一，与“此电脑”窗口一样，以分层的方式显示计算机内的所有文件，只在一个窗口中就可以浏览所有的磁盘和文件夹。使用“文件资源管理器”可以方便地实现浏览、查看、移动和复制文件或文件夹等操作。打开“文件资源管理器”的方法有以下几种。

(1) 单击锁定在任务栏上的文件资源管理器图标。

(2) 单击任务栏的“搜索”按钮，在搜索框中输入“文件资源管理器”进行搜索。

(3) 右击“开始”按钮，在出现的快捷菜单中选择“文件资源管理器”。

(4) 选择“开始”→“Windows 系统”命令，在展开的 Windows 系统菜单中单击“文件资源管理器”。

(5) 按 Win+E 组合键。

打开后的“文件资源管理器”窗口如图 3-14 所示。

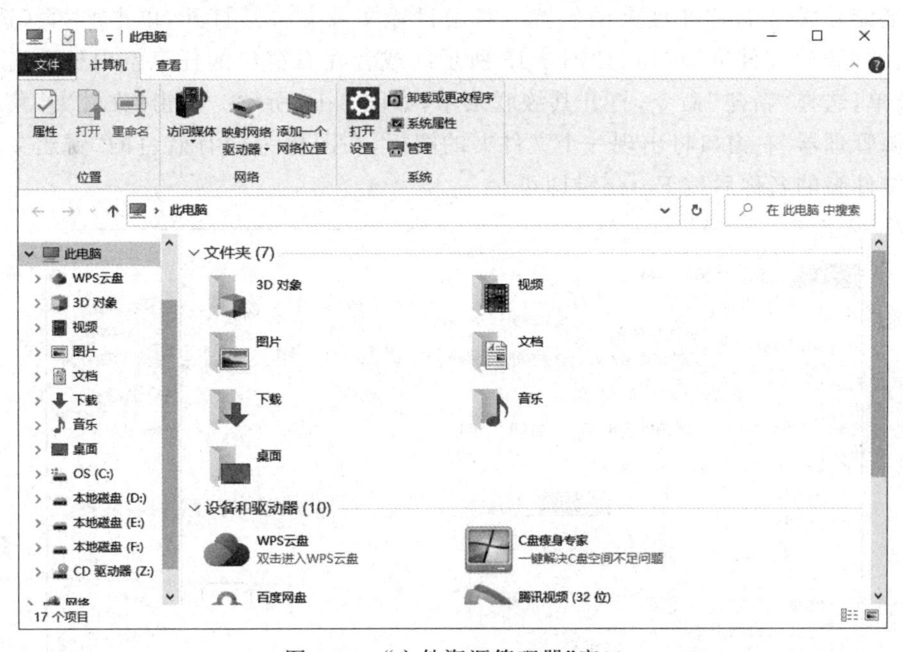

图 3-14　“文件资源管理器”窗口

从图 3-14 中可以看出，“文件资源管理器”窗口分左、右两个窗格，其中左窗口为一个树形控件视图窗格，窗格中有许多节点(又称项目)，每个节点又可以包含下级子节点，这样形成一层层的树形组织管理形式。

当某个节点下还包含下级子节点时,该节点的前面将带一个“>”标记。单击节点前面的“>”可以展开该节点,单击展开节点前面的“v”可以收缩节点。节点展开后,在左侧的导航窗格中单击某项目,则右侧窗格将列出该项目的内容。

3. 库

Windows 10 中使用了“库”组件,方便对各类文件或文件夹进行管理。打开“文件资源管理器”,在左侧导航窗格可以看到“此电脑”下有“文档”“图片”“视频”等,这就是库。如看不到,单击“文件资源管理器”窗口中“查看”选项卡中“窗格”组的“导航窗格”按钮,在下拉菜单中选中“显示库”命令,这样库组件就会显示在导航窗格中。

库并不是将不同位置的文件从物理上移到一起,而是将这些目录的快捷方式整合在一起。只要单击库中的链接,不用关心文件或者文件夹的具体存储位置,就能快速打开添加到库中的文件夹,从而实现快速访问。或者说,库中的对象就是各种文件夹与文件的一个快照,库中并不真正存储文件,只提供一种更加快捷的管理方式。

默认情况下,Windows 10 已经设置了视频、图片、文档和音乐的子库,用户既可以删除这些库,也可以建立新类别的库。

3.3.3 文件和文件夹管理

文件和文件夹管理

1. 新建文件夹或文件夹

1)新建文件夹

Windows 允许在根目录下创建文件夹,文件夹下还可以再建文件夹。要新建一个文件夹,首先要定位需要新建文件夹的位置。双击目标文件夹将其打开,单击“主页”选项卡中“新建”组的“新建文件夹”按钮,如图 3-15 所示。或者在右窗口的任意空白处右击,出现一个快捷菜单,选择“新建”命令,打开其级联菜单,如图 3-16 所示。单击“文件夹”菜单项,在“文件资源管理器”右窗口将出现一个文件夹的图标,在图标旁会有蓝色的“新建文件夹”字样,输入文件夹的名称后按 Enter 键即可。

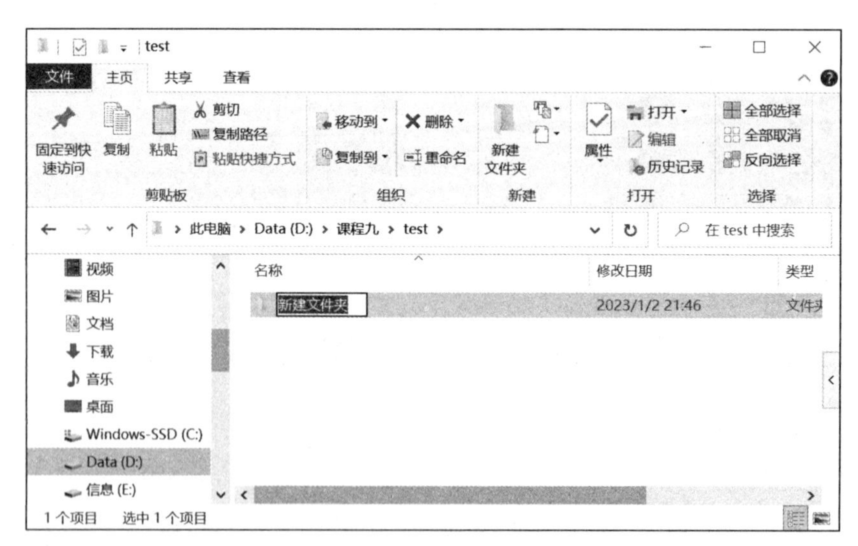

图 3-15　新建文件夹窗口

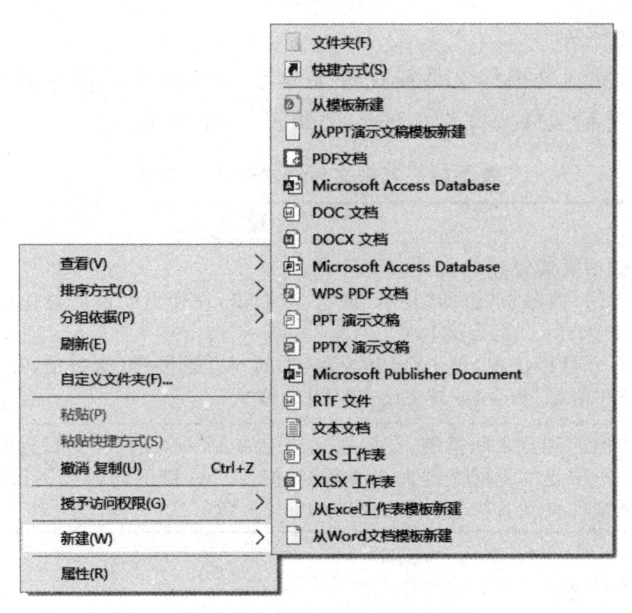

图 3-16 “新建”级联菜单

2）新建文件

无论是计算机可以执行的应用程序，还是我们撰写的论文、作业等，都是以文件的形式存放在磁盘上的。在操作系统中，不同类型的数据文件必须用相应的应用程序将其打开、编辑。安装完操作系统后，已经把常见类型的文件与相应的应用程序建立了关联，因此，我们可以使用图 3-16 所示的“新建”级联菜单建立一些已经在操作系统中注册了类型的文件，步骤和新建文件夹相似。但值得注意的是，这些新建的文件只是定义了文件名和路径，文件中的内容还需要调用相应的应用程序来编辑产生。

2. 选中文件或文件夹

对文件或文件夹进行操作前，需要先选中要操作的文件或文件夹，在 Windows 10 中有以下几种选择，如表 3-13 所示。

表 3-13 选中文件或文件夹

选择对象	操　作
选中单个文件或文件夹	在窗口中直接单击要选中的文件或文件夹
选中连续的一组文件或文件夹	① 按下左键并拖曳鼠标，拖曳范围内的文件和文件夹被选中。 ② 单击该组的第一个对象，按住 Shift 键，然后单击该组的最后一个对象
选中不连续的文件或文件夹	在窗口选中一个对象后，按住 Ctrl 键，然后单击要选中的各个对象
选中全部文件或文件夹	① 按 Ctrl+A 组合键。 ② 单击“主页”选项卡中“选择”组的“全部选择”按钮
取消已选中的部分文件或文件夹	按住 Ctrl 键，再依次单击各个需要取消选中的对象
取消已选中的所有文件或文件夹	① 在空白处单击。 ② 单击“主页”选项卡中“选择”组的“全部取消”按钮

3. 复制文件或文件夹

文件或文件夹的复制是指给文件或文件夹建立一份副本并保存到其他位置,多用于文件或文件夹的备份,复制文件或文件夹的方法如表 3-14 所示。

表 3-14 复制文件或文件夹的方法

方法	操作
利用"剪贴板"	① 选中需要复制的文件或文件夹。 ② 单击"剪贴板"组的"复制"按钮(或右击,在弹出的快捷菜单中选择"复制"命令,或按 Ctrl+C 组合键)。 ③ 打开目标位置,单击"剪贴板"组中的"粘贴"按钮(或右击,在弹出的快捷菜单中选择"粘贴"命令,或按 Ctrl+V 组合键)
利用鼠标拖曳	在不同的磁盘之间复制,直接拖曳选中的文件或文件夹到目标磁盘或文件夹图标上。 在同一磁盘的不同文件夹之间复制,按住 Ctrl 键的同时按下鼠标左键拖曳选中的文件或文件夹到目标文件夹的图标上

4. 移动文件或文件夹

移动文件或文件夹可以改变其存储的位置,有以下方法可以实现,如表 3-15 所示。

表 3-15 移动文件或文件夹的方法

方法	操作
利用"剪贴板"	① 选中需要移动的文件或文件夹。 ② 单击"剪贴板"组的"剪切"按钮(或右击,在弹出的快捷菜单中选择"剪切"命令,或按 Ctrl+X 组合键)。 ③ 打开目标位置,单击"剪贴板"组中的"粘贴"按钮(或右击,在弹出的快捷菜单中选择"粘贴"命令,或按 Ctrl+V 组合键)
利用鼠标拖曳	在不同的磁盘之间移动,按住 Shift 键的同时拖曳选中的文件或文件夹到目标磁盘或文件夹图标上。 在同一磁盘的不同文件夹之间移动,用左键直接拖曳选中的文件或文件夹到目标文件夹的图标上

5. 删除文件或文件夹

当不再需要存放在磁盘中的文件时,可以将其删除以释放磁盘空间。

1) 回收站

回收站是硬盘上的一块区域,用来存放从硬盘上删除的文件或文件夹。回收站只能存放从计算机硬盘上删除的文件或文件夹,从软盘、U 盘或网络上删除的文件或文件夹不会经过回收站而是被彻底删除。

双击桌面上的"回收站"图标,即可打开回收站,如图 3-17 所示。

如果要从回收站中恢复被删除的文件,或从回收站中删除文件,则首先选中回收站中的文件或文件夹,然后右击,将出现一个快捷菜单,如图 3-18 所示。选择"还原"命令,即可将选中的文件或文件夹还原到原位置;选择"删除"命令,即可将选中的文件或文件夹彻底删除。

利用如图 3-17 中的"管理"组的"清空回收站"按钮,则可以把回收站中的文件或文件夹全部删除;单击"还原所有项目"按钮,则可以把回收站中的文件或文件夹全部还原至原位置。

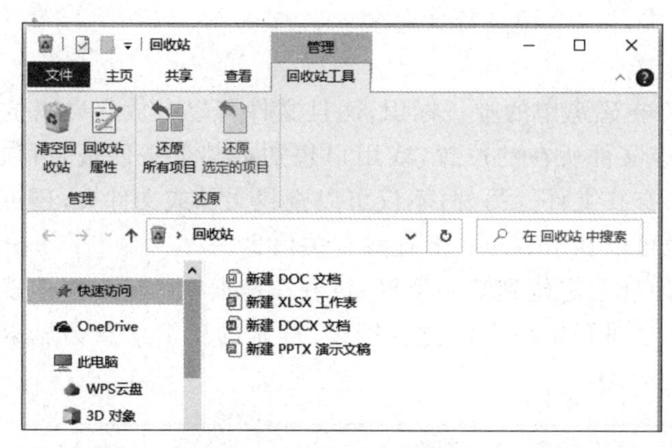

图 3-17 “回收站”窗口

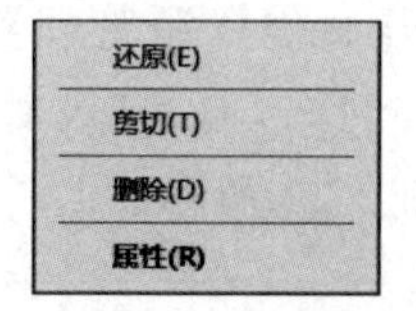

图 3-18 回收站操作快捷菜单

注意：用户可以根据需要修改回收站的大小，具体操作步骤为：右击“回收站”图标，选择“属性”命令，在弹出的对话框中选择需要设置的磁盘，在“最大值”文本框中输入数字，单击“确定”按钮就可以修改回收站大小。

2）文件或文件夹的删除

打开文件资源管理器，将要删除的文件或文件夹显示出来，然后选中要删除的文件或文件夹，在图 3-15 中的“组织”组中单击“删除”按钮，或者右击要删除的文件或文件夹，在弹出的快捷菜单中选择“删除”命令，或者使用键盘上的 Delete 键，都将打开“删除文件”对话框，如图 3-19 所示，单击“是”按钮，即可将选中的文件或文件夹移到回收站。

如果想直接删除选中的文件或文件夹而不是移到回收站，可以在进行删除操作的同时按下 Shift 键，或者在“组织”组中单击“删除”按钮的向下箭头，在下拉列表中选择“永久删除”命令，将出现图 3-20 所示的对话框，单击“是”按钮即可。

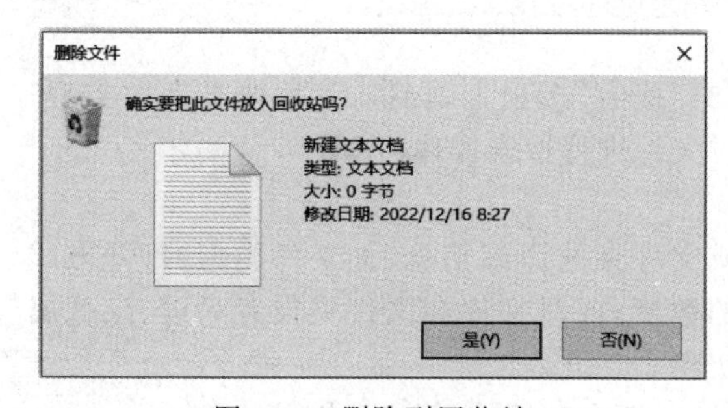

图 3-19 删除到回收站

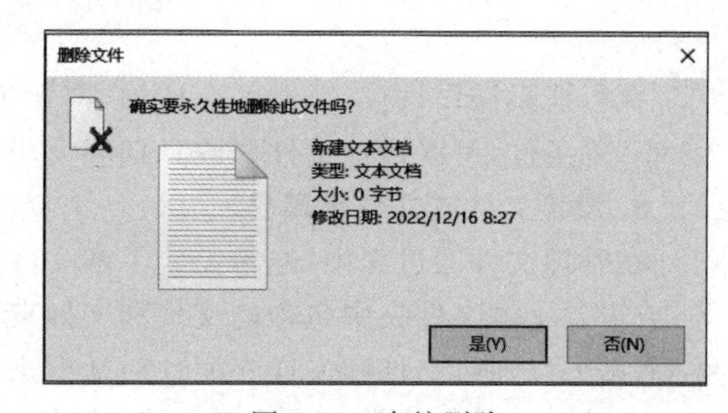

图 3-20 直接删除

6. 重命名文件或文件夹

重命名文件或文件夹的方法主要有以下几种。

(1) 右击需重命名的文件或文件夹，在弹出的快捷菜单中选择“重命名”命令。

(2) 单击需重命名的文件或文件夹，再次单击文件名，此时对象原文件名处于选中状态，可进行重命名操作。

(3) 单击需重命名的文件或文件夹，再单击窗口中的“主页”选项卡中“组织”组的“重命名”按钮。

(4) 单击需重命名的文件或文件夹,按 F2 键进行重命名。

7. 查找文件或文件夹

在 Windows 10 中,文件名是文件在磁盘中的唯一标识,而且文件可以存放在磁盘的任何文件夹下,如果用户忘记了文件名或文件所在的位置,或用户想知道某个文件是否存在,则可以通过系统提供的“搜索”功能来查找文件。另外,不仅可以查找文件或文件夹,还可以在网络中查找计算机、网络用户,甚至可以在 Internet 上查找有关信息。

打开文件资源管理器,首先通过地址栏定位到某一位置,接着在搜索栏中输入要搜索的关键字,例如,输入“计算机”,计算机立即开始在当前位置搜索,搜索的反馈信息会显示出来,如图 3-21 所示。

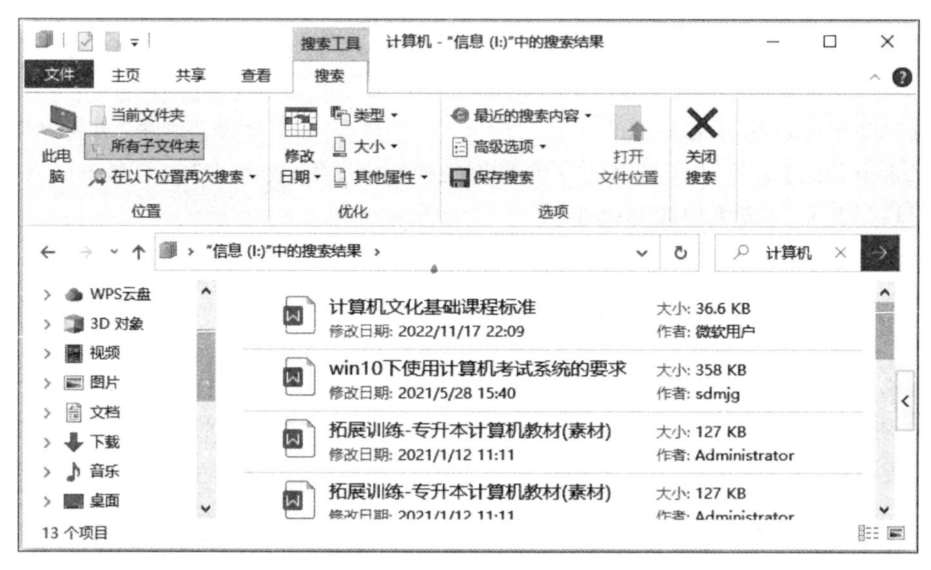

图 3-21 搜索结果窗口

执行搜索操作,窗口功能区会增加“搜索工具/搜索”选项卡,提供了“修改日期”“类型”“大小”等条件,可以根据文件修改日期和大小对文件进行搜索操作。

8. 设置文件或文件夹属性

在管理文件的过程中,经常需要了解文件或文件夹的详细信息,如文件类型、打开方式等,或需要了解文件夹中包含的文件和文件夹的数量,或对文件和文件夹设置只读、隐藏属性等,都可以通过文件和文件夹属性对话框来实现。

文件和文件夹的常规属性有只读、隐藏;高级属性有存档、索引、压缩、加密等。

1) 设置“只读”或“隐藏”属性

(1) 选中要查看或设置属性的文件或文件夹图标。

(2) 单击窗口“主页”选项卡中“打开”组的“属性”按钮(或右击,在快捷菜单中选择“属性”命令),即可打开其属性对话框,如图 3-22 所示。

当将文件或文件夹属性设置为“隐藏”后,在操作系统默认的设置中,该文件或文件夹将被隐藏起来,不显示在文件资源管理器窗口中。若在窗口“查看”选项卡中“显示/隐藏”组中选中“隐藏的项目”,那么隐藏的文件在浏览时也可以显示出来,用户就可以对隐藏的文件进行打开、复制、移动、删除等操作。

当文件或文件夹属性设置为“只读”后，用户就不能修改该文件的内容，但可以对文件进行移动、复制、删除等操作。单击“高级”按钮还可以设置存档、索引、压缩和加密属性。

2）设置共享属性

共享资源可以通过共享文件夹提供，单个文件是无法实现共享的。如果用户选择共享文件夹，则当该计算机与某个网络连接后，在该网络中的其他计算机可以通过网络来查看或使用共享文件夹中的文件。

9. 文件与文件夹的加密与解密

对文件或文件夹加密，可以有效地保护它们免受未经许可的访问。加密是Windows提供的用于保护信息安全的措施。

1）加密文件或文件夹

具体操作步骤如下。

（1）右击要加密的文件或文件夹，从弹出的快捷菜单中选择“属性”命令，弹出其属性对话框，在“常规”选项卡中单击“高级”按钮，在弹出的“高级属性”对话框中选中“压缩或加密属性”栏中的“加密内容以便保护数据”，如图3-23所示。

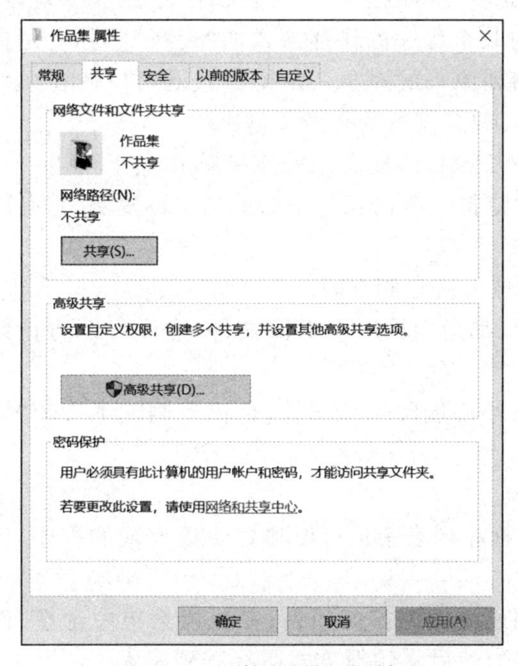

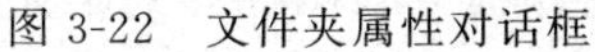
图3-22 文件夹属性对话框

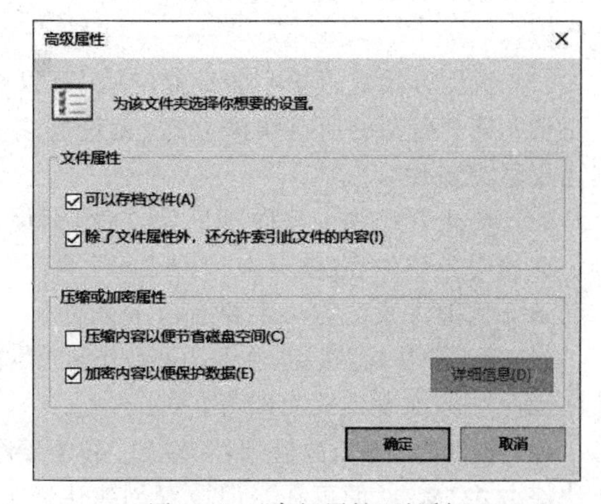

图3-23 “高级属性”对话框

（2）单击“确定”按钮返回属性对话框，接着单击“确定”按钮，弹出“确认属性修改”对话框，选中“将更改应用于此文件夹、子文件夹和文件”。

（3）单击“确定”按钮，开始对选中的文件或文件夹加密。

2）解密文件和文件夹

在如图3-23所示的“高级属性”对话框中，取消对“加密内容以便保护数据”的选中，单击“确定”按钮，在弹出的“确认属性更改”对话框中选中“将更改应用于此文件夹、子文件夹和文件”，单击“确定”按钮，此时将对所选的文件或文件夹进行解密。

10. 文件与文件夹的压缩

对文件或文件夹进行压缩,可减少其大小,从而减少其占用空间,在网络传输过程中可以大大减少网络资源的占用,有利于存储和传输。

1) 创建压缩

右击要压缩的文件或文件夹,弹出的快捷菜单如图 3-24 所示,选择"发送到"→"压缩(zipped)文件夹"命令,则系统自动进行压缩。

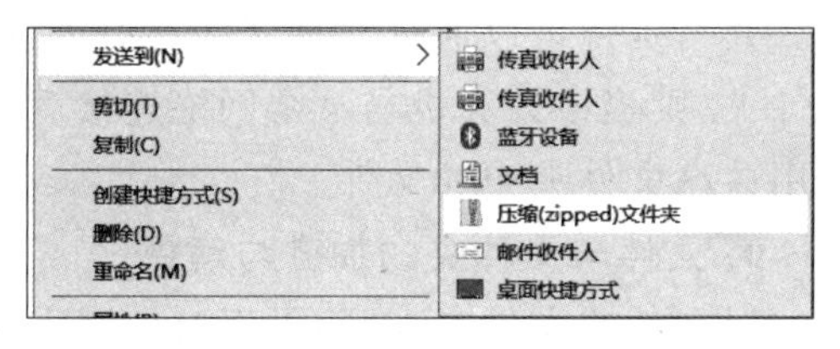

图 3-24 创建压缩快捷菜单

2) 添加和解压缩文件

向已经压缩好的文件夹中添加新的文件,只需直接从文件资源管理器中将文件拖曳到压缩文件夹中即可。要将文件从文件夹中取出来,即解压缩文件,需先双击压缩文件夹将其打开,然后将其中将要解压缩的文件或文件夹按 Ctrl+C 组合键复制到剪贴板,再按 Ctrl+V 组合键粘贴到新的位置。

11. 设置快捷方式

快捷方式是到计算机或网络上任何可访问的项目(如程序、文件、文件夹、磁盘驱动器、Web 页、打印机或另一台计算机)的链接,因此对某个程序的快捷方式的"运行"实际上是在运行原来的程序,而对快捷方法的删除不会影响到原来的对象。快捷方式既可以放在桌面上,也可以放在"开始"菜单中,还可以放在文件资源管理器的任意文件夹中。

为了和一般的文件图标和应用程序图标有所区别,快捷应用程序图标在左下角用一个小箭头表示。由于快捷方式图标仅对应于一个"链接",所以相对于简单的文件复制,它有以下特点。

(1) 快捷方式只占很小的存储空间,可以节省大量存储空间。

(2) 某个对象的所有快捷方式,无论有多少,都指向同一个对象文件,这样可以防止数据出现不完整性。

(3) 快捷方式并不等同于原始文件,即使不小心删除了该图标,也仅是删除了一个"链接",原始对象仍然存在。

建立快捷方式的方法主要有以下几种。

(1) 单击"开始"按钮,在打开的"开始"菜单程序列表中选择要建立快捷方式的程序,直接将程序图标拖曳到桌面即可。

(2) 打开"文件资源管理器"窗口,右击要创建快捷方式的项目,在快捷菜单中选择"创建快捷方式"命令,便可在当前位置创建快捷方式,然后将快捷方式图标移到桌面上。

(3) 打开"文件资源管理器"窗口,右击要创建快捷方式的项目,在快捷菜单中选择"发送到"→"桌面快捷方式"命令。

(4) 选择原始对象的图标,按住 Alt 键或 Ctrl+Shift 组合键不放将其用鼠标拖曳至目标位置。

巩固训练

单选题

1. Windows 10 中记事本的扩展名是(　　)。

A. Pcx　　B. prg　　C. txt　　D. bmp

【答案】C

【解析】Pcx 和 bmp 都属于图片文件，记事本编辑的是纯文本文件，默认的扩展名为 txt。

2. Windows 10 的文件名的最大长度是(　　)个字符。

A. 127　　B. 128　　C. 255　　D. 225

【答案】C

【解析】文件名包括主文件名、点号和扩展名，最长不超过 255 个字符。

3. Windows 的文件组织结构是一种(　　)结构。

A. 表格　　B. 树形　　C. 网状　　D. 线性

【答案】B

4. 在 Windows 10 的某个窗口中做多次剪切操作，"剪贴板"中的内容是(　　)。

A. 第一次剪切的内容　　B. 所有剪切的内容

C. 最后一次剪切的内容　　D. 空白

【答案】C

【解析】剪切命令可将剪切掉的内容放入剪贴板，而使用 Delete 删除的内容则不能进入剪贴板。

3.4　Windows 10 控制面板

控制面板是 Windows 10 自带的查看及修改系统设置的图形化工具，通过这些实用程序可以更改系统的外观和功能以及对计算机的硬、软件系统进行设置。双击桌面上的"控制面板"图标就可打开"控制面板"窗口，如图 3-25 所示。

图 3-25　控制面板

Windows 10 系统的控制面板默认以"类别"的方式显示功能菜单,分为"系统和安全""用户账户""网络和 Internet""外观和个性化""硬件和声音""时钟和区域""程序""轻松使用"八个类别,每个类别下会显示该类的具体功能选项,可供快速访问。除了"类别",Windows 10 控制面板还提供了"大图标"和"小图标"两种视图模式。只需单击控制面板右上角"类别"按钮,从中选择自己喜欢的模式即可。

控制面板中提供了搜索功能,只要在控制面板右上角的搜索栏中输入关键词,按 Enter 键后即可看到控制面板功能中相应的搜索结果,还可以利用控制面板中的地址栏导航,快速切换到相应的分类选项或者指定需要打开的程序。单击地址栏每类选项右侧向右的箭头,即可显示该类别下的所有程序,从中选择需要的程序即可快速打开相应程序。

3.4.1 时钟和区域

Windows 10 支持不同国家和地区的多种自然语言,但是在安装时,只安装默认的语言系统,要支持其他的语言系统,需要安装相应的语言以及语言的输入法和字符集。只要安装了相应的语言支持,不需要安装额外的内码转换软件就可以阅读该国的文字。

在"控制面板"中单击 "时钟和区域"链接,将打开如图 3-26 所示窗口。

图 3-26 "时钟和区域"窗口

1. 日期和时间设置

在如图 3-26 所示窗口中单击"日期和时间"链接,即可打开"日期和时间"对话框,如图 3-27 所示。

(1) 利用"日期和时间"选项卡,可以调整系统日期、系统时间及时区。

(2) 利用"附加时钟"选项卡,可以显示其他时区的时间,并可以通过任务栏时钟等方式查看这些附加时钟。

(3) 利用"Internet 时间"选项卡,可以使计算机与 Internet 时间服务器同步,这有助于确保系统时钟的准确性。如果要进行网络同步,必须将计算机连接到 Internet。

2. 区域设置

在如图 3-26 所示窗口中单击“区域”链接,即可打开“区域”对话框,如图 3-28 所示。

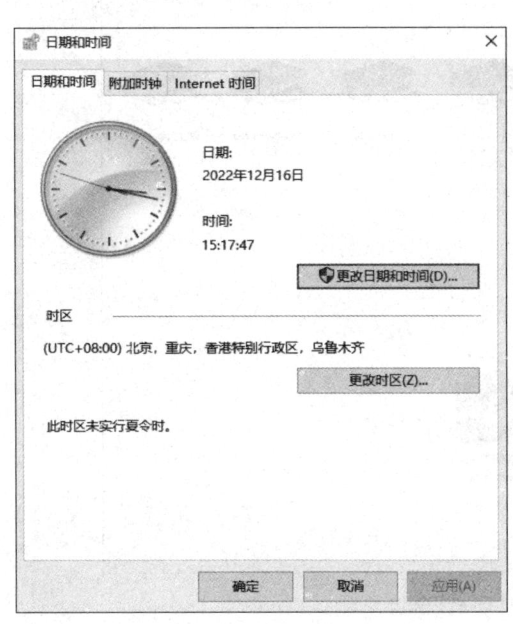

图 3-27　“日期和时间”对话框

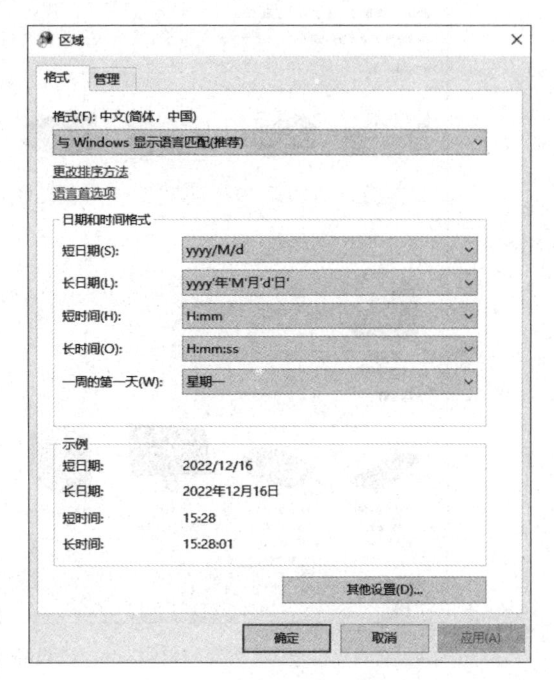

图 3-28　“区域”对话框

利用“格式”选项卡,可以设置要使用的日期和时间格式;单击“其他设置”按钮,将打开“自定义格式”对话框,可以设置数字、货币、时间、日期格式等数据的显示方式。

3.4.2　硬件和声音

硬件和声音

在系统设置过程中,用户可能需要执行添加或删除打印机和其他硬件、更改系统声音及更新设备驱动程序等操作,这就需要使用控制面板的“硬件和声音”提供的功能。

1. 打印机设置

打印机是用户经常使用的设备之一,安装打印机和安装其他设备一样,必须安装打印机驱动程序。单击“硬件和声音”窗口下的“查看设备和打印机”链接,打开如图 3-29 所示的“设备和打印机”窗口。

1）添加打印机

单击“设备和打印机”窗口工具栏中的“添加打印机”按钮,在打开的“添加设备”窗口下部选择“我需要的打印机未列出”链接,在打开的“添加打印机”对话框中单击选中“通过手动设置添加本地打印机或网络打印机”,如图 3-30 所示,单击“下一页”按钮,将启动“添加打印机”向导,向导将逐步提示用户选择打印机端口、选择厂商和打印机型号、输入打印机名称、是否设置为默认打印机等,最后安装 Windows 10 系统下的打印机驱动程序。

图 3-29 “设备和打印机”窗口

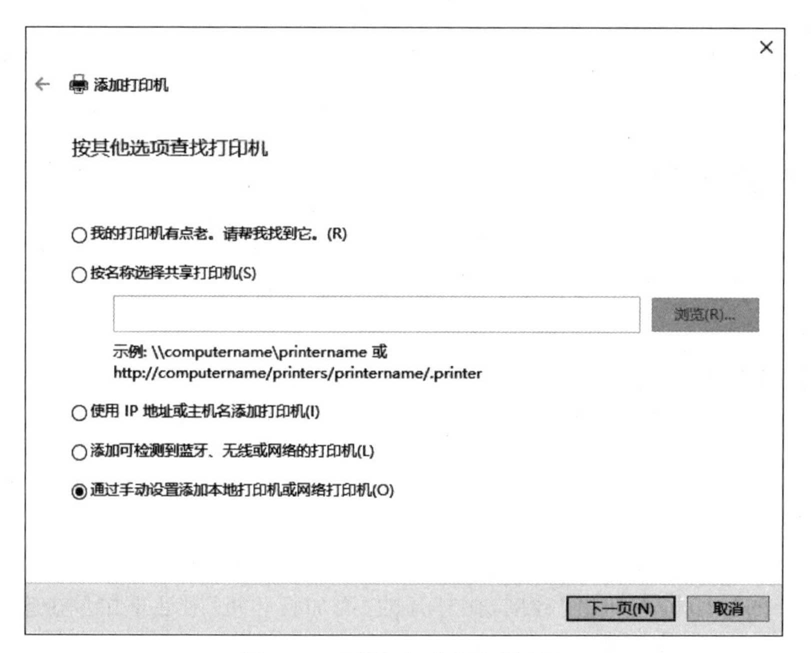

图 3-30 “添加打印机”对话框

2) 设置默认打印机

如果系统中安装了多台打印机,在执行具体的打印任务时可以选择打印机,或者将某台打印机设置为默认打印机。要设置默认打印机,在某台打印机图标上右击,弹出快捷菜单,如图 3-31 所示。选择“设为默认打印机”命令即可。默认打印机的图标左下角有一个“√”标志。

3）取消或暂停文档打印

在打印过程中，用户可以取消正在打印或打印队列中的打印作业。在如图 3-31 所示的快捷菜单中选择“查看现在正在打印什么”命令，打开打印队列，右击一个文档，然后在弹出的快捷菜单中选择“取消”命令则可停止该文档的打印，选择“暂停”命令则暂时停止文档的打印，可“重新启动”或“继续”打印。

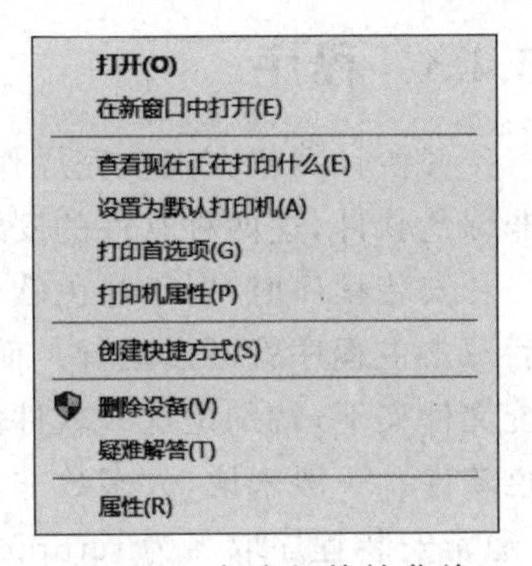

图 3-31　打印机快捷菜单

注意：一台计算机可以连接多台打印机，但默认打印机只有一台。

2. 鼠标设置

单击“硬件和声音”窗口中的“鼠标”链接，将打开“鼠标 属性”对话框，如图 3-32 所示。该对话框中有“鼠标键”“指针”“指针选项”“滚轮”和“硬件”等选项卡，利用这些选项卡，可以查看及修改鼠标的常用属性，如切换主要和次要的按钮、设置双击的速度、启动单击锁定、设置鼠标指针形状、设置鼠标移动速度、设置鼠标滑轮滑动时屏幕滚动的行数等。

3. 声音设置

单击“硬件和声音”窗口中的“更改系统声音”链接，将打开“声音”对话框，如图 3-33 所示，在此可以实现将 Windows 10 系统声音变为各色各样的声音效果。

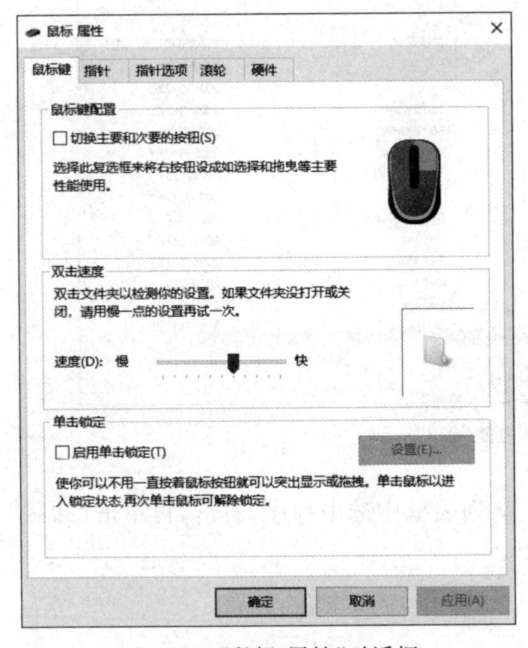

图 3-32　“鼠标 属性”对话框

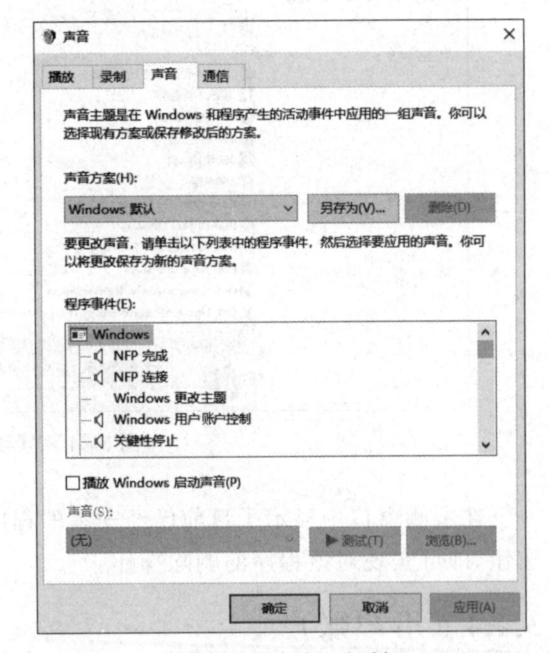

图 3-33　“声音”对话框

在“程序事件”列表框中有很多以 Windows 为目录的根式结构，是 Windows 10 系统中各个进程进行时所一一对应的声音设定。单击“测试”按钮，可以听到当前状态下，登录 Windows 10 时发出的声音提示；单击“浏览”按钮，可以看到 Windows 10 自带的系统声音。

3.4.3 程序

一台计算机在安装完操作系统后,往往需要安装大量软件。这些软件分为绿色软件和非绿色软件,这两种软件的安装和卸载完全不同。

安装程序时,对于绿色软件,只要将组成该软件系统的所有文件复制到本机的硬盘,然后双击主程序就可以运行。而有些软件需要动态库,其文件必须安装在 Windows 10 的系统文件夹下,特别是这些软件需要向系统注册表写入一些信息才能运行,这样的软件叫非绿色软件。一般来说,大多数非绿色软件为了方便用户的安装,都专门编写了一个安装程序(通常安装程序取名为 setup.exe),这样,用户只要运行安装程序就可以安装。

卸载程序时,对于绿色软件,只要将组成软件的所有文件删除即可;而对于非绿色软件,在安装时都会生成一个卸载程序,必须运行卸载程序才能将软件彻底删除。当然,Windows 10 也提供了“卸载程序”功能,可以帮助用户完成软件的卸载。

在“控制面板”窗口中单击“程序”链接下的“卸载程序”链接,将打开“程序和功能”窗口,如图 3-34 所示。

图 3-34 “程序和功能”窗口

在右侧窗口中显示了目前已经安装的程序。从列表框中选中程序,右击,再单击“卸载”按钮,即可实现对该程序的删除操作。

3.4.4 用户账户

用户账户

Windows 10 是多用户操作系统,允许多个用户使用同一台计算机,每个用户都可以拥有属于个人的数据和程序。用户登录计算机前需要提供登录名和密码,登录成功后,用户只能看到自己权限范围内的数据和程序,只能进行自己权限范围内的操作。Windows 10 设立“用户账户”的目的就是便于对用户使用计算机的行为进行管理,以更好地保护每位用户的数据。

1. 用户账户

用户账户是通知 Windows 用户可以访问哪些文件和文件夹，可以对计算机和个人首选项进行哪些更改的信息集合。通过用户账户，用户可以在拥有自己的文件和设置的情况下与多人共享计算机。

用户账户可分为管理员账户和标准账户，每种账户类型为用户提供不同的计算机控制级别。

1）管理员账户

管理员账户是允许进行可能影响到其他用户的更改操作的用户账户，管理员账户对计算机拥有最高的控制权限，既可以更改安全设置、安装软件和硬件、访问计算机上的所有文件，还可以对其他用户账户进行更改。

2）标准账户

标准账户允许用户使用计算机的大多数功能，但是如果要进行的更改可能会影响到计算机的其他用户或安全，则需要管理员的认可。

2. 创建新账户

管理员类型的账户可以创建一个新的账户，具体操作如下。

使用管理员账户登录计算机，在"控制面板"窗口中单击"用户账户"链接，在打开的"用户账户"窗口中再单击"用户账户"链接，打开"更改账户信息"窗口，如图 3-35 所示。

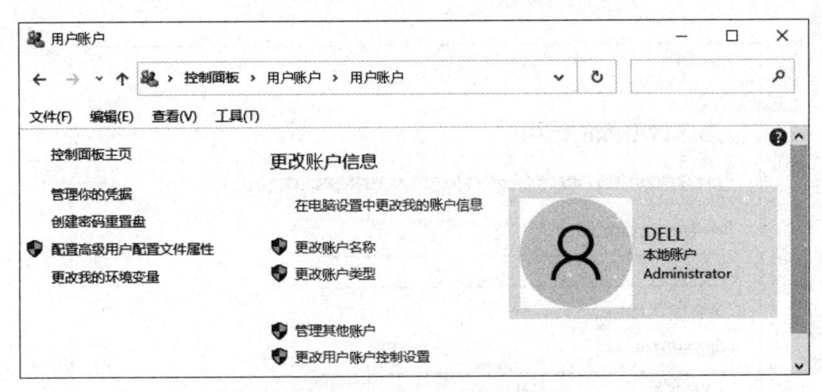

图 3-35 更改账户信息

单击"管理其他账户"链接，在打开的窗口下部单击"在电脑设置中添加新用户"链接，出现"家庭和其他用户"窗口，如图 3-36 所示。单击"将其他人添加到这台电脑"，在弹出的"Microsoft 账户"对话框中输入登录的电子邮件地址或电话，也可以选择"我没有这个人的登录信息"链接，然后输入电话或邮件地址，单击"下一步"按钮，或者单击"添加一个没有 Microsoft 账户的用户"，在弹出的图 3-37 所示的"Microsoft 账户"对话框中填写新账户名和密码，单击"下一步"按钮，则新用户将出现在图 3-36 所示的"家庭和其他用户"窗口中。

3. 更改账户

在图 3-35 所示窗口中单击"管理其他账户"链接，在出现的窗口中单击欲更改的账户名称，打开"更改账户"窗口，如图 3-38 所示。根据窗口左侧的相关链接，可以为自己创建的账户更改名称、创建密码、更改类型或将其删除。

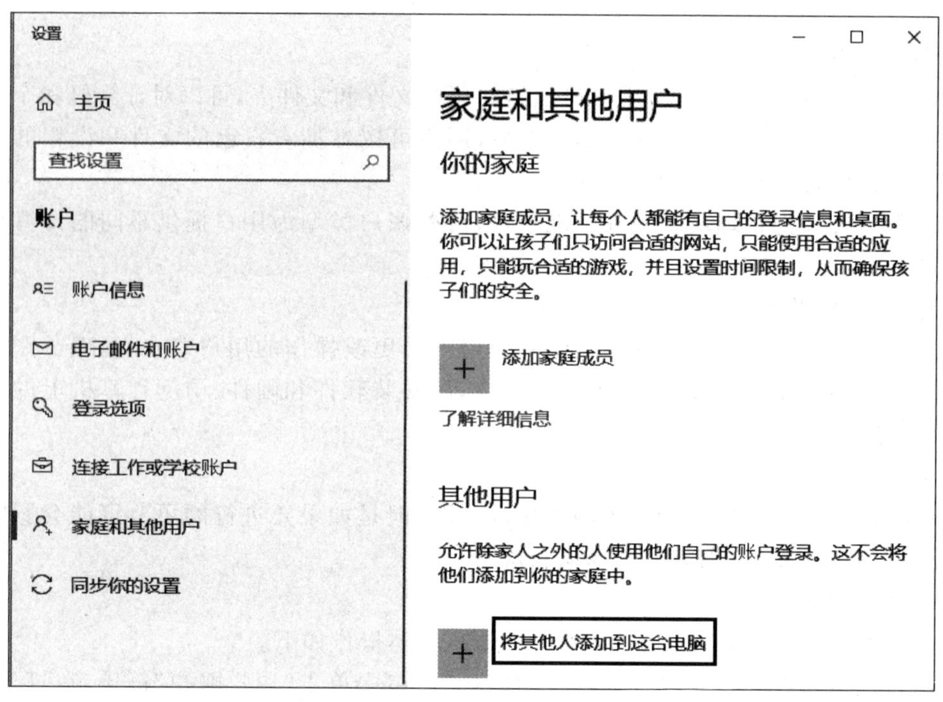

图 3-36 “家庭和其他用户”窗口

Microsoft 账户

为这台电脑创建用户

如果你想使用密码，请选择自己易于记住但别人很难猜到的内容。

谁将会使用这台电脑?

用户名

请输入你的用户名。

确保密码安全。

输入密码

重新输入密码

下一步　上一步(B)

图 3-37 创建新账户窗口

另外，用户账户控制(UAC)可以预防有害程序对计算机进行未经授权的更改。使用管理员账户登录计算机后，单击图 3-35 所示窗口中的“更改用户账户控制设置”链接，在随后出现的“用户账户控制设置”窗口中进行调整即可。

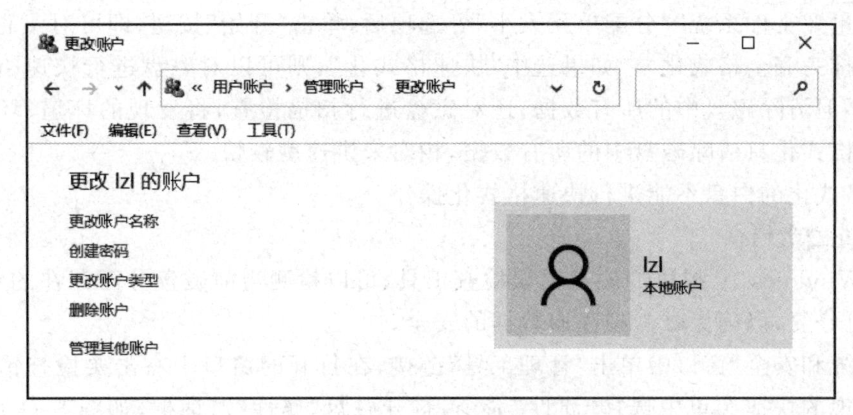

图 3-38 “更改账户”窗口

3.4.5 系统和安全

系统和安全

在“控制面板”窗口中单击“系统和安全”链接，即可打开“系统和安全”窗口，如图 3-39 所示。在这里，可以查看计算机名称、检查防火墙、查看计算机的基本信息、进行备份和还原、设置远程协助和远程链接、保留文件的历史记录以备找回、自定义电源计划、管理存储空间、管理磁盘、释放磁盘空间等。

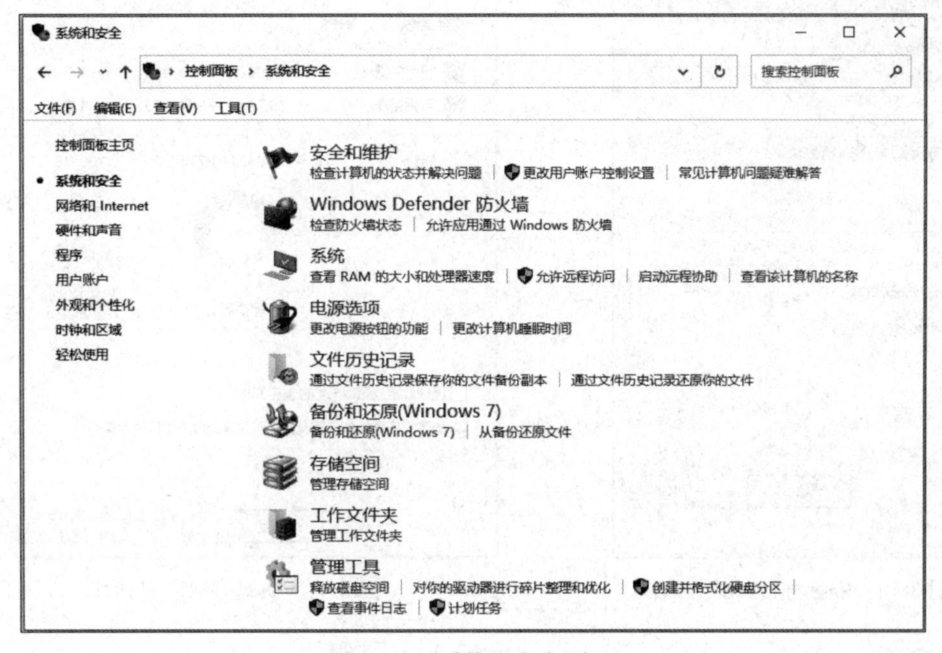

图 3-39 “系统和安全”窗口

1. 管理工具

1）磁盘的格式化

在“系统和安全”窗口中单击“管理工具”链接，在打开的窗口中，右击要操作的磁盘分区，在出现的快捷菜单中选择“格式化”命令，将出现磁盘“格式化”对话框，如图 3-40 所示。

选择好“容量”“文件系统”“分配单元大小”等选项后,单击“开始”按钮,即可对该磁盘进行格式化(一般称为完全格式化)。如果选中“快速格式化”,则可以对磁盘进行快速格式化。完全格式化不但清除磁盘中的所有数据,还对磁盘进行扫描检查,将发现的坏道、坏区进行标注,而快速格式化只清除磁盘中的所有数据,相对来讲速度较快。

从未格式化的白盘不能进行快速格式化操作。

2)检查磁盘错误

利用 Windows 10 提供的磁盘错误检查工具,可以检测当前磁盘分区存在的错误,进而对错误进行修复,以确保磁盘中存取数据的安全。

在“系统和安全”窗口中单击“管理工具”链接,在打开的窗口中右击要检查错误的磁盘分区,在出现的快捷菜单中选择“属性”命令,打开磁盘“属性”对话框,如图 3-41 所示,切换到“工具”选项卡,单击“检查”按钮,弹出检查磁盘对话框,单击“扫描驱动器”按钮,程序自动检查分区。

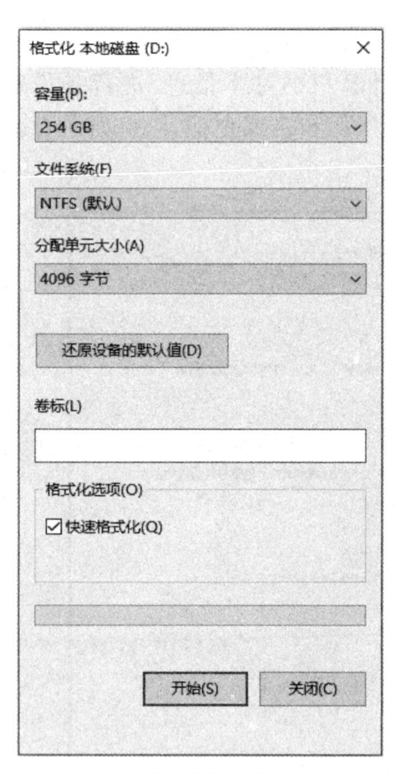

图 3-40 磁盘“格式化”对话框

图 3-41 磁盘“属性”对话框

3)清理磁盘

用户在使用计算机的过程中会产生一些临时文件,如回收站中的文件、Internet 临时文件、不用的程序和可选 Windows 组件等,这些临时文件会占用一定的磁盘空间并影响系统的运行速度。因此,当计算机使用一段时间后,应对系统磁盘进行一次清理,将垃圾文件从系统中彻底删除。

在“系统和安全”窗口中单击“管理工具”链接;在打开的窗口中双击“磁盘清理”工具,将弹出“磁盘清理：驱动器选择”对话框，选择需要清理的驱动器，单击“确定”按钮。将弹出“磁盘清理”对话框。从“要删除的文件”列表中选中要清除的文件类型，单击“确定”按钮，在弹出的提示框中单击“删除文件”按钮，即可开始清理选中的垃圾文件。

4）磁盘碎片清理

频繁地安装、卸载程序，或者复制、删除文件，会在系统中产生磁盘碎片。这些磁盘碎片会降低系统的运行速度，引起系统性能下降。通过磁盘碎片整理程序可以重新排列碎片数据，以便磁盘和驱动器能够更有效地工作，达到提高计算机的整体性能和运行速度的目的。

在“系统和安全”窗口中单击“管理工具”链接，在打开的窗口中双击“碎片整理和优化驱动器”工具，打开“优化驱动器”对话框，如图3-42所示，选择要整理碎片的磁盘分区，单击“分析”按钮。分析完毕，在磁盘当前状态中显示磁盘碎片比例，单击“优化”按钮，开始整理磁盘碎片。整理完毕，单击“关闭”按钮。

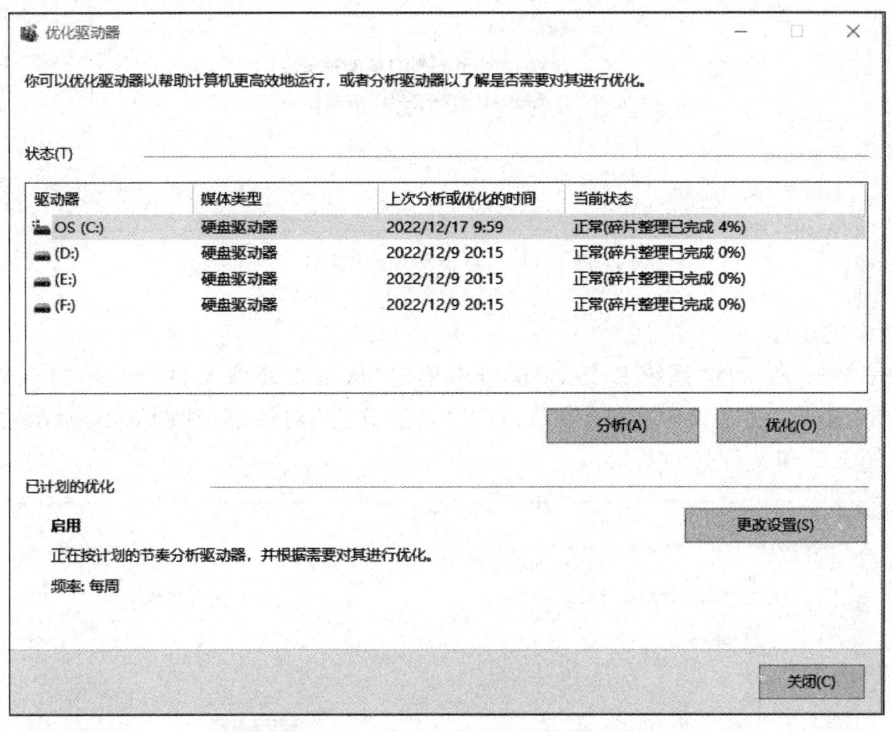

图3-42　磁盘碎片整理程序

2. 备份和还原

为了避免文件和文件夹被病毒感染，或者因意外删除而丢失，导致一些重要的数据无法恢复，Windows 10提供了文件备份与还原功能。用户可将一些重要的文件或文件夹进行备份，如果将来这些原文件或文件夹出现了问题，用户可以通过还原备份的文件或文件夹来弥补损失。

1）文件的备份

在“系统和安全”窗口中单击“备份和还原”链接，打开“备份或还原你的文件”窗口，如图3-43所示。单击“设置备份”链接，打开“设置备份”对话框，选择保存备份的位置，单击“下一步”按钮；打开“您希望备份哪些内容?”页面；选中“让我选择”单选项，单击“下一步”按钮;选择要备份的内容,单击“下一步”按钮;打开“查看备份设置”页面,在此页面中显示了备份摘要信息;单击“更改计划”按钮,打开“您希望多久备份一次”页面,设置自动备份频率;单击“确定”按钮,返回“查看备份设置”页面,单击“保存设置并运行备份”按钮,开始保存备份设置;返回“备份或还原你的文件”查看,开始对系统设置的文件进行备份,同时显示备份进度。

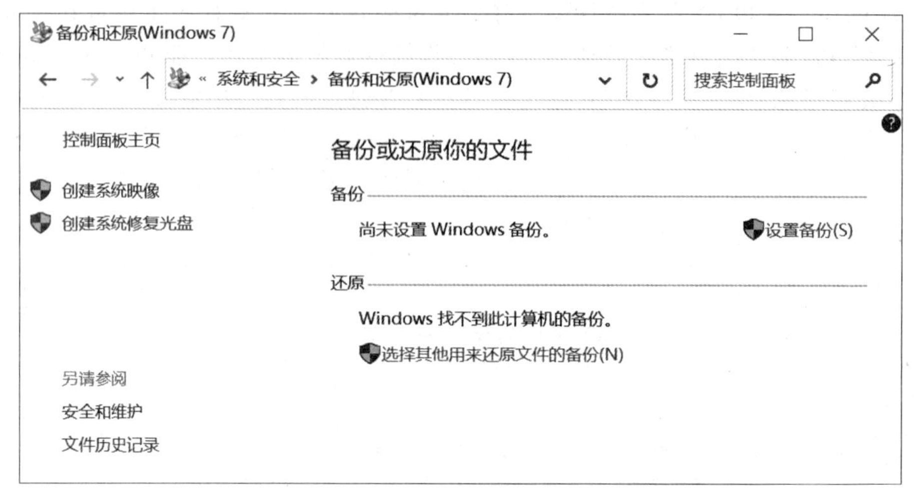

图 3-43 “备份和还原”窗口

2）文件的还原

在如图 3-39 所示的“系统和安全”窗口中单击“从备份还原文件”链接,打开如图 3-44 所示对话框,单击“还原我的文件”按钮,打开“还原文件”对话框,如图 3-45 所示,浏览或搜索要还原的文件和文件夹的备份。

图 3-44 “备份和还原”对话框

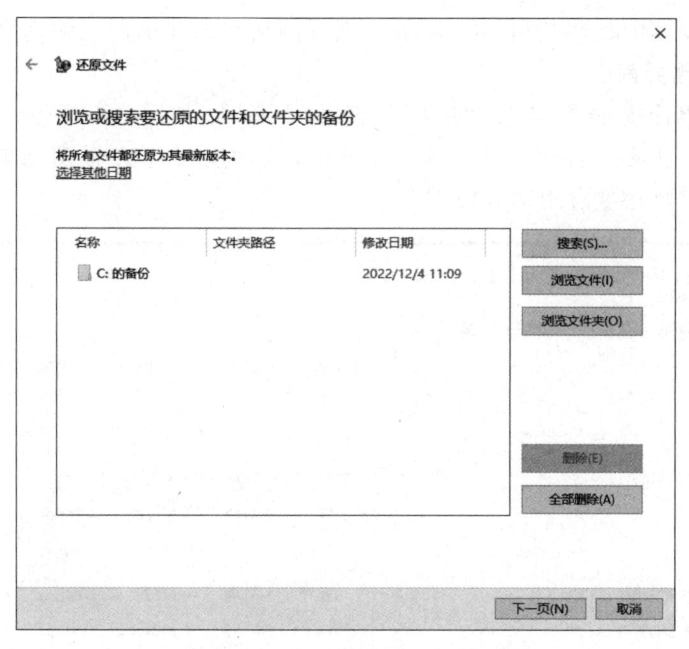

图 3-45　“还原文件”对话框

巩固训练

一、单选题

在 Windows 控制面板中不能完成(　　)工作。

A. 添加/删除程序　　B. 管理打印机　　C. 添加/删除硬件　　D. 创建新文件

【答案】 D

【解析】 创建新文件需在“此电脑”或“文件资源管理器”中实现，在“控制面板”中是不能实现的。“控制面板”中包含了许多 Windows 10 操作系统提供的实用程序，通过这些实用程序可以更改系统的外观和功能以及对计算机的硬件和软件系统进行设置。例如，可以管理打印机、扫描仪、相机调制解调器等，对系统的有关设置大多是通过控制面板进行的。

二、判断题

安装打印机不一定安装打印机的驱动程序。(　　)

A. 正确　　B. 错误

【答案】 B

【解析】 使用打印机之前必须安装打印机驱动程序。

3.5　Windows 10 任务管理器

3.5.1　任务管理器简介

Windows 任务管理器提供了有关计算机性能的信息，并显示了计算机上所运行的程序和进程的详细信息，如果连接到网络，还可以查看网络状态并迅速了解网络是如何工作的。

1. 任务管理器界面

任务管理器界面提供了“文件”“选项”“查看”菜单项，如图 3-46 所示，其下还有“进程”“性能”“应用历史记录”“启动”“用户”等选项卡，从这里可以查看到当前系统的进程数、CPU 使用率、内存及磁盘占用率等数据。

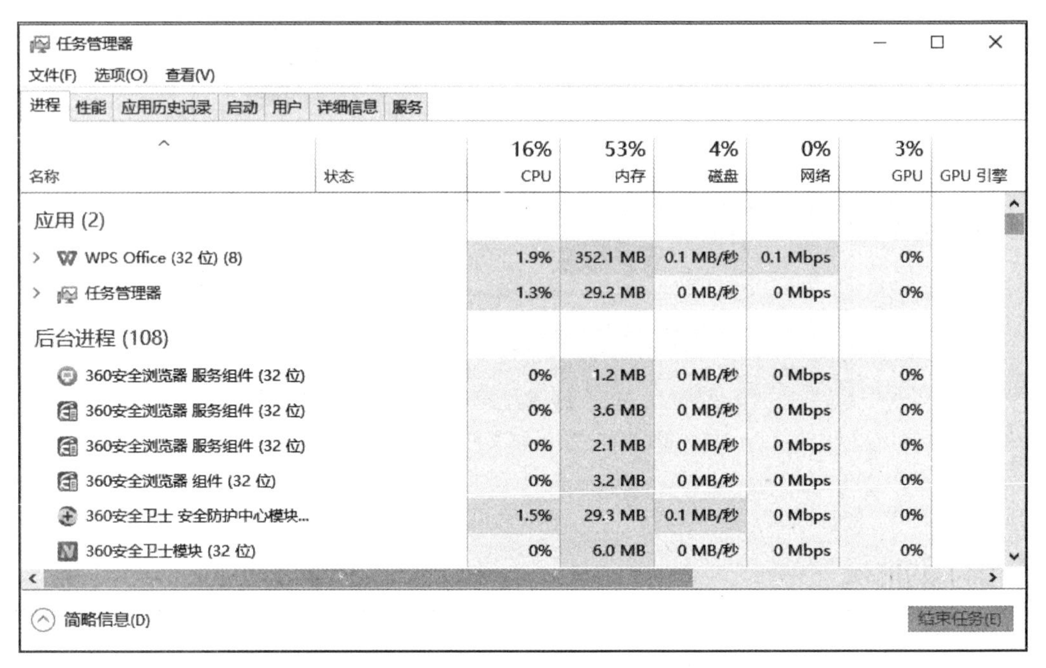

图 3-46 “任务管理器”界面

2. 任务管理器的打开

打开任务管理器主要有以下几种方法。

(1) 使用 Ctrl+Shift+Esc 组合键。

(2) 右击任务栏空白处，在弹出的快捷菜单中选择“任务管理器”命令。

(3) 使用 Ctrl+Alt+Delete 组合键，该方法会回到操作系统锁定界面，在此界面中执行“任务管理器”命令。

3.5.2 任务管理器的功能

1. 终止未响应的应用程序

当系统出现“死机”一样的症状时，往往存在未响应的应用程序，此时可以通过任务管理器终止这些未响应的应用程序，具体操作为：打开任务管理器，在“应用”列表中选中未响应的应用程序，然后单击“结束任务”按钮。

2. 终止进程的运行

CPU 的使用率长时间达到或接近 100%，或系统提供的内存长时间处于几乎耗尽的状态，通常是因为系统感染了蠕虫病毒。可以利用任务管理器，找到 CPU 或内存占用率高的程序，然后终止它来解决。

3.6 Windows 10 的实用工具

3.6.1 画图

"画图"是一个用户绘制、调色和编辑图片的程序，用户可以使用它绘制黑白或彩色的图形，并可将这些图形另存为位图文件(.bmp 文件)，可以打印，也可以将它作为桌面背景，或者粘贴到另一个文档中，还可以使用"画图"查看和编辑扫描的照片等。"画图"程序主窗口如图 3-47 所示。

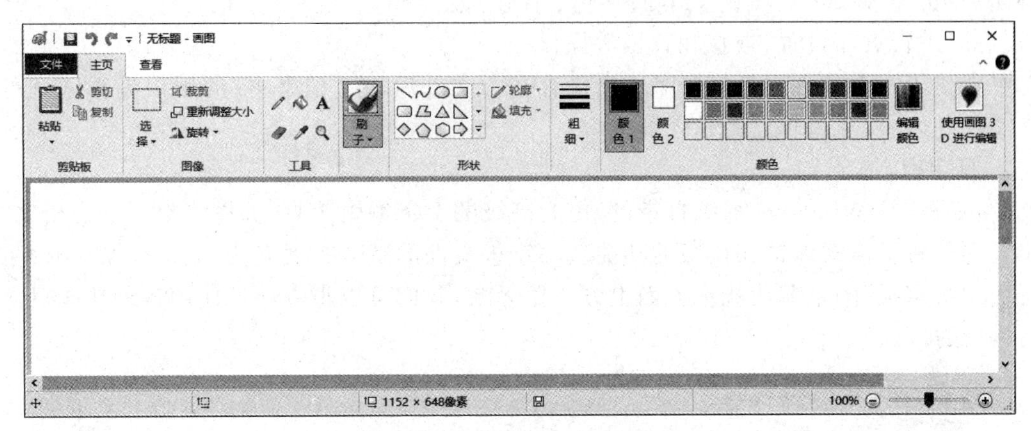

图 3-47 "画图"程序主窗口

用绘图工具在画布上绘图完毕后，通过"文件"中的"保存"命令可以将图片保存为一个图片格式的文件。

1. 绘图区域

"画图"窗口中白色的矩形区域为用户绘图时使用的区域(或对已经绘制的图像进行编辑的区域)，称为绘图区域。

2. 快速访问工具栏

为了操作方便，"画图"程序将一些常用的命令以按钮的形式存放在快速访问工具栏中，用户只需要单击这些按钮，就可以快速地执行相应的命令。

3. 图像处理

利用"画图"程序既可以绘制简单的图片，也可以对图形进行简单的编辑，或者将文本和设计图案添加到其他图片中。

4. 保存图片

用绘图工具编辑图片后，选择"文件"→"保存"命令，打开"另存为"对话框，选择需要保存的文件格式，输入文件名，单击"保存"按钮即可。

3.6.2 "记事本"和"写字板"

"记事本"和"写字板"是 Windows 10 自带的两个文字处理程序，这两个应用程序都提供了基本的文本编辑功能。

1. 记事本

“记事本”是一个文本文件编辑器,可以使用它编辑简单的文档或创建 Web 页。“记事本”的使用非常简单,它编辑的文件是纯文本文件,这为编辑一些高级语言的源程序提供了极大方便。“记事本”程序主窗口如图 3-48 所示。

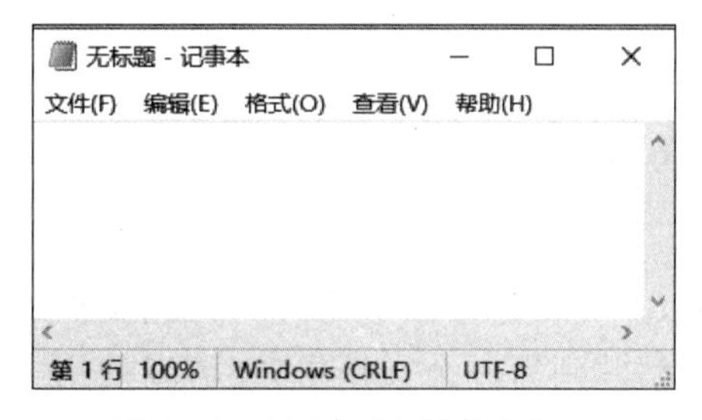

图 3-48 “记事本”程序主窗口

打开“记事本”后,会自动创建一个空文档,标题栏上将显示“无标题”。“记事本”是一个典型的单文档应用程序,要编辑新的文档,可通过“文件”选项下的“打开”命令打开一个文档,而当前打开的文档将被关闭。“记事本”可以设置文本的字体、字形、大小,还可以进行页面设置、查找和替换等操作。

在新建了一个文件或者打开了一个已存在的文件后,在“记事本”的用户编辑区就可以输入文件的内容,或编辑已经输入的内容。

2. 写字板

“写字板”是 Windows 系统自带的、更为高级的文字编辑工具,如图 3-49 所示,相比“记事本”,它具备了格式编辑和排版的功能。写字板文件的默认扩展名为 rtf。在 Windows 10 系统中,“写字板”的主要功能在界面上方一览无余,我们可以很方便地使用各种功能对文档进行编辑、排版。

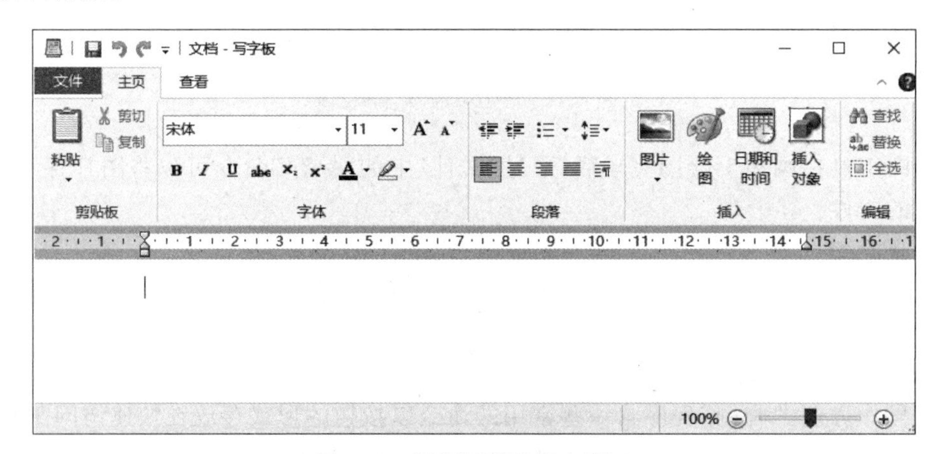

图 3-49 “写字板”程序主窗口

3.6.3 计算器

“计算器”程序主界面如图 3-50 所示,单击左上角的“打开导航”按钮≡,通过相应命令,可以进行数值转换、三角函数运算等科学计算器功能,还具备单位换算、日期计算等转换器功能,通过转换器功能,可以将面积、角度、功率、体积等不同计量进行相互转换。

3.6.4 截图

在 Windows 10 中,系统自带两种截图工具,利用它们可以随心所欲地按任意形状截图。

图 3-50 “计算器”程序主界面

1. 截图工具

依次选择“开始”→“Windows 附件”→“截图工具”命令，或者在“开始”菜单的搜索框中输入“截图工具”并按 Enter 键，均可启动“截图工具”程序。

打开“截图工具”后，在“截图工具”界面上单击“模式”按钮右边的小三角按钮，可以从弹出的下拉列表中选择“任意格式截图”“矩形截图”“窗口截图”或“全屏幕截图”，如图 3-51 所示，其中“任意格式截图”可以截取不规则图形。

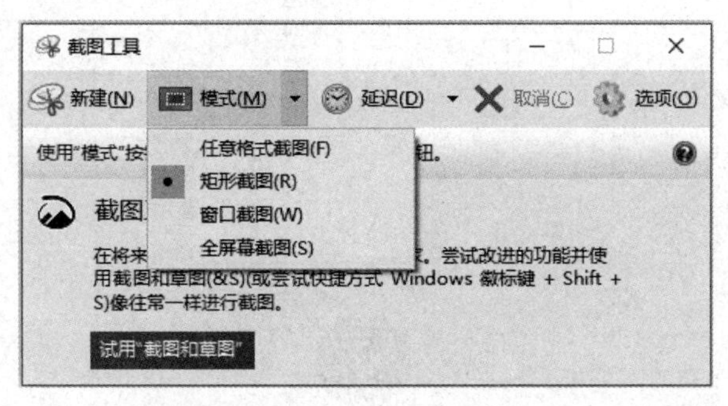

图 3-51 “截图工具”模式下拉列表

选择截图模式后，整个屏幕就像被蒙上了一层白纱，此时按住鼠标左键，选择要捕获的屏幕区域，然后释放鼠标，截图工作就完成了。可以使用笔、荧光笔等工具添加注释，操作完成后，单击“保存”按钮，在弹出的“另存为”对话框中输入截图的名称，选择保存截图的位置及保存类型，然后单击“保存”按钮。

2. 截图和草图

选择“开始”→“截图和草图”命令，打开“截图和草图”程序，单击“新建”按钮的向下箭头,在下拉列表中选择“立即截图”,可在出现的浮动工具栏中选择“矩形截图”“任意形状截图”“窗口截图”和“全屏幕截图”任一方式,拖曳鼠标选择截图区域,释放鼠标后,则选择的区域出现在“截图和草图”窗口,可以通过工具按钮完成裁剪、复制、保存等操作,如图 3-52 所示。

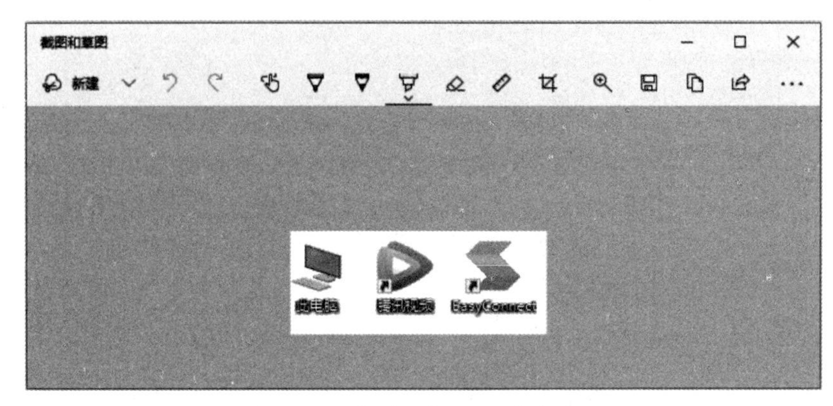

图 3-52 “截图和草图”程序主窗口

使用 Win+Shift+S 组合键可获取屏幕内容截图至剪贴板,而无须启动“截图工具”或“截图和草图”。

3.6.5 录音机

“录音机”是 Windows 10 提供给用户的一种具有语音录制功能的工具,使用它可以收录用户自己的声音,并以声音文件格式保存。

将麦克风连接好后,选择“开始”→“录音机”命令,打开“录音机”程序窗口,如图 3-53 所示,单击“麦克风”按钮开始录音。

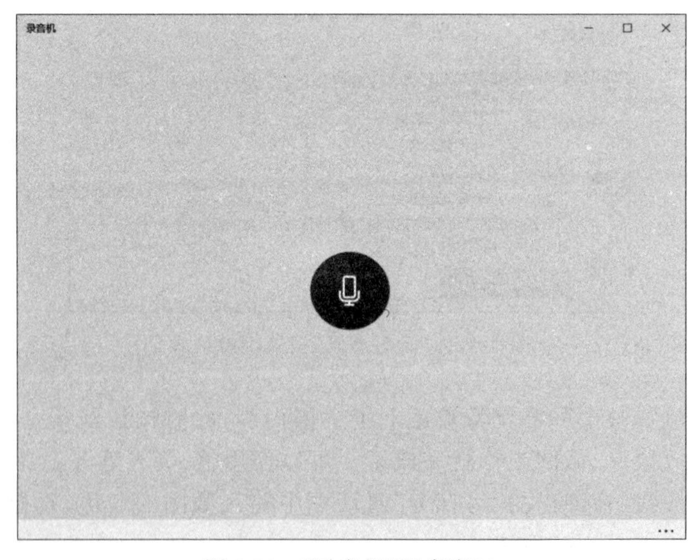

图 3-53 “录音机”程序窗口

3.6.6 数学输入面板

在日常工作中，难免需要输入公式，写作科技论文时更是经常遇到公式。虽然 Office 中带有公式编辑器，但输入公式时仍然需要经过多个步骤的选择。而 Windows 10 操作系统提供了手写公式功能。操作步骤如下。

(1) 在“开始”菜单的搜索框内输入 MIP 并按 Enter 键，打开 Windows 10 内置的数学输入面板组件，如图 3-54 所示。

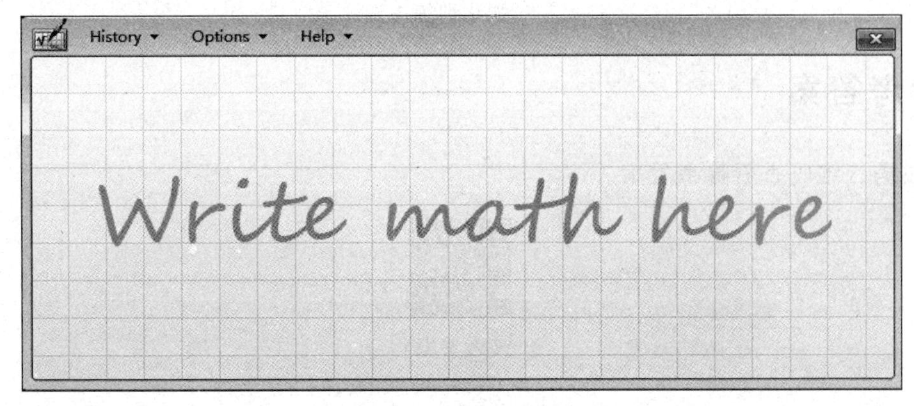

图 3-54 数学输入面板

(2) 在手写区域内用鼠标或手写板写入公式。例如，在预览框中发现自动手写识别的公式存在错误时，可以单击“选择和更正”按钮，框选具体公式字符，在下方显示的相应候选字符中选取正确字符进行更正。

(3) 公式输入完成后，单击右下角的 Insert 按钮，即可直接输入至 Word 文档窗口或其他的编辑器窗口。

巩固训练

单选题

1. (　　)不是 Windows 自带的应用程序。

A. 记事本　　B. 写字板　　C. Excel　　D. 画图

【答案】 C

【解析】 Excel 是 Office 中的表格编辑软件，是 Office 的主要应用程序之一。

2. 在 Windows 10 系统中，关于记事本的正确描述是(　　)。

A. 记事本是系统软件

B. 记事本是应用软件

C. 利用记事本可以创建任意文件

D. 记事本是供手写输入文字时使用的特定软件

【答案】 B

【解析】 Windows 系统中的记事本程序，对应的文件名是 notepad.exe，是系统自带的一个创建文本文件的应用软件。文本文件可以看作不包含任何格式的文件。

强化训练

请扫描二维码查看强化训练的具体内容。

强化训练

参考答案

请扫描二维码查看参考答案。

参考答案

第 4 章　字处理软件

思维导学

请扫描二维码查看本章的思维导图。

思维导学

明德育人

数智赋能，国产软件自强正当时。国务院印发的《"十四五"数字经济发展规划》(以下简称《规划》)中提到，"提升核心产业竞争力。着力提升基础软硬件、核心电子元器件、关键基础材料和生产装备的供给水平，强化关键产品自给保障能力。"同时，《规划》还强调"协同推进信息技术软硬件产品产业化、规模化应用，加快集成适配和迭代优化，推动软件产业做大做强"。

科技自立自强，增强民族自信。纯国产软件 WPS Office 作为民族软件的代表，是能跟 Microsoft Office 抗衡的产品。从基于 DOS 操作系统的 WPS 1.0，发展到今天，可以针对不同的办公场景，如手机、iPad、折叠屏、墨水屏、智能电视等各类屏幕终端进行全覆盖；针对不同的操作系统，如 Windows、Android、iOS、HarmonyOS、Linux、macOS 等主流操作系统进行全面适配。一路走来披荆斩棘。WPS 的发展让人们看到中国的计算机开发人员非常优秀，我们对我国未来在其他领域尤其是软件领域的进一步生存和发展充满自信。

知识学堂

4.1　Office 2016 基本知识

4.1.1　Office 2016 的常用组件

微软公司推出的 Microsoft Office 2016 办公软件共有 3 个版本：家庭和学生版、企业版以及专业版。其中专业版的组件较为全面，包含 Word、Excel、PowerPoint、OneNote、Outlook、Publisher、Access 的完整版，可以使用 OneDrive 为文档提供云存储空间。本书采用专业版，包含的组件及功能介绍如表 4-1 所示。

表 4-1　Office 2016 专业版包含的组件及功能介绍

组　件	功 能 介 绍
Word	文字处理软件，用来创建和编辑具有专业外观的文档，如公文、论文、简历、报告等

续表

组 件	功 能 介 绍
Excel	用来进行数据计算、分析以及使电子表格中数据可视化的应用程序
PowerPoint	演示文稿制作及演示程序
OneNote	笔记记录管理工具,用来搜索、组织及共享笔记和信息程序
Outlook	电子邮件客户端工具,用来发送和接收电子邮件以及管理联系人等
Publisher	用来创建和发布专业品质出版物的应用程序
Access	数据库管理系统,用来创建和管理数据库

4.1.2 Office 2016 应用程序的启动与退出

1. Office 2016 应用程序的启动

Office 2016 各个应用程序的启动方法基本相同,常用的启动方法有以下几种。

(1) 从"开始"菜单启动。单击"开始"按钮,在弹出的"开始"菜单中选择相应的程序,如 Word 2016。

(2) 通过桌面快捷方式启动。在桌面上为 Office 2016 应用程序创建快捷方式,双击图标即可启动该程序。

(3) 通过关联文档启动。比如双击打开 Word 文档,同时启动 Word 应用程序。

(4) 在任务栏的搜索框中输入程序名称,如 Word,单击 Word 2016 也可启动该应用程序。

2. Office 2016 应用程序的退出

常用的退出应用程序的方法有以下几种。

(1) 选择"文件"→"退出"命令。

(2) 单击标题栏右侧窗口控制按钮中的"关闭"按钮。

(3) 在标题栏空白处右击,在弹出的快捷菜单中选择"关闭"命令,或按 Alt+F4 组合键。

注意:如何只关闭文档窗口而不退出应用程序?

选择"文件"→"关闭"命令,或者在应用窗口按 Ctrl+W 组合键。

4.1.3 Office 2016 应用程序界面结构

Word、Excel、PowerPoint 等应用程序的操作界面基本相同、功能和用法相似。因此,此处以 Word 2016 为例,介绍应用程序的界面结构。Word 2016 的操作界面主要由标题栏、功能区、文档编辑区和状态栏等部分组成,如图 4-1 所示。

1. 标题栏

标题栏位于窗口的最上方,从左到右依次为快速访问工具栏、当前文档名称与应用程序名称、"功能区显示选项"按钮和窗口控制按钮,如图 4-2 所示。双击标题栏可以让窗口在最大化和还原状态之间切换,另外用鼠标拖曳标题栏至桌面上边缘,窗口会最大化显示。

(1) 快速访问工具栏:用于显示常用的工具按钮,如"保存""撤销""重复"等。用户可以通过单击按钮▼自定义快速访问工具栏。

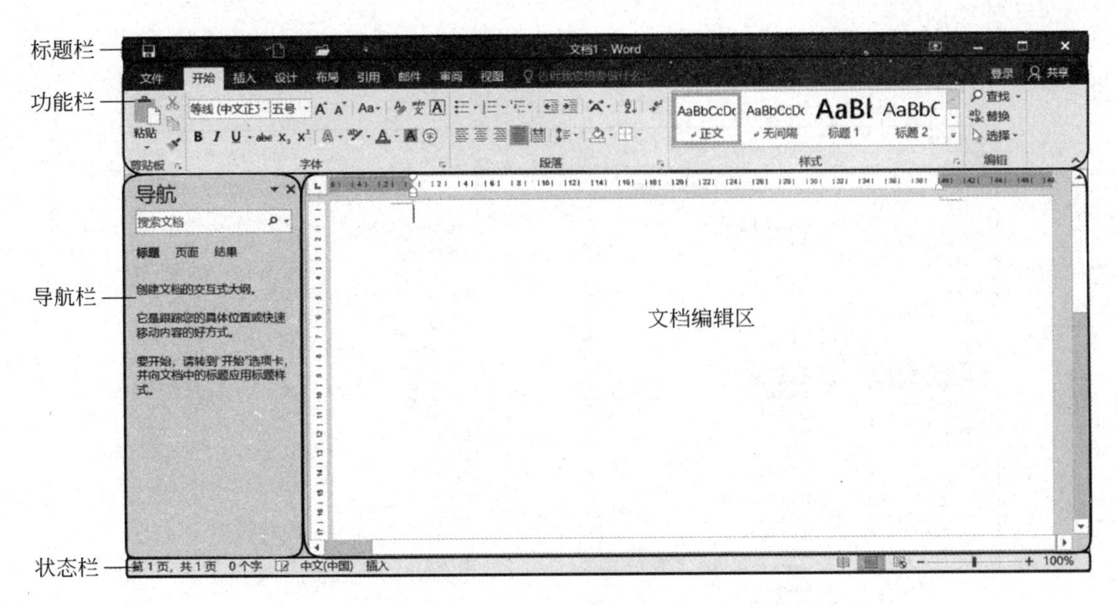

图 4-1　Word 2016 界面组成

图 4-2　Word 2016 标题栏

(2) 功能区显示选项：单击按钮▣，弹出"自动隐藏功能区""显示选项卡""显示选项卡和命令"三个选项，用户可以根据需要来设置功能区选项卡的显示或隐藏。另外在功能区双击除"文件"选项卡外任意的选项卡标签(或使用 Ctrl＋F1 组合键)也可以显示或隐藏功能区。

2. 功能区

Word 2016 的功能区默认包含"文件""开始""插入"等 9 个选项卡，如图 4-3 所示。每个选项卡由若干组组成，如"开始"选项卡包括"剪贴板""字体""段落""样式"和"编辑"5 个组，每个组又包含多个命令，如"剪贴板"组中包含"粘贴""剪切""复制"和"格式刷"等命令。在有些命令组的右下角有一个小图标◲，我们称其为"对话框启动按钮"，单击此按钮，可弹出对应的对话框或窗格。

图 4-3　Word 2016 功能区

除了默认的功能区选项卡之外，用户可以自定义选项卡和组，方法是：单击"文件"选项卡进入 Backstage 视图，单击"选项"打开"Word 选项"面板，在左侧列表框中选择"自定义功能区"命令，如图 4-4 所示。单击右侧窗格中"新建选项卡"或者"新建组"按钮进行自定义选项卡和新建组操作。另外可通过右击功能区,在弹出的快捷菜单中直接选择"自定义功能区"命令。

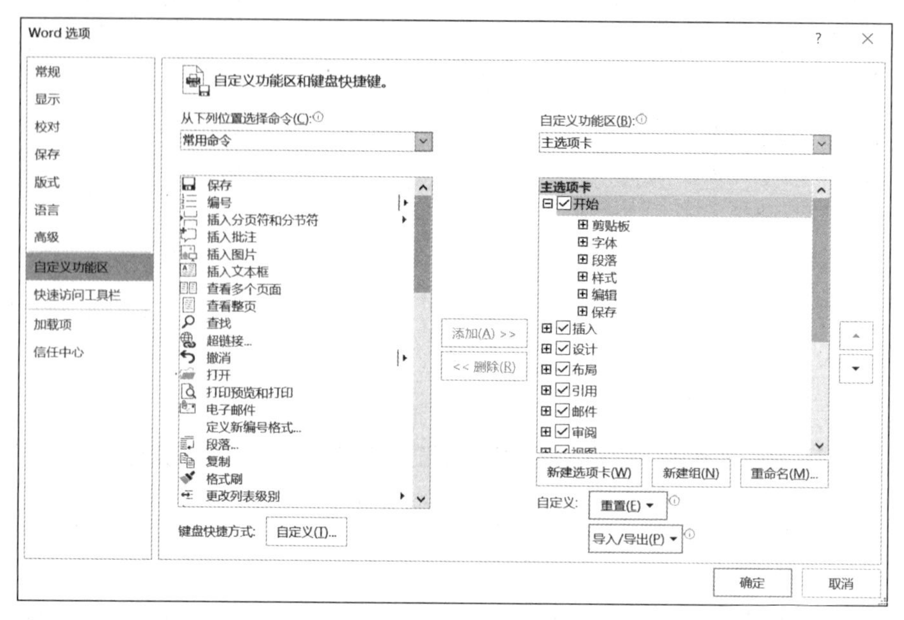

图 4-4 "Word 选项"面板

3. 文档编辑区

文档编辑区位于窗口中央,是窗口的主体部分,用于输入、显示或编辑文档内容的工作区域。

4. 状态栏

状态栏位于窗口底端,如图 4-5 所示。左侧显示当前文档的页码、总页数、字数、输入语言等信息。向右依次是文档录入状态、视图切换按钮和显示比例调节工具。另外,如果需要改变状态栏显示的信息,可以在状态栏的右键菜单中选择需要显示的选项。

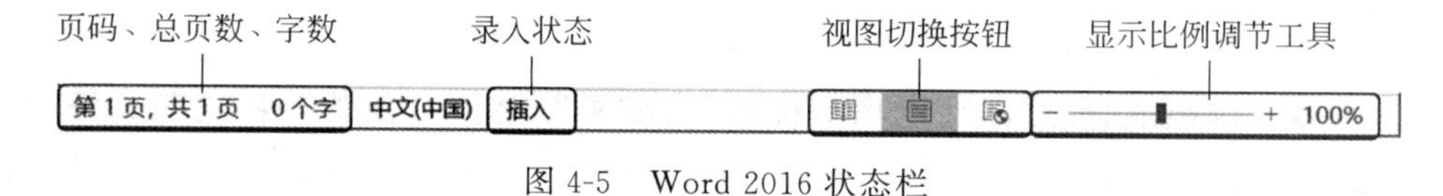

图 4-5 Word 2016 状态栏

问:如何改写 Word 文档的录入状态?

答:图 4-5 中所示为"插入"状态,文档的录入状态有"插入"和"改写"两种,单击该标记可以在录入状态间切换,按 Insert 键也可以转换录入状态。

4.1.4 Office 2016 的文档操作

1. 创建文档

以 Word 2016 为例,启动应用程序后,系统进入开始屏幕页面,如图 4-6 所示,在此页面中单击"空白文档"创建一个名为"文档 1"的空白文档。用户也可以根据需要选择模板,快速创建文档。

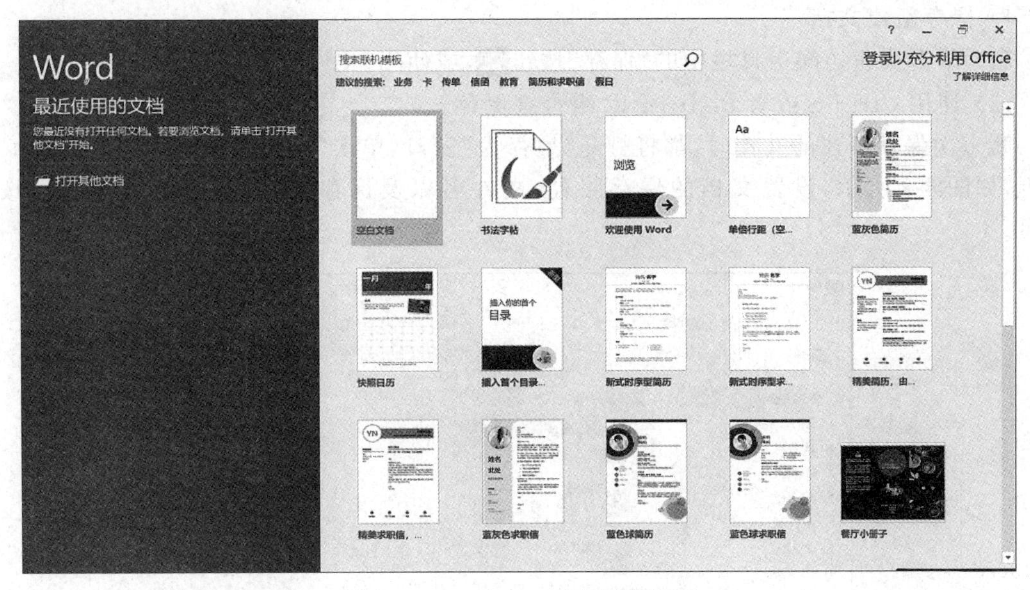

图 4-6　Word 2016 开始屏幕界面

另外，启动程序后可通过如下方法新建文档。

(1) 使用 Ctrl+N 组合键创建空白文档。

(2) 选择"文件"→"新建"命令，打开如图 4-7 所示的窗口，在右侧窗格中选择创建空白文档或根据模板创建文档。

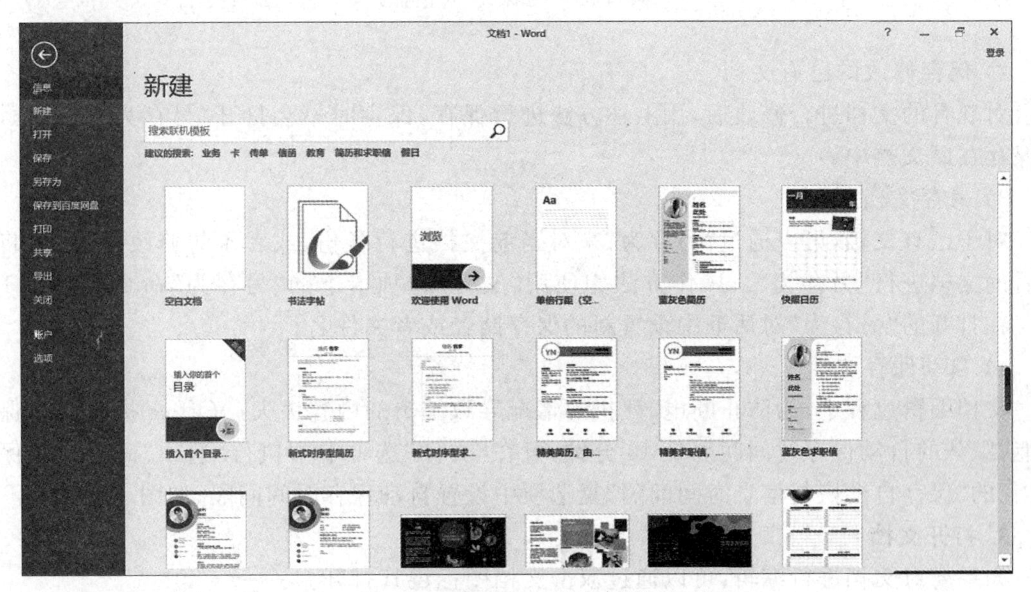

图 4-7　Word 2016"新建"窗口

2. 保存文档

处于编辑中的文档作为正在运行的内容此时临时驻留在内存中，要通过 Office 应用程序的保存功能将其保存在外存中。保存文档有以下几种情况。

1) 保存新建文档

(1) 单击快速访问工具栏中的“保存”按钮,或使用“文件”选项卡下的“保存”命令。

(2) 使用 Ctrl+S 或者 Shift+F12 组合键保存。

第一次保存新建的文档时,都将打开“另存为”窗口,单击“浏览”按钮,弹出“另存为”对话框,如图 4-8 所示,设置文档的保存路径、文件名以及保存类型,然后单击“保存”按钮即可。

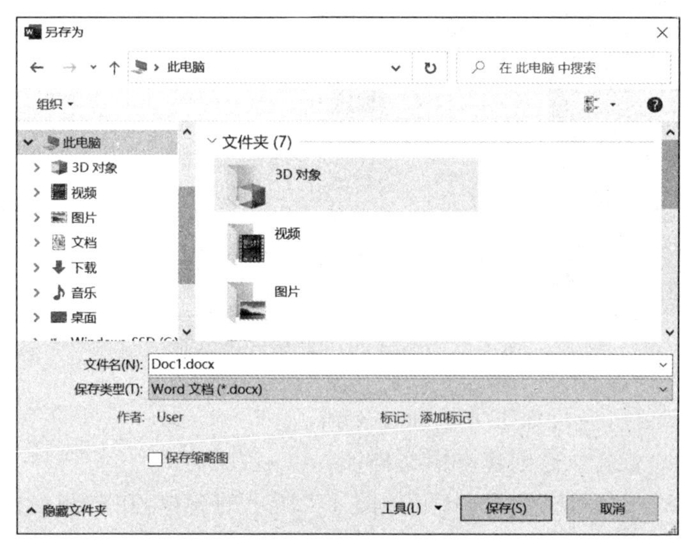

图 4-8 “另存为”对话框

2) 保存修改的已有文档

对现有的文档进行修改后,用上述方法进行保存,保存时不会打开“另存为”对话框,直接保存在原文档中。

3) 另存文档

对于已有文档,可以通过“另存为”来对当前文档进行备份,或者不想修改原稿,可将修改后的文档进行“另存为”。操作方法为使用“文件”选项卡下的“另存为”命令或者按 F12 键。在打开的“另存为”对话框中设置新的保存路径或者文件名。

4) 自动保存文档

文档编辑过程中,为防止断电、死机等情况导致编辑的内容丢失。Office 提供自动保存功能,默认的自动保存时间间隔是 10 分钟,可在“文件”选项卡中执行“选项”命令,在“保存文档”的“保存自动恢复信息时间间隔”复选项中设置自动保存时间间隔,如图 4-9 所示。

3. 打开文档

如果要对文档进行编辑,可以通过双击文档图标将其打开。

此外,在程序启动的情况下,还可以通过“打开”命令来打开文档,具体操作方法有以下几种。

(1) 选择“文件”→“打开”命令。

(2) 使用 Ctrl+O 或 Ctrl+F12 组合键打开。

(3) 在快速访问工具栏中添加“打开”命令,单击“打开”按钮。

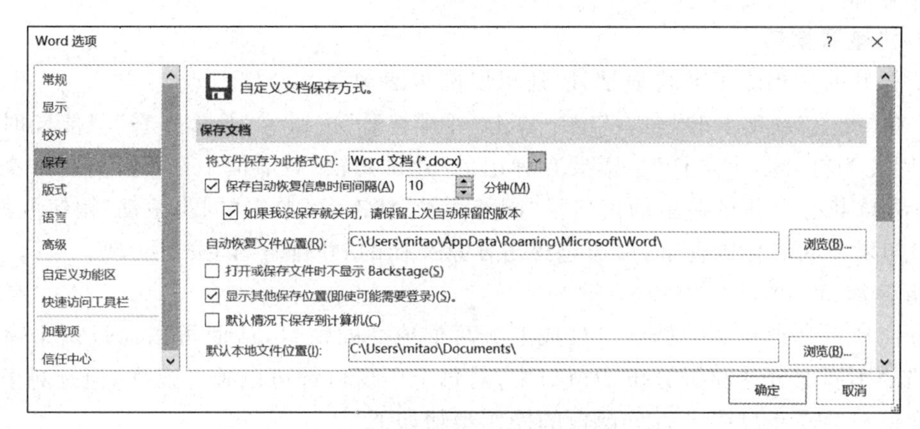

图 4-9　“自动保存”设置

通过上述方法，打开“打开”窗口，单击“浏览”按钮，弹出“打开”对话框，如图 4-10 所示，找到所需的文档，然后单击“打开”按钮即可。单击“打开”按钮右侧的下拉箭头，可以选择不同的打开方式，如图 4-11 所示。

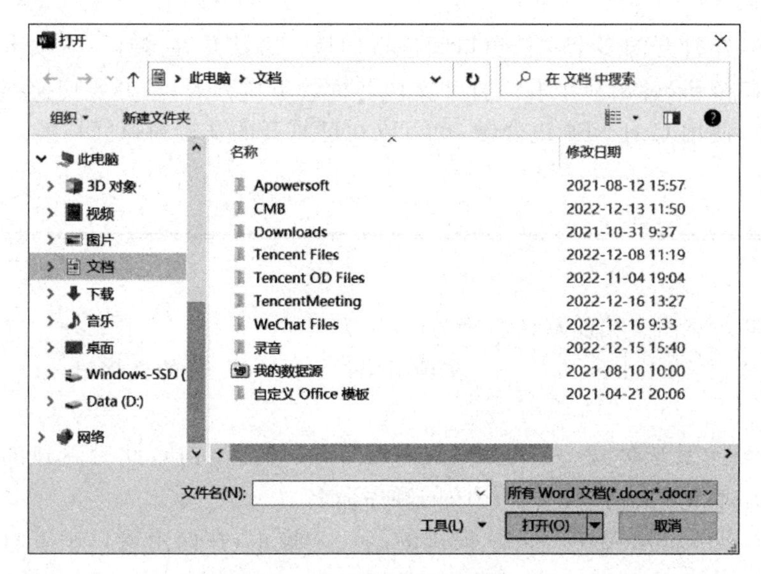

图 4-10　“打开”对话框

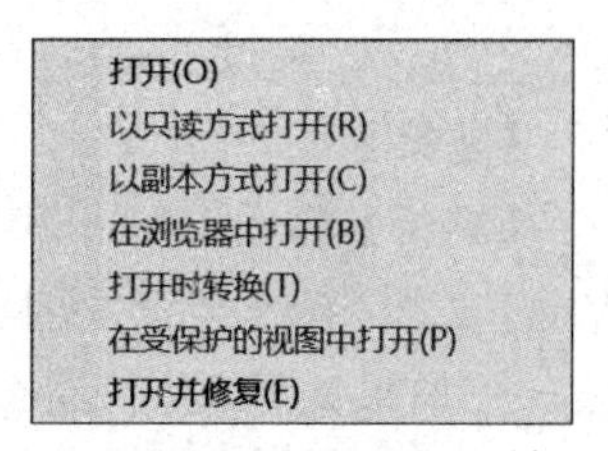

图 4-11　打开方式选择

(4) 在“打开”窗口中选择“最近”，则可打开近期使用或编辑过的文档。

4.1.5　多窗口操作

在 Office 2016 中，Word、Excel、PowerPoint 等软件可以进行多文档编辑。

1. 排列文档窗口

为了方便比较不同文档的内容，可以对文档窗口进行排列。通过文档中的“全部重排”功能，可以在屏幕中并排平铺所有打开的文档窗口。

在“视图”选项卡的“窗口”组中单击“全部重排”按钮，这时所有打开的文档窗口将依次排列显示在屏幕上。

2. 并排查看窗口

多个打开的文档除了并排显示外,还可以同步滚动。

(1) 在“视图”选项卡的“窗口”组中单击“并排查看”按钮。“并排查看”只能同时查看两个文档,因此当打开多个文档时,需要在弹出的“并排比较”对话框中选择要并排的文档。

(2) 默认状态下并排显示的窗口呈“同步滚动”状态,可单击“同步滚动”按钮取消同步。

(3) 如果要取消并排查看,可通过单击任意文档的“并排查看”按钮实现。

3. 拆分窗口

拆分窗口就是把一个文档窗口分成上下两个独立的窗口,从而可以通过两个窗口显示一个文档的不同部分。在拆分出的窗口中,对每个子窗口都可以独立操作,但是对子窗口的修改其他窗口会同步反应。拆分窗口的操作步骤如下。

(1) 在“视图”选项卡的“窗口”组中单击“拆分”按钮。此时文档窗口中出现一条分割线,用鼠标上下拖曳分割线,可调整分割线的位置。

(2) 两个窗口可以分别显示文档的不同位置,也可以在两个窗口中分别编辑文档。

(3) 文档被拆分后,原来“拆分”的按钮变成了“取消拆分”,单击它可取消窗口拆分。

4. 切换窗口

利用“切换窗口”功能可以在打开的多个文档窗口间进行切换。方法是在“视图”选项卡的“窗口”组中单击“切换窗口”按钮,弹出显示有已打开文档名称的下拉列表,选择要切换到的文档名称,单击即可。另外,使用 Ctrl+F6 组合键,也可以在已打开的文档窗口间切换。

巩固训练

单选题

1. 启动中文 Word 2016 后,空白文档的默认名字为(　　)。

A. 新文档.docx　　B. 文档 1.docx　　C. 文档.docx　　D. 我的文档.docx

【答案】 B

【解析】 启动 Word 2016 后,系统创建一个名为“文档 1.docx”的新文档,此后新建的 Word 文档,系统会以“文档 2.docx”“文档 3.docx”……的顺序命名。

2. 如果文档很长,那么用户可以用 Word 2016 提供的(　　)技术,在两个窗口中查看同一文档的不同部分。

A. 拆分窗口　　B. 滚动条　　C. 排列窗口　　D. 帮助

【答案】 A

【解析】 利用拆分窗口技术,可将一个文档窗口分成上、下两个可独立显示文档内容的窗口。

4.2 Word 2016 的基本操作

Word 2016 是 Office 2016 系列软件中的字处理软件,操作界面清晰友好、易学易用。具有处理各种书刊、杂志等复杂文档的图、文、表的混合排版以及拼写和语法检查等强大的文字处理功能。借助于云平台可以轻松地与他人协同工作，并在任何地点访问自己的文档。

4.2.1　Word 2016 窗口的功能区

1. “开始”选项卡

“开始”选项卡默认包括“剪贴板”“字体”“段落”“样式”“编辑”5个组，如图4-12所示，主要用于帮助用户对Word 2016文档进行文字编辑和格式设置，是用户最常用的选项卡之一。

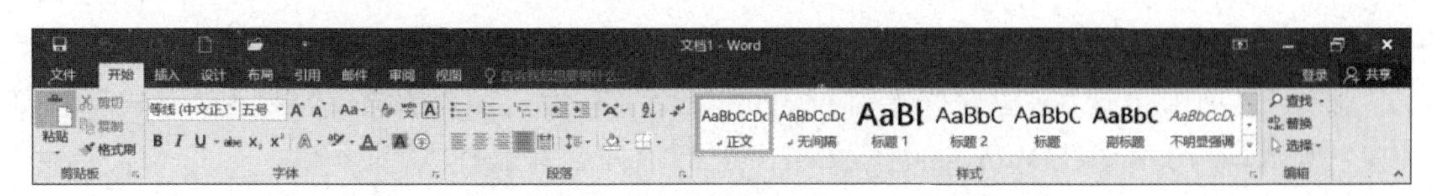

图4-12　“开始”选项卡

2. “插入”选项卡

“插入”选项卡包括“页面”“表格”“插图”“加载项”“媒体”“链接”“批注”“页眉和页脚”“文本”和“符号”组，如图4-13所示，主要用于在Word 2016文档中插入各种元素。

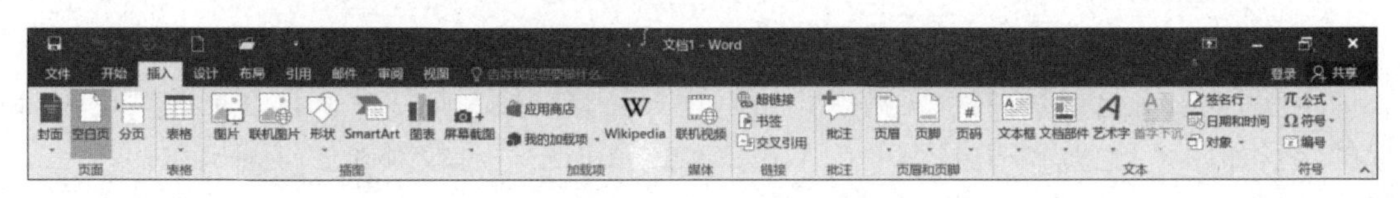

图4-13　“插入”选项卡

3. “设计”选项卡

“设计”选项卡包括“主题”“文档格式”和“页面背景”组，如图4-14所示，主要用于设计Word 2016文档格式和页面背景。

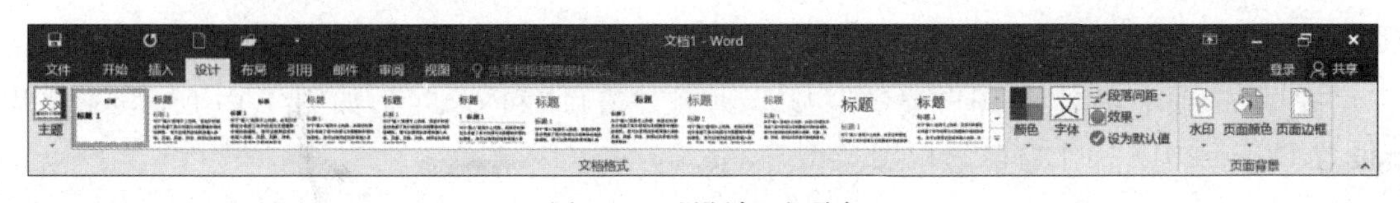

图4-14　“设计”选项卡

4. “布局”选项卡

“布局”选项卡包括“页面设置”“稿纸”“段落”和“排列”组，如图4-15所示，用于设置Word 2016文档页面样式。

图4-15　“布局”选项卡

5. “引用”选项卡

“引用”选项卡包括“目录”“脚注”“引文与书目”“题注”“索引”和“引文目录”组，如图4-16

所示,用于实现在 Word 2016 文档中插入目录等比较高级的功能。

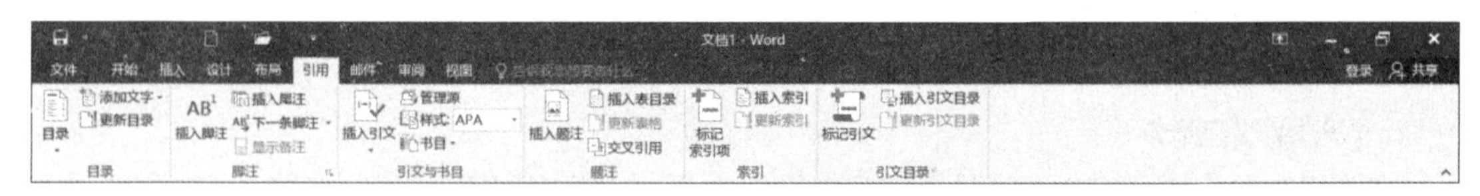

图 4-16 “引用”选项卡

6. “邮件”选项卡

“邮件”选项卡包括“创建”“开始邮件合并”“编写和插入域”“预览结果”和“完成”组,如图 4-17 所示,专门用于在 Word 2016 文档中进行邮件合并操作。

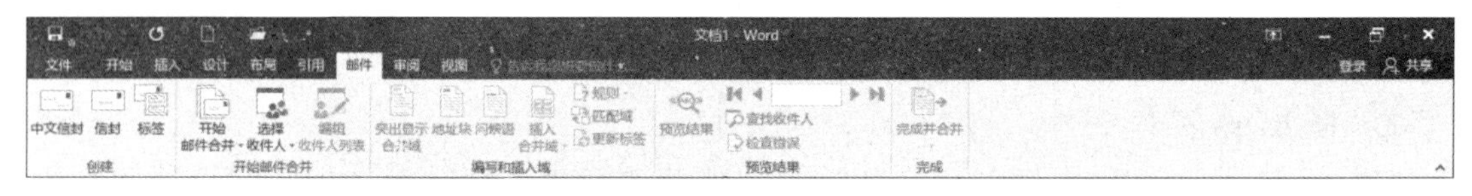

图 4-17 “邮件”选项卡

7. “审阅”选项卡

“审阅”选项卡包括“校对”“见解”“语言”“中文简繁转换”“批注”“修订”“更改”“比较”和“保护”组,如图 4-18 所示,主要用于在 Word 2016 文档中进行校对和修订等操作。

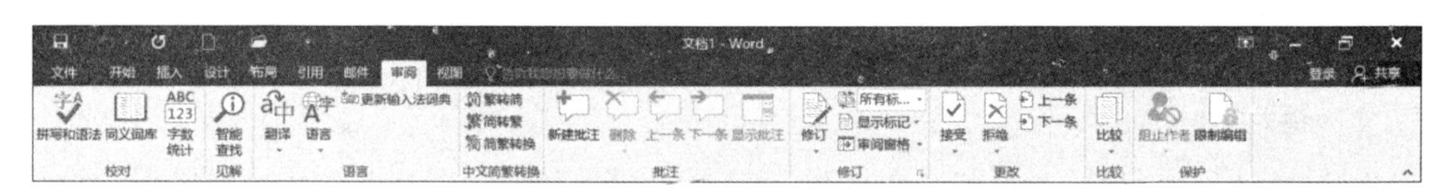

图 4-18 “审阅”选项卡

8. “视图”选项卡

“视图”选项卡包括“视图”“显示”“显示比例”“窗口”和“宏”组,如图 4-19 所示,主要用于设置 Word 2016 操作窗口的视图类型等。

图 4-19 “视图”选项卡

除了上述的选项卡以外,当在文档中插入图片、艺术字或表格等对象时,功能区内会显示与所选对象设置相关的选项卡。

4.2.2 Word 2016 文档视图

视图就是查看文档的方式,同一个文档内容在不同的视图下查看有不同的显示模式。为了满足不同的需求,Word 2016 提供了页面视图、阅读视图、Web 版式视图、大纲视图和草稿视图 5 种视图,各种视图的特点如表 4-2 所示。其中默认的视图模式是页面视图。

表 4-2 视图及其特点

视　　图	特　　点
页面视图	既可以编辑、排版、设置页眉/页脚及多栏版面，还可进行图文混排等，页面视图显示的效果就是真实打印的效果
阅读视图	以分栏样式显示文档内容，隐藏了除“阅读”工具栏以外的所有工具栏，不允许编辑，优化阅读体验
Web 版式视图	以网页形式显示，适用于发送电子邮件和创建网页
大纲视图	主要用于设置和显示文档标题的层次结构，可以折叠和展开各层级结构的文档，广泛用于长文档的快速浏览和设置
草稿视图	取消了页面边距、分栏、页眉/页脚和图片等元素，仅显示标题和正文，是最节省计算机系统硬件资源的视图方式

用户既可以通过“视图”选项卡的“视图”组进行视图切换，也可以通过单击状态栏右侧的视图切换按钮进行视图方式切换。

4.2.3 文档的编辑

1. 输入文本

在 Word 2016 的文档编辑区，有一个闪烁的光标，称为插入点，是输入文字的开始位置，选择合适的输入法，即可录入文本内容。文本录入满一行后插入点自动换行。输入一段文字后，按 Enter 键，插入点进入下一段落的开始位置。如果需要在同一个段落内换行，可以按 Shift＋Enter 组合键。

Word 2016 提供“即点即输”功能。光标指向要录入文字的地方，若此处有文字，单击；在页面(或 Web 版式)视图模式下，若没有文字则双击，即可定位插入点，录入文字。

2. 插入符号

在 Word 文档中可以通过“插入”选项卡中的“符号”命令来插入特殊符号，具体操作步骤如下。

(1) 光标定位到要插入符号的位置，切换到“插入”选项卡，单击“符号”组中的“符号”按钮，在弹出的下拉列表中选择“其他符号”，打开“符号”对话框，在“字体”下拉列表中选择符号类型，如“普通文本”，如图 4-20 所示。

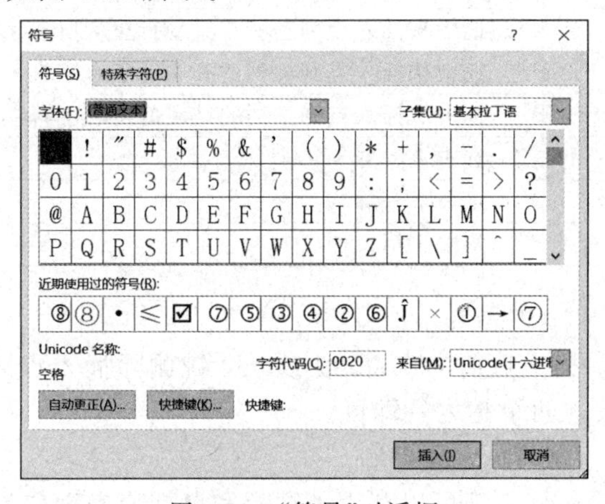

图 4-20 “符号”对话框

(2) 在列表中选择要插入的符号,单击"插入"按钮,文档中插入相应符号,可继续插入其他符号,或者单击"关闭"按钮,返回文档。

3. 选中文本

文档操作前,要先选中需要编辑的对象。在 Word 中可以通过鼠标和键盘两种方式进行选择,如表 4-3 和表 4-4 所示。若要取消选中内容,单击文档编辑区任意位置,或者按任意光标移动键即可。

表 4-3　用鼠标选择文本

选择区域	操作方法
一个词语	光标指向该词语,双击
一个句子	按下 Ctrl 键,然后单击句子中任意位置
一行	将光标移动到该行左侧的选中区,单击
一段	① 将光标移动到该段左侧的选中区,双击。 ② 光标指向该段中任意位置,单击三次
不连续文本	选中一段文本,按下 Ctrl 键不放,再选中其他文本
连续文本	① 将光标指向所选文本的最左边,按住左键,拖曳至所选文本末端,释放鼠标。 ② 单击选中内容的起始处,按住 Shift 键不放,然后在选中内容的结尾处单击
垂直文本	先按下 Alt 键不放,然后按左键,拖曳出一个矩形区域
整篇文档	① 选择"开始"→"编辑"→"选择"命令,在下拉列表中选择"全选"命令。 ② 将光标移动到文档左侧的选中区,单击三次。 ③ 将光标移动到文档左侧的选中区,按下 Ctrl 键后单击
选择同样式文本	将光标定位于具有这一样式的文本中,选择"开始"→"编辑"→"选择"命令,在下拉列表中选择"选择格式相似的文本"命令

表 4-4　用键盘选择文本

快捷键	选定功能
Shift+→	选中插入点右侧的一个字符
Shift+←	选中插入点左侧的一个字符
Shift+↑	选中从插入点到上一行同一位置之间的所有字符
Shift+↓	选中从插入点到下一行同一位置之间的所有字符
Shift+Home	选中从插入点到它所在行的行首的所有字符
Shift+End	选中从插入点到它所在行的行尾的所有字符
Ctrl+Shift+Home	选中从插入点到文档的开头的所有字符
Ctrl+Shift+End	选中从插入点到文档的结尾的所有字符
Shift+PgUp	选中上一屏
Shift+PgDn	选中下一屏
Ctrl+A	选中整篇文档

4. 删除文本

按 Backspace 键删除插入点前的字符;按 Delete 键删除插入点后的字符。若要删除大块文本,则选中内容后按这两个键之一即可。

5. 移动和复制文本

Word 中文本的移动和复制都可以利用剪贴板和鼠标拖曳操作。

1）移动文本

选中要移动的文本后，使用下列方法实现。

（1）执行“开始”选项卡“剪贴板”组的“剪切”命令（或者使用 Ctrl＋X 组合键），将选中内容剪切到剪贴板中。移动光标至目标位置，执行“剪贴板”组中“粘贴”命令（或者使用 Ctrl＋V 组合键）。

（2）选中文本后，光标指向被选文本，拖曳光标至目标位置，释放光标。

2）复制文本

选中要复制的文本后，使用下列方法实现。

（1）执行“开始”选项卡“剪贴板”组的“复制”命令（或者使用 Ctrl＋C 组合键），将选中内容复制到剪贴板中。移动光标至目标位置，执行“剪贴板”组中“粘贴”命令（或者使用 Ctrl＋V 组合键）。

（2）选中文本后，光标指向被选文本，按住 Ctrl 键不放，拖曳光标至目标位置，释放光标和 Ctrl 键。

3）Office 剪贴板

Office 2016 的剪贴板可以存储最近 24 次复制或者剪切后的内容。剪贴板中的内容可以在 Office 软件中共用。

4.2.4　查找与替换

1. 使用“导航”窗格查找

在“视图”选项卡下，选中“显示”组中“导航窗格”复选框（也可以执行“开始”选项卡“编辑”组中的“查找”命令或者按 Ctrl＋F 组合键），即可打开“导航”窗格。在“搜索”文本框中输入要查找的关键字，如“信息”，系统自动执行搜索操作，搜索完毕后，将搜索到的内容突出显示出来，如图 4-21 所示。

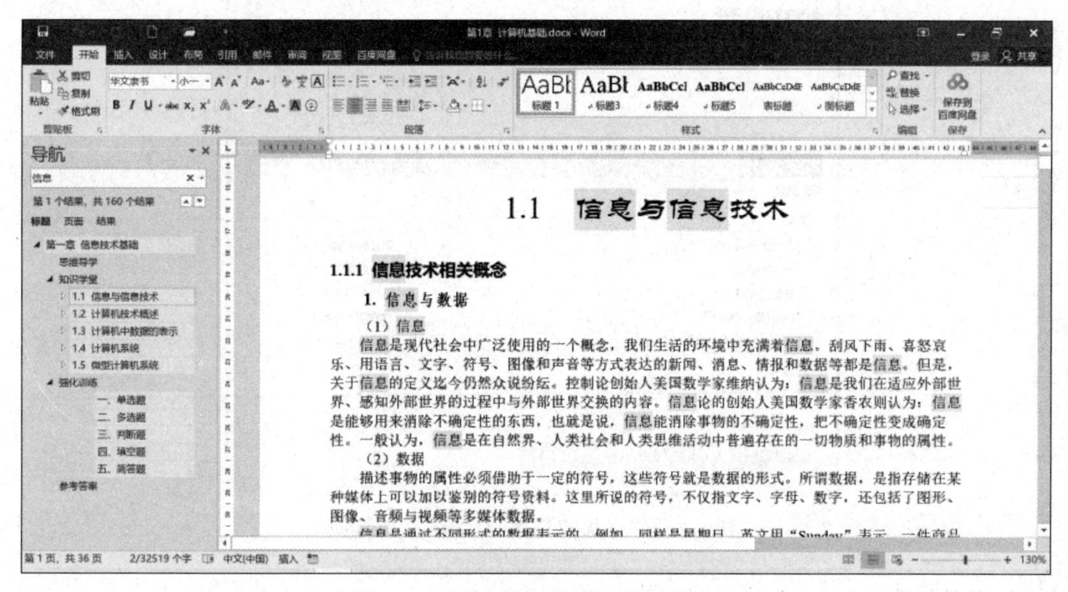

图 4-21　用“导航”窗格查找关键字

利用导航窗格不仅可以查找文本,还可以查找“图形”“表格”“公式”“脚注/尾注”和“批注”等内容。方法是单击搜索框右侧的下拉按钮,在弹出的下拉菜单中选择要查找的对象,如图 4-22 所示。

2. 高级查找

在如图 4-22 所示的下拉菜单中选择“高级查找”命令,或者在“编辑”组中单击“查找”右侧的下拉按钮,在弹出的下拉菜单中选择“高级查找”命令,就能打开“查找和替换”对话框,如图 4-23 所示。在该对话框中输入要查找的文本,单击“查找下一处”按钮,系统从当前位置查找到第一个目标并选中。若要继续查找,则继续单击“查找下一处”按钮,直到结束。

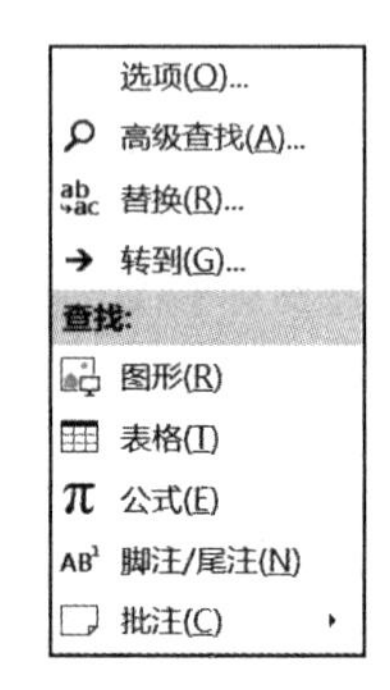

图 4-22 查找选项

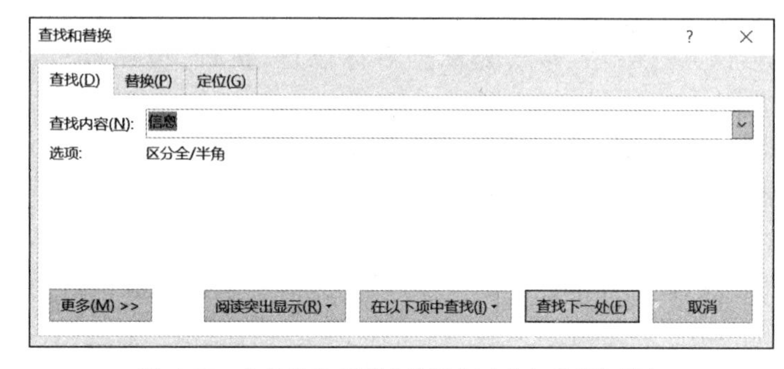

图 4-23 “查找和替换”对话框中“查找”选项卡

在“查找和替换”对话框中单击“更多”按钮,展开查找对话框,如图 4-24 所示。可以查找设置了某种格式的文本内容或者使用通配符查找等,也可以通过单击“特殊格式”按钮选择查找如段落标记、手动换行符等特殊内容。

图 4-24 “查找和替换”对话框高级选项

3. 替换

利用 Word 的“替换”功能,可以快速将文档中的某个内容全部替换掉。将光标定位到文档的起始处，执行“编辑”组的“替换”命令，打开“查找和替换”对话框。在“查找内容”文本框中输入要查找的内容，在“替换为”文本框中输入要替换的内容，如图4-25所示，然后通过单击“查找下一处”按钮找到要查找的内容，单击“替换”按钮进行替换；如果想替换所有查找目标，则直接单击“全部替换”按钮即可。

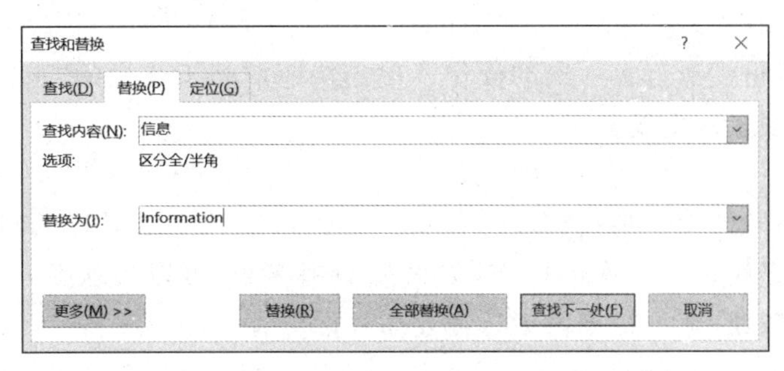

图4-25 “查找和替换”对话框中“替换”选项卡

单击“更多”按钮，在展开的对话框中可以对查找内容和替换内容设置查找条件和替换格式等。

问：替换还有哪些功能？

答：可以使用给替换内容设置格式的方法为查找内容设置同一格式。

若替换内容为空，则删除选中文档中的所有查找对象。

4. 定位

定位就是将光标插入点移动到文档中指定位置。通常使用鼠标操作，也可以使用键盘操作，除方向键外，还有如表4-5所示的常用快捷键。

表4-5 用键盘定位的常用快捷键

快捷键	定位位置	快捷键	定位位置
Home	光标定位到当前行行首	Ctrl+Home	光标定位到文档开头
End	光标定位到当前行末尾	Ctrl+End	光标定位到文档末尾

另外，如果要定位到文中某页、某行、书签、图形等指定位置，则可以使用“定位”功能。在“编辑”组“查找”的下拉菜单中选择“转到”命令，弹出“查找和替换”对话框，单击选中“定位”选项卡，如图4-26所示。在“定位目标”中选择目标选项，并输入所需的条件，如页号、书签名称等，然后单击“定位”按钮，则可实现目标定位。

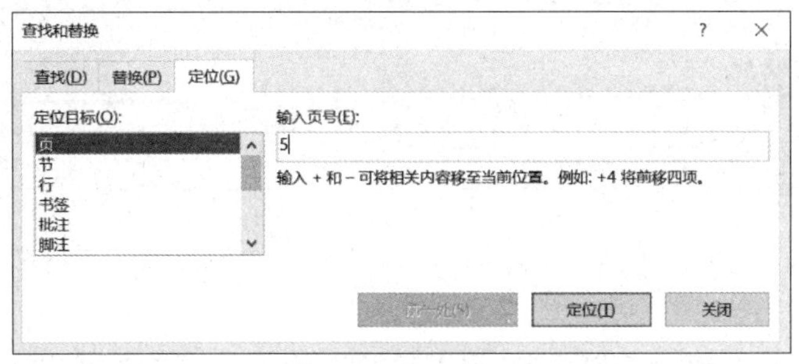

图4-26 “查找和替换”对话框中“定位”选项卡

问:有哪些常用快捷键可以打开“查找和替换”对话框?

答:Ctrl+H 组合键、Ctrl+G 组合键、F5 键。

4.2.5 撤销与恢复

1. 重复

重复操作是指重复执行上一次的操作。单击快速访问工具栏的“重复”按钮或按 F4 键,可连续操作实现多次重复。

2. 撤销

撤销操作是指取消上一步(或多步)操作。单击快速访问工具栏的“撤销”按钮或按 Ctrl+Z 组合键可撤销最近一次的操作,如果想撤销多步,可以多次单击“撤销”或单击“撤销”按钮旁的下拉按钮,在下拉列表中选择要撤销的步骤。

3. 恢复

恢复操作是指恢复最近一次撤销的操作。单击快速访问工具栏的“恢复”按钮或按 Ctrl+Y 组合键。可以连续操作实现多次恢复。

4.2.6 文档校对

1. 拼写和语法检查

Word 2016 提供了“拼写和语法”检查功能,可以检查文档中存在的单词拼写错误或语法错误。

在文档编辑状态,执行“审阅”选项卡“校对”组中的“拼写和语法”命令(或按 F7 键)对文档内容进行检查。若没有错误,系统会弹出已完成检查的提示框。如果系统认为文档中存在错误,则在文档中标识出错误的单词或短语,并在“拼写检查”窗格中给出修改建议,经用户确认后决定是否更改,如图 4-27 所示。

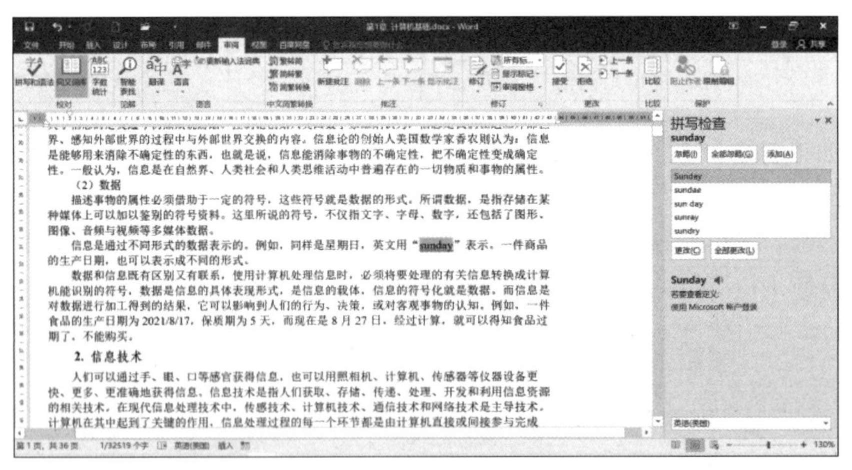

图 4-27 “拼写检查”窗格

2. 自动更正

在 Word 2016 的文档录入过程中,为了提高对输入内容的检查和校对效率,可以使用“自动更正”功能将字符、词组或图形自动替换成特定的字符、词组或图形,设置自动更正的步骤如下。

(1) 执行"文件"选项卡的"选项"命令，打开"Word 选项"对话框。

(2) 单击左侧列表框中的"校对"，然后单击右侧的"自动更正"按钮，打开"自动更正"对话框，如图 4-28 所示。

(3) 用户可以根据自己的需要设置自动更正的单词或中文词组。

(4) 单击"确定"按钮后，一旦录入错误内容就会自动更正为正确的内容。

3. 字数统计

在 Word 2016 中，可以使用"字数统计"功能完成对文档的字数统计。操作步骤如下。

(1) 打开文档，选中要进行字数统计的内容，若未选中，则默认统计全文字数。

(2) 切换到"审阅"选项卡，在"校对"组中单击"字数统计"按钮，弹出"字数统计"对话框，对话框中显示了选中内容或文档的页数、字数、段落数、行数等信息，如图 4-29 所示。单击状态栏的文档字数也可以打开该对话框。

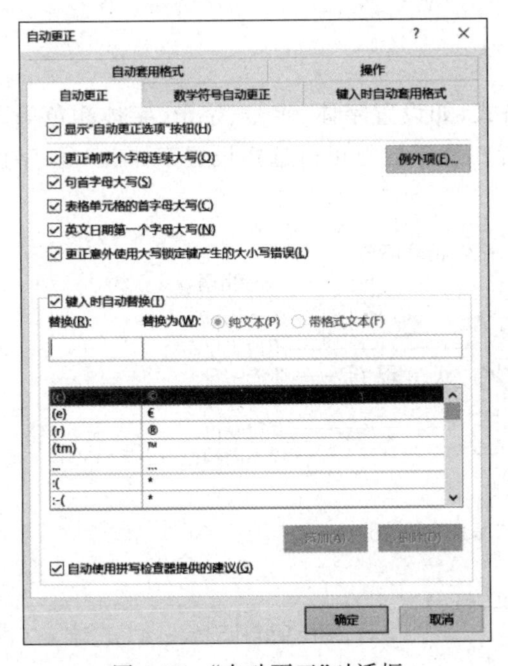

图 4-28　"自动更正"对话框

图 4-29　"字数统计"对话框

 巩固训练

单选题

1. 关于 Word 2016 的视图，(　　)视图以图书的分栏样式显示，使用效果最接近平时读书。

A. 阅读　　B. 大纲　　C. Web 版式　　D. 页面

【答案】A

【解析】页面视图可以显示文档的打印结果外观；大纲视图用于设置和显示文档标题的层级结构，主要用于长文档的快速浏览和设置；Web 版式视图以网页形式显示文档。

2. 在 Word 2016 中，执行“编辑”组中的“替换”命令，在该对话框内指定了“查找内容”，但在“替换为”框内未输入任何内容，此时单击“全部替换”，则(　　)。

A. 不能执行

B. 只能查找，不做任何替换

C. 把所查找到的内容全部删除

D. 每查找到一个，就询问用户，让用户指定“替换为什么”

【答案】C

【解析】略。

4.3　文档的格式化与排版

4.3.1　设置字符格式

1. 设置字体格式

在 Word 2016 文档中，可以设置字符格式，如设置字体、字号、字形、字体颜色等。选中文本后，在“开始”选项卡的“字体”组中，或者在悬浮框上可以选择设置字体、字号、字体颜色等，如图 4-30 和图 4-31 所示。

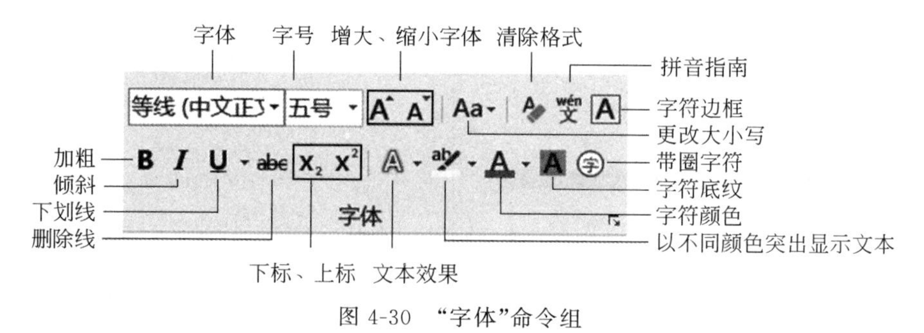

图 4-30　“字体”命令组

单击“字体”组右下角的对话框启动按钮，打开“字体”对话框作详细设置，如图 4-32 所示。

在“字体”对话框的“高级”选项卡中，可以设置字符的缩放和字符间加宽或紧缩的距离，如图 4-33 所示。

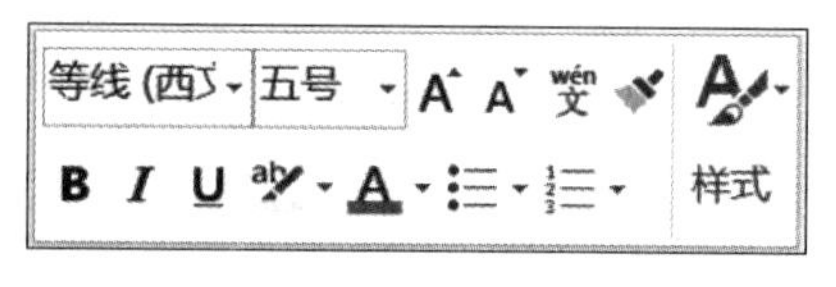

图 4-31　悬浮工具栏

2. 格式刷

格式刷是一种快速复制格式的工具，能够将某文本对象的格式复制到另一个对象上去，从而避免格式设置的重复操作。格式刷既可以复制字符格式，也可以复制段落格式。

光标定位到需要复制的格式所在的文本中，然后单击“开始”选项卡中“剪贴板”组的“格式刷”按钮，此时光标呈刷子状，拖曳鼠标选中需要设置格式的文本，完成后释放鼠标，被选中的文本即可复制了之前文本的格式。

如果需要把一种格式复制给多个文本对象，可以双击“格式刷”按钮，此时光标一直呈刷子状，可以多次复制。复制完毕后，再次单击“格式刷”按钮或者按 Esc 键，退出格式复制状态。

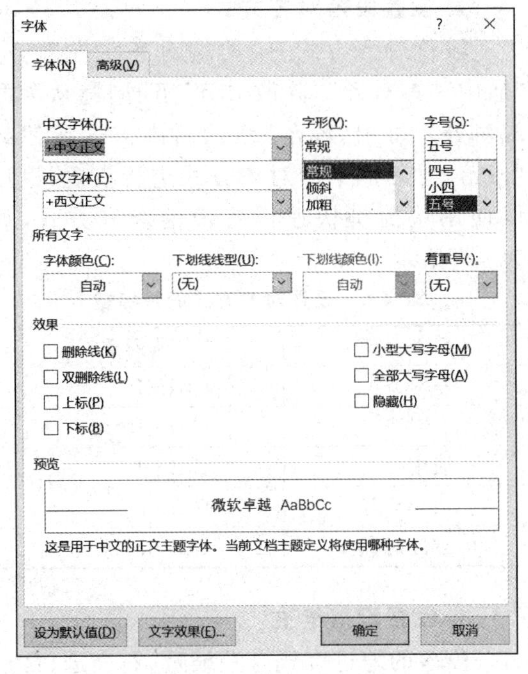

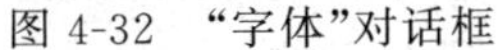

图 4-32　“字体”对话框

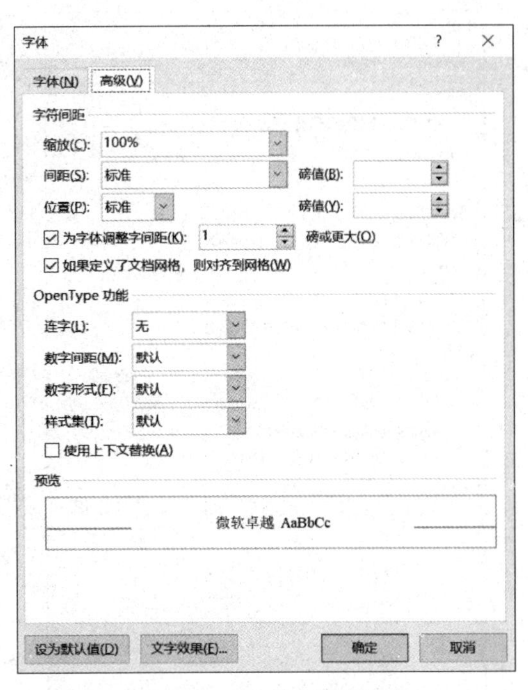

图 4-33　“字体”高级选项

3. 快速清除格式

设置文本格式后，如果需要还原为默认格式，除了依次还原已经设置的格式之外，可以使用 Word 2016 的“清除格式”功能，快速清除文本格式。

选中需要清除格式的文本，然后单击“字体”组中的“清除格式”按钮，或者单击“开始”选项卡“样式”组中的“其他”下拉按钮▾，在弹出的下拉列表中选择“清除格式”命令，即可清除之前设置的字符格式和段落格式，还原为默认格式。

4.3.2　设置段落格式

Word 中的段落是指文档中相邻两个回车符之间的所有字符，包括段后的回车符（段落标记）。通过设置段落格式对文档的布局、层次进行排版。段落格式的设置默认应用于当前光标插入点所在段，如果要应用于多段则需要选择多段。

设置段落格式主要利用“段落”组中的按钮或者在“段落”对话框中完成，如图 4-34 和图 4-35 所示。

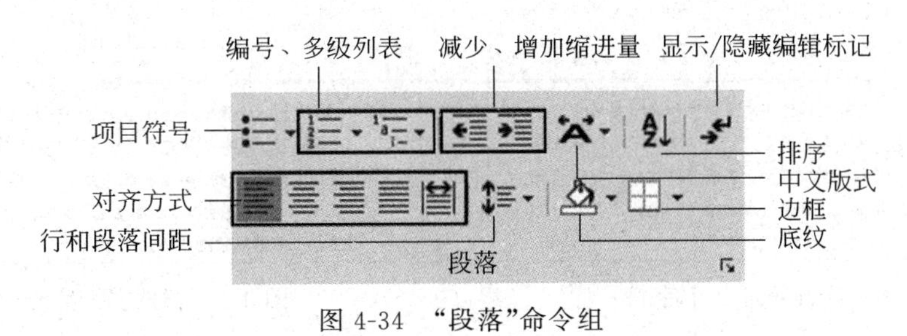

图 4-34　“段落”命令组

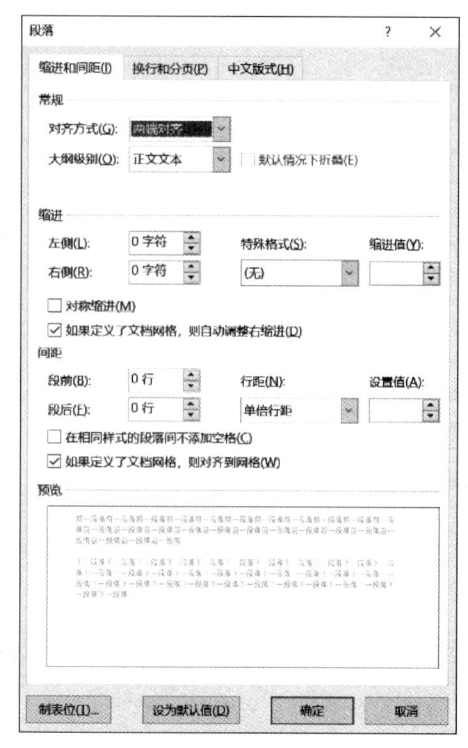

图 4-35 “段落”对话框

1. 设置段落对齐方式

段落对齐方式有“两端对齐”“左对齐”“居中”“右对齐”“分散对齐”五种，默认为两端对齐。可用“段落”组的对齐方式按钮或“段落”对话框中的对齐方式进行设置，也可以使用快捷键快速设置段落对齐方式，如表 4-6 所示。

表 4-6 设置对齐方式的快捷键

对齐方式	快捷键
左对齐	Ctrl+L
右对齐	Ctrl+R
居中	Ctrl+E
两端对齐	Ctrl+J
分散对齐	Ctrl+Shift+J

2. 设置段落缩进

段落的缩进方式有左缩进、右缩进、首行缩进和悬挂缩进四种。

(1) 左缩进是指整个段落左边界距离页面左侧的缩进量，如图 4-36 所示。

(2) 右缩进是指整个段落右边界距离页面右侧的缩进量，如图 4-37 所示。

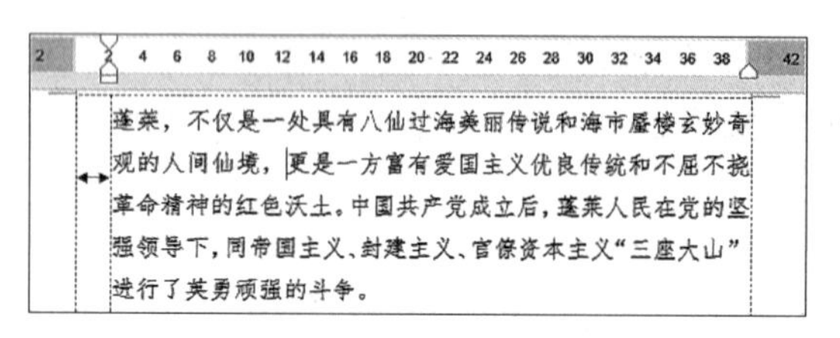

图 4-36 左缩进 2 个字符

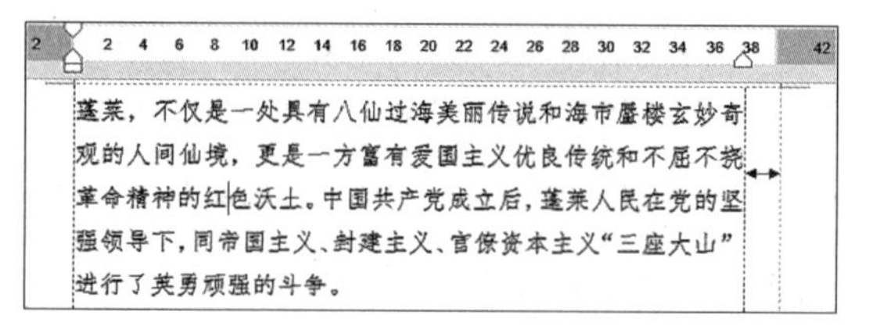

图 4-37 右缩进 2 个字符

(3) 首行缩进是指段落首行的起始位置相对于其他行左边界的缩进量，如图 4-38 所示。

(4) 悬挂缩进是指段落除首行外其他行的左边界相对于首行起始位置的缩进量，如图 4-39 所示。

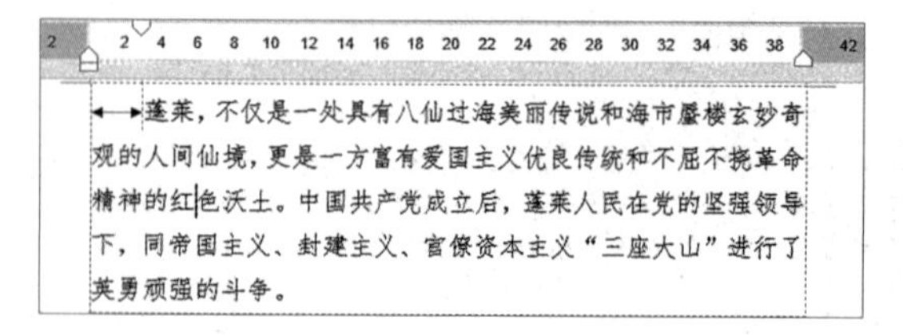

图 4-38 首行缩进 2 个字符

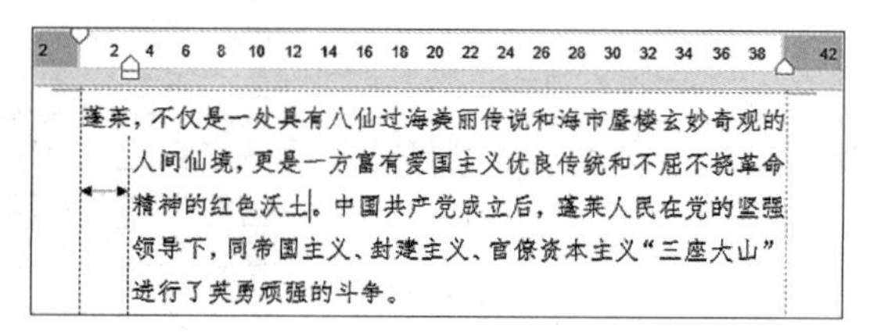

图 4-39 悬挂缩进 2 个字符

设置段落缩进可以使用如下方法。

1）利用“段落”对话框

(1) 选中需要设置段落格式的段落，单击“段落”组右下角的对话框启动按钮，打开如图 4-35 所示的“段落”对话框。

(2) 在“缩进和间距”选项卡的“缩进”栏中，通过“左侧”“右侧”的微调框设置左、右缩进的量。

(3) 在“特殊格式”下拉列表中可以选择“首行缩进”或“悬挂缩进”方式，然后通过右侧的“缩进量”微调框设置缩进量。

(4) 在“预览”框中查看设置效果，单击“确定”按钮。

2）利用水平标尺上的缩进滑块

标尺有水平标尺和垂直标尺，用来确定文档在屏幕及纸张上的位置，也可以用于页面设置、段落设置、表格大小的调整和制表位的设定。

标尺的显示或隐藏可以通过在“视图”选项卡的“显示”组中，选中或取消选中“标尺”复选框来实现。在标尺的两端有缩进标记，可用滑动方式设置页面的页边距和段落的缩进量。水平标尺的左端有三个滑块：首行缩进滑块、悬挂缩进滑块、左缩进滑块，右端是右缩进滑块，如图 4-40 所示。

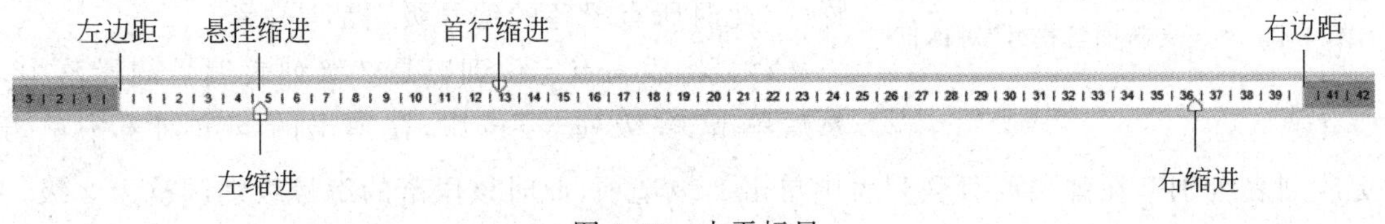

图 4-40　水平标尺

3. 设置行距和段间距

1）行距

行距是指段落中行与行之间的距离。可在“段落”对话框“缩进和间距”选项卡中设置行间距，其默认值是单倍行距。如果选择最小值、固定值或多倍行距，可在“设置值”微调框中输入磅数或者倍数。

2）段间距

段间距是指段落前后空白距离的大小，包括段前间距和段后间距，在“段落”对话框中进行“段前”“段后”的设置。

另外，单击“开始”选项卡中“段落”组的“行和段落间距”按钮，在弹出的下拉列表中也可以进行相关设置。

4.3.3　项目符号和编号

1. 添加项目符号和编号

选中需要添加项目符号或编号的段落，单击“开始”选项卡中“段落”组的“项目符号”按钮或“编号”按钮右侧的下拉按钮，在弹出的下拉列表中，将光标指向需要的项目符号或编号时，可在文档中预览应用后的效果，单击即可应用。

默认情况下,应用项目符号或编号的段落中,按下 Enter 键换到下一段时,下一段会自动生成项目符号或者连续的编号。在刚出现编号时,按下 Enter 键即可撤销自动添加的编号,同时取消由于添加编号而产生的缩进量。

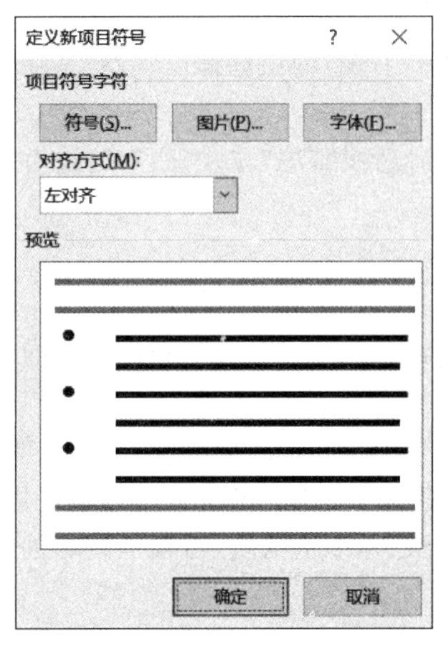

图 4-41 “定义新项目符号”对话框

2. 添加自定义项目符号和编号

选中需要添加项目符号的段落,在“段落”组中单击“项目符号”右侧的下拉按钮,在下拉列表中单击“定义新项目符号”选项,弹出“定义新项目符号”对话框,如图 4-41 所示。单击“符号”或“图片”按钮,在弹出的对话框中选择新的符号或者图片作为项目符号,然后单击“确定”按钮。

对段落添加自定义样式的编号操作步骤和添加自定义项目符号类似,这里不再赘述。

3. 添加多级列表

为了体现多层次的段落,可以对其添加多级列表。

(1) 选中要添加多级列表的段落,单击“段落”组的“多级列表”按钮,在弹出的下拉列表中选择需要的列表样式,此时所有段落的编号级别都是 1 级。

(2) 将插入点定位到应是 2 级列表编号的段落中,然后单击“多级列表”按钮,在弹出的下拉列表中单击“更改列表级别”,在弹出的级联列表中单击 2 级选项,此时该段落的编号级别调整为 2 级。

(3) 使用上述方法修改 3 级、4 级等列表级别。

另外可以将插入点定位到编号和文本之间,使用“段落”组中的“增加缩进量”(或按 Tab 键)降低一个列表级别;单击“减少缩进量”(或按 Shift+Tab 组合键)提升一个列表级别。

4.3.4 分页、分节和分栏

1. 分页

Word 2016 在录入过程中有自动分页功能,当文本内容满一页时自动转到下一页,文档中产生一个自动分页符,自动分页符不能手动删除。

除了自动分页外,也可以插入人工分页符强制分页。将光标插入点定位到要分页的位置后,插入方法如下。

(1) 切换到“布局”选项卡,在“页面设置”组中单击“分隔符”右边的下拉按钮,在弹出的菜单中选择“分页符”命令即可,如图 4-42 所示。

(2) 单击“插入”选项卡“页面”组的“分页”按钮。

(3) 使用 Ctrl+Enter 组合键。

使用上述三种方法都可以插入人工分页符,开始新的一页。默认情况下不显示人工分页符,在“开始”选项卡的“段落”组中单击“显示/隐藏编辑标记”按钮 ↵,可以显示出隐藏的人工分页符。将插入点定位到分页符前面,按 Delete 键可以删除分页符。

2. 分节

节是独立的编辑单位。默认情况下，一个 Word 文档为一节。利用分节符将文档分成多节，然后为不同的节设置不同的格式，如页边距、纸张大小或方向、页面边框、页眉和页脚、分栏、页码编排、行号、脚注和尾注等。

1）插入分节符

将光标插入点定位到需要插入分节符的位置，切换到"布局"选项卡，在"页面设置"组中单击"分隔符"右边的下拉按钮，在弹出的菜单中选择相应的分节符命令即可，如图 4-43 所示。

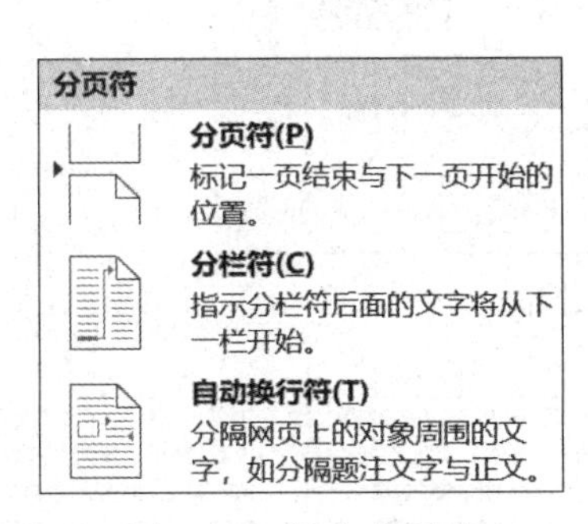

图 4-42　插入分页符

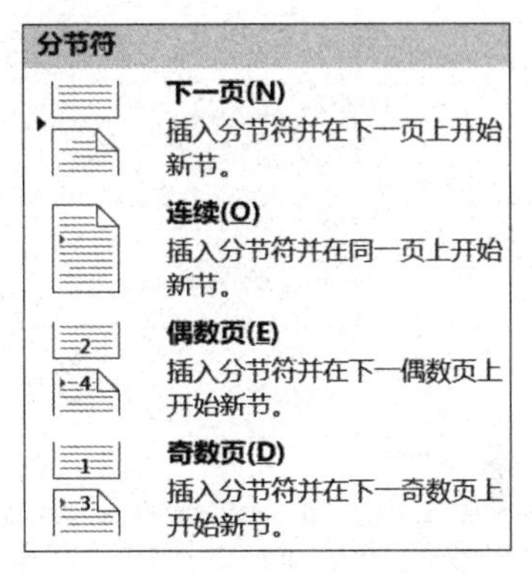

图 4-43　插入分节符

分节符包括如下几种类型。

(1) 下一页：插入分节符，光标后面的全部内容移到下一页成为新的一节。

(2) 连续：插入分节符，新节从分节符后面开始。

(3) 偶数页/奇数页：插入分节符后，光标后面的内容会转到下一个偶数页/奇数页上。

2）删除分节符

默认情况下，分节符为隐藏状态，单击"显示/隐藏编辑标记"按钮 ↵，显示出隐藏的分节符标记。将插入点定位到分节符前面，按 Delete 键可以删除分节符。

3. 分栏

默认情况下，文档是一栏文本。有时为了方便阅读，可以使用分栏功能将版面分成两栏或多栏。设置分栏版式的操作步骤如下。

(1) 选中要设置分栏的文档，若未选中文本，则分栏的操作对象是整篇文档。

(2) 单击"布局"选项卡"页面设置"组中的"分栏"按钮，打开"分栏"下拉列表。

(3) 选择列表中合适的分栏项即可。如果有更详细的设置，可以选择"更多分栏"命令，打开如图 4-44 所示的"分栏"对话框，分别设置分栏的版式、栏数、宽度和间距等，单击"确定"按钮即可。

一般情况下，会按照设置自动分配栏内文本，效果如图 4-45 所示。如果要将文本从指定位置另起一栏需要使用分栏符。方法是分栏后，将光标插入点定位到要另起一栏的文本前，选择"布局"→"页面设置"→"分隔符"命令，在下拉菜单中选择"分栏符"命令即可，效果如图 4-46 所示。

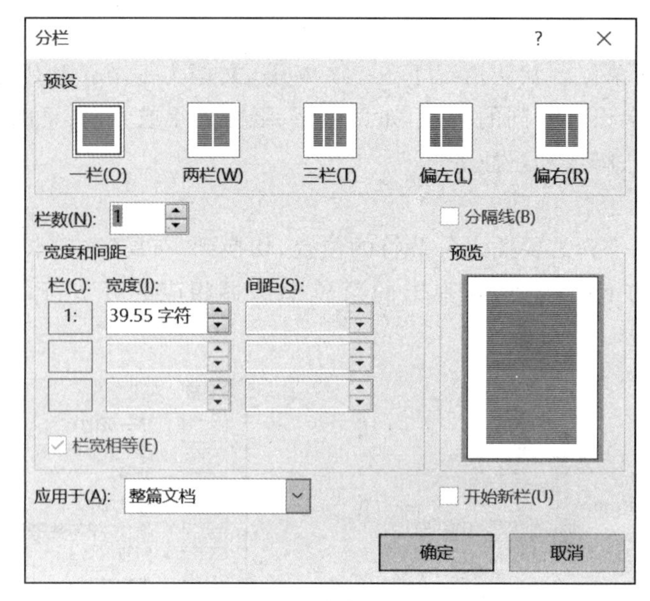

图 4-44 “分栏”对话框

(1) 在“设置”窗口中，选择“个性化”选项，或者在桌面的空白处右击，在弹出的快捷菜单中选择“个性化”命令，打开“个性化”窗口。单击左侧“锁屏界面”，如图 1-5 所示，在右侧窗口将滚动条拉到最下面，找到“屏幕保护程序设置”链接，单击该链接打开“屏幕保护程序设置”对话框，如图 1-6 所示。在“屏幕保护程序”下拉列表框中选择“3D 文字”，在“等待”组合框中设置等待时间为 3 分钟。

图 4-45 两栏文本

(1) 在“设置”窗口中，选择“个性化”选项，或者在桌面的空白处右击，在弹出的快捷菜单中选择“个性化”命令，打开“个性化”窗口。单击左侧“锁屏界面”，

如图 1-5 所示，在右侧窗口将滚动条拉到最下面，找到“屏幕保护程序设置”链接，单击该链接打开“屏幕保护程序设置”对话框，如图 1-6 所示。在“屏幕保护程序”下拉列表框中选择“3D 文字”，在“等待”组合框中设置等待时间为 3 分钟。

图 4-46 “插入”分栏符

注意：分栏效果只在页面视图和阅读版式视图下可见。

4.3.5 页眉、页脚和页码

页眉显示在页面页边距顶部区域，通常用于显示书名、章节名称等。页脚显示在页面页边距的底部区域，通常用于显示文档的页码等。

1. 插入页眉和页脚

1) 设置页眉和页脚

设置页眉和页脚的步骤如下。

(1) 选中“插入”选项卡，在“页眉和页脚”组单击“页眉”按钮，在打开的下拉列表中可以选择内置的页眉样式，也可以选择“编辑页眉”命令进入页眉编辑状态，如图 4-47 所示，进行自定义页眉设置。或者在页边距顶部空白处双击，也可进入页眉编辑状态。

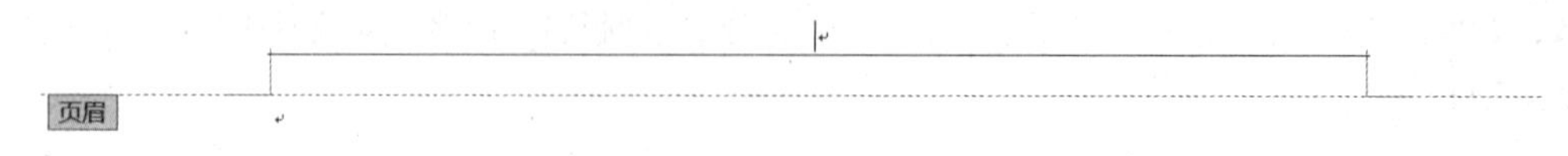

图 4-47 插入页眉

(2) 在“页眉”编辑状态，功能区自动打开“页眉和页脚工具/设计”选项卡，如图 4-48 所示。根据需要在选项卡中进行页眉的相关设置，如“首页不同”“奇偶页不同”等。

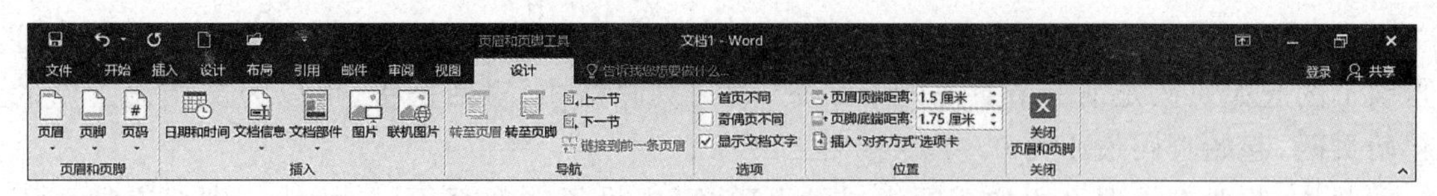

图 4-48　“页眉和页脚工具/设计”选项卡

(3) 在页眉位置输入页眉相关信息,并对页眉信息进行编辑,页眉编辑完成后,单击“导航”组的“转至页脚”进行页脚设置。

(4) 编辑完成后单击“关闭页眉和页脚”按钮(或双击正文任意位置),退出页眉和页脚编辑状态。

2) 页眉和页脚的更多设置

(1) 在页眉和页脚的编辑状态,可以直接编辑页眉和页脚的内容。也可以使用功能区中的按钮在页眉和页脚中插入“页码”“日期和时间”“图片”和“文档信息”等内容。

(2) 通过选中“选项”组中的“首页不同”和“奇偶页不同”复选框可以给文档设置首页、奇数页和偶数页不同的页眉和页脚。

(3) 如果文档已经分节,默认前后节的页眉是相同的,并且无法单独修改。如果要给文档的不同节设置不同的页眉和页脚,通过单击“导航”组中的“下一节”按钮,切换至后一节,将“链接到前一条页眉”命令的选中状态取消,取消与前一节相同的关联关系后,即可单独设置。

2. 设置页码

Word 2016 的页眉和页脚中提供了多种页码样式,插入这些样式后,会自动添加页码。若没有使用这些样式,则需要手动添加页码。操作步骤如下。

(1) 选中“插入”选项卡,在“页眉和页脚”组中单击“页码”按钮,打开下拉列表,如图 4-49 所示。在列表中各位置的级联列表中选择需要的页码样式,进入页眉、页脚编辑状态。

(2) 如果要设置页码格式,选择下拉列表中的“设置页码格式”命令,打开如图 4-50 所示的“页码格式”对话框。在对话框中选择编号格式,设置“起始页码”等,然后单击“确定”按钮。

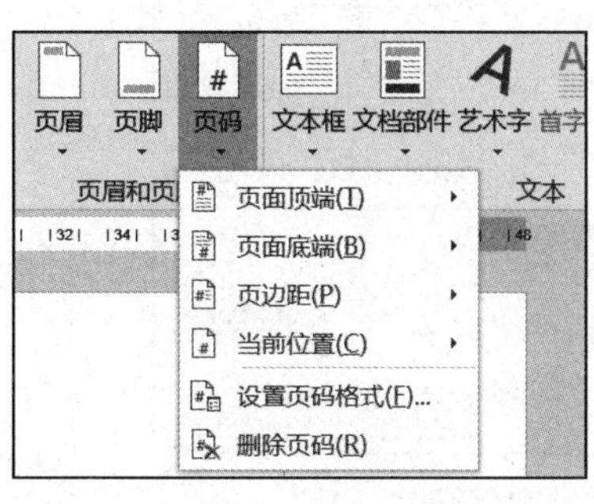

图 4-49　插入页码

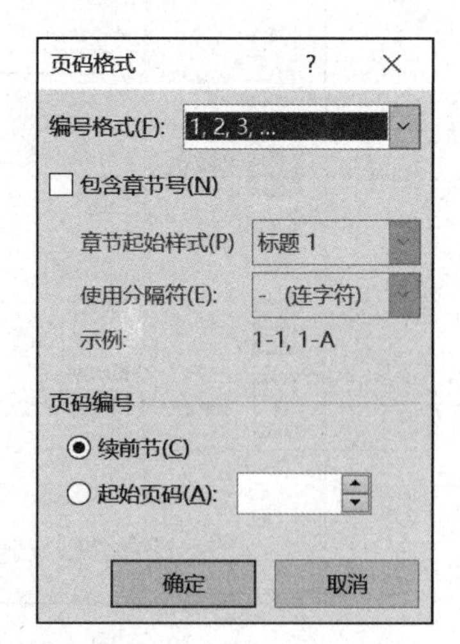

图 4-50　设置页码格式

如果文档只有一节，系统默认的起始页码是 1，否则默认起始页码是“续前节”，意思是当前节的起始页码是前一节页码的下一页。在“页码格式”对话框中，可以为文档设置新的起始页码，起始页码最小为 0。

此外，若要在奇偶页添加不同样式的页码，可先设置奇偶页不同，然后分别对奇偶页添加页码。

4.3.6 边框和底纹

1. 添加边框

1）添加字符边框

选中要添加边框的文字，在“开始”选项卡“字体”组中单击“字符边框”按钮A即可，如图 4-51 所示。

2）添加段落边框

选定要添加边框的段落，在“开始”选项卡“段落”组中单击“边框”右边的下拉按钮，在弹出的下拉列表中选择外侧框线，可设置如图 4-52 所示的段落边框。

蓬莱，不仅是一处具有八仙过海美丽传说和海市蜃楼玄妙奇观的人间仙境，更是一方富有爱国主义优良传统和不屈不挠革命精神的红色沃土。

图 4-51　添加字符边框

蓬莱，不仅是一处具有八仙过海美丽传说和海市蜃楼玄妙奇观的人间仙境，更是一方富有爱国主义优良传统和不屈不挠革命精神的红色沃土。

图 4-52　添加段落边框

也可以在下拉列表中选择“边框和底纹”命令，打开“边框和底纹”对话框，如图 4-53 所示。在“边框”选项卡中，设置边框样式、颜色、宽度等，通过“应用于”来选择应用范围是选中文字还是段落。在对话框右边的预览窗格中单击按钮添加边框，预览效果，设置完成后单击“确定”按钮即可。

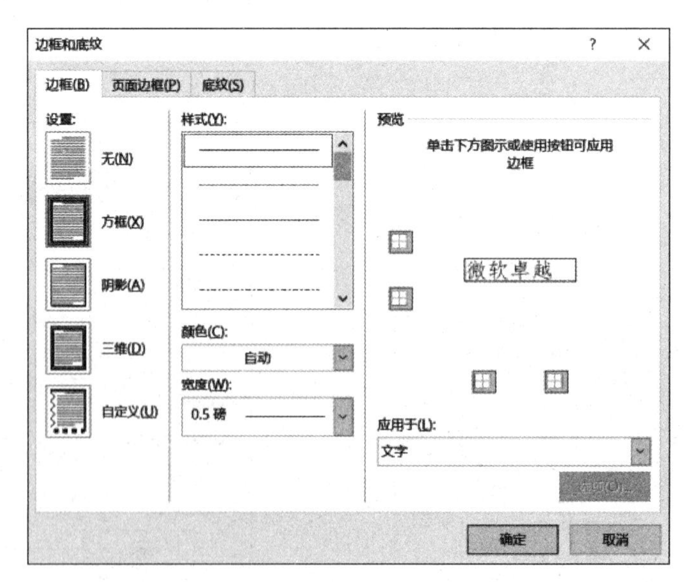

图 4-53　“边框和底纹”对话框

3）添加页面边框

在图4-53所示的“边框和底纹”对话框中，切换至“页面边框”选项卡，分别设置边框的样式、颜色、宽度和艺术型页面边框等。

另外，在“设计”选项卡的“页面背景”组中单击“页面边框”也可以打开“边框和底纹”对话框进行设置。

2. 添加底纹

单击选中“边框和底纹”对话框中的“底纹”选项卡，可以给选中的文字或段落添加底纹。选中要设置底纹的文字或段落，切换到“底纹”选项卡，如图4-54所示，设置填充底纹的颜色、样式和应用范围，单击“确定”按钮。

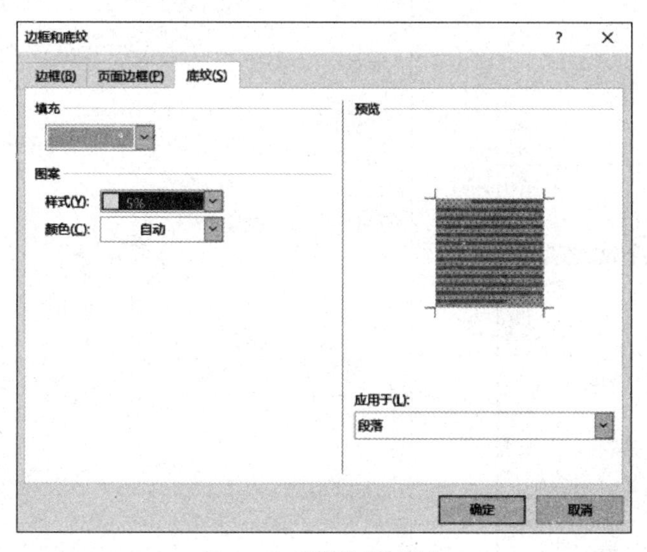

图4-54　“底纹”选项卡

4.3.7　样式的定义和使用

所谓样式，是指Word系统自带的或者用户自定义的一系列排版格式的集合，包括字符格式、段落格式等。通过运用样式来重复应用相同格式，可以快速为文本对象设置统一的格式，从而提高文档的排版效率。

1. 应用样式

选中需要应用样式的文本，在“开始”选项卡“样式”组中单击所需的样式，如果列表中现有的样式无法满足要求，可以单击对话框启动按钮，弹出“样式”窗格，如图4-55所示，选择自己需要的样式即可。默认情况下，窗格中显示系统推荐的样式，可以单击窗格右下角的“选项”，打开“样式窗格选项”对话框，如图4-56所示，在“选择要显示的样式”下拉列表中选择“所有样式”，单击“确定”按钮，窗格中则显示Word中的所有样式列表。

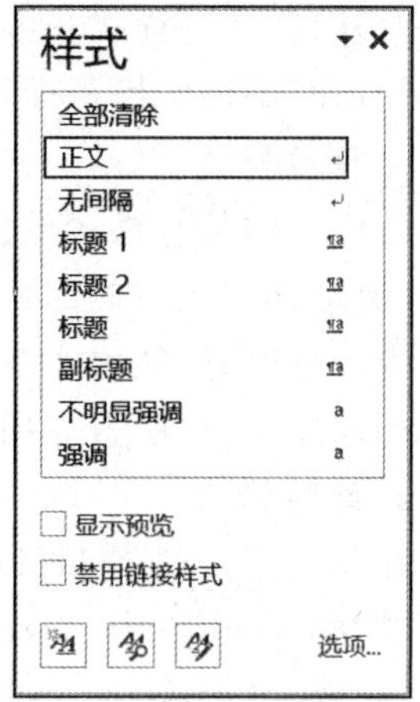

图4-55　“样式”窗格

应用样式后,可以使用“清除格式”取消应用的样式。

2. 新建样式

除了应用 Word 提供的内置样式,还可以自己创建和设计样式,如新的标题样式、目录样式或列表样式等。

打开文档,将插入点定位在需要应用样式的段落中,在“样式”窗格底部单击“新建样式”按钮,弹出的对话框如图 4-57 所示。在“属性”栏中设置样式的名称、样式类型等参数,在“格式”栏中为新建样式设置字体、字号等格式。更多格式设置,可单击左下角的“格式”按钮,在弹出的菜单中选择“字体”或者“段落”命令进行相应的设置。

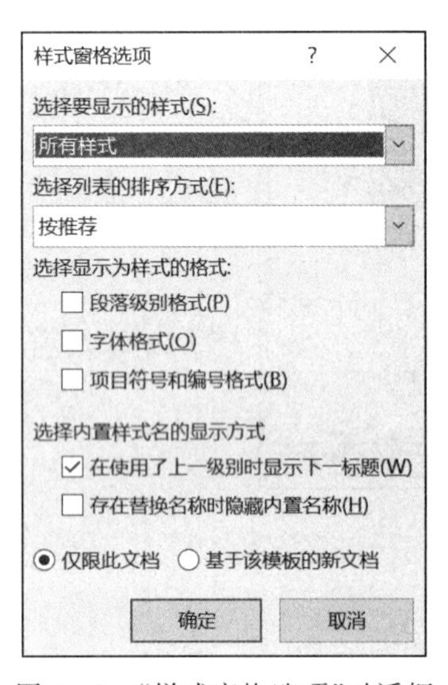

图 4-56 “样式窗格选项”对话框

图 4-57 “根据格式设置创建新样式”对话框

此外,新建的样式只能用于当前文档,如果经常要使用某些样式,可以将其保存为模板,下次使用时调用此模板即可。

3. 修改样式

若样式的某些格式设置不合适,可以进行修改。在“样式”窗格中,光标指向需要修改的样式,单击该样式右侧的下拉按钮,在下拉菜单中选择“修改”命令,在弹出的“修改样式”对话框中进行设置,便可实现样式的修改。

修改样式后,所有应用此样式的文本都会发生相应的格式变化,提高了排版效率。

4. 删除样式

在 Word 2016 中,可以删除自定义样式,但内置样式只能修改,不能删除。

在“样式”窗格中,光标指向需要删除的样式,单击该样式右侧的下拉按钮,在下拉菜单中选择“删除”命令,弹出确认删除对话框,单击“是”按钮,即可删除该样式,同时文中所有应用此样式的文本恢复“正文”样式。

4.3.8 版面设计

版面设计包括插入封面、设置主题、添加水印和页面设置等。

1. 插入封面

打开文档,插入点任意定位,单击“插入”选项卡“页面”组中的“封面”按钮,在弹出的下拉列表中选择需要的封面样式。封面自动插入文档首页,此时用户在提示输入信息的位置输入内容即可。

2. 设置主题

在 Word 中主题是包括字体格式化、配色方案等效果的集合,使用主题可以快速改变文档的整体外观,包括字体、字体颜色和图形对象的效果等。打开文档,切换到“设计”选项卡,在“文档格式”组中单击“主题”下拉按钮,在打开的下拉列表中选择合适的主题。下拉列表中的“重设为模板中的主题”可以将主题恢复为 Word 模板的默认主题。

3. 添加水印

在 Word 中为了给文档增添视觉趣味或者保护文档的版权,可以在不影响正文文字的情况下给文档添加水印。添加的方法是:打开要添加水印的文档,执行“设计”选项卡“页面背景”组的“水印”命令,在下拉列表中可以根据需要选择内置水印,如“机密”“严禁复制”等,也可以选择“自定义水印”,打开“水印”对话框,如图 4-58 所示,添加图片水印或者文字水印。

4. 页面设置

页面设置主要包括页边距、纸张大小和纸张方向等。通常情况下,为了防止版式错乱,一般先进行页面设置,再编辑文档内容。

1)通过功能区设置

在“布局”选项卡的“页面设置”组中,通过单击相应的按钮即可进行设置,如图 4-59 所示。

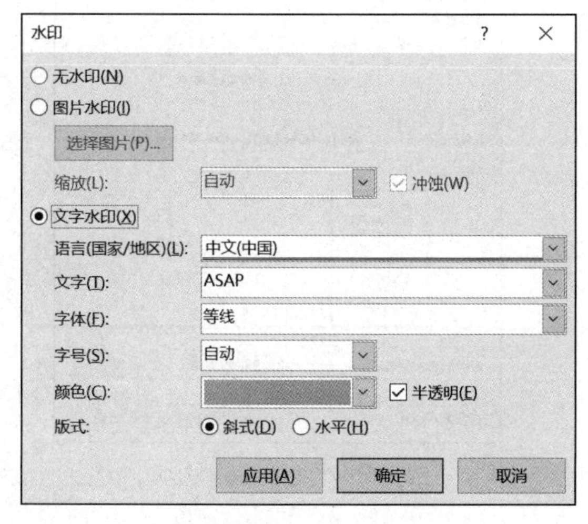

图 4-58 “水印”对话框

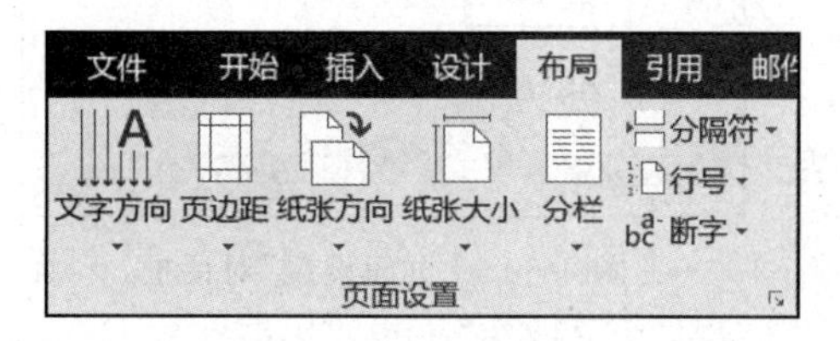

图 4-59 “页面设置”组

(1)文字方向:默认的文字方向为“水平”,单击“文字方向”可以更改为垂直或旋转角度。

(2) 页边距:文档内容与页面边沿之间的距离,用于控制页面中文档内容的宽度和长度。单击“页边距”,可在弹出的下拉列表中选择页边距大小。

(3) 纸张方向:默认纸张方向为“纵向”,单击“纸张方向”可在弹出的下拉列表中进行修改。

(4) 纸张大小:默认纸张大小为 A4,单击“纸张大小”可在弹出的下拉列表中进行选择。

2) 通过“页面设置”对话框修改

(1) 单击“页面设置”组的对话框启动按钮,弹出“页面设置”对话框,如图 4-60 所示。

(2) 在“页边距”选项卡的“页边距”栏设置上、下、左、右的页边距,以及装订线的位置;在“纸张方向”栏设置纸张方向为横向或纵向。

(3) 切换到“纸张”选项卡,在“纸张大小”下拉列表中选择纸张大小,另外用户可以使用其中的“自定义大小”自行设置纸张大小。

(4) 切换到“版式”选项卡,可设置节、页眉、页脚的相关参数,以及设置页面的垂直对齐方式等。

(5) 切换到“文档网格”选项卡,在“文字排版”栏中,可设置文字的水平或垂直排列方向以及分栏数;在“网格”栏中选择菜单选项后,在下面的微调框中可设置每页的行数、每行的字符数等,如图 4-61 所示。

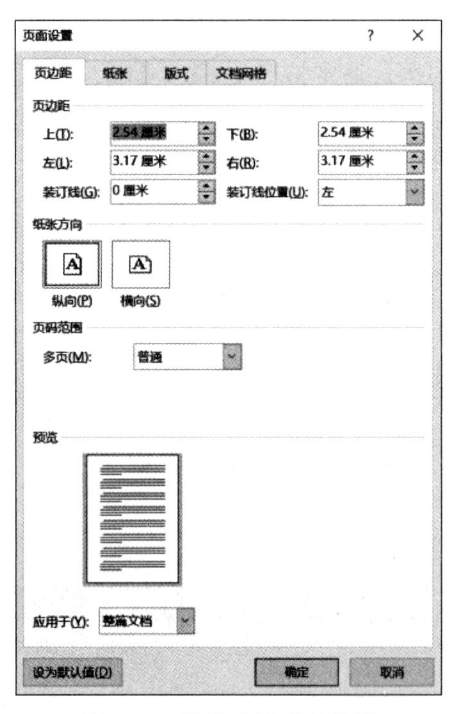

图 4-60 “页面设置”对话框

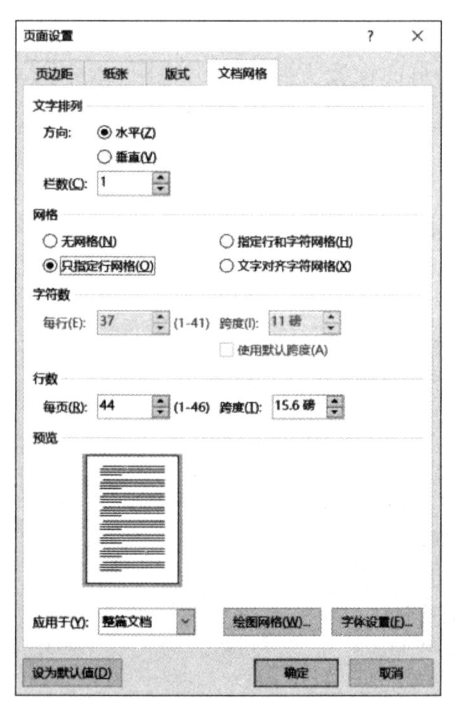

图 4-61 “文档网格”选项卡

(6) 在“应用于”处选择应用范围,在“预览”框中查看设置效果,然后单击“确定”按钮。文档中段落的缩进、页边距、页眉和页脚的布局关系如图 4-62 所示。

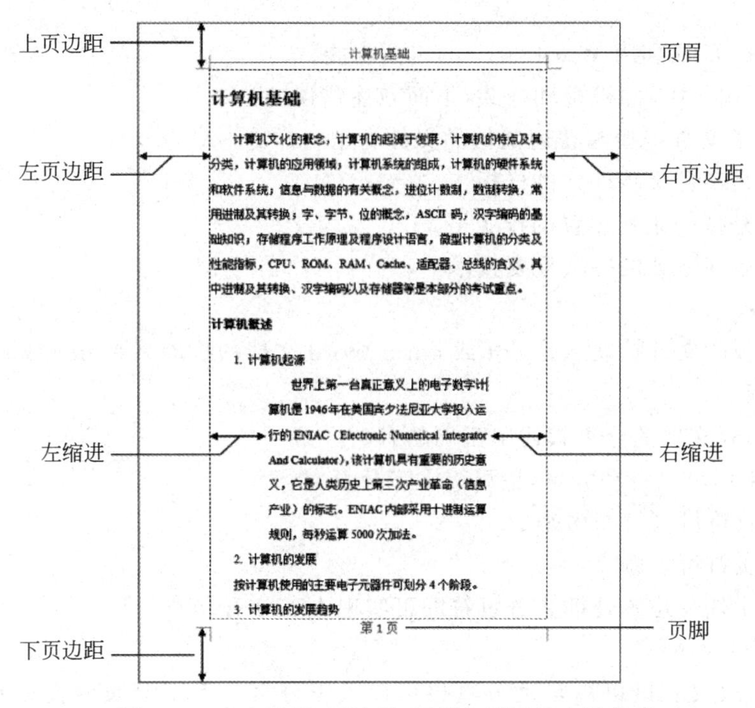

图 4-62　左右缩进、页边距、页眉和页脚的布局关系

巩固训练

一、单选题

1. 下列有关 Word 2016 格式刷的叙述中，正确的是（　　）。

　A. 格式刷只能复制纯文本的内容

　B. 格式刷只能复制字体格式

　C. 格式刷只能复制段落格式

　D. 格式刷既可以复制字体格式也可以复制段落格式

【答案】 D

【解析】 略。

2. 在 Word 2016 中，为了修改文档内部连续几页的纸张方向，可将这些页面设置为独立的（　　）。

A. 节	B. 栏	C. 章	D. 段

【答案】 A

【解析】 略。

3. 在 Word 2016 中一个文档有 300 页，（　　）方式不便于快速、准确定位至第 200 页。

　A. 利用垂直滚动条，快速移动文档，定位于 200 页

　B. 选择“开始”→“编辑”→“查找”→“转到”命令，输入页号 200

　C. 按 Ctrl＋G 组合键，输入页号 200

　D. 按 F5 键，输入页号 200

【答案】A

【解析】B、C、D项利用 Word 2016 的定位功能。

4. 关于 Word 2016 的模板和样式，下面叙述错误的是(　　)。

A. 模板的文件类型与普通文档的文件类型一样

B. 模板是某种文档格式的样板

C. 样式是指一系列预置的排版格式

D. 模板是 Word 的一项重要技术

【答案】A

【解析】模板的文件扩展名是 dot 或 dotx，Word 文档的扩展名是 doc 或 docx。

二、多选题

下列对 Word 文档的分页叙述中正确的有(　　)。

A. Word 文档可以自动分页，也可以人工分页

B. 人工分页符可以打印出来

C. 自动分页符可以删除

D. 在文档中任一位置处插入分页符即可实现人工分页

【答案】AD

【解析】Word 文档既可以自动分页也可以人工分页。人工分页时需要在文档中插入“分页符”，它可以被删除，但不会被打印。在文档任何位置按 Ctrl＋Enter 组合键可插入分页符。

4.4　表格制作

4.4.1　创建表格

Word 2016 提供了多种创建表格的方法，有插入表格、绘制表格、Excel 电子表格、快速表格、文本转成表格等。

1. 插入表格

1) 使用虚拟表格

(1) 将插入点定位到文档中要插入表格的位置。

(2) 切换至“插入”选项卡，单击“表格”组中的“表格”按钮，出现如图 4-63 所示的下拉列表。

(3) 在弹出的下拉列表上半部分有一个 10 列 8 行的虚拟表格，移动鼠标选中所需的行数和列数(图 4-63 中的 5×2 表格)，文档编辑区会虚拟显示出这个表格。

(4) 单击，即可在文档中插入 5 列 2 行的表格。

2) 使用“插入表格”命令

(1) 将插入点定位到文档中要插入表格的位置。

(2) 选择图 4-63 中的“插入表格”命令，打开如图 4-64 所示的“插入表格”对话框。

(3) 在“列数”和“行数”微调框中输入所需的列、行数后，单击“确定”按钮。此方式最多可以插入 32767 行、63 列的表格。

图 4-63 表格下拉列表

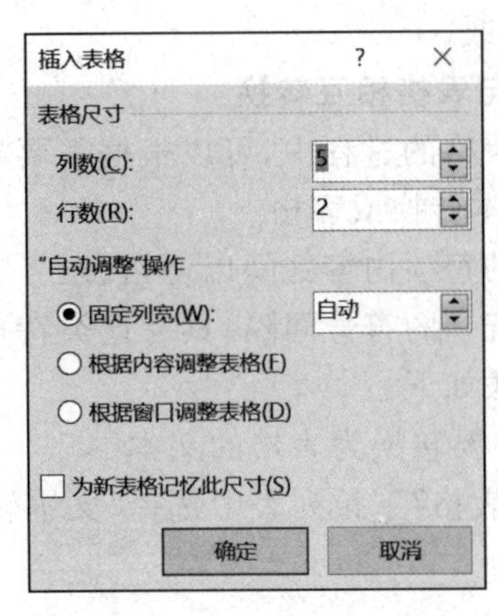

图 4-64 “插入表格”对话框

2. 绘制表格

Word 提供了绘制不规则表格的功能，可以让用户自由绘制表格。

(1) 在“表格”下拉列表中选择“绘制表格”命令。

(2) 此时光标呈笔状，指向插入表格的起始位置，拖曳鼠标左键，文档编辑区出现一个虚线框，释放鼠标，绘制一个实线的表格外框。

(3) 拖曳鼠标，在表格中绘制水平或垂直线。也可以将光标移到单元格的一角，向其对角拖曳可绘制斜线。

(4) 在表格绘制状态下，Word 2016 系统会自动出现“表格工具/设计/布局”选项卡，在“表格工具/设计”选项卡的“边框”组中可以设置边框线的类型、粗细和颜色，如图 4-65 所示；在“表格工具/布局”选项卡的“绘图”组中可以通过切换“绘制表格”和“橡皮擦”按钮来绘制、修改不规则表格，如图 4-66 所示。

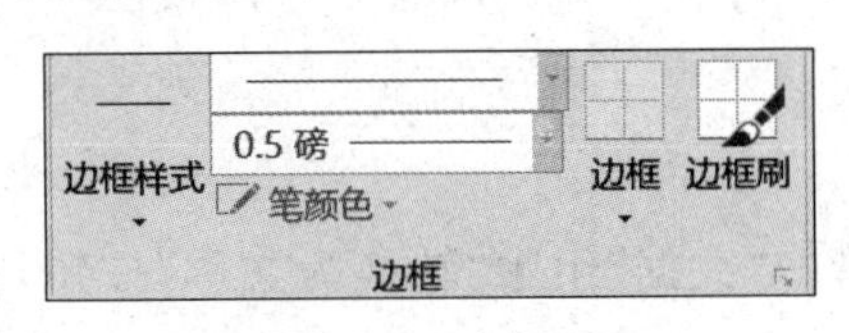

图 4-65 “边框”组

图 4-66 “绘图”组

(5) 绘制完成后，再次单击“绘制表格”按钮或按 Esc 键，退出绘制表格状态。

3. 调用 Excel 电子表格

在 Word 2016 中，可以通过调用 Excel 电子表格的方式在 Word 中使用 Excel 表格。方法是：在“插入”选项卡“表格”组中单击“表格”按钮，选择下拉列表中“Excel 电子表格”选项，文档中将自动生成一个呈编辑状态的 Excel 表格，同时 Word 窗口内嵌了一个 Excel 操作界面。表格编辑完成，单击表格外任意位置，退出 Excel 表格编辑状态。此表格作为嵌入式对象插入 Word 文档中，若要再次编辑，直接双击 Excel 表格即可。

4. 使用“快速表格”功能创建表格

通过 Word 2016 的“快速表格”功能可以创建带有样式的表格。其方法是：切换至“插入”

选项卡，单击“表格”组中的“表格”按钮，选择下拉列表中“快速表格”选项，在级联列表中选择需要的样式，单击，即可在文档中插入带有样式的表格，用户可以根据需要对生成的表格进行编辑、修改。

文本与表格相互转换

5. 文本与表格相互转换

在编辑表格的过程中，可以根据需要将表格转换成文本，或者将文本转换成表格形式。

1）将文本转换成表格

文档中的每项内容之间以空格、逗号（英文半角状态下输入）、段落标记、制表符或其他指定字符等统一的符号间隔，具有这类特点的规范化文字可转换成表格，如图 4-67 所示。

转换方法如下。

（1）选中要转换为表格的文本。

（2）在“表格”下拉列表中选择“文本转换成表格”选项，打开如图 4-68 所示的对话框。

学号,姓名,高等数学,数据库,程序设计
201921009,史云杰,89,92,95
201921022,张晗,89,78,93
201921014,付连,99,88,99

图 4-67　转换前文本

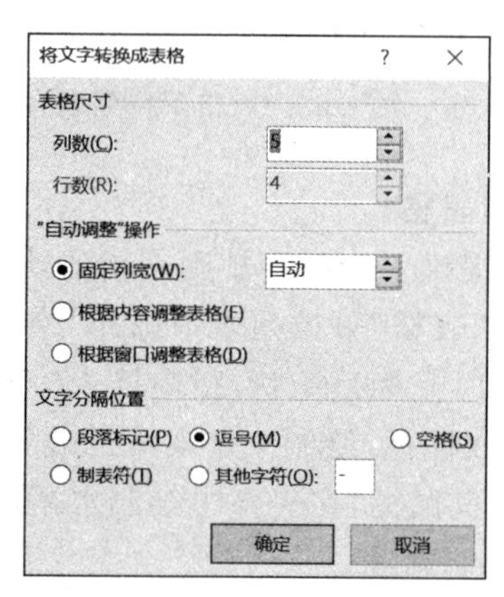

图 4-68　“将文字转换成表格”对话框

（3）在对话框的“列数”微调框中已经有了默认数值，根据选中文本中的分隔符号，在“文字分隔位置”栏中选择或输入分隔符号，单击“确定”按钮，被选中文本转换成如图 4-69 所示的表格。

2）将表格转换成文本

（1）选中要转换成文本的表格。

（2）切换至“表格工具/布局”选项卡，单击“数据”组中“转换为文本”按钮，打开如图 4-70 所示的对话框。

学号	姓名	高等数学	数据库	程序设计
201921009	史云杰	89	92	95
201921022	张晗	89	78	93
201921014	付连	99	88	99

图 4-69　转换后表格

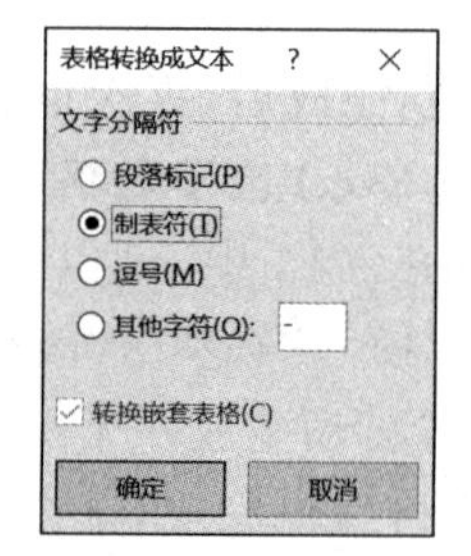

图 4-70　“表格转换成文本”对话框

（3）在“表格转换成文本”对话框中选择转换后数据之间的分隔符，单击“确定”按钮即可。

4.4.2　编辑表格

表格的基本操作主要包括调整表格、行、列和单元格的操作等。

1. 选择操作区域

对表格对象进行各种操作之前，需要先选择对象，操作方法如表4-7所示。

表4-7　选中单元格区域

选中操作对象	操　作
单个单元格	将光标指向某单元格的左侧，光标呈黑色小箭头时单击
连续的单元格	将光标指向某单元格的左侧，光标呈黑色小箭头时，单击并拖曳鼠标至终止位置
分散的单元格	选中第一个单元格后按住Ctrl键不放，然后依次选择其他分散的单元格
一行	将光标指向某行的左侧，待光标呈向右倾斜的白色大箭头时单击
一列	将光标指向某列的上端，待光标呈向下的黑色小箭头时单击
连续的行或列	单击需要选中的起始行或列，按住Shift键，单击终止位置的行或列
不连续的行或列	先选中第一行或第一列，然后按住Ctrl键再选中其他行或列
整个表格	将光标指向表格时，表格的左上角出现移动手柄，右下角出现缩放手柄，单击任意一个手柄，都可以选中表格

除此之外，还可以利用“表格工具/布局”选项卡“表”组中的“选择”按钮，在弹出的下拉列表中根据需要单击某个选项选择对象。

2. 调整行高与列宽

创建表格后，可以通过以下几种方法调整行高和列宽。

(1) 将插入点定位到单元格内，在“表格工具/布局”选项卡的“单元格大小”组中，通过“高度”和“宽度”微调框调整单元格所在行的行高和列宽。

(2) 选中需要调整的行或列，在“表格工具/布局”选项卡的“表”组中单击“属性”，在打开的“表格属性”对话框中设置行高和列宽的值。

(3) 将光标指向行或列的框线上，待光标呈⇕或⇔状时，单击并拖曳鼠标，表格中出现虚线，待虚线到达合适位置时释放鼠标即可。一般情况下，调整的是整列的列宽，若要修改某个单元格的列宽，需要先选中单元格，然后用鼠标拖曳列框线。

(4) 对于高度和宽度不均匀的表格，在“单元格大小”组中使用“分布行”和“分布列”按钮，可将所选对象中的所有行或列的高或宽进行平均分布。

3. 插入与删除行、列或单元格

1) 插入行或列

将光标插入点定位在某个单元格内，切换至“表格工具/布局”选项卡，然后单击“行和列”组中的某个按钮，可实现相应操作。

2) 删除行或列

将光标插入点定位到某个单元格内，在“行和列”组中单击“删除”按钮，在弹出的下拉列表中通过单击某个选项实现删除对象操作。

3) 单元格的插入与删除

将光标插入点定位到某个单元格内，右击，弹出快捷菜单，指向“插入”命令，然后在级联菜单中选择“插入单元格”命令，打开“插入单元格”对话框，选择相应选项，如图 4-71 所示。

删除单元格的操作是：右击要删除的单元格，在快捷菜单中选择“删除单元格”命令(或选中单元格，按 Backspace 键)，在弹出的“删除单元格”对话框中选择相应选项，单击“确定”按钮，如图 4-72 所示。

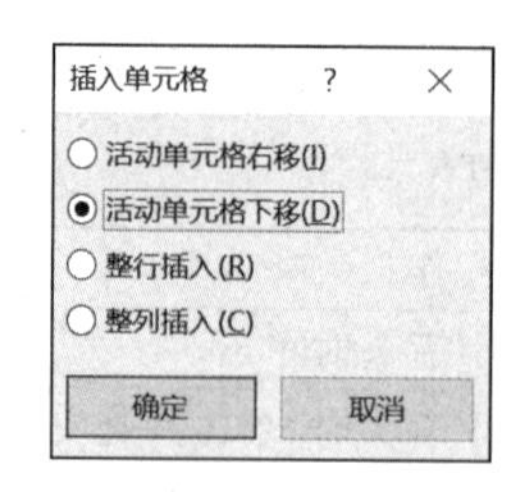

图 4-71 “插入单元格”对话框

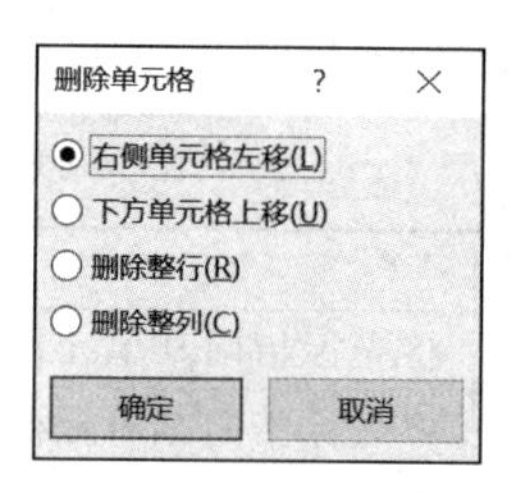

图 4-72 “删除单元格”对话框

问：常用的插入行的方法还有哪些？

答：将插入点定位到表格某行外的段落标记(回车符)前，按 Enter 键，可在当前行下插入一空行。

将插入点定位到表格最后一行的最后一个单元格内，按 Tab 键，可在表格最后增加一空行。

4. 合并与拆分单元格、表格

在“表格工具/布局”选项卡中，通过“合并”组中的“合并单元格”或“拆分单元格”按钮，可对选中的单元格进行合并或拆分操作，合并后的单元格会保留原有单元格的全部内容。

单击“拆分表格”按钮可以将表格从插入点位置拆分成上下两个表格，插入点所在行成为下方表格的首行。若两个表格的文字环绕方式都是“无”环绕，则删除两个表格间的段落标记，即可将两个表格合并在一起。

4.4.3 格式化表格

1. 设置单元格对齐方式

表格单元格中的文本对齐方式有水平和垂直两个方向共 9 种，包括靠上两端对齐、靠上居中对齐、靠上右对齐、中部两端对齐、水平居中、中部右对齐、靠下两端对齐、靠下居中对齐、靠下右对齐。

选中需要设置对齐方式的单元格，切换至“表格工具/布局”选项卡，单击“对齐方式”组中的相关按钮可设置相应的对齐方式，如图 4-73 所示。

2. 重复标题行

使用 Word 2016 制作要在多个页面中显示的内容较多的表格时，往往需要在每一页中都显示表格的标题行。可以使用“重复标题行”命令自动在各页顶端生成标题行。操作方法如下：将插入点定位到表格标题行中任意位置，切换至“表格工具/布局”选项卡，单击“数据”组中“重复标题行”按钮即可，如图 4-74 所示。

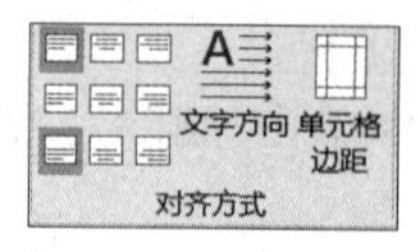

图 4-73 设置单元格对齐方式

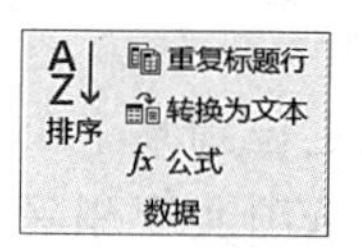

图 4-74 设置重复标题行

3. 设置边框与底纹

为了使表格的外观更加美观，可以对表格的边框和底纹进行设置。具体操作如下。

(1) 将光标插入点定位到表格内，切换到“表格工具/设计”选项卡，在“边框”组中单击“边框”下拉按钮，在弹出的下拉列表中单击“边框和底纹”选项，弹出“边框和底纹”对话框，如图 4-75 所示，在对话框中设置边框的样式、颜色和宽度等参数。在“预览”区中，可以单击某个按钮设置框线，在“应用于”下拉列表中可以选择边框的应用范围。

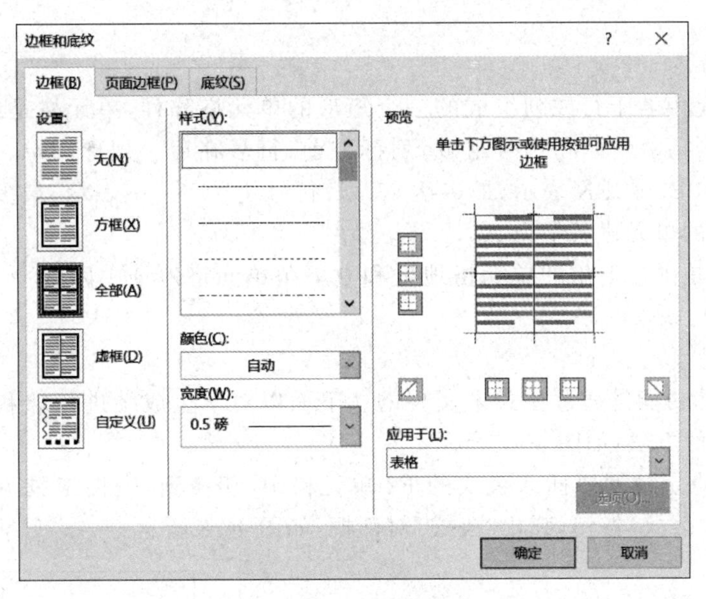

图 4-75 设置表格边框

(2) 切换至“底纹”选项卡，在“填充”下拉列表中选择表格的底纹颜色，在“图案”组中设置图案的样式和颜色，选择应用范围，单击“确定”按钮即可，如图 4-76 所示。

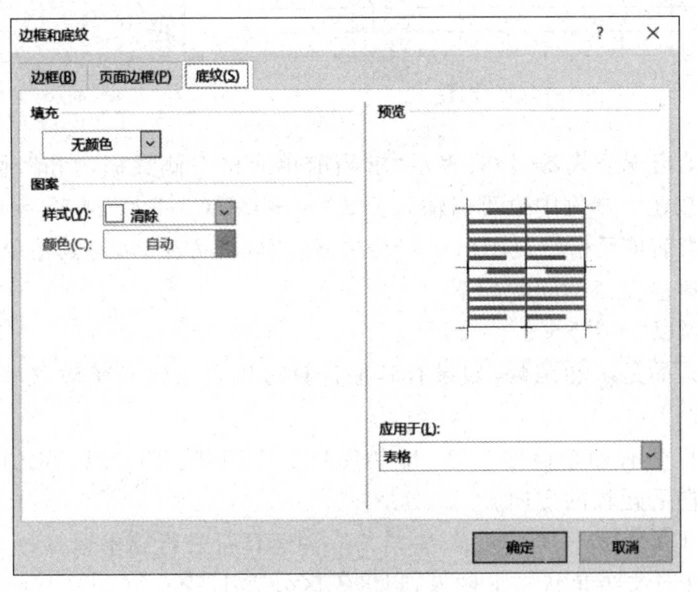

图 4-76 设置表格底纹

4. 自动套用格式

将插入点定位到表格内，切换至“表格工具/设计”选项卡，在“表格样式”组中指向某个样式按钮，表格就会预览相应的样式，单击即可应用。单击表格样式列表右边的“其他”下拉按钮▼，可浏览选择其他的样式。

表格中数据的计算

4.4.4 表格中数据的计算与排序

1. 数据计算

1）单元格命名

Word 表格是由若干行或列组成的一个矩形的单元格阵列，单元格是组成表格的基本单位，单元格的名字由列标和行号组成，列标在前，行号在后。列标用 A、B、C、…、Z、AA、AB、…、AZ、BA、BB、…、BK 表示，最多达 63 列；行号用 1、2、3…表示，最多可达 32767 行，如第 2 行第 1 列的单元格名字为 A2。

单元格区域是由左上角的单元格地址和右下角单元格地址中间加一个英文冒号组成的，如 A1:C3、B4:E8 等。

2）计算数据

Word 的计算功能是通过公式来实现的。下面以对学生成绩进行求和运算为例，介绍表格中计算数据的方法，如图 4-77 所示。

（1）将插入点定位到要插入公式的 F2 单元格中，切换到“表格工具/布局”选项卡，在“数据”组中单击“公式”按钮，弹出“公式”对话框，如图 4-78 所示。

准考证号	姓名	数学	语文	英语	总成绩
202018005	路泽	90	91	92	
202018006	楚濂浩	86	88	86	
202018007	吴雪云	95	93	92	
202018011	华波	90	90	92	
202018013	李锐	84	85	85	
202018019	肖潇	95	92	93	

图 4-77　表格数据计算

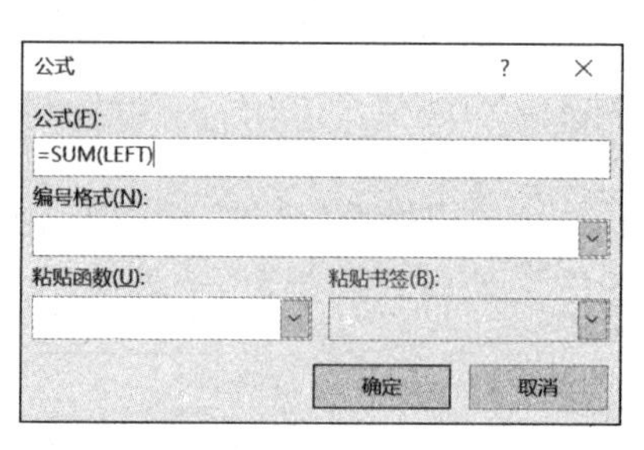

图 4-78　“公式”对话框

（2）系统自动出现公式，该公式表示“求当前单元格左侧数据的和”，恰好是我们所求，因此单击“确定”按钮。本例中也可以输入公式“＝SUM(C2:E2)”或者“＝C2＋D2＋E2”。

（3）确定后当前单元格将显示出运算结果，使用同样方法，可对其他单元格进行运算。

在输入公式时应注意的问题如下。

（1）公式必须以“＝”开头。

（2）系统默认的是求和函数，如果有其他计算可以自己输入函数，也可以使用“粘贴函数”选择其他函数。

（3）公式计算中有四个函数参数，即 ABOVE、LEFT、RIGHT、BELOW，分别表示向上、向左、向右和向下运算的方向。

（4）公式中可以采用＋、－、*、/、^、%共 6 种运算符进行算术运算。

（5）公式应在英文半角状态下输入，字母不区分大小写。

3）公式数据更新

在 Word 中，公式中引用的基本数据源如果发生了变化，计算的结果不会自动改变，需要用户手动进行更新。其操作方法如下。

（1）右击需要更新的公式数据，在弹出的快捷菜单中选择“更新域”命令，该单元格将重新计算。

（2）选中需要更新的公式数据，按 F9 键进行更新。

注意：使用“更新域”只能逐个单元格更新，若要对多个单元格进行更新，可选中多个单元格，按 F9 键进行更新。

2. 数据排序

Word 2016 可以基于一列或多列排序。排序方式包括升序和降序，用户最多可设置三个排序关键字。操作方法为：在“表格工具/布局”选项卡的“数据”组中，单击“排序”按钮，弹出“排序”对话框，如图 4-79 所示，用户根据排序要求进行设置。排序时，首先按主要关键字进行排序，主要关键字值相同的记录（行），再按照次要关键字排序，次要关键字也相同时，才按照第三关键字进行排序。

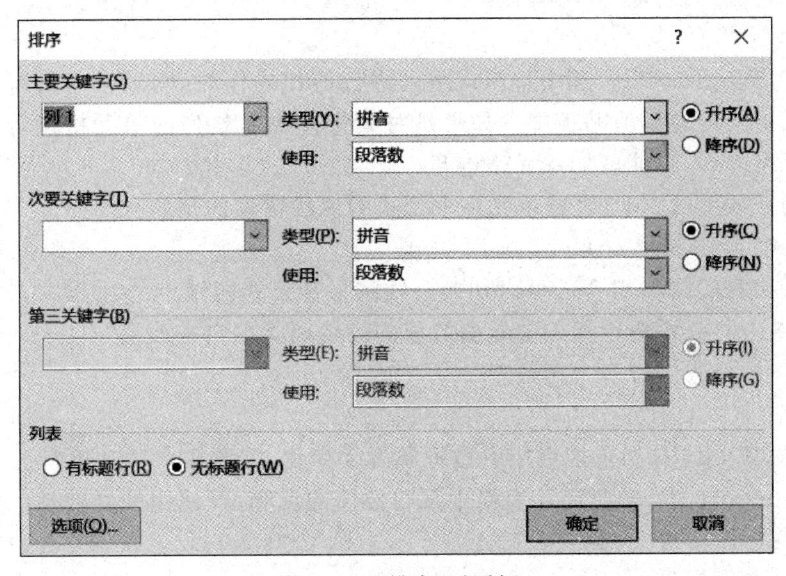

图 4-79　“排序”对话框

 巩固训练

单选题

1. 在 Word 2016 中，选中整个表格后，按 Delete 键，可以（　　）。

A. 删除整个表格　　　　B. 删除整个表格的内容

C. 删除整个表格的内框线　　　　D. 删除各表格的外框线

【答案】 B

【解析】 Delete 键不能删除表格，只能删除表格内容。如果要删除表格，可按 Backspace 键。

2. 在 Word 2016 中,若光标位于表格外右侧的行尾处,按 Enter 键,结果(　　)。

A. 光标移到下一列　　B. 光标移到下一行,表格行数不变

C. 插入一行,表格行数变化　　D. 在本单元格内换行,表格行数不变

【答案】C

【解析】此为插入行操作。

3. 在 Word 2016 的表格中用(　　)键可使插入点移至前一个(左边)单元格。

A. Shift+Tab　　B. Tab　　C. Ctrl+Home　　D. Backspace

【答案】A

【解析】按 Shift+Tab 组合键,插入点移至前一个单元格;按 Tab 移至后一单元格。当插入点在表格最后一个单元格(右下角)时,按 Tab 键则插入一行。

4. 在 Word 2016 表格中选中一列,然后执行"剪切"命令,则(　　)。

A. 删除该列,将该列内容和格式传递到剪贴板中

B. 删除该列,仅把列内容传递到剪贴板中

C. 删除该列,仅把该列格式传递到剪贴板中

D. 删除该列的内容,并不删除该列

【答案】A

【解析】在 Word 2016 中选中整行或整列进行剪切操作时,则被选中的行或列被删除,并将该内容和格式传递到剪贴板中。如果是对非整行或非整列的单元格进行剪切操作时,只能剪切单元格内容,不能剪切单元格本身。

5. 下列有关 Word 2016 表格单元格中公式的说法错误的是(　　)。

A. 公式实际上是一个域

B. 利用 Shift+F9 组合键可以切换公式结果和公式的域

C. 表格中的公式随着相关单元格的值的改变而立即自动改变

D. 表格的公式支持多个函数

【答案】C

【解析】在 Word 中,如公式引用的数据源发生变化,需要用户手动更新。

6. 在 Word 2016 中,若要计算表格中某行数值的总和,可使用的函数是(　　)。

A. SUM　　B. TOTAL　　C. COUNT　　D. AVERAGE

【答案】A

【解析】AVERAGE 函数是求数值的平均值;COUNT 函数是统计单元格数量;Word 中没有 TOTAL 函数。

4.5 图文混排

Word 2016 不仅有强大的文字处理功能,还具有较强的图形处理功能。为了使文档内容更为生动、更加鲜活,往往要在文档里插入各种图片、艺术字、文本框等图形对象,甚至需要绘制图形,我们把这种图文并茂的排版方式称为图文混排。

4.5.1 插入图片

1. 插入本地图片

将光标插入点定位到要插入图片的位置，切换至“插入”选项卡，在“插图”组单击“图片”按钮，打开“插入图片”对话框，选择需要插入的本地图片，单击“插入”按钮即可。

在 Word 2016 中插入图片以后，图片就嵌入文档之中。如果原始图片发生了变化，用户需要重新插入该图片。借助 Word 提供的“插入和链接”功能，可以使插入文档中的图片在原始图片发生改变后进行更新。在打开的“插入图片”对话框中选中要插入的图片，单击“插入”按钮右侧的下拉按钮，弹出如图 4-80 所示的下拉列表。

(1) 选择“链接到文件”命令，将被选图片插入文档，当原始图片位置被移动或图片被重命名时，重新打开文档时，文档中将无法显示该图片。

(2) 选择“插入和链接”命令，将被选图片插入文档，当原始图片内容发生变化，但文件未被移动或重命名时，重新打开文档时将看到图片已经更新。如果原始图片被移动或者被重命名，则 Word 文档中将保留最近的图片版本。

2. 插入联机图片

Word 2016 不需要打开浏览器或者离开文档即可插入联机图片。将插入点定位到要插入图片的位置，在“插入”选项卡的“插图”组中单击“联机图片”按钮，打开“插入图片”对话框，如图 4-81 所示。单击“必应图像搜索”，输入关键字，查找联机图片，选择需要的图片并插入即可。

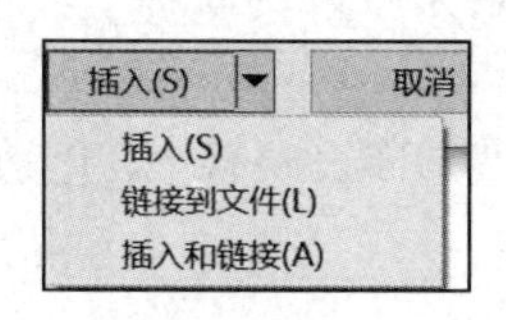

图 4-80　插入图片

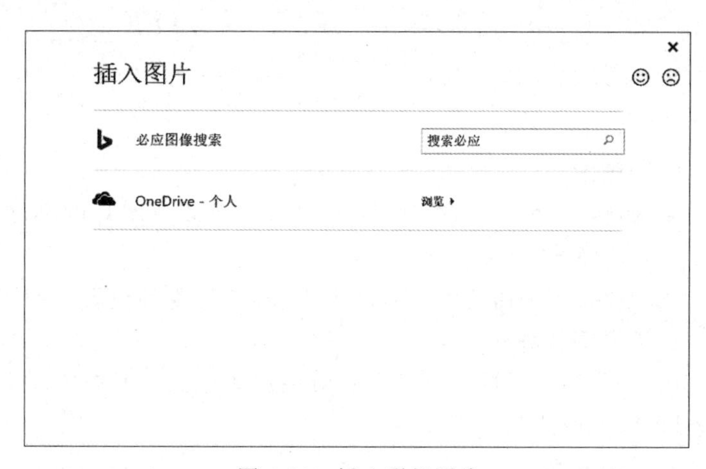

图 4-81　插入联机图片

3. 插入屏幕截图

Word 2016 提供的截屏功能可以快速截取屏幕图像，并直接插入文档中。

1) 截取窗口

将光标插入点定位到要插入图片的位置，切换至“插入”选项卡，在“插图”组选择“屏幕截图”按钮，弹出下拉列表的“可用的视窗”栏中，显示所有打开且没有被最小化的窗口缩略图，如图 4-82 所示，单击要插入的窗口图片，该窗口的截图被插入文档中。

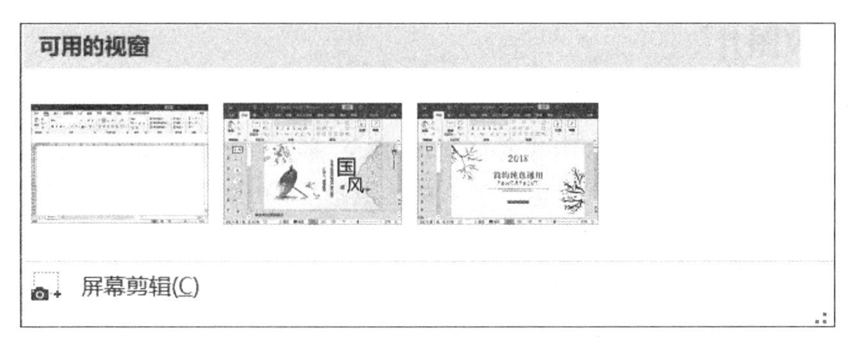

图 4-82　插入“屏幕截图”

2）截取区域

将光标插入点定位到要插入图片的位置，在“屏幕截图”下拉列表中选择“屏幕剪辑”命令，当前文档窗口最小化，屏幕呈朦胧显示，此时单击并拖曳鼠标截取区域，被选中的区域将呈高亮显示，释放鼠标，Word 文档中插入刚刚截取的屏幕区域。

4.5.2　图片格式化和图文混排

插入图片后，功能区将出现“图片工具/格式”选项卡，如图 4-83 所示，利用该选项卡，可以对选中的图片进行调整颜色以及设置图片样式和环绕方式等操作。

图 4-83　“图片工具/格式”选项卡

1. 调整图片

在“调整”组中，可删除图片的背景，以及调整图片的亮度、对比度、饱和度和色调等，甚至设置艺术效果。

“重设图片”按钮可以将修改人小、颜色等各种设置后的图片还原为原来的状态。

2. 设置图片样式

在“图片样式”组中，可对图片应用内置样式，设置边框样式，设置阴影、映像、柔化边缘等效果，以及设置图片版式等。

3. 环绕文字

环绕文字是指图片与文字相对的位置关系，图片默认的环绕文字方式是嵌入型。在“排列”组中单击“环绕文字”按钮，在打开的下拉列表中选择一个适合的环绕方式即可。非嵌入型的环绕方式包括四周型、紧密型环绕、穿越型环绕、上下型环绕、衬于文字下方和浮于文字上方。

4. 调整图片大小

调整图片大小的操作方法如下。

选中要调整大小的图片，图片的四周出现 8 个尺寸控点，把光标移动到控点上，当光标变为双向箭头时，单击并拖曳鼠标至合适位置，释放鼠标，此时图片被缩放到释放鼠标的位置。

此外,可以在"大小"组的高度和宽度中输入数值改变图片大小。注意,默认情况下,图片是锁定纵横比的,即修改高度或者宽度值后另外一个值会按照比例自动调整,若要取消纵横比,则单击"大小"组的对话框启动按钮,在弹出的"布局"对话框中取消选中"锁定纵横比"的复选项即可。

4.5.3　插入和编辑形状

Word 2016 提供绘制图形功能,可在文档中绘制直线、曲线、椭圆等各种各样的形状。

1. 绘制自选图形

打开需要编辑的文档,切换到"插入"选项卡,然后单击"插图"组中的"形状"按钮,在弹出的下拉列表中选择需要的绘图工具。此时光标呈十字状,单击并拖曳鼠标至合适大小,释放鼠标即可。

在绘制过程中,配合 Shift 键的使用,可以绘制出特殊的图形,如绘制椭圆时,同时按住 Shift 键不放,可绘制出圆形。

2. 编辑自选图形

插入自选图形后,功能区出现"绘图工具/格式"选项卡,如图 4-84 所示,通过该选项卡中的相应命令组,可以设置选中的自选图形的大小、样式等格式。

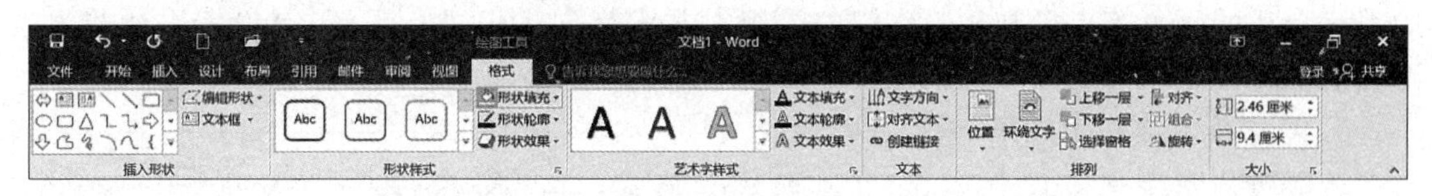

图 4-84　"绘图工具/格式"选项卡

(1) 在"插入形状"组中单击"编辑形状"按钮,可将选中的自选图形更改为其他形状,或者编辑节点。

(2) 在"形状样式"组中,可对自选图形应用内置的形状样式,以及设置填充效果、轮廓样式及形状效果等。也可以单击本组的对话框启动按钮,打开"设置形状格式"窗格做详细设置。

(3) 在"排列"组中,可对自选图形设置对齐方式、环绕文字方式、叠放次序及旋转方向等。

① 叠放次序。选中要设置叠放次序的对象,在"上移一层"或"下移一层"按钮的下拉列表中选择需要的放置位置。或者右击,在弹出的快捷菜单中选择"置于顶层"或"置于底层"命令,在其级联菜单中选择需要的放置位置。

上移一层(下移一层)是指将选中的对象上移(或下移)一层。

置于顶层(置于底层)是指将选中的对象放在所有对象的上方(或下方)。

浮于文字上方(衬于文字下方)是指将选中的对象置于文档中文字的上方(或下方)。

② 组合对象。利用"组合"可将多个对象组合为一个整体,方便整体对象的移动、调整大小等,而又不改变对象间的相对位置和大小。操作方法是:按住 Shift 键不放,依次单击需要组合的对象,然后单击"组合"按钮下拉列表中的"组合"选项,可将它们组合为一个整体。反之,选中组合对象,通过"取消组合"选项可以解除组合。

注意:嵌入型对象既不能组合也不能调整叠放次序,比如插入的图片默认为嵌入型,若要进行组合或者调整叠放次序,需要将图片的环绕文字方式修改为任意一个非嵌入型,才能够进一步操作。

(4) 在"大小"组中,可调整自选图形的高度和宽度。另外,用鼠标拖曳图形的尺寸控点也可以改变图形大小。

4.5.4 插入和编辑艺术字

1. 插入艺术字

插入艺术字的方法如下。

(1) 将光标定位到要插入艺术字的位置。在"插入"选项卡的"文本"组中,单击"艺术字"按钮,在其下拉列表中选择合适的艺术字样式,文档中出现一个有"请在此放置您的文字"字样的占位符,输入文字即可。

(2) 选中要设置成为艺术字的文字,再切换到"插入"选项卡,然后在"文本"组的"艺术字"按钮下拉列表中选择合适的艺术字样式,被选中的文字即转变成艺术字并被插入文档中。

2. 调整艺术字的形状轮廓及填充

对于插入文档中的艺术字,可以进一步加工,如添加形状轮廓或在艺术字的文本输入框中填充合适的颜色等。可利用"形状样式"组对艺术字文本框进行设置,其设置方法与自选图形的设置方法相同。

3. 调整艺术字文本效果

若要对艺术字文本设置填充、文本轮廓等格式,可通过"绘图工具/格式"选项卡的"艺术字样式"组实现,如图 4-85 所示。在"文本效果"中可实现对插入的艺术字设置阴影、发光、棱台、转换、映像等效果。

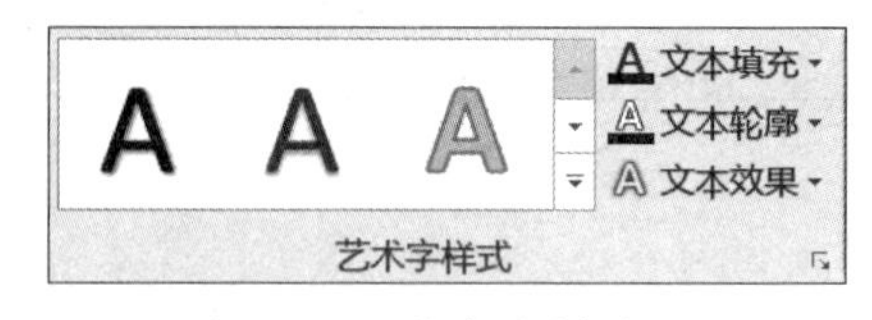

图 4-85 "艺术字样式"组

4.5.5 插入和编辑文本框

插入和编辑文本框

文本框是一个独立的对象,框中的文字和图片可以随文本框移动,通常情况下,文本框用于在文档中设置布局或者插入注释和说明性文字等。

1. 插入文本框

(1) 将光标定位到要插入文本框的位置后,切换到"插入"选项卡,在"文本"组中单击"文本框"按钮。

(2) 在打开的下拉列表中选择适合的文本框类型,如选择"简单文本框",则在文档中插入一个文本框,如图 4-86 所示。

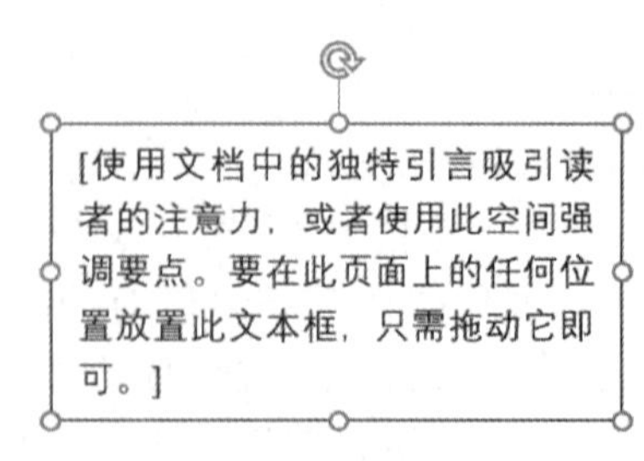

图 4-86 插入的文本框

(3) 在文本框中可输入文字、插入图片等内容。文本框中文字的格式设置与正文相同,这里不再赘述。

2. 编辑文本框

文档中插入文本框后,功能区显示"绘图工具/格式"选项卡,文本框的形状、填充效果和轮廓样式等格式的设置方法同自选图形操作相同。若要对文本框内文本进行艺术修饰，可以使用“艺术字样式”组实现，方法与艺术字的设置相同。

3. 链接多个文本框

利用文本框做版面布局时，往往需要使用多个文本框进行排版设计。通过在多个文本框间创建链接，可以在当前文本框内充满文字后，自动转入下一个文本框进行文本录入。其操作步骤如下。

(1) 文档中已插入多个文本框，单击选中第一个文本框。

(2) 在“绘图工具/格式”选项卡中，单击“文本”组中的“创建链接”按钮，此时光标变成水杯形状，移动光标至准备链接的下一个文本框内部，光标变成倾斜的水杯形状，单击即可创建链接。若要断开文本框之间的链接，则选中要准备与下一级断开链接的文本框，单击“文本”组的“断开链接”按钮即可，断开链接后，所有的内容会合并到前面的文本框内。

注意：如果准备创建链接的两个文本框使用了不同的文字方向设置，链接时会提示用户后面的文本框将与前面的文本框保持一致的文字方向，并且如果前面的文本框尚未充满文字，则后面的文本框不能直接输入文字。

4.5.6 插入 SmartArt 图形

SmartArt 图形提供了许多列表、流程图、矩阵和组织结构图等模板，简化了创建复杂图形的过程，可以直观地说明各种常见关系，具有很强的层次感和画面感。

其操作步骤如下。

(1) 将光标定位到要插入 SmartArt 图形的位置，切换至“插入”选项卡，在“插图”组中单击“SmartArt”按钮，打开“选择 SmartArt 图形”对话框，如图 4-87 所示。

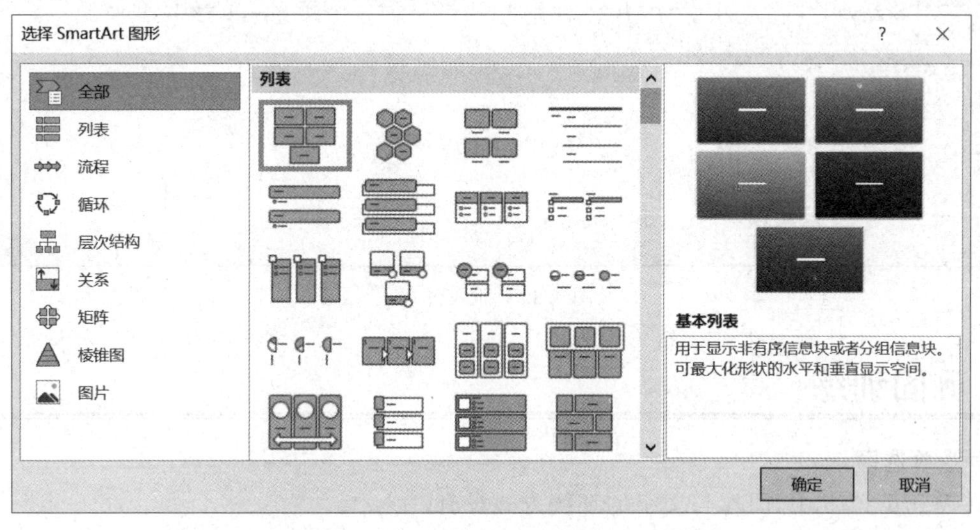

图 4-87 “选择 SmartArt 图形”对话框

(2) 选择合适的图形后单击“确定”按钮，此时 SmartArt 图形已经插入文档中。

(3) 功能区显示“SmartArt 工具/设计/格式”选项卡，用户可以根据需要对 SmartArt 图形进行编辑。

4.5.7 首字下沉

首字下沉是利用将段落的第一个字设置为图文框来突出文稿开始的一种排版格式,一般会用在画报、杂志等出版物中,有首字下沉和悬挂下沉两种方式。

其操作方法是将插入点定位到要突出首字的段落中,切换到"插入"选项卡,单击"文本"组中的"首字下沉"按钮,在弹出的下拉列表中选择"下沉"或者"悬挂"命令,也可以选择"首字下沉选项"命令,在弹出的"首字下沉"对话框中设置首字字体及下沉行数等参数,如图 4-88 所示。

图 4-88 "首字下沉"对话框

4.5.8 插入数学公式

Word 2016 提供了非常强大的公式编辑功能。

在"插入"选项卡的"符号"组中,单击"公式"按钮,此时,可以从内置"公式"下拉列表中选择所需的公式类型,或者选择"插入新公式"命令,在打开的"公式工具/设计"选项卡中选择需要的符号类型编辑公式,如分数、上下标、根式、积分、导数、极限和对数等,如图 4-89 所示。

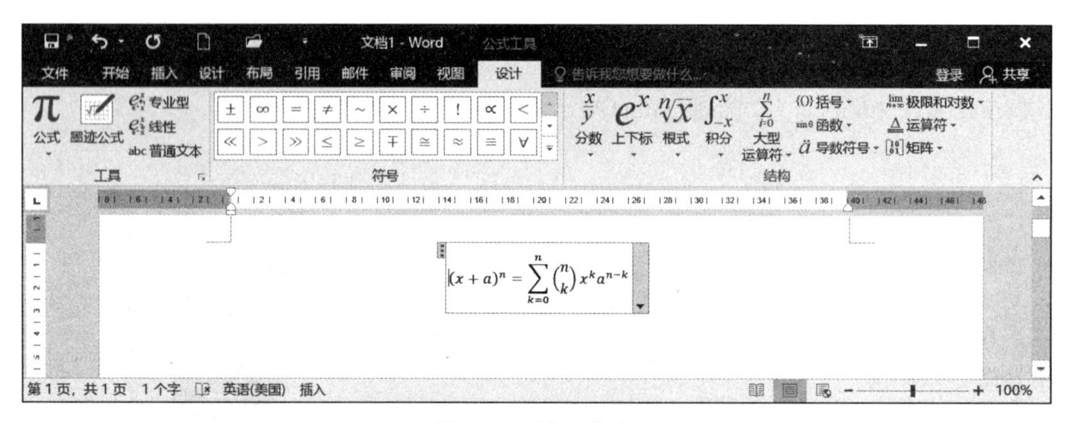

图 4-89 插入公式

巩固训练

一、单选题

在 Word 2016 中,图片与文字的环绕方式没有(　　)。

A. 上下型　　B. 松散型　　C. 紧密型　　D. 穿越型

【答案】 B

【解析】 在 Word 2016 中,图片与文字的环绕方式有四周型、紧密型环绕、穿越型环绕、上下型环绕、衬于文字下方、浮于文字上方和嵌入型,而没有松散型。

二、多选题

Word 2016 具有绘图功能，用户可根据需要绘制自己所需的图形，下面说法正确的是(　　)。

A. 可以给自己绘制的图形设置立体效果

B. 多个图形重叠时，可以设置它们的叠放次序

C. 多个嵌入式对象也可以组合成一个对象

D. 不可以在绘制的矩形框内添加文字，若需添加文字应改用文本框

【答案】 AB

【解析】 嵌入型对象既不能组合也不能调整叠放次序。

4.6　Word 2016 的高级应用

4.6.1　邮件合并

在日常工作中，我们经常会遇到以下情况：要编辑处理的文档中主要内容都是相同的，只有具体数据有不同的变化，如邀请函、录取通知书等。这些文档的内容除了被邀请人姓名、地址等少数项目不同以外，其他内容完全相同。灵活运用 Word 2016 的邮件合并功能就可以处理这种文档，不仅操作简单快捷，而且可以同时设置排版格式，满足不同用户的需求。

邮件合并

邮件合并是 Word 2016 的一项高级功能，这种功能要与 Excel 等数据源结合才能使用。下面以制作"邀请函"为例说明邮件合并的用法。示例用到的数据源以 Excel 电子表格形式存放在"通讯录.xlsx"文件中，如图 4-90 所示。

	A	B	C	D
1	姓名	性别	职务	邮箱地址
2	路泽	男	总经理	3476691@qq.com
3	楚濂浩	男	总经理	3476692@qq.com
4	吴雪云	女	助理总裁	3476693@qq.com
5	华波	男	网络主管	3476697@qq.com
6	李锐	男	经理	3476699@qq.com
7	肖潇	男	经理	3476705@qq.com
8	张鹏	男	经理	3476708@qq.com
9	于哲	女	经理	3476724@qq.com
10	张妮	女	经理	3476726@qq.com
11	马芸	女	经理	3476727@qq.com
12	马文修	男	经理	3476728@qq.com

图 4-90　数据源

邮件合并需要两部分内容，一部分是主文档，即相同部分的内容，如邀请函正文；另一部分是数据源文件，即可变化的部分，如被邀请人的姓名、性别等。

1. 创建主文档

主文档可以新建，也可以是已经建好的文档。如图 4-91 所示是一份已经建好的"邀请函"Word 文档，文档命名为"邀请函主文档.docx"。

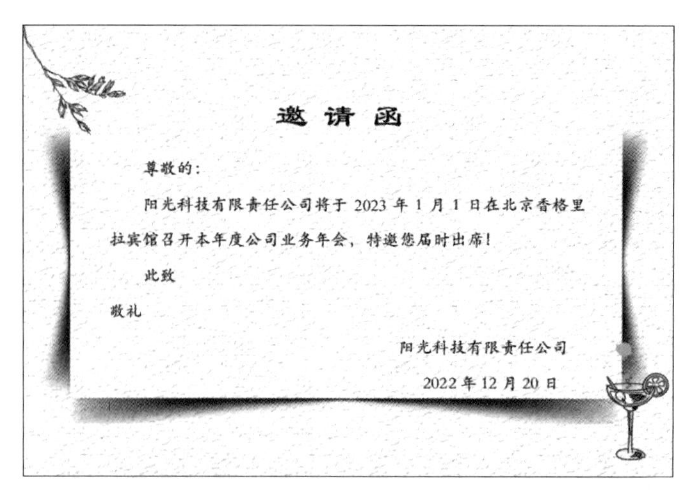
邀请函

尊敬的:

阳光科技有限责任公司将于 2023 年 1 月 1 日在北京香格里拉宾馆召开本年度公司业务年会，特邀您届时出席！

此致

敬礼

阳光科技有限责任公司

2022 年 12 月 20 日

图 4-91　主文档

2. 选取数据源

切换到“邮件”选项卡，在“开始邮件合并”组中单击“选择收件人”按钮，在打开的下拉列表中可以选择“键入新列表”命令以新建数据源，或选择“使用现有列表”命令打开现有数据源，本例中选择后者，弹出“选取数据源”对话框。找到已经准备好的数据源文件“通讯录.xlsx”，单击“打开”按钮，弹出“选择表格”对话框，选择工作簿中包含被邀请人信息的工作表，如图 4-92 所示，单击“确定”按钮，返回 Word 2016 编辑窗口。

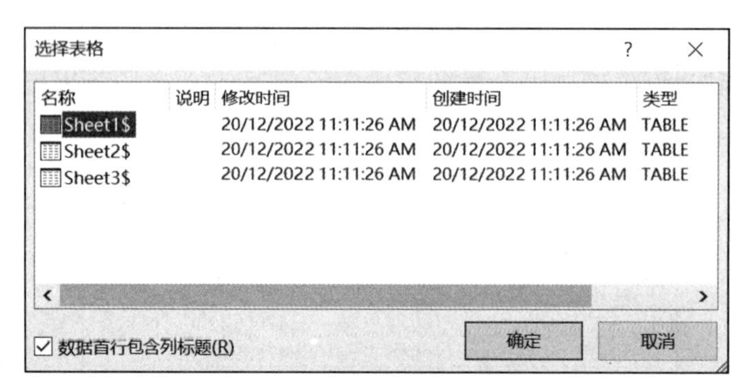

图 4-92　选取数据源所在的工作表

3. 插入合并域

在主文档中，将光标定位到要插入数据的位置，在本例中将光标定位到要插入“姓名”的位置，然后单击“插入合并域”按钮，在打开的下拉列表中选择“姓名”命令，将数据源插入邀请函相应的位置，如图 4-93 所示。

4. 插入规则域

规则域是通过建立规则来插入域的方法。在本例中将插入点定位到“姓名”后面，单击“规则”，在打开的下拉列表中选择“如果……那么……否则”命令，打开“插入 Word 域：如果”对话框，在“域名”中选择“性别”，“比较条件”中选择“等于”，其他内容输入如图 4-94 所示的内容，表示“当前记录中如果性别是女，则此处插入女士，否则此处插入先生”，如图 4-95 所示。

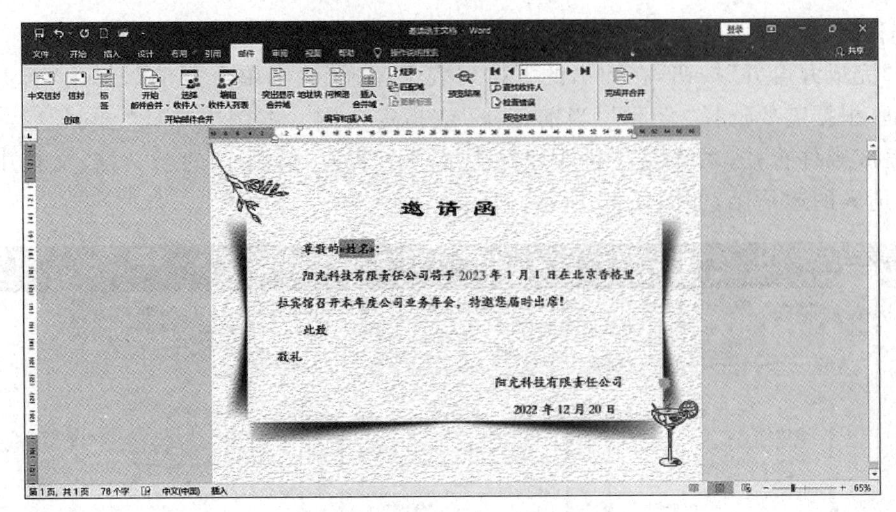

图 4-93　插入合并域

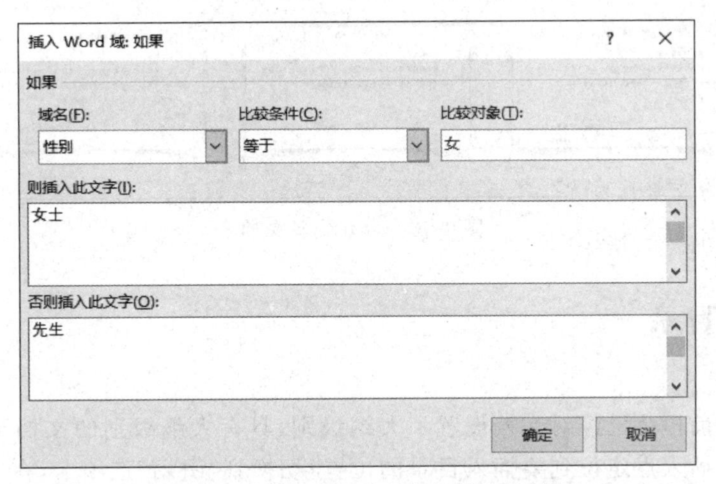

图 4-94　“插入 Word 域：如果”对话框

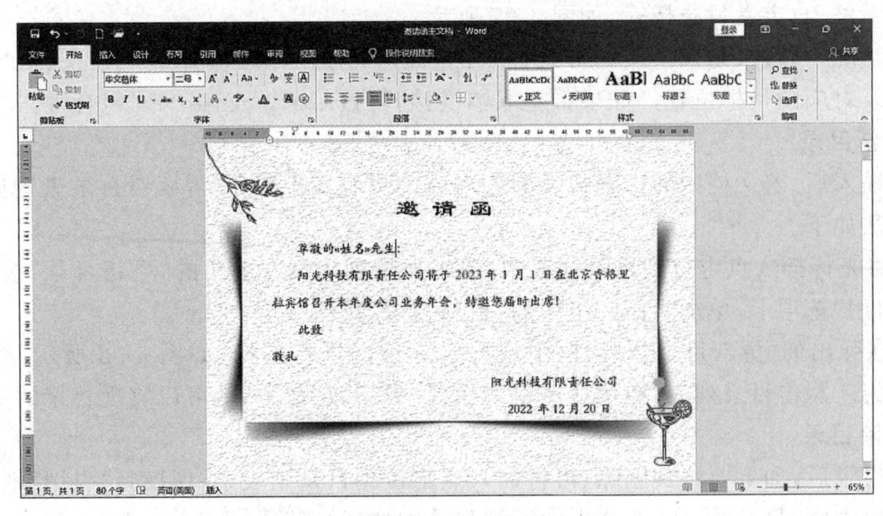

图 4-95　插入称谓

5. 邮件合并

单击“完成并合并”按钮,在弹出的下拉列表中选择“编辑单个文档”,弹出“合并到新文档”对话框,根据需要选择“全部”“当前记录”或指定范围。本例中选择“全部”后,单击“确定”按钮完成邮件合并,系统会自动处理并生成一个名为“信函 1”的新文档,文档中包含每一位被邀请人的邀请函,如图 4-96 所示。

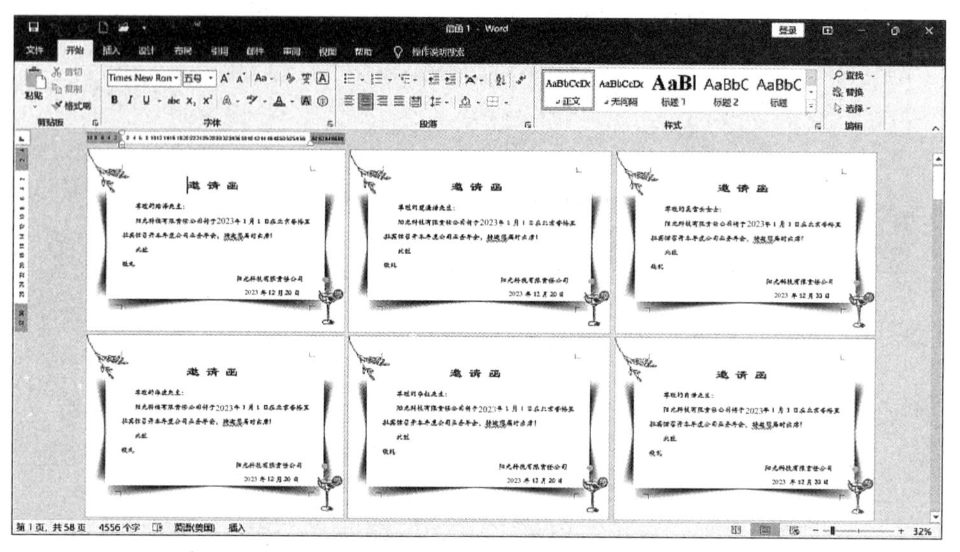

图 4-96　合并到新文档

4.6.2　插入目录

1. 生成目录

生成目录的前提是已经对文档设置了大纲级别,具有大纲级别的文档可以进行生成目录操作。将光标插入点定位到要插入目录的位置,切换到“引用”选项卡,在“目录”组中单击“目录”按钮,在弹出的下拉列表中选择需要的目录样式,或者选择“自定义目录”命令打开“目录”对话框,自定义目录样式,如图 4-97 所示。

默认情况下,目录是以链接的形式插入的,此时,按下 Ctrl 键并单击某条目录项,可直接访问目录对应的目标位置。如果希望取消链接,可按 Ctrl+Shift+F9 组合键。

2. 更新目录

目录插入后,若文档中的标题或者标题对应的页码发生变化,需要对目录进行更新。具体操作方法如下。

(1) 将光标插入点定位到目录列表中,单击目录列表框左上角的“更新目录”按钮,或者切换到“引用”选项卡,单击“目录”组中的“更新目录”按钮。

(2) 在弹出的“更新目录”对话框中根据实际情况进行选择,如图 4-98 所示,然后单击“确定”按钮。右击目录列表,在快捷菜单中选择“更新域”命令,也可以实现目录的更新。

3. 删除目录

插入目录后,如果要将其删除,可将插入点定位到目录列表中,切换到“引用”选项卡,单击“目录”组中的“目录”按钮,在弹出的下拉列表中选择“删除目录”命令即可。

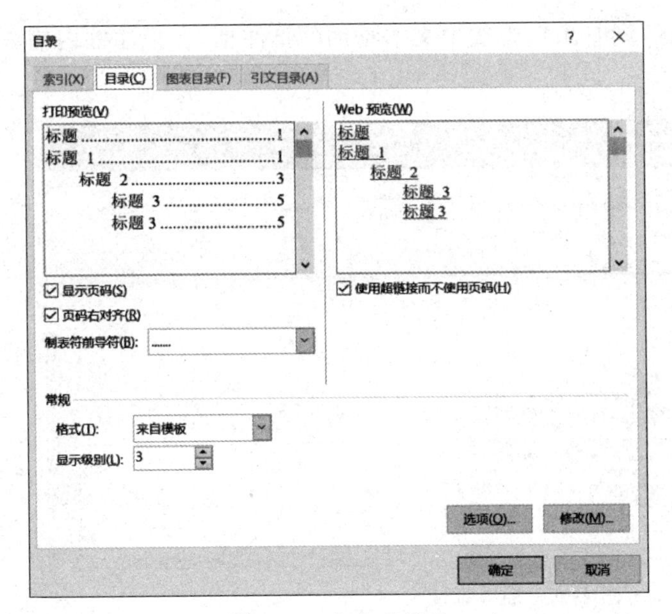

图 4-97　自定义目录

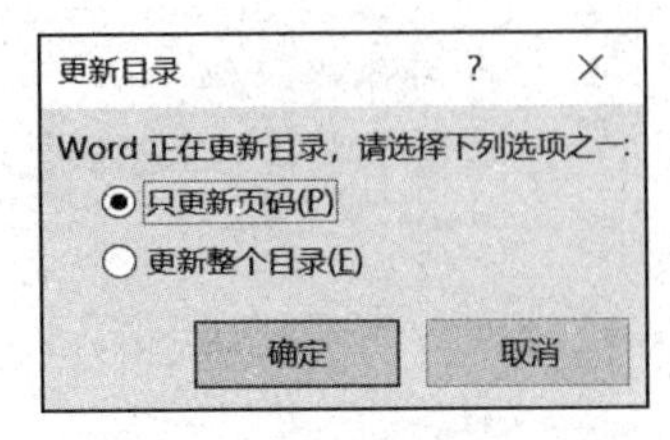

图 4-98　“更新目录”对话框

4.6.3　脚注和题注

脚注和尾注

1. 脚注和尾注

脚注和尾注是对正文特殊内容的说明，如专用名词的解释、正文引用的出处等信息，都可以用脚注和尾注加以解释说明。脚注添加在该页的页脚上，尾注添加在整篇文档结尾的位置。

可利用“引用”选项卡“脚注”组的“插入脚注”和“插入尾注”命令实现。

2. 题注和索引

在 Word 文档中经常会使用图像、表格和图表等对象，而这些对象往往需要用编号和文字进行标识，这可以利用 Word 2016 的题注功能来实现。执行“引用”选项卡的“题注”组命令，可以为图像、表格和图表等对象添加题注并进行相关设置，如修改题注的样式以及设置文字的字体、字号和对齐方式等。

索引是文档中的关键字以及这些关键字所在页码的列表，对于纸质图书来说，索引是帮助读者了解图书价值的关键，能够帮助读者了解文档的实质。利用“引用”选项卡“索引”组命令可以选中文本，创建索引并进行相关设置，如修改索引文字的字体和大小等。

4.6.4　审阅与修订文档

审阅与修订文档

1. 使用批注

批注是文档审阅者与作者的沟通渠道，在审阅过程中，审阅者可将自己的见解以批注的形式插入文档正文的右侧，既不影响正文内容，又可以给作者提供参考。

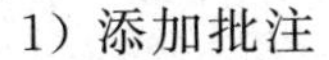

1）添加批注

（1）在文档中，选中需要添加批注的文本，切换到“审阅”选项卡，单击“批注”组中的“新建批注”按钮。

(2) 窗口右侧建立一个标记区,同时出现为选中文本添加的批注框,在批注框内输入内容即可,如图 4-99 所示。

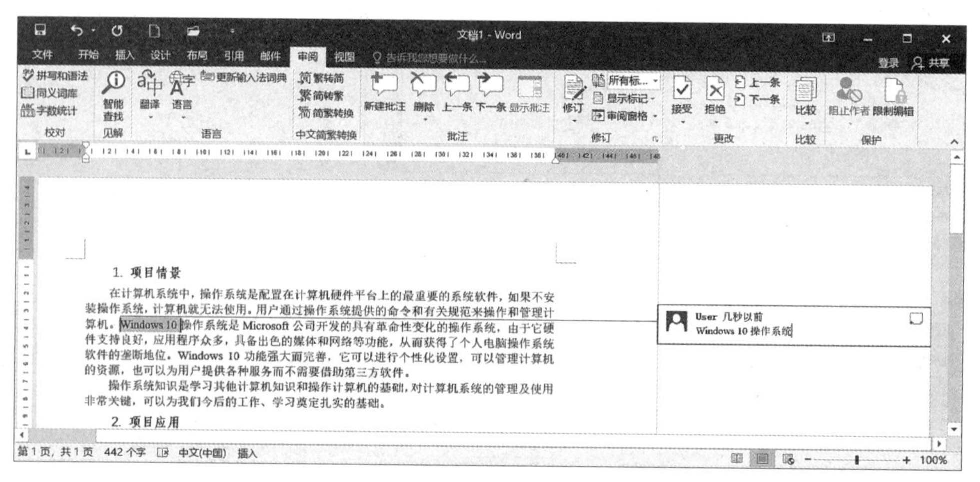

图 4-99　插入批注

2) 删除批注

右击批注框,在快捷菜单中选择“删除批注”命令,或者在“批注”组中单击“删除”按钮下方的下拉按钮,在弹出的下拉列表中选择相应的选项即可。

2. 修订文档

Word 2016 提供的修订功能,可以在文档的修订过程中,自动跟踪并记录对文档的所有更改,包括插入、删除和格式更改。

1) 修订文档

打开要修订的文档,切换到“审阅”选项卡,在“修订”组中,单击“修订”按钮上半部分,或单击“修订”按钮下方的下拉按钮,在下拉菜单中选择“修订”命令,此时“修订”按钮呈被选中状态,接下来对文档的所有修改都将以修订形式被记录下来,如图 4-100 所示。若要取消修订功能,再次单击“修订”按钮即可。

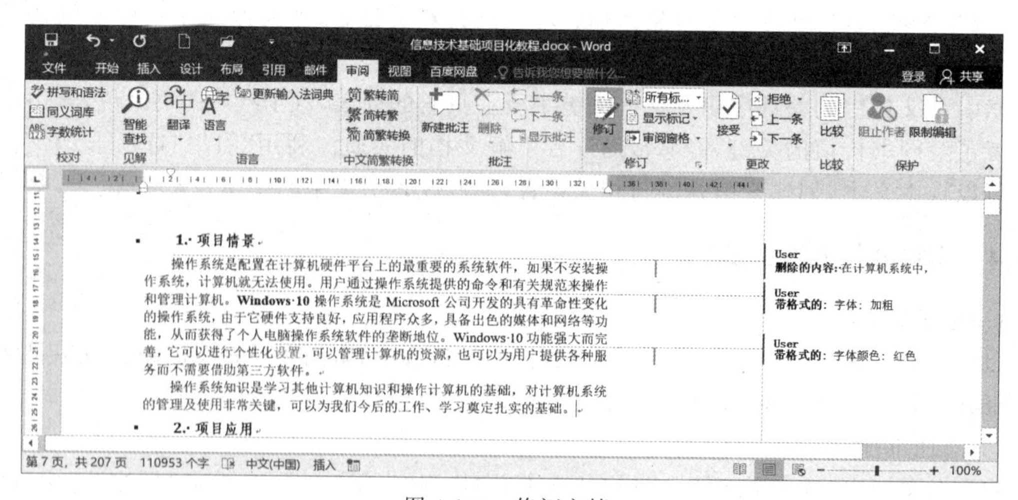

图 4-100　修订文档

2）设置修订选项

对文档进行修订通常是以标记的方式插入文档中的，修订文档时，可以根据修订内容的不同以不同的标记线条表示，让用户可以更清楚地看到文档的变化。

切换到“审阅”选项卡，单击“修订”组的对话框启动按钮，打开“修订选项”对话框，如图 4-101 所示。在对话框中单击“高级选项”按钮，打开“高级修订选项”对话框，如图 4-102 所示，可以分别选择不同修订标记样式与标记颜色。单击“确定”按钮返回文档，可以看到修改后的效果。

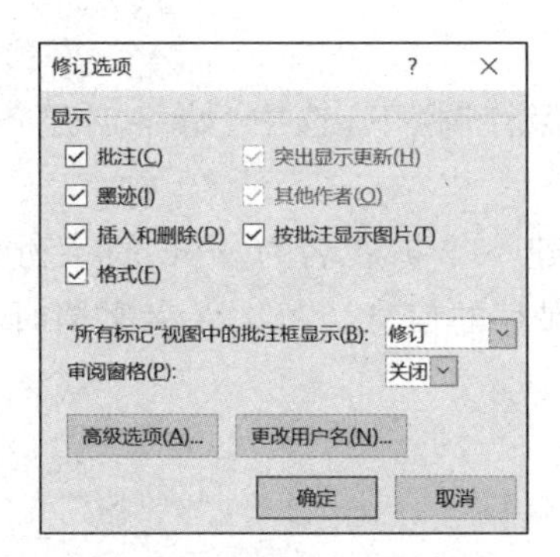

图 4-101 “修订选项”对话框

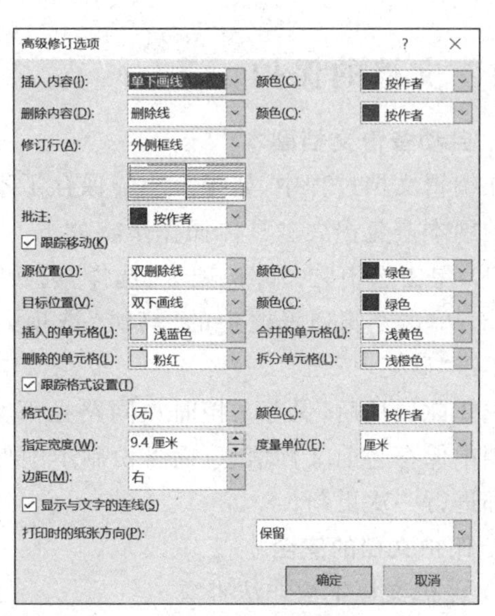

图 4-102 “高级修订选项”对话框

3）显示修订标记状态

为了方便用户对修订前后的文档进行对比，在对文档进行修订后，可以在文档的原始状态和修订后的状态之间进行切换。修订标记状态是通过“修订”组中的“显示标记”下拉列表进行设置的。

修订文档后，默认的状态是修订后的最终状态，即“所有标记”，如果要查看原始文档，则选择“原始状态”选项。

4）更改文档

对于修订过的文档，原作者可以根据需要对修订内容进行接受或者拒绝操作。如接受修订，文档会保存为审阅者修订后的状态，否则保存为修订前的状态。

将插入点定位到文档中修订过的地方，在“审阅”选项卡的“更改”组中单击“接受”或“拒绝”按钮，在下拉列表中选择相应的命令，或者右击，在快捷菜单中选择“接受”或者“拒绝”命令。

巩固训练

单选题

节日前夕，公司要给客户发送大量内容相同的节日祝福信，只是信中的称呼不同，为了提高工作效率,可以通过 Word 中的(　　)功能快速完成。

A. 目录　　B. 邮件合并　　C. 格式刷　　D. 书签

【答案】B

【解析】邮件合并是 Word 提供的一种可以批量处理的功能。

4.7 文档的保护与打印

4.7.1 文档的保护

1. 自动备份文档副本

在编辑文档过程中,如果不小心保存了不需要的信息,或者原文档损坏,可以使用文档备份的副本避免损失。具体操作步骤如下。

(1) 单击选中"文件"选项卡,选择"选项"命令。

(2) 单击左侧列表框中的"高级"选项,在右侧的"保存"栏下,选中"始终创建备份副本",单击"确定"按钮。

选择此选项后,保存文档时在同路径下为该文档创建一个扩展名为 wbk 的备份副本。原文档中保存当前文档信息,而备份副本中保存上次所保存的信息。每次保存文档时,备份副本都进行一次更新。

2. 保护文档的安全

1) 保护文档不被非法查看

为了防止其他用户查看文档内容,可对文档设置打开权限密码。具体操作步骤如下。

(1) 打开文档,切换到"文件"选项卡,选择左侧窗格中的"信息"命令,在中间窗格中单击"保护文档"按钮,在下拉列表中单击"用密码进行加密"选项,打开"加密文档"对话框。

(2) 在"密码"文本框中输入密码,单击"确定"按钮,再次"确认密码"后,单击"确定"按钮。

设置打开权限的文档,打开文档时需要在对话框中输入正确密码。若要取消文档的加密,则需要使用正确的密码打开文档,然后在上述界面中删除文本框中的密码即可。

2) 保护文档不被修改

对于比较重要的文档,可以对文档进行不同级别的加密,来确保原文档内容不被修改。具体操作如下。

(1) 设置修改密码。

① 打开需要设置密码的文档,切换到"文件"选项卡,选择"另存为"命令,单击"浏览",在弹出的"另存为"对话框中,单击"工具"按钮,在弹出的下拉列表中选择"常规选项",弹出"常规选项"对话框,如图 4-103 所示。

② 在"修改文件时的密码"文本框中输入密码,然后单击"确定"按钮。

③ 弹出"确认密码"对话框,在文本框中再次输入密码,然后单击"确定"按钮。

④ 返回"另存为"对话框,单击"保存"按钮保存设置。

通过上述设置,再次打开该文档时会弹出"密码"对话框,此时需要输入正确的密码,然

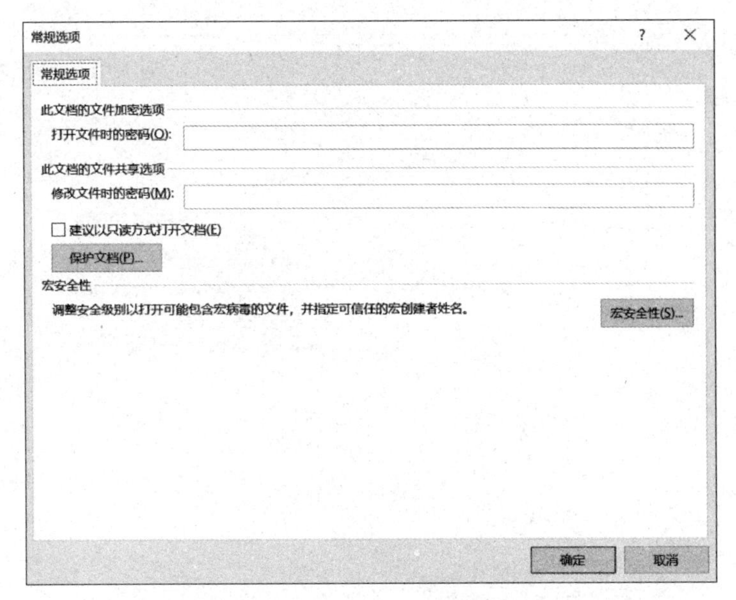

图 4-103 “常规选项”对话框

后单击“确定”按钮打开文档并进行编辑。如果密码错误，则只能单击“只读”按钮，以只读方式打开文档。

(2) 将文档“标记为最终状态”。

打开文档，切换到“文件”选项卡，选择左侧窗格中的“信息”命令，在中间窗格中单击“保护文档”按钮，在下拉列表中单击“标记为最终状态”选项。

被标记为最终状态的文档以只读方式打开，并提示“作者已将此文档标记为最终版本以防止编辑”。若有需要，可单击“仍然编辑”按钮继续编辑。

(3) 以只读方式打开文档。

此方法在“打开文档”部分已经介绍，此处不再赘述。

4.7.2 打印文档

打印文档之前，可以先进行打印预览、打印机属性设置、文档打印属性设置等操作，以及查看文档打印效果等。

1. 打印预览

打印预览是指用户在打印之前在屏幕上预览打印后的效果，如果排版效果不好，可返回编辑状态再次修改。具体的操作步骤如下。

(1) 选中“文件”选项卡，单击“打印”按钮，进入打印设置窗口，如图 4-104 所示。

(2) 在打印设置窗口中的右侧显示文档的打印预览效果。用鼠标拖曳右下角的显示比例滑块，可以调整当前文档的显示比例。

(3) 单击“显示比例”滑块右侧的“缩放到页面”按钮，文档将以当前页面的显示比例来显示。

(4) 如果文档有多页，可以在预览框左下方单击“下一页”按钮，切换到其他页；也可以在文本框中输入数字后按 Enter 键，将直接定位到该页。

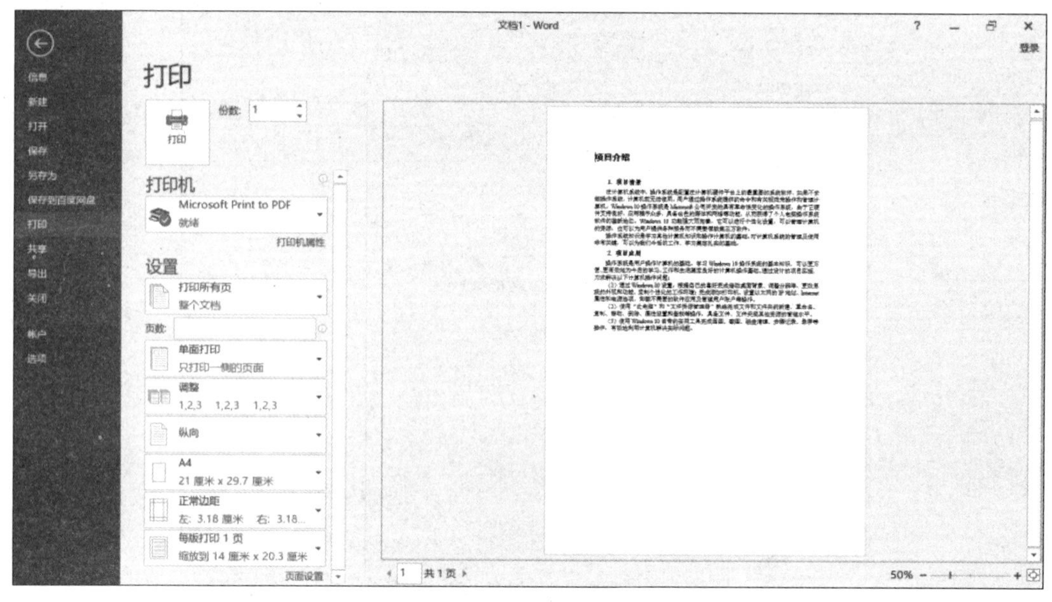

图 4-104 “打印”窗口

在预览过程中若要对文档进行编辑,可按 Esc 键或单击左上角的⊖按钮返回文档。

2. 打印文档

1) 选择打印机

在打印窗口中的“打印机”选项区中单击“打印机”的下拉按钮,在弹出的下拉列表中选择已经安装的打印机。

2) 设置打印范围

系统默认打印所有页,用户可以根据需要选择“打印当前页面”“打印所选内容”“自定义打印范围”“仅打印奇数页”“仅打印偶数页”等,如图 4-105 所示。

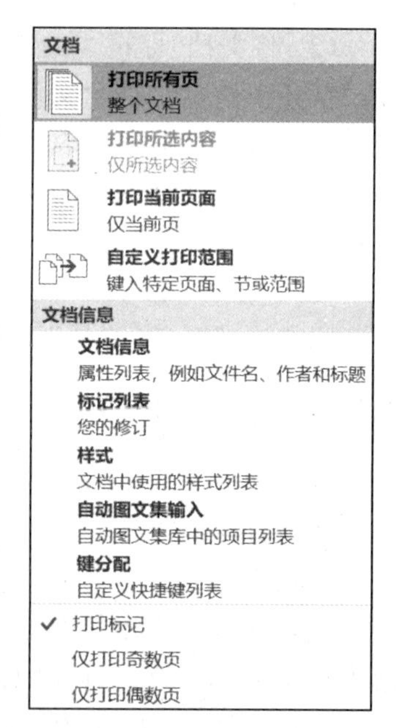

图 4-105 “打印范围”列表

3) 自定义打印范围

在打印范围下拉列表中选择“自定义打印范围”选项,可以在下面“页数”文本框中设置打印的范围。其输入格式如“1,3,5-7”,表示打印第 1 页、第 3 页和第 5 页到第 7 页,注意页码之间的符号应在英文半角状态下输入。

4) 设置每版打印页数

每版打印页数即在一张实际纸张上打印文档的页数,如一张纸要打印两页文档,则可以选择“每版打印 2 页”,其实际是把文档缩小到实际大小的 50%打印。

5) 打印文档

所有选项设置完毕后,单击“打印”按钮,即可打印文档。在打印过程中,用户可以通过在任务栏的通知区域中双击打印机图标,在打开的打印任务窗口中,取消正在打印或打印队列中的打印作业。

巩固训练

单选题

1. 在 Word 2016 中打印文档时，欲打印第 1、3、8、9、10、11 和 15 页，在打印对话框中“页数”栏应输入(　　)。

A. 1～3,8-1,15　　B. 1,3,8-11,15　　C. 1-3,8-11,15　　D. 1,3,8～11,15

【答案】B

【解析】页码范围用英文半角的“,”和“-”连接，如“5-7,9”表示从第 5 页到第 7 页，再加第 9 页；不能用“～”进行连接。

2. 利用(　　)组合键可快速准备打印当前编辑的 Word 2016 文档。

A. Ctrl＋S　　B. Ctrl＋P　　C. Ctrl＋O　　D. Ctrl＋N

【答案】B

【解析】Ctrl＋S 组合键是保存文档；Ctrl＋O 组合键是打开文档；Ctrl＋N 组合键是新建空白文档。

强化训练

请扫描二维码查看强化训练的具体内容。

强化训练

参考答案

请扫描二维码查看参考答案。

参考答案

第5章 电子表格系统

思维导图

思维导学

请扫描二维码查看本章的思维导图。

明德育人

江山就是人民，人民就是江山。在2023年政府工作报告中，用统计数据回顾过去五年我国在民生方面取得的巨大成就，并制定新一年发展主要预期目标。

在中国共产党领导下，统计部门统计并分析大量的数据，为人民提供更多更优质的服务，为政府部门的相关决策提供重要的数据支撑。

Microsoft Office Excel 2016 是一款进行数据处理与统计的电子表格处理软件，具有强大的数据处理功能，可以对各种类型的数据进行采集、存储、加工和处理，在人们的工作、生活中具有十分广泛的应用。在教学领域，可用图表功能制作教学管理动态图形以及用公式或函数进行数据计算、建立数据分析模型、对学生成绩进行统计分析等；在人事管理中，利用数据处理软件可以管理所有职工资料以及处理公司人事调动和绩效考核等重要事务；在生产领域，可以制定生产整体进度、调整生产计划、做好人员配备工作等。

知识学堂

Excel 2016 的窗口组成

5.1 Excel 2016 的窗口组成

启动 Excel 2016 后，可进入其操作界面，如图5-1所示。Excel 2016 与 Word 2016 的操作界面结构基本相同，且功能和用法相似，这里主要讲解 Excel 2016 特有的工作表编辑区。该区域是用户存放、编辑数据以及制作表格的基本工作区，主要包括单元格、编辑栏、行号和列标等。

1. 行号和列标

在工作表编辑区左侧显示的数字是行号，上方显示的大写英文字母是列标，通过列标、行号可以确定单元格的位置。行号从1到1048576，列标从A、B、…、Z、AA、AB、…、AZ、BA、BB、…一直到XFD，共16384列。

2. 编辑栏

编辑栏位于工作表编辑区的正上方，用于显示和编辑当前单元格中的数据或公式。编

图 5-1　Excel 2016 窗口界面

辑栏从左向右依次是名称框、按钮组和编辑框。

名称框：用于显示当前单元格的地址或名称。

按钮组：对某一单元格进行编辑时，按钮组会显示为 × ✓ fx，单击“取消”按钮×可取消编辑；单击“输入”按钮✓可确认编辑；单击“插入函数”按钮fx，可在弹出的“插入函数”对话框中选择需要的函数。

编辑框：用于显示单元格中输入的内容。将光标插入点定位在编辑框内，可以对当前单元格中的数据进行修改和删除等操作。

3. 工作表标签

单击某工作表标签可切换到对应的工作表，使其成为当前工作表。

4. 工作表控制按钮

当工作簿中的工作表数目太多时，工作表标签无法全部显示出来，可通过工作表控制按钮显示需要的工作表标签。

5. 新工作表按钮

“新工作表”按钮⊕位于工作表标签的右侧。单击该按钮，可在当前工作簿中插入新工作表。

巩固训练

单选题

Excel 2016 工作表编辑框中的公式用来编辑(　　)。

A. 活动单元格中的数据和公式　　B. 单元格的相对地址

C. 单元格绝对地址　　D. 单元格的名字

【答案】 A

【解析】 在 Excel 2016 中，当前单元格的地址显示在名称框中，当前单元格的内容显示在编辑框中。

5.2 工作簿的基本操作

工作簿是 Excel 用来存储并处理数据的文件,其扩展名是 xlsx。工作簿是由工作表组成的,每个工作簿都可以包含一个或多个工作表。工作表不能单独存盘,只有工作簿才能以文件的形式存盘;通常所说的 Excel 文件就是指工作簿文件。

5.2.1 工作簿的创建

工作簿与工作表的基本概念

要制作电子表格,首先要创建工作簿。在 Excel 2016 中既可以创建空白工作簿,也可以根据模板创建带有格式的工作簿。

1. 空白工作簿

新建空白工作簿的方法有以下几种。

(1) 启动 Excel 2016,单击"空白工作簿"选项,即可创建一个名为"工作簿 1"的空白工作簿。

(2) 在 Excel 2016 编辑环境下,按 Ctrl+N 组合键,也可创建一个空白工作簿。

(3) 在 Excel 2016 操作窗口中,单击选中"文件"选项卡,打开 Backstage 视图,在左侧窗格中选择"新建"命令,单击"空白工作簿"选项即可,如图 5-2 所示。

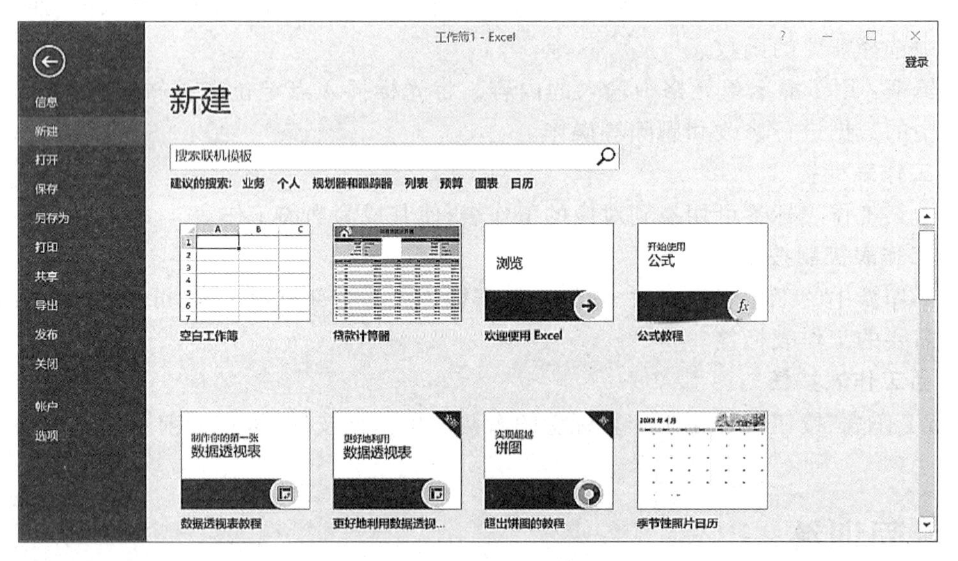

图 5-2 Excel 2016 模板

2. 根据模板创建工作簿

Excel 2016 模板是包含特定内容的已经设置好格式的特殊文件(扩展名为.xltx),通过模板创建工作簿,可有效减少内容输入及格式设计的工作量,提高工作效率。通过模板创建工作簿的方法如下。

在图 5-2 所示的"新建"栏中选择需要的模板样式,单击"创建"按钮,系统将基于所选模板新建一个工作簿,根据需要对工作簿进行适当的更改后进行保存即可。

5.2.2　工作簿的保存、打开和关闭

工作簿的保存、打开和关闭等操作可以参考 Word 2016 的相关内容，此处不再赘述。

5.2.3　隐藏工作簿和取消隐藏

打开需要隐藏的工作簿，在“视图”选项卡的“窗口”组中执行“隐藏”命令，可以在 Excel 2016 程序中隐藏该工作簿。如果想显示已隐藏的工作簿，可在“窗口”组中执行“取消隐藏”命令打开“取消隐藏”对话框，在列表中选择需要显示的被隐藏工作簿的名称，按“确定”按钮即可重新显示该工作簿。

5.2.4　保护工作簿

对工作簿的结构进行保护，可以禁止对工作簿中的工作表移动、删除、隐藏、取消隐藏或重命名，也不能插入新的工作表。具体操作如下：执行“审阅”→“更改”→“保护工作簿”命令，在弹出的对话框中选中“结构”复选框，如图 5-3 所示，单击“确定”按钮。

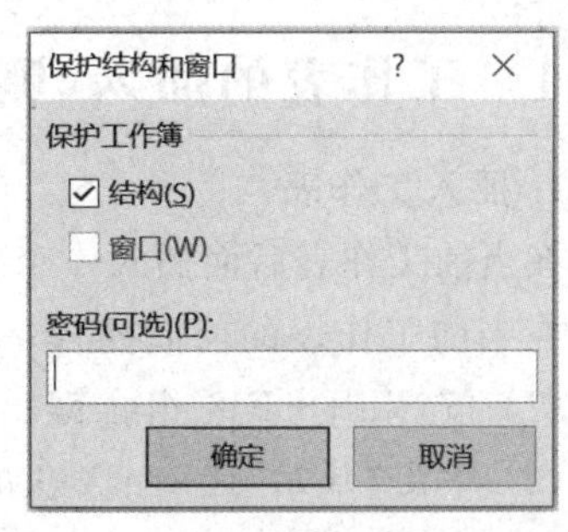

图 5-3　“保护结构和窗口”对话框

如果选中“窗口”复选框，可以在每次打开工作簿时都保持窗口的固定位置和大小。为了防止他人取消对工作簿的保护，还可设置密码。

执行“文件”→“信息”→“保护工作簿”→“保护工作簿结构”命令，也可弹出如图 5-3 所示的对话框，完成相同的功能。

如果要撤销对工作簿的保护，需要先打开工作簿，再次单击“保护工作簿”按钮即可。如果设置了密码，则单击“保护工作簿”按钮后会出现“撤销工作簿保护”对话框，必须要输入密码才能撤销对工作簿的保护。

巩固训练

单选题

关于打开 Excel 2016 工作簿，说法最合适的是(　　)。

A. 把工作簿的内容从内存中读入，并显示出来

B. 为指定工作簿开设一个新的、空的文档窗口

C. 把工作簿的内容从外存调入内存，并显示出来

D. 显示并打印出指定工作簿的内容

【答案】 C

【解析】 略。

5.3　工作表的基本操作

工作表(sheet)是由行和列交叉排列的二维表格，也称作电子表格，用于组织和分析数据。

一个工作簿至少要包括一个可视工作表,最多可以包含无数个工作表(只要内存足够大),用户可以根据需要添加工作表。在新建工作簿中,工作表标签上显示了系统默认的工作表名(如 Sheet1)。

用户可以更改新建工作簿默认的工作表数量。在 Excel 窗口中,单击选中“文件”选项卡,切换到 Backstage 视图,在左侧窗格中选择“选项”命令,弹出“Excel 选项”对话框,单击左侧列表框中的“常规”,在右侧的“新建工作簿时”栏中的“包含的工作表数”微调框中设置工作表数量(1~255),完成后单击“确定”按钮即可。

一个工作簿无论包含多少个工作表,当前工作表只有一个,称为活动工作表。单击工作表标签可以实现在同一工作簿中不同工作表之间的切换。

按住 Ctrl 键后分别单击工作表标签,可以同时选中多个不连续的工作表。选中一个工作表标签,按住 Shift 键再单击另外一个工作表标签,可同时选择多个连续工作表。同时选中的多个工作表称为工作表组,可对这组工作表同时进行完全相同的操作。

5.3.1 工作表的插入、删除和重命名

插入工作表

1. 插入工作表

在当前工作表后面插入一个新工作表,可以直接单击工作表标签右侧的新工作表按钮⊕。

在当前工作表的前面插入一个新工作表有以下 3 种方法。

(1) 按 Shift+F11 组合键。

(2) 单击“开始”选项卡“单元格”组中“插入”按钮的下拉按钮,在打开的下拉列表中,选择“插入工作表”命令。

(3) 右击当前工作表标签,在快捷菜单中选择“插入”命令,打开“插入”对话框,选择“工作表”,单击“确定”按钮。

删除工作表

2. 删除工作表

删除工作表的方法如下。

(1) 选中需要删除的工作表,在“开始”选项卡的“单元格”组中,单击“删除”按钮的下拉按钮,在打开的下拉列表中选择“删除工作表”命令。

重命名工作表

(2) 右击需要删除的工作表标签,在打开的快捷菜单中选择“删除”命令。

3. 重命名工作表

双击相应的工作表标签,直接输入新名称后按 Enter 键确认。也可以右击要重命名的工作表标签,在打开的快捷菜单中,选择“重命名”命令。

5.3.2 工作表的移动和复制

工作表的移动或复制

1. 在同一个工作簿中移动或复制工作表

1) 移动工作表

(1) 单击某工作表标签,按住鼠标左键拖曳到目标位置时释放鼠标,则可完成工作表的移动。

(2) 右击工作表标签,在快捷菜单中选择“移动或复制”命令,会弹出如图 5-4 所示的“移动或复制工作表”对话框,在“下列选定工作表之前”列表框中选择工作表的位置,单击“确定”按钮。

2）复制工作表

（1）选中工作表，在按住 Ctrl 键的同时用鼠标拖曳工作表标签，到达目标位置后，先释放鼠标，再松开 Ctrl 键，即可复制工作表。

（2）在图 5-4 所示对话框中选中"建立副本"复选框，也可完成复制工作表操作。

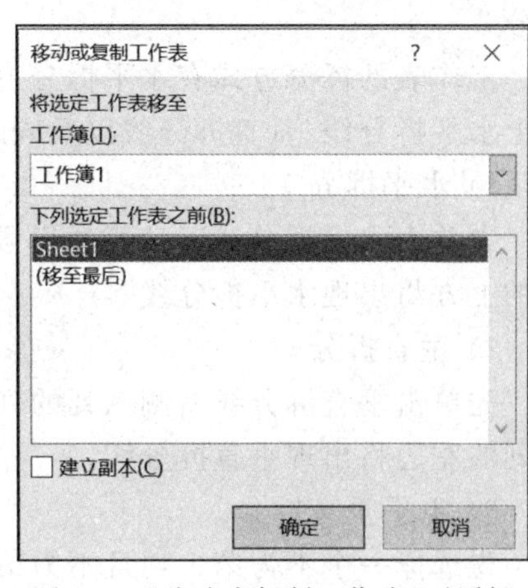

图 5-4 "移动或复制工作表"对话框

2. 在不同工作簿之间移动或复制工作表

在不同工作簿之间移动或复制工作表时，接收工作表的工作簿和要进行移动或复制工作表操作的工作簿都必须处于打开状态，具体操作步骤如下。

（1）在要移动或复制工作表的工作簿中，右击要移动或复制工作表的标签，从弹出的菜单中选择"移动或复制"命令，弹出"移动或复制工作表"对话框。

（2）在"工作簿"下拉列表中选择用于接收工作表的工作簿名称。

（3）在"下列选定工作表之前"列表框中选择要移动到的位置，如果要复制工作表，则选中"建立副本"复选框，单击"确定"按钮。

5.3.3 隐藏工作表和取消隐藏

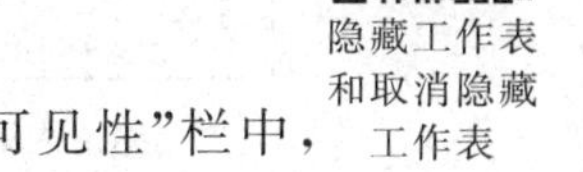

隐藏工作表和取消隐藏工作表

1. 隐藏工作表

以下两种方法可以隐藏工作表。

（1）在"开始"选项卡的"单元格"组中，单击"格式"按钮，在下拉列表的"可见性"栏中，选择"隐藏和取消隐藏"→"隐藏工作表"命令。

（2）右击工作表标签，在打开的快捷菜单中选择"隐藏"命令。

问：能否同时隐藏工作簿中的所有工作表？

答：在工作簿中，可以同时隐藏多个工作表，但不能将工作簿中的所有工作表同时隐藏，至少要有一个工作表处于显示状态。

2. 取消隐藏

（1）在"开始"选项卡的"单元格"组中，单击"格式"按钮，在下拉列表的"可见性"栏中，选择"隐藏和取消隐藏"→"取消隐藏工作表"命令，打开"取消隐藏"对话框。

（2）右击工作表标签，在打开的快捷菜单中选择"取消隐藏"命令，打开"取消隐藏"对话框。在"取消隐藏"对话框中，选中需要显示的被隐藏工作表的名称，单击"确定"按钮即可重新显示该工作表。

问：对工作表的哪些操作不能使用"撤销"命令撤销操作？

答：对工作表进行插入、删除、重命名、移动、复制、隐藏、取消隐藏等操作后，均不能通过"撤销"命令撤销操作。

5.3.4 工作表窗口的拆分和冻结

1. 拆分工作表

对于包含大量记录的工作表，希望同时观察或编辑同一表格的不同部分时，可将工作表拆分。

工作表的拆分方式有水平拆分、垂直拆分和水平垂直同时拆分 3 种，即在工作表窗口中加上水平拆分线、垂直拆分线以及同时加上水平拆分线和垂直拆分线。

1）水平拆分

先单击水平拆分线下一行的行号，然后选择“视图”→“窗口”→“拆分”命令。这时，所选行的上方将出现水平拆分线。

2）垂直拆分

先单击垂直拆分线右侧一列的列标，然后选择“视图”→“窗口”→“拆分”命令。这时，所选列的左边将出现垂直拆分线。

3）水平垂直拆分

先选择一个不为第 1 列且不为第 1 行的单元格，然后选择“视图”→“窗口”→“拆分”命令。这时，在该单元格的上方和左边将出现拆分线。

4）取消拆分

要取消拆分可以直接双击拆分线，或再次选择“视图”→“窗口”→“拆分”命令。

2. 冻结工作表

冻结工作表可以把工作表中的标题总显示在工作表的最上方，不管表中数据如何移动，总能看到标题，方便浏览。工作表的冻结分为首行冻结、首列冻结和冻结拆分窗格 3 种。

执行“视图”→“窗口”→“冻结窗格”命令，打开如图 5-5 所示的下拉列表，选择其中相应命令，可以分别对工作表中的首行、首列、拆分窗格进行冻结。

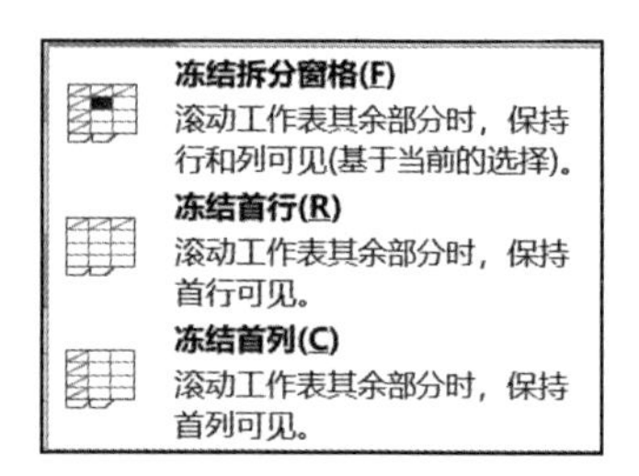

图 5-5　冻结窗格

要取消冻结，只需执行“视图”→“窗口”→“冻结窗格”命令，在下拉列表中选择“取消冻结窗格”选项即可。

5.3.5　保护工作表

保护工作表可以禁止未授权的用户在工作表中进行输入、修改、删除数据等操作。保护工作表的具体操作步骤如下。

单击要实施保护的工作表标签，选择“审阅”→“保护工作表”命令，弹出“保护工作表”对话框，如图 5-6 所示。

取消选中该对话框“允许此工作表的所有用户进行”列表中的所有复选框，即可限制其他人对工作表进行更改。

在该对话框中输入密码，然后单击“确定”按钮，在弹出的“确认密码”对话框中再输入一次密码，就完成了对工作表的保护，可防止他人取消对工作表的保护。

要撤销对工作表的保护，需要执行“审阅”→“撤销工作表保护”命令。若设置了密码，则需要输入密码才能撤销。

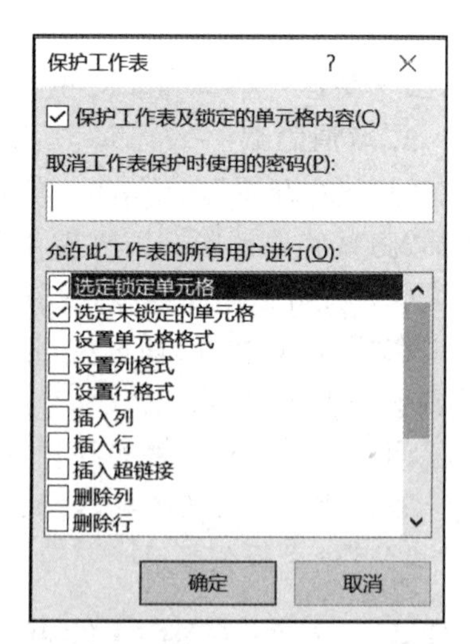

图 5-6　“保护工作表”对话框

巩固训练

单选题

1. 在 Excel 2016 中，工作表和工作簿的关系是(　　)。

A. 工作表即是工作簿　　B. 工作簿中可包含多张工作表

C. 工作表中包含多个工作簿　　D. 两者无关

【答案】B

【解析】在 Excel 2016 中，整个 Excel 文档就是一个工作簿，所有工作表都包含在工作簿中。

2. 在 Excel 2016 中，下面叙述中不正确的是(　　)。

A. 可以在不同工作簿中移动工作表

B. 工作表被隐藏后，可以通过重新打开文件的方法取消隐藏

C. 隐藏工作表和隐藏工作簿不是一回事

D. 一个工作簿可以包含多张工作表

【答案】B

【解析】略。

5.4 单元格的基本操作

单元格是工作表列和行的交叉部分，它是工作表最基本的数据单元，也是电子表格软件处理数据的最小单位。每个单元格都有一个唯一的地址，由列标和行号表示，且必须是列标在前，行号在后。例如，A1 表示的就是 A 列和第 1 行交叉形成的单元格。

单击任何一个单元格，即选中了这个单元格，选中的单元格被称为当前单元格或活动单元格。当前单元格带有一个粗框，其右下角的小方块称为填充柄。用户可对当前单元格进行数据的录入、编辑等操作。在 Excel 工作表中，无论同时选中多少个单元格，当前单元格只有一个。

单元格区域是指由多个相邻单元格组成的矩形区域，一般用该区域左上角单元格地址、冒号和右下角单元格地址表示。例如，单元格区域 B2:F5 表示从左上角 B2 到右下角 F5 的矩形区域。

问：在 Excel 中，一行或一列中的所有单元格如何表示？

答：例如，单元格区域 A:B 表示从 A 列到 B 列的所有单元格组成的矩形区域，单元格区域 1:2 表示从第 1 行到第 2 行的所有单元格组成的矩形区域。

单元格区域的选择

5.4.1 单元格区域的选择

Excel 2016 在执行大多数命令或任务之前，都需要先选择相应的单元格或单元格区域，表 5-1 列出了常用的选择操作。

表 5-1 常用的选择操作

选择内容	具体操作
单个单元格	单击相应的单元格
连续单元格区域	单击选中该区域的第一个单元格,然后拖曳鼠标直至选中最后一个单元格
工作表中的所有单元格	单击“全选”按钮,或按 Ctrl+A 组合键
不相邻的单元格或单元格区域	先选中第一个单元格或单元格区域,然后按住 Ctrl 键再选中其他的单元格或单元格区域
较大的连续单元格区域	先选中区域的第一个单元格,然后按住 Shift 键再选中该区域的最后一个单元格(若此单元格不可见,则可以用滚动条使之可见)
整行	单击行号
整列	单击列标
连续的行或列	先选中第一行或第一列,然后按住 Shift 键再选中最后一行或最后一列
不连续的行或列	先选中第一行或第一列,然后按住 Ctrl 键再选中其他行或列
增加或减少	按住 Shift 键后单击新选中区域的最后一个单元格,在活动单元格和所单击的单元格之间的矩形区域成为新的选中区域

巩固训练

一、单选题

若在 Excel 2016 工作表中已选中 A1 到 B2 单元格,然后按下 Shift 键后单击 C3 单元格,则被选中的单元格数目为(　　)。

A. 4　　B. 5　　C. 6　　D. 9

【答案】 D

【解析】 略。

二、多选题

下列有关 Excel 2016 中选择连续的单元格区域的操作正确的有(　　)。

A. 单击选中该区域的第一个单元格,然后按住 Shift 键,再单击该区域的最后一个单元格

B. 单击选中该区域的第一个单元格,然后按住 Ctrl 键,再单击该区域的最后一个单元格

C. 单击选中该区域的第一个单元格,然后拖曳鼠标直至选中最后一个单元格

D. 单击选中该区域的第一个单元格,然后按住 Alt 键,再单击该区域的最后一个单元格

【答案】 AC

【解析】 略。

插入行、列

5.4.2 行、列的基本操作

1. 插入行、列

(1) 选择“开始”→“单元格”→“插入”命令,在打开的下拉列表中选择“插入工作表行”或“插入工作表列”选项即可插入行或列。插入的行在当前行的上方,插入的列在当前列的左边。

(2) 选中某一行或某一列并右击,在弹出的菜单中选择“插入”命令,也可完成行或列的插入。

2. 删除行、列

删除行、列

(1) 选中要删除的行或列，或者该行、列所在的一个单元格，然后选择"开始"→"单元格"→"删除"命令，在打开的下拉列表中选择"删除工作表行"或"删除工作表列"选项，即可删除行或列。

(2) 选中要删除的行或列所在的某个单元格，右击，在弹出的菜单中选择"删除"命令，会弹出如图5-7所示的"删除"对话框，在对话框中选中"整行"或"整列"，然后单击"确定"按钮，也可完成行或列的删除。

图5-7 "删除"对话框

3. 行、列的隐藏和取消隐藏

1) 行、列的隐藏

选中要隐藏的行或列，右击，在弹出的快捷菜单中选择"隐藏"命令。

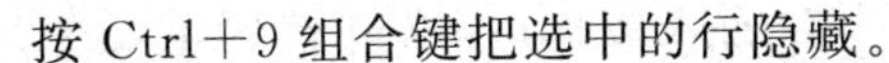

按Ctrl+9组合键把选中的行隐藏。

按Ctrl+0组合键把选中的列隐藏。

2) 取消隐藏

行或列隐藏之后，行号或列标不再连续。若隐藏了C、D、E列，此时列标B右端的列标就是F。要取消列的隐藏，选中B列和F列，然后右击，在快捷菜单中选择"取消隐藏"命令。取消隐藏行的方法与此类似。

行、列的隐藏及取消隐藏的其他方法可参考工作表的隐藏和取消隐藏操作。

5.4.3 单元格的插入、删除和合并

1. 插入单元格

选中要插入单元格的位置，单击"单元格"组中的"插入"按钮，在打开的下拉列表中选择"插入单元格"选项，打开"插入"对话框，如图5-8所示，选中"活动单元格右移"或"活动单元格下移"，单击"确定"按钮，可插入新的单元格。插入后原来的单元格会右移或下移。

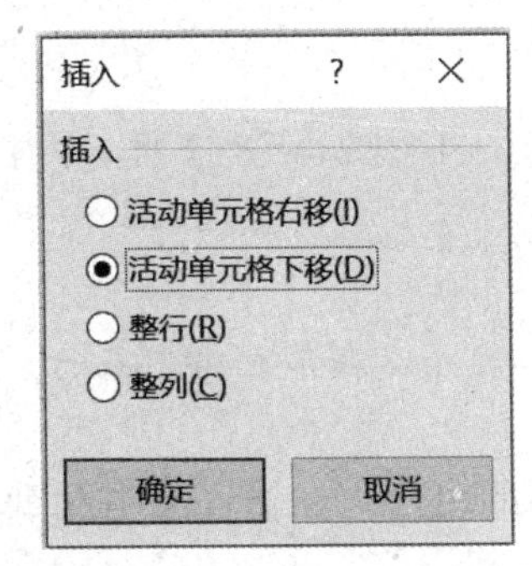

图5-8 "插入"对话框

2. 删除单元格

选中要删除的单元格，然后右击，在弹出的菜单中选择"删除"命令，弹出"删除"对话框，在"删除"对话框中选择"右侧单元格左移"或"下方单元格上移"，然后单击"确定"按钮，即可完成单元格的删除。

3. 合并单元格

合并单元格

选中需要合并的单元格区域，单击"开始"选项卡"对齐方式"组中的"合并后居中"按钮右侧的下拉按钮，在弹出的下拉列表中选择合并方式，有3种合并方式。

(1) 合并后居中：将多个单元格合并成一个，且内容在合并后单元格的对齐方式是居中对齐。

(2) 跨越居中：同行单元格之间相互合并，上下单元格之间不参与合并。

(3) 合并单元格：将多个单元格合并成一个较大的单元格。

取消单元格合并的方法为：选中合并后的单元格，单击“合并后居中”按钮右侧的下拉按钮，在弹出的下拉列表中单击“取消单元格合并”选项即可。

5.4.4 单元格区域命名

用户可以为所选择的某个单元格区域定义一个名称。

名称的定义和管理可通过“公式”选项卡中的“定义的名称”组来实现。

用户还可以利用名称框直接定义名称，操作方法为：选中需要定义的单元格区域，在名称框中输入需要定义的名称，然后按 Enter 键即可。

单元格数据的输入和编辑

5.4.5 单元格数据的输入和编辑

Excel 2016 能够接收的数据类型可以分为文本(或称字符或文字)、数字(值)、日期和时间、公式与函数等。不同的数据类型有不同的表示形式，在数据的输入过程中，系统自行判断所输入的数据是哪一种类型，并进行适当的处理。在输入数据时，必须按照 Excel 2016 的规则进行。

1. 向单元格输入或编辑数据的常用方式

(1) 单击单元格，直接输入数据，输入的内容将直接显示在单元格内和编辑框中。

(2) 单击单元格，再单击编辑框，在编辑框中输入或编辑当前单元格的数据。

(3) 双击单元格，单元格内将出现光标，移动光标到所需位置，即可进行数据的输入或编辑。

2. 确认数据输入的方法

(1) 单击编辑栏中的“输入”按钮确认。

(2) 按 Enter 键确认，会同时激活当前单元格下方的一个单元格。

(3) 按 Tab 键确认，会同时激活当前单元格右边的一个单元格。

(4) 单击任意其他单元格确认。若要取消输入或编辑，则单击编辑栏中的“取消”按钮或者按 Esc 键。

问：如何同时在多个单元格中输入相同的数据？

答：先选中要输入相同数据的多个单元格，然后输入数据，按 Ctrl+Enter 组合键，即可向这些单元格同时输入相同的数据。

问：如何在单元格中将单元格内的数据在指定位置换行？

答：先将光标定位在需要换行的位置，按 Alt+Enter 组合键，就可以在单元格内换行。

3. 文本型数据及输入

日期和时间型数据及输入

文本可以是字母、汉字、数字、空格和其他字符，也可以是它们的组合。在输入文本时默认靠左对齐。

在当前单元格中，一般文字如字母、汉字等直接输入即可。

如果把数字、公式等作为文本输入(如身份证号码、电话号码、=2+5、1/3 等)，应先输入一个半角字符的单引号“'”，再输入相应的字符。例如，输入“'05356276366”“'=2+5”“'1/3”。

巩固训练

单选题

若要在 Excel 2016 工作表的某单元格中输入身份证号码 370628199912012213，则正确的输入方式为(　　)。

A. 370628199912012213　　B. '370628199912012213

C. "370628199912012213　　D. "370628199912012213"

【答案】 B

【解析】 考查如何把数字作为文本输入。应先输入一个半角字符的单引号"'",再输入相应的字符。

4. 数字(值)型数据及输入

数字型数据及输入

在 Excel 2016 中,数字型数据包括数字 0～9、+(正号)、-(负号)、,(千分位号)、.(小数点)、/、$、%、E、e 等特殊字符。

数值型数据可以直接输入,在单元格中默认靠右对齐。

(1) 输入真分数时,应在分数前输入 0(零)及一个空格,如分数 1/3 应输入 0 1/3。如果直接输入 1/3 或 01/3,则系统将把它视作日期,认为是 1 月 3 日。

(2) 输入负数时,应在负数前输入负号,或将其置于括号中。如-9 应输入-9 或(9)。

(3) 在单元格中输入超过 11 位的数字时,Excel 会自动使用科学记数法来显示该数字。比如输入"1 657 924 681 012",则显示为"1.65792E+12"。

问:在 Excel 中,数字精度是多少位?

答:无论显示的数字位数如何,Excel 2016 都只保留 15 位的数字精度。如果数字长度超出了 15 位,则 Excel 2016 会将多余的数字位转换为 0。

5. 日期和时间型数据及输入

日期和时间型数据及输入

(1) 日期分隔符使用"/"或"-"。例如,2021/2/16、2021-2-16、16/Feb/2021 或 16-Feb-2021 都表示 2021 年 2 月 16 日。

(2) 时间间隔符一般使用冒号":",在小时、分钟或秒后可输入一个空格然后加字母 am 或 pm(不区分大小写)来表示上午或下午。例如,输入"9 am"单元格中将显示"9:00 AM",表示上午 9 点。

(3) 输入系统当前日期,按 Ctrl+";"(分号)组合键。

(4) 输入系统当前时间,按 Ctrl+Shift+";"组合键。

如果在一个单元格中既输入日期,又输入时间,则日期和时间中间必须用空格隔开。

巩固训练

单选题

1. 在 Excel 2016 中,设 A1 单元格内容为 2017-10-1,A2 单元格内容为-2,A3 单元格的内容为"=A1+A2",则 A3 单元格显示的数据为(　　)。

A. 2019-10-1　　B. 2017-12-1　　C. 2017-10-3　　D. 2017-9-29

【答案】 D

【解析】 日期类型是数值类型的一种特例,可以进行数值运算;2017-10-1 加-2 相当于减两天。

2. 在 Excel 2016 中,在单元格内输入"=2023-10-01"所显示的结果为(　　)。

A. 2012　　B. 2023-10-01

C. 2023 年 10 月 1 日　　　　D. 2023-1-10

【答案】A

【解析】在 Excel 2016 中,公式以"="开头,在单元格内输入"=2023-10-01"时,默认为公式,即计算 2023-10-1 的结果,所以单元格内显示 2012。输入日期时,分隔符使用"/"或"-",例如直接输入 2023/10/01 或 2023-10-01。

3. 在 Excel 2016 中,输入分数 1/3 的方法是(　　)。

A. 直接输入 1/3　　　　B. 先输入 0,再输入 1/3

C. 先输入 0 和空格,再输入 1/3　　　　D. 以上方法都不对

【答案】C

【解析】在 Excel 2016 中,输入真分数时,应先输入 0,再输入一个空格,最后才输入分数。

4. 在 Excel 2016 中如果单元格中的数字超过 11 位,将会(　　)。

A. 自动加大列宽　　　　B. 显示为#####

C. 显示错误值#VALUE!　　　　D. 以科学记数法形式显示

【答案】D

【解析】在 Excel 2016 中,若单元格中的数字超过 11 位,将会以科学记数法的形式表现。

6. 逻辑型数据及输入

逻辑型数据是 TRUE 或 FALSE,可以直接输入,在单元格中默认居中对齐。在比较运算中,运算结果就是用逻辑型数据表示的。

数据有效性

7. 数据有效性

数据有效性是 Excel 的一种功能,用于定义可以在单元格中输入或应该在单元格中输入哪些数据。对单元格中的数据进行有效性限制后,当用户在单元格中输入无效数据时,系统会发出警告,可以避免一些输入错误,提高输入数据的速度和准确性。创建数据有效性的操作步骤如下。

(1) 选中需要进行有效性检查的单元格。

(2) 选择"数据"→"数据工具"→"数据验证"命令,会弹出如图 5-9 所示的对话框。

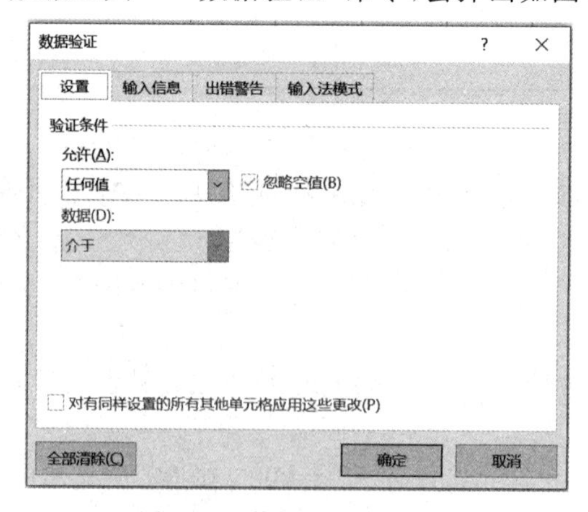

图 5-9 "数据验证"对话框

（3）在“数据验证”对话框中，设置“允许”下拉列表中的选项及数据对应的条件，在“输入信息”“出错警告”“输入法模式”等选项卡中进行设置，单击“确定”按钮即可。

删除数据有效性：选择不需要再对其数据进行验证的单元格，然后在“数据验证”对话框的“设置”选项卡中，单击“全部清除”按钮即可。

巩固训练

多选题

在 Excel 2016 中处理员工档案信息时可通过“数据有效性”解决的有（　　）。

A. 工龄超过 30 年的员工姓名显示为红色　　B. 性别只能从“男”“女”两个值中选择

C. 身份证号码列只可以输入 18 位　　D. 在输入姓名时打开中文输入法

【答案】BCD

【解析】数据有效性用于定义可以在单元格中输入或应该在单元格中输入哪些数据，选项 A 应使用“条件格式”功能设置。

5.4.6　数据的复制和移动

数据的复制和移动

1. 复制

要将单元格或单元格区域中的数据复制到其他位置时，先选中需要复制数据的单元格或单元格区域，然后进行如下操作。

（1）单击“开始”选项卡中的“复制”按钮；或右击，在弹出的菜单中选择“复制”命令；还可以通过按 Ctrl＋C 组合键，将数据复制到剪贴板。

（2）再选择粘贴区域的左上角单元格，单击“开始”选项卡中的“粘贴”按钮；或右击，在弹出的菜单中选择“粘贴”命令；还可以通过按 Ctrl＋V 组合键完成数据复制。

2. 移动

要移动单元格中的数据，可以使用剪切功能，剪切数据以后再粘贴就是移动。操作方法与复制数据方法相同，只是将复制数据操作换成剪切操作。

3. 快速移动/复制

先选中单元格，然后移动光标到单元格边框上，按下左键拖曳到新位置，释放鼠标即可完成快速移动；按住 Ctrl 键的同时移动即可实现快速复制操作。

4. 选择性粘贴

一个单元格含有多种特性，如内容、格式、批注等，可以使用选择性粘贴复制它的部分特性。具体操作步骤为：先将数据复制到剪贴板，再选择待粘贴目标区域中的第一个单元格，在“开始”选项卡的“剪切板”组中，单击“粘贴”按钮的下拉箭头，在下拉列表中选择“选择性粘贴”命令，弹出图 5-10 所示的对话框。选择相应选项后，单击“确定”按钮即可完成选择性粘贴。

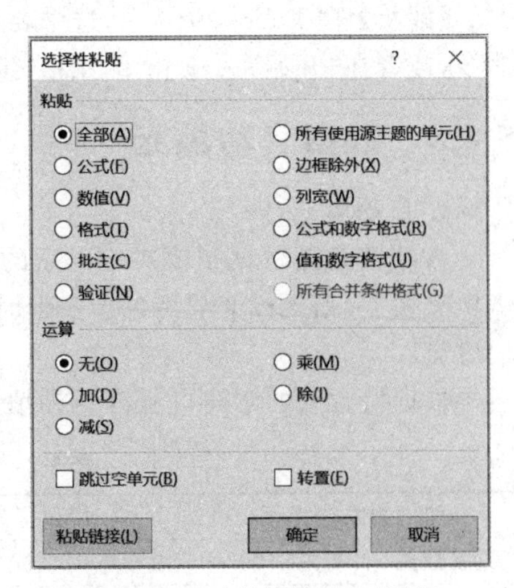

图 5-10　“选择性粘贴”对话框

数据清除与数据删除

5.4.7 数据清除与数据删除

1. 数据清除

选中单元格或单元格区域,选择“开始”→“编辑”→“清除”命令,选择级联菜单中的“清除格式”“清除内容”“清除批注”“清除超链接”“删除超链接”命令将分别只取消单元格的格式、内容、批注或超链接;“全部清除”命令则会将单元格的格式、内容、批注或超链接全部取消。数据清除后单元格本身保留在原位置不变。选中单元格或单元格区域后按 Delete 键,相当于选择“清除内容”命令。

2. 数据删除

数据删除的对象是单元格、行和列。

巩固训练

单选题

1. 在 Excel 2016 中,关于单元格的“删除”和“清除”操作的正确描述是(　　)。

A. Delete 键的功能相当于“删除”

B. 清除可以去除单元格

C. 删除仅去除单元格格式

D. 清除单元格中的数据后单元格本身仍保留

【答案】 D

2. 在 Excel 2016 中,选中单元格后,(　　)可以删除单元格。

A. 按 Backspace 键

B. 单击“剪切”按钮

C. 右击,在快捷菜单中选择“删除”命令

D. 按 Delete 键

【答案】 C

【解析】 在 Excel 2016 中,选中要删除的单元格,右击,在弹出的快捷菜单中选择“删除”命令,或者在“开始”选项卡“单元格”组中选择“删除”命令,也可以进行删除单元格操作。

数据自动填充

5.4.8 数据自动填充

1. 自动填充

自动填充是根据初值决定以后的填充项,操作方法为:将光标移动到初值所在的单元格填充柄上,当光标变成黑色十字形时,按住左键拖曳到所需的位置,松开鼠标即可完成自动填充。

根据初始值的不同,Excel 自动填充功能将产生不同的填充效果,如表 5-2 所示。

表 5-2 常见数据类型的自动填充

初值的数据类型	用鼠标拖曳填充柄	按住 Ctrl 键的同时用鼠标拖曳填充柄
数字数据(如 1、3.5 等)	填充相同数据(复制填充)	自动增 1 或减 1
文字	填充相同数据(复制填充)	填充相同数据(复制填充)

续表

初值的数据类型	用鼠标拖曳填充柄	按住 Ctrl 键的同时用鼠标拖曳填充柄
文字和数字的组合(如第1天)	填充时文字不变,数字随填充柄移动方向的不同递增或递减	填充相同数据(复制填充)
日期时间型数据(或有增减可能的文字型数据)	自动增1或减1	填充相同数据(复制填充)
Excel 预设序列中的数据(如一月、星期一等)	按预设序列填充	填充相同数据(复制填充)

用户还可以填充任意等差、等比序列,具体操作方法如下。

(1) 选中输入起始值的单元格,如单元格 A1 中值为 4,选择“开始”→“编辑”→“填充”→“序列”命令,打开“序列”对话框。在对话框的“序列产生在”区域选择“列”,选择的序列类型为“等比序列”,然后在“步长值”中输入 2,“终止值”中输入 512,如图 5-11(a)所示,最后单击“确定”按钮,就看到图 5-11(b)所示的结果。

(2) 选中输入起始值的单元格,使光标指向填充柄,按住右键拖曳到填充区域的最后单元格时,松开鼠标,会弹出一个快捷菜单,如图 5-12 所示,在弹出的快捷菜单中选择相应的命令。

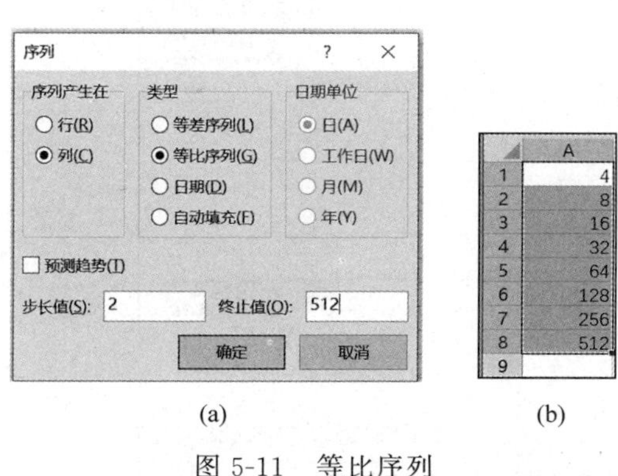

(a) (b)

图 5-11 等比序列

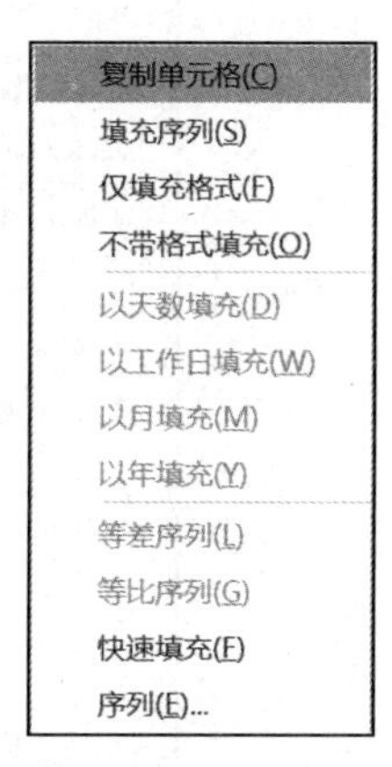

图 5-12 快捷菜单

(3) 选中包含初始值和第二个数值的相邻单元格,这两个单元格中数值的差决定该序列的增长步长,按住鼠标左键拖曳填充柄经过待填充区域,则自动填充等差序列。

(4) 若相邻的两个单元格中的数据均为文本和数字的组合(文本相同,数字不相同),那么选中这两个单元格后按住鼠标左键拖曳该区域右下角的填充柄进行填充,填充的序列文本保持不变,数字等差变化。

2. 创建自定义序列

用户可以通过工作表中现有的数据或输入序列的方式创建自定义序列,供以后使用。自定义序列可通过“自定义序列”对话框实现。

选择“文件”→“选项”命令,弹出如图 5-13 所示的“Excel 选项”对话框。在该对话框左侧选择“高级”命令,在“常规”栏内单击“编辑自定义列表”按钮,弹出“自定义序列”对话框,如图 5-14 所示。

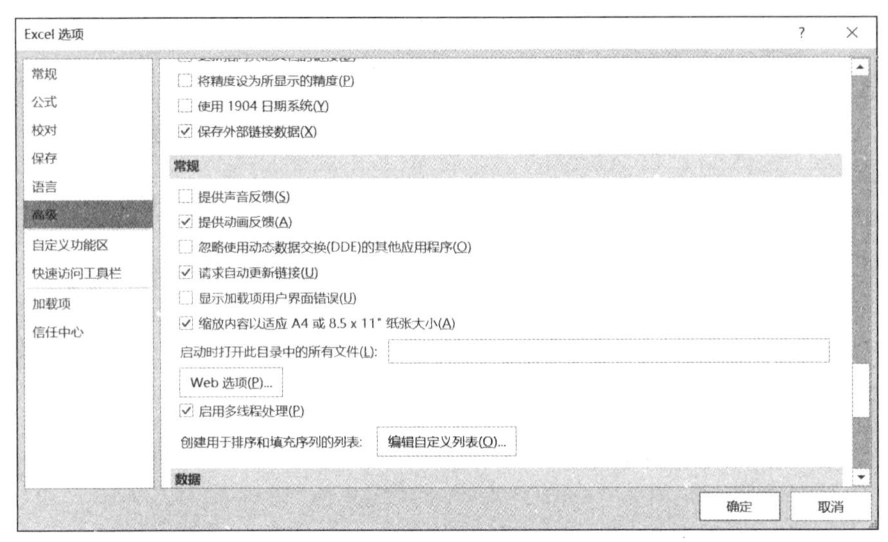

图 5-13 “Excel 选项”对话框

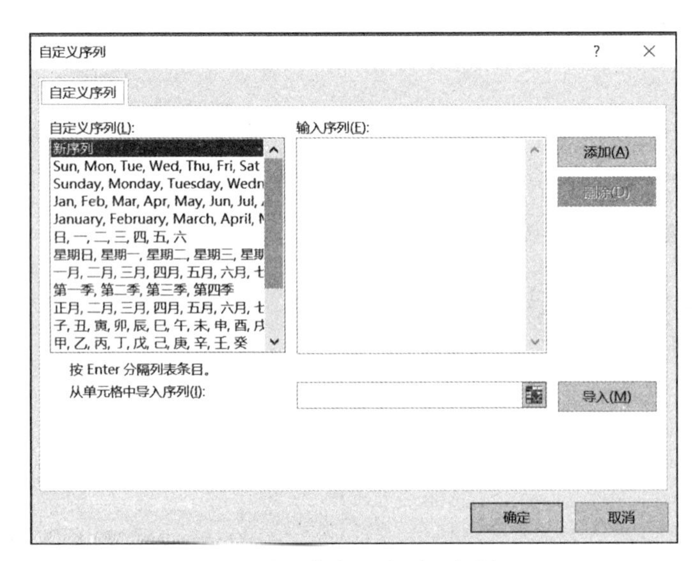

图 5-14 “自定义序列”对话框

1）利用现有数据创建自定义序列

如果已经输入了将要用作填充序列的数据，则可以先选中工作表中相应的数据区域，再打开“自定义序列”对话框，在该对话框中单击“导入”按钮，再单击“确定”按钮后即可使用现有数据创建自定义序列；或者在“自定义序列”对话框中，单击按钮，切换到 Excel 编辑环境，此时对话框缩小为非模式对话框状态，选中工作表中相应的数据区域，然后单击按钮，返回“自定义序列”对话框，单击“导入”按钮即可。

2）利用输入序列方式创建自定义序列

选择“自定义序列”列表中的“新序列”选项，然后在“输入序列”编辑列表框中，从第一个序列元素开始输入新的序列，在输入每个元素后，按 Enter 键，整个序列输入完毕后，单击“添加”按钮。

巩固训练

一、单选题

已在 Excel 2016 工作表的 B9 单元格中输入了星期日，再向上按下鼠标左键拖曳该单元格的填充柄，则在单元格 B6、B7、B8 中会出现的内容是(　　)。

A. 星期日、星期日、星期日　　　B. 星期四、星期五、星期六

C. 星期六、星期五、星期四　　　D. 星期五、星期六、星期日

【答案】 B

【解析】 在 Excel 2016 中，星期日、星期一、星期二、星期三、星期四、星期五、星期六、星期日……是预设好的填充序列。如题，当用鼠标拖曳 B9 的填充柄向上移动时，B6、B7、B8 单元格中出现的内容是星期四、星期五、星期六；当用鼠标拖曳 B9 的填充柄向下移动时，B10、B11、B12 单元格中出现的内容是星期一、星期二、星期三。

二、多选题

在 Excel 2016 中，下列关于自动填充操作的正确描述是(　　)。

A. 初值为纯数字型数据时，按下鼠标左键拖曳填充柄，填充自动增 1 的序列

B. 初值为纯数字型数据时，按住 Ctrl 键，按下鼠标左键拖曳填充柄，填充自动增 1 的序列

C. 初值为日期型数据时，按下鼠标左键拖曳填充柄为复制填充

D. 初值为字母和数字组合(如 X2) 时，按住 Ctrl 键，按下鼠标左键拖曳填充柄为复制填充

【答案】 BD

【解析】 在 Excel 2016 中，初值为纯数字型数据时，按下鼠标左键拖曳填充柄为复制填充；按住 Ctrl 键，按下鼠标左键拖曳填充柄，填充自动增 1 或减 1 的序列。初值为日期型数据时，按下鼠标左键拖曳填充柄，填充自动增 1 或减 1 的序列；按住 Ctrl 键，按下鼠标左键拖曳填充柄为复制填充。

5.4.9　查找和替换

查找和替换功能可以在工作表中快速地定位用户要找的信息，并且可以选择其他值代替。“查找”能用来在工作表中快速搜索用户所需要的数据，“替换”功能用来将查找到的数据自动用一个新的数据代替。在 Excel 2016 中，用户既可以在一个工作表中进行查找和替换，也可以在多个工作表中进行查找和替换。基本步骤是：先选中要进行搜索的单元格区域(若要搜索整张工作表，则单击任意单元格)，然后单击“开始”选项卡中“编辑”组中的“查找和选择”按钮，在下拉列表中选择“查找”或“替换”命令。可以参照 Word 2016 的“查找”和“替换”功能的使用方法。

5.4.10　批注

批注

批注是附加在单元格中，根据实际需要对单元格中的数据添加的说明或注释。添加批注的方法如下。

单击需要添加批注的单元格，选择“审阅”→“批注”→“新建批注”命令，在弹出的批注框中输入批注文本。完成文本输入后，单击批注框外部的工作表区域即可。添加了批注的单元格的右上角有一个小红三角，当光标移到该单元格时将显示批注内容。

要编辑、删除、显示或隐藏批注可进行如下操作：选中单元格，右击，在弹出的快捷菜单中选择相应的命令。

巩固训练

填空题

________是在 Excel 中根据实际需要对复杂的公式或某些特殊单元格中的数据添加相应的注释。

【答案】批注

【解析】略。

5.5 公式与函数

5.5.1 公式

公式是 Excel 2016 最重要的内容之一,公式必须以"＝"开头。一个公式一般包含单元格引用、运算符、值或常量、函数等几种元素。当公式引用的单元格的数据修改后,公式的计算结果会自动更新。

1. 公式中的运算符类型

公式中的运算符类型包括算术运算符、比较运算符、文本运算符和引用运算符。

公式中的运算符类型

1) 算术运算符

Excel 2016 中的算术运算符如表 5-3 所示。

表 5-3 算术运算符

运算符	含义	示例	计算结果
＋	加法运算	＝2＋4	6
－	减法运算	＝8－5	3
*	乘法运算	＝3*4	12
/	除法运算	＝8/2	4
^	乘方运算	＝2^3	8
％	百分数	＝6％	0.06

2) 比较运算符

比较运算符用于实现两个数据的比较,结果是 TRUE 或 FALSE,在单元格中默认居中对齐。在 Excel 2016 中能使用的比较运算符如表 5-4 所示。

表 5-4 比较运算符

运算符	含义	示例	计算结果
＝	等于	＝4＝5	FALSE
＜	小于	＝5＜2	FALSE
＞	大于	＝5＞2	TRUE
＜＝	小于或等于	＝2＜＝5	TRUE
＞＝	大于或等于	＝2＞＝2	TRUE
＜＞	不等于	＝2＜＞3	TRUE

问：在公式“=4=5”中，两个“=”有啥不同？

答：第一个“=”是公式开始的标志，第二个“=”是比较运算符，4不等于5，所以结果为FALSE(假)。

3）文本运算符

文本运算符为“&”，用来连接一个或多个文本数据以产生组合的文本。例如，在一个单元格中输入“="信息技术"&"基础"”后按Enter键，将产生“信息技术基础”的结果。

问：在Excel公式中，文本值应该如何引用？

答：Excel公式中文本输入时必须加英文引号。

4）引用运算符

引用运算符用于将单元格区域合并运算，包括冒号“:”、空格“ ”和逗号“,”。

“:”运算符称为单元格引用运算符，用于定义一个连续的数据区域，如B2:E5表示B2到E5之间的所有单元格。

“ ”运算符称为交叉运算符，用于产生同时属于两个引用的单元格区域的引用，例如，=SUM(B7:D7 C6:D8)求的是这两个区域的公共部分即C7和D7共2个单元格的数值总和。

“,”运算符称为联合运算符，用于将多个引用合并为一个引用，例如，=SUM(B7:D7,C6:D8)求的是这两个区域所覆盖的数值分别求和后累加起来的总和，即重复的单元格需重复计算。

巩固训练

一、单选题

在Excel 2016中，符号“&”属于(　　)。

A. 算术运算符　　B. 比较运算符　　C. 文本运算符　　D. 引用运算符

【答案】C

【解析】在Excel 2016中，文本运算符“&”用来连接一个或多个文本数据以产生组合的文本。

二、多选题

在Excel 2016中，某区域由B1、B2、B3、C1、C2、C3六个单元格组成，下列不能表示该区域的是(　　)。

A. B1:C3　　B. B1:C1,B2:C2　　C. C2:B1,C3:B3　　D. B3:C2

【答案】BD

【解析】选项B表示B1、B2、C1、C2四个单元格，选项D表示B2、C2、B3、C3四个单元格。

2. 公式中的运算顺序

公式中的运算顺序

公式中的运算符优先级由高到低顺序为：引用运算符、算术运算符、文本运算符、比较运算符。即冒号、空格、逗号→%(百分比)→^(乘幂)→*(乘)、/(除)→+(加)、-(减)→&→=、<、>、<=、>=、<>。

对于优先级相同的运算符，则从左到右进行计算。如果要修改计算顺序，则应该把公式中需要首先计算的部分括在圆括号内。

输入和编辑公式

3. 输入和编辑公式

选择要在其中输入公式的单元格，先输入等号“=”，然后输入运算表达式：运算数和运算符，最后按 Enter 键确认。

在输入公式时，一般需要引用单元格数据。引用单元格数据有以下两种方法。

（1）使用键盘直接输入单元格地址。

（2）使用鼠标选择单元格来填充单元格地址。

修改公式的方法有以下两种。

（1）单击公式所在的单元格，在编辑框中修改。

（2）双击该单元格，直接在单元格中修改。

单元格的引用

5.5.2 单元格的引用与应用实例

1. 单元格的引用

单元格的引用是把单元格的数据和公式联系起来，标识单元格或单元格区域，指明公式中使用数据的位置。

Excel 单元格的引用方式有相对引用、绝对引用和混合引用三种。默认方式为相对引用。

1）相对引用

相对引用是指单元格或单元格区域地址会随公式所在的位置变化而改变，公式的值将会依据更改后的单元格地址的值重新计算，相对引用的表示方式是直接使用单元格地址。例如，B2:E8。

2）绝对引用

绝对引用是指公式中单元格或单元格区域地址不随着公式位置的改变而发生改变，无论公式处在什么位置，公式中所引用的单元格地址都是其在工作表中的确切位置。绝对引用的形式是在每一个列标及行号前加一个“$”符号。例如，$B$2:$E$8。

3）混合引用

混合引用是指单元格或单元格区域地址部分是相对引用，部分是绝对引用。例如，B$2:E$8或$B2:$E8。

三维地址引用是指对不同工作簿中单元格区域的引用，引用格式为“[工作簿名]工作表名!”单元格引用。例如，[Book1]Sheet2!$B$2:$E$8 是指引用工作簿 1 的 Sheet2 工作表中的连续区域 B2:E8。

2. 应用实例

1）复制填充公式时单元格地址的变化

复制填充单公式时，若公式中的单元格地址为相对引用或包含相对引用部分，则单元格地址会随公式位置的变化而变化；若为绝对引用，则保持不变。

【例 5-1】 已知单元格 D6 中的公式为“=B2-$C$3+D$4”，将 D6 单元格复制到 F7 单元格，则 F7 单元格中的公式为________。

从单元格 D6 复制到 F7，列标增加 2，行号增加 1。

相对引用地址 B2 变为 D3。

绝对引用地址$C$3 不变。

混合引用地址 D$4 变为 F$4，即列标随位置的变化增加 2，行号不变。

因此 F7 单元格中的公式为“＝D3－$C$3＋F$4”。

2）插入、删除行或列对单元格地址的影响

某个单元格中的公式包含单元格地址的引用，在“被引用的单元格地址”上方或左侧添加或删除行或列，无论“被引用的单元格地址”是相对引用还是绝对引用，单元格地址都会随之变化。在“被引用的单元格地址”下方或右侧添加或删除行或列，都不会对引用的单元格地址产生影响。

【例 5-2】 已知单元格 D6 中的公式为“＝B1－$C$3”，删除第 2 行，然后在第 1 列右侧插入 1 列，则 E5 单元格中的公式为________。

对于单元格地址 B1，删除第 2 行是在其下方删除 1 行，不会对其产生影响；在第 1 列右侧插入 1 列，是在 B1 左侧插入 1 列，会对该单元格地址产生影响，列标增加 1，单元格地址变为 C1。

对于单元格地址$C$3，删除第 2 行是在其上方删除 1 行，会对其产生影响，行号减少 1；在第 1 列右侧插入 1 列，是在其左侧插入 1 列，会对其产生影响，列标增加 1，单元格地址变为$D$2。

因此，E5 单元格中的公式为“＝C1－$D$2”。

巩固训练

一、单选题

1. 在 Excel 2016 中，以下属于正确的绝对地址的是（　　）。

A. A4　　B. $A4　　C. 4$A　　D. $A$4

【答案】 D

2. 在 Excel 2016 工作表中，单元格 E6 中有公式“＝$C$3＋D4”，删除 B 列后 D6 单元格中的公式变为（　　）。

A. $C$3＋C4　　B. $A$2＋C4　　C. $B$3＋C4　　D. $B$2＋C4

【答案】 C

【解析】 某个单元格中的公式包含单元格地址的引用，在“被引用的单元格地址”上方或左侧添加或删除行或列，无论“被引用的单元格地址”是相对引用还是绝对引用，单元格地址都会随之变化。

3. 在 Excel 2016 中引用其他工作簿中工作表的单元格区域一定用到的是（　　）。

A. 混合引用　　B. 相对引用　　C. 绝对引用　　D. 三维地址引用

【答案】 D

【解析】 在 Excel 中，不但可以引用同一工作表中的单元格，还能引用不同工作簿的工作表的单元格，称为三维地址引用，三维地址引用的格式为“[工作簿名]工作表名!单元格引用”。

二、多选题

在 Excel 2016 中，下列公式形式中正确的是（　　）。

A. ＝B3＊Sheet3!A2　　B. ＝B3＊%A2

C. =B3 * “Sheet3” $ A2　　　　　　D. =B3 * $ A2

【答案】AD

【解析】在 Excel 2016 中,工作表引用格式为“工作表名!单元格引用”,所有 C 项错误。B 项中“ * ”(乘号)“%”(百分比)连用错误。

5.5.3　函数

Excel 2016 中的函数可以看作预先建立好的公式,它有固定的计算顺序、结构和参数,用户只需指定函数参数,即可按照固定的计算顺序计算并显示结果。

函数的组成与分类

1. 函数的组成与分类

函数一般由函数名和参数组成。函数名代表了函数的用途,如 SUM 代表求和,AVERAGE 代表求平均,MAX 代表求最大值等。根据函数计算功能的不同,参数可以是数字、文本、逻辑值、数组或单元格引用,也可以是常量、公式或其他函数。指定的参数都必须为有效参数值。

函数可以有一个或多个参数,一般结构是:函数名(参数 1,参数 2,…)。每个函数都可以返回一个值,返回的值就是该函数的计算结果。当函数单独以公式的形式出现时,则应在函数名称前面输入等号,如“=SUM(E3:G3)”,用来计算单元格区域 E3:G3 中所有数据的和。

Excel 2016 中的函数可分为数据库函数、日期与时间函数、工程函数、财务函数、信息函数、逻辑函数、查询和引用函数、数学和三角函数、统计函数、文本函数和用户自定义函数等十几大类函数。

函数的输入与使用

2. 函数的输入与使用

1) 直接输入函数

若用户能够准确记住函数的名称及各参数的意义和使用方法,可以直接在相应的单元格或编辑栏中输入函数。如统计 C2:C10 区域内高等数学成绩大于 80 分的人数,可在单元格 C12 内直接输入“=COUNTIF(C2:C10,">80")”,按 Enter 键确认即可,如图 5-15 所示。

SUM　　=COUNTIF(C2:C10,">80")

	A	B	C	D	E	F
1	姓名	性别	高等数学	数据库	程序设计	数据结构
2	崔涛	女	59	99	98	77
3	吴倩倩	女	90	99	88	80
4	陈曦	女	89	99	56	84
5	单丽萍	女	56	98	98	80
6	陈旭军	男	69	98	67	85
7	杨华雨	男	70	98	45	65
8	王佳	女	78	95	82	87
9	高玲玲	女	56	93	45	60
10	史云杰	男	89	92	95	98
11						
12	大于80分的人数:		=COUNTIF(C2:C10,">80")			
13	男学生人数:		COUNTIF(range, **criteria**)			

图 5-15　公式输入

2）使用“插入函数”对话框

如果对函数不熟悉，则可通过“插入函数”对话框来插入函数。例如，计算图5-15中男学生人数，具体操作步骤如下。

（1）选中C13单元格，单击“插入函数”按钮 *fx*，弹出“插入函数”对话框。在对话框的“或选择类别”下拉列表中选择“统计”，在“选择函数”列表中选择COUNTIF函数，如图5-16所示。

（2）单击“确定”按钮后，弹出“函数参数”对话框，按图5-17所示输入或手动选择各项参数。单击“确定”按钮即可完成函数的插入。

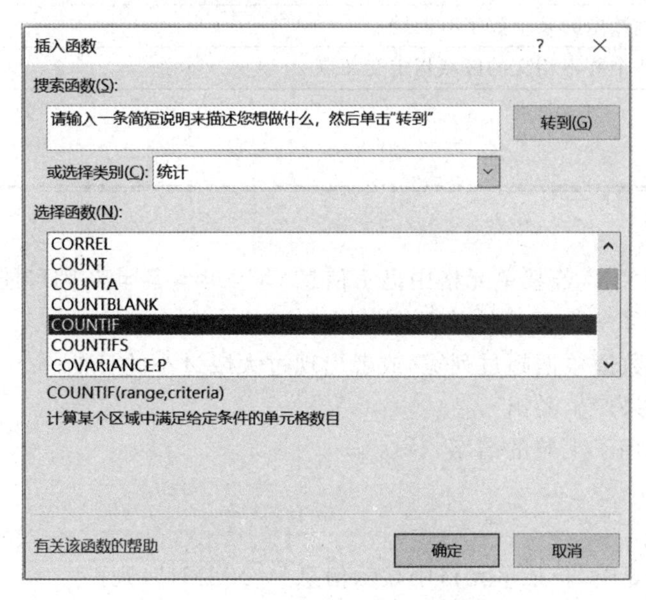

图5-16　“插入函数”对话框

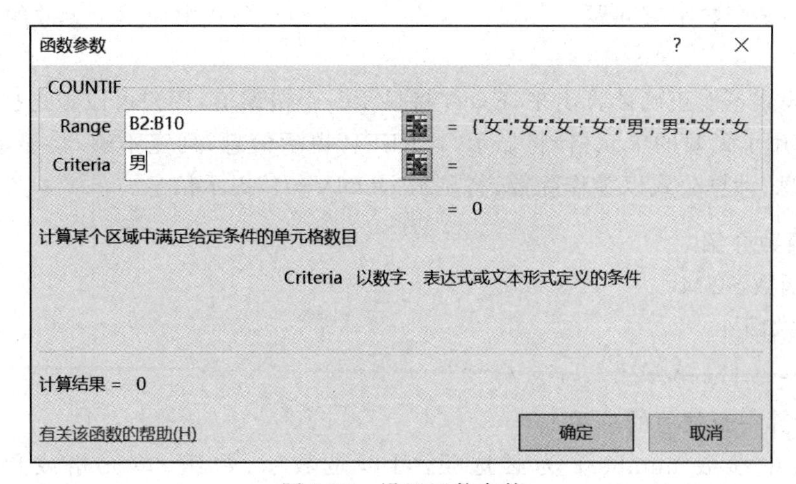

图5-17　设置函数参数

如果公式或函数不能正确计算出结果，Excel 2016将显示一个错误值。表5-5列出了常见的出错信息。

表 5-5　常见的出错信息

错误值	可能的原因
＃＃＃＃＃	单元格所含的数字、日期或时间比单元格宽，或者单元格的日期时间公式产生了一个负值
＃VALUE!	使用了错误的参数或运算对象类型，或者公式自动更正功能不能更正公式
＃DIV/0!	公式被 0(零)除
＃NAME?	公式中使用了 Excel 不能识别的文本
＃N/A	函数或公式中没有可用数值
＃REF!	单元格引用无效
＃NUM!	公式或函数中的某个数字有问题
＃NULL!	试图为两个并不相交的区域指定交叉点

巩固训练

单选题

1. 在 Excel 2016 中，若某单元格中显示信息“＃＃＃＃＃＃”，则可能（　　）。
   A. 公式引用了一个无效的单元格坐标
   B. 公式中的数值数据超过列宽，或者出现过大或过小的日期
   C. 公式的结果产生溢出
   D. 公式中使用了无效的名字

【答案】 B

【解析】 略。

2. 在 Excel 2016 中，若某单元格中显示信息“＃NUM!”，则（　　）。
   A. 公式引用了一个无效的单元格坐标　　B. 公式中的数据超过列宽
   C. 公式中某个数字有问题　　D. 公式中使用了无效的名字

【答案】 C

【解析】 公式不能正确计算出来，Excel 将显示一个错误值，用户可以根据提示信息判断出错原因：引用了无效的单元格，将显示“＃REF!”提示信息；列宽不够，将显示“＃＃＃＃＃＃”提示信息；计算公式以零作除数，将显示“＃DIV/0!”提示信息。

常用函数介绍

3. 常用函数介绍

1）求和函数 SUM

语法格式如下：

```
SUM(number1,[number2],...)
```

功能：计算一组数值的总和。

说明：其中参数 number1 为必选项，可以是数字、数组、单元格或单元格区域。number2 及后续参数可选，最多可包含 255 个。

如果参数为数组或引用，只有其中的数字被计算，数组或引用中的空白单元格、逻辑值、文本或错误值将被忽略。如果参数为错误值或不能转换成数字的文本，将会导致错误。

示例：公式“=SUM(A1:A3)”将单元格区域 A1:A3 的数值加在一起。若单元格区域

A1:A3 的值分别为:"2"、TRUE、5,那么公式"=SUM(A1:A3)"的返回值为 5,因为函数中的参数为引用,忽略引用中的逻辑值和文本。

公式"=SUM("2",TRUE,5)"的返回值为 8,TREU 对应数值 1。

2) 单条件求和函数 SUMIF

语法格式如下:

```
SUMIF(range,criteria,[sum_range])
```

功能:对区域内符合指定条件的值求和。

说明:Range 参数必选,用于条件计算的单元格区域。每个区域中的单元格都必须是数字或名称、数组或包含数字的引用。

Criteria 参数必选,用于确定对哪些单元格求和的条件,可以为数字、表达式、单元格引用、文本或函数。

[sum_range]参数可选,是指要求和的实际单元格。如果省略,Excel 会对第一个参数中指定的区域求和。

【例 5-3】 如图 5-18 所示是某销售小组的月度销售记录,用 SUMIF 函数统计手机的销售数量总和。

已知条件区域为 A3:A17,条件为"手机",求和的实际单元格区域为 B3:B17,所以应使用公式"=SUMIF(A3:A17,"手机",B3:B17)"。

	A	B	C
1	月度销售记录表		
2	产品	销售数量	销售员
3	笔记本电脑	3	B
4	摄像机	10	A
5	手机	508	B
6	摄像机	5	B
7	手机	4	C
8	手机	6	D
9	笔记本电脑	3	D
10	摄像机	1	C
11	摄像机	2	A
12	手机	10	B
13	摄像机	8	B
14	笔记本电脑	6	C
15	摄像机	9	D
16	笔记本电脑	20	D
17	笔记本电脑	5	C

图 5-18 月度销售记录表

3) 求平均值函数 AVERAGE

语法格式如下:

```
AVERAGE(number1,[number2],...)
```

功能:计算一组数值的平均值。

说明:其中参数 number1 为必选项,可以是数字、数组、单元格或单元格区域。number2 及后续参数可选,最多可包含 255 个。

如果参数为数组或引用,只有其中的数字被计算,数组或引用中的空白单元格、逻辑值、文本将被忽略;如果单元格包含零值则计算在内。

示例:公式"=AVERAGE(A1:B2)"将单元格区域 A1:B2 的数值加在一起。若单元格区域 A1:B2 的值分别为:"2"、TRUE、1、5,那么公式"=SUM(A1:B2)"的返回值为 3,因为函数中的参数为引用,忽略引用中的逻辑值和文本,只计算 1 与 5 的平均值,结果为(1+5)/2=3。

公式"=AVERAGE("2",FALSE,4)"的返回值为 2,FALSE 对应数值 0,因此返回值为(2+0+4)/3=2。

4) COUNT 函数

语法格式如下:

```
COUNT(value1,[value2],...)
```

功能:计算区域中包含数字的单元格个数。

说明：如果参数为数组或引用，则只计算数组或引用中数字或者日期时间的个数，不会计算数组或引用中的空单元格、逻辑值、文本或错误值。如果参数为数字、日期、逻辑值或者代表数字的文本(如用引号引起的数字，如"1"等)，则将被计算在内；如果参数为错误值或不能转换为数字的文本，则不会被计算在内。

示例：若单元格区域 A1：A4 的值分别为"2"、FALSE、4、2022-1-12，那么公式"＝COUNT(A1：A4)"的返回值为 2，忽略引用中的逻辑值域文本，只计算引用中数字或日期时间的个数。

公式"＝COUNT("2",FALSE,4,2022-1-12)"的返回值为 4，逻辑值与代表数值的文本被计算在内。

5) COUNTIF 函数

语法格式如下：

```
COUNTIF(range,criteria)
```

功能：统计区域中满足给定条件的单元格个数。

说明：range 代表要统计的单元格区域；criteria 表示指定的条件表达式，其形式可以为数字、表达式、单元格引用或文本，使用方法可以参考 SUMIF 函数。

示例：在图 5-15 中，公式"＝COUNTIF(B2：B10,"男")"用于计算男学生人数，公式"＝COUNTIF(C2：C10,">80")"用于计算高等数学成绩在 80 分以上的人数。

6) 排位函数 RANK

语法格式如下：

```
RANK(number,ref,[order])
```

功能：返回单元格 number 在一个垂直区域 ref 中的排名。

说明：number 为需要排位的数字，ref 为包含一组数字的数组或引用，order 指明排位的方式：0 或省略，降序排位；非零值则升序排位。RANK 函数对重复数的排位相同，但重复数的存在将影响后续数值的排位。

【例 5-4】 在如图 5-19 所示的成绩表中，计算所有学生按成绩降序的排名。

先计算学生 1 的排名：需要进行排位的数值为学生 1 的成绩(B2)，排位范围为参数列表，即所有学生成绩($B$2：$B$10)，因此单元格 C2 中的公式为"＝RANK(B2,$B$2:$B$10)"。

再直接用鼠标拖曳 C2 的填充柄向下填充到 C10，即可计算其他所有学生的成绩排名。

	A	B	C
1	姓名	成绩	排名
2	学生1	77	
3	学生2	80	
4	学生3	84	
5	学生4	80	
6	学生5	85	
7	学生6	65	
8	学生7	87	
9	学生8	60	
10	学生9	98	

图 5-19　成绩表

问：在例 5-4 中直接用鼠标拖曳 C2 的填充柄计算所有学生成绩排名，排位范围的引用有哪几种方式？

答：在公式位置变化时排位范围必须是固定不变的，即参数列表 B2:B10 不能随位置变化而变化。因此只能有两种引用方式：$B$2:$B$10 或 B$2:B$10。

7) MAX、MIN 函数

语法格式如下：

```
MAX/MIN(number1,[number2],...)
```

功能：MAX、MIN分别用来求解数据值的最大值、最小值。

说明：其中number1，number2，...为需要找出最大数值的参数区域。参数中的空白单元格、逻辑值或文本将被忽略。

示例：公式"=MAX(2,6,8)"计算数组(2,6,8)的最大值，返回值为8。公式"=MIN(2,6,8)"计算数组(2,6,8)的最小值，返回值为2。

8）IF函数

语法格式如下：

```
IF(logical_test,[value_if_true],[value_if_false])
```

功能：判定是否满足条件，满足则返回一个值，不满足则返回另一个值。

说明：其中参数logical_test为必选项，是计算结果可能为TURE或FALSE的任意值或表达式；value_if_true参数是计算结果为TRUE时所要返回的值，value_if_false参数是计算结果为FALSE时所要返回的值。

示例：已知C2中的公式为"=IF(B2>60,"合格","不合格")"，若B2中的数值为77，77>60成立，结果为TRUE，则C2单元格显示"合格"；若B2中的数值为56，56>60不成立，结果为FALSE，则C2单元格显示"不合格"。

9）AND函数

语法格式如下：

```
AND(logical1,[logical2],...)
```

功能：检验一组数据是否都满足条件。

说明：其中logical1，[logical2]，...表示用来测试的条件值或表达式，最多允许有30个条件表达式。当所有条件均为"真"(TRUE)时，返回结果为TRUE；只要一个条件为"假"(FALSE)，即返回FALSE。

【例5-5】 如图5-20所示，表中记录了学生各门课程的期末成绩，全部课程成绩及格(>=60)时，评价为"通过"，否则为"未通过"。

	A	B	C	D	E	F
1	姓名	高等数学	数据库	程序设计	数据结构	评价
2	翟涛	59	99	98	77	
3	王佳	90	99	88	80	
4	陈诚	46	58	56	49	
5	黄丽黎	56	98	98	80	

图5-20　期末成绩表

选中F2单元格，输入公式"=IF(AND(B2>=60,C2>=60,D2>=60,E2>=60),"通过","未通过")"，按Enter键得出结果。

选中F2单元格，按下鼠标左键拖曳填充柄向下复制公式，结果如图5-21所示。

10）OR函数

语法格式如下：

```
OR(logical1,[logical2],...)
```

	A	B	C	D	E	F
1	姓名	高等数学	数据库	程序设计	数据结构	评价
2	翟涛	59	99	98	77	未通过
3	王佳	90	99	88	80	通过
4	陈诚	46	58	56	49	未通过
5	黄丽黎	56	98	98	80	未通过

图 5-21　计算后的期末成绩表 1

功能：检验一组数据中是否有一个满足条件。

说明：所有参数的逻辑值为“假”(FALSE)时，返回 FALSE；只要一个参数的逻辑值为“真”(TRUE)，即返回 TRUE。

【例 5-6】 现统计图 5-20 中哪些学生的各门课程成绩都不及格(＜60)，只要有 1 门课程及格就评价为“通过”，4 门成绩都不及格为“未通过”。

选中 F2 单元格，输入公式“＝IF(OR(B2＞＝60,C2＞＝60,D2＞＝60,E2＞＝60),"通过","未通过")”，按 Enter 键得出结果。

选中 F2 单元格，按下鼠标左键拖曳填充柄向下复制公式，结果如图 5-22 所示。

	A	B	C	D	E	F
1	姓名	高等数学	数据库	程序设计	数据结构	评价
2	翟涛	59	99	98	77	通过
3	王佳	90	99	88	80	通过
4	陈诚	46	58	56	49	未通过
5	黄丽黎	56	98	98	80	通过

图 5-22　计算后的期末成绩表 2

11) 取字符串子串函数 LEFT、RIGHT、MID

语法格式如下：

```
LEFT(text,num_chars),RIGHT(text,num_chars),MID(text,s tart_num,num_chars)
```

功能：LEFT、RIGHT、MID 都是字符串提取函数。

说明：LEFT 从文本字符串的第一个字符开始返回指定个数的字符(从左向右取)。RIGHT 从文本字符串的最后一个字符开始返回指定个数的字符(从右向左取)。LEFT 和 RIGHT 函数中的第一个参数 text 是文本，是包含要提取字符串的文本字符串，可以是一个字符串，或是一个单元格引用。第二个参数 num_chars 是想要提取的个数。MID 函数也是从左向右提取，是从指定位置开始。第一个参数 text 是包含要提取字符串的文本字符串。第二个参数 start_num 是要提取的开始字符。第三个参数 num_chars 是想要提取的个数。

示例：公式“＝LEFT("ABCDEF",2)”，结果为 AB；公式“＝RIGHT("ABCDEF",2)”，结果为 EF；公式“＝MID("ABCDEF",3,2)”，结果为 CD。

12) VLOOKUP 函数

语法格式如下：

```
VLOOKUP(lookup_value,table_array,col_index_num,[range_lookup])
```

功能：在查找区域的第一列中搜索查阅值，返回查阅值在查找区域相同行上某单元格中的值。

说明：

第一个参数 lookup_value 是必选参数，是要在查找区域查找的值或引用，也称为查阅值。

第二个参数 Table_array 是必选参数，是查找区域，即包含查阅值和返回值的单元格区域，查阅值必须在该区域的第一列。

第三个参数 col_index_num 是必选参数，是返回值所在的列序号，查找区域中的首列序号为 1，依次计数。

第四个参数 range_lookup 是可选参数，如果需要返回值的精确匹配，则指定 FALSE；如果为 TRUE 或被省略，则必须按 Table_array 第一列中的值升序排序，否则可能无法返回正确的值。

巩固训练

一、单选题

1. 在 Excel 2016 中，若计算 A2、B1、B2 的和并将结果填充在 C2 单元格中，在 C2 中输入不正确的是(　　)。

A. ＝SUM(A1:B2)　　B. ＝SUM(A2＋B1＋B2)

C. ＝SUM(B1,A2,B2)　　D. ＝SUM(B1,A2:B2)

【答案】A

2. 在 Excel 2016 中，单元格 E1 到 E10 中存放了 10 位同学的考试成绩，下列用于计算考试成绩在 80 分以上的人数的公式是(　　)。

A. ＝COUNT(E1:E10,"80")　　B. ＝COUNT(E1:E10,>80)

C. ＝COUNTIF(E1:E10,">80")　　D. ＝COUNTIF(E1:E10,>80)

【答案】C

【解析】COUNT 函数计算包含数字的单元格以及参数列表中数字的个数。COUNTIF 是统计区域中满足条件的单元格个数的函数，因此计算考试成绩在 80 分以上的人数应该使用 COUNTIF 函数。COUNTIF 函数的语法格式为"COUNTIF(range,criteria)"，其中 range 表示要统计的单元格区域，criteria 表示指定的条件表达式，其形式可以是数字、表达式、单元格引用或文本，非数字的条件表达式必须用英文引号" "括起来。所以本题选 C。

3. 在 Excel 2016 中的某单元格中输入公式"＝RIGHT(LEFT("ABCDEF",4),2)"，然后按 Enter 键，则该单元格中显示的数据为(　　)。

A. ABCD　　B. ABC　　C. CD　　D. CDE

【答案】C

【解析】RIGHT、LEFT 是取字符串字串函数，其中 RIGHT 是从右向左取，LEFT 是从左向右取。本题中的公式是两种函数的嵌套形式，首先计算函数 LEFT("ABCDEF",4)，函数从字符串"ABCDEF"的左起第一个字符向右，共提取 4 位，结果为 ABCD，然后计算函数 RIGHT("ABCD",2)，函数从字符串"ABCD"右起的第一个字符向左，共提取 2 位，结果为 CD。

二、多选题

要在 Excel 2016 的 C11 单元格中放置 A1、A2、B1、B3 四个单元格数值的平均值，正确的写法是（　　）。

A. =AVERAGE(A1:B3)　　　　B. =AVERAGE(A1,A2,B1,B3)

C. =(A1+A2+B1+B3)/4　　　　D. =AVERAGE(A1:A2,B1:B3)

【答案】 BC

【解析】 略。

三、填空题

在 Excel 2016 中，单元格 C11 单元格中的公式为“=COUNT(C2:E2)”，则 C11 中的结果为单元格 C2 到 E2 区域的________。

【答案】 数字的个数

【解析】 略。

5.6　格式化工作表

5.6.1　格式化单元格和单元格区域

格式化单元格和单元格区域

单元格格式的设置主要是指数据的外观设置，Excel 2016 提供了对单元格的内容进行数字、字体、对齐方式、颜色、边框等外观修饰的功能，这种修饰称为工作表的格式化。

1. 设置数字格式

Excel 2016 提供了多种数字格式。在对数字进行格式化时，可通过设置小数位数、百分号以及货币符号等来表示单元格中的数据。

首先选择要进行格式设置的单元格或区域，在“开始”选项卡的“数字”组中，单击对话框启动器按钮，也可在选中的单元格上右击，在弹出的快捷菜单中选择“设置单元格格式”命令，都将弹出“设置单元格格式”对话框，如图 5-23 所示。

图 5-23　“设置单元格格式”对话框

在“设置单元格格式”对话框的“数字”选项卡中，在“分类”列表中选择一种分类格式，在对话框的右侧窗格中进一步设置小数位数、货币符号等。

巩固训练

单选题

在 Excel 2016 中，如果赋给一个单元格的值是 0.1357，使用百分比按钮来格式化后，单元格内所显示的内容为(　　)。

A. 14%　　B. 13.57%　　C. 13.6%　　D. 13%

【答案】 A

【解析】 使用百分比按钮格式化的结果默认为整数(小数部分四舍五入)。

2. 设置字体格式

在“设置单元格格式”对话框中切换到“字体”选项卡，可对字体、字形、字号、颜色、下画线及特殊效果等进行设置。

3. 设置对齐方式

默认情况下，Excel 2016 会根据数据的类型来确定数据的对齐方式。在“设置单元格格式”对话框中单击选中“对齐”选项卡，可设置文本对齐方式、文本控制以及文字方向等。

4. 设置边框和底纹

在 Excel 工作表中，默认可以看到灰色网格线，但是打印时，这些网格线并不会被打印出来。可以为工作表添加边框和底纹，突出工作表中的内容，美化工作表。

1）设置边框

在“设置单元格格式”对话框中单击选中“边框”选项卡，通过“样式”确定边框的线型和粗细，在“颜色”下拉列表中可选择线条颜色，通过“预设”和“边框”对单元格或单元格区域上、下、左、右以及外边框、内边框进行设置。

2）设置底纹

在“设置单元格格式”对话框中的“填充”选项卡中，可以设置单元格的背景颜色和填充效果等，使工作表更加美观、生动。

5.6.2　设置单元格的行高和列宽

设置单元格的行高和列宽

在工作表编辑时，调整表格行高或列宽的操作方法如下。

1. 通过拖曳鼠标实现

调整行高：将光标指向行号之间的分隔线，当光标呈 ✥ 时，按住左键不放并拖曳，可调整行高，当拖曳至合适位置时释放鼠标即可。

调整列宽：将光标指向列标之间的分隔线，当光标呈 ✥ 时，按标左键不放并拖曳，可调整列宽，当拖曳至合适位置时释放鼠标即可。

2. 双击分割线

双击行号之间的分隔线或列标之间的分隔线，可自动调整行高或列宽。

3. 通过对话框实现

在“开始”选项卡的“单元格”组中单击“格式”按钮，在打开的下拉列表中选择“行高”或“列宽”命令，在打开的对话框中输入要设置的准确数值，如图 5-24 所示，单击“确定”按钮即可。

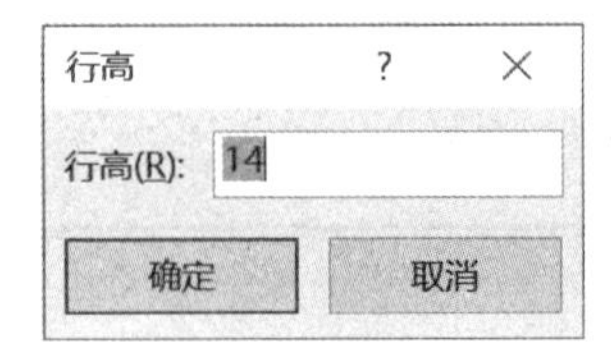

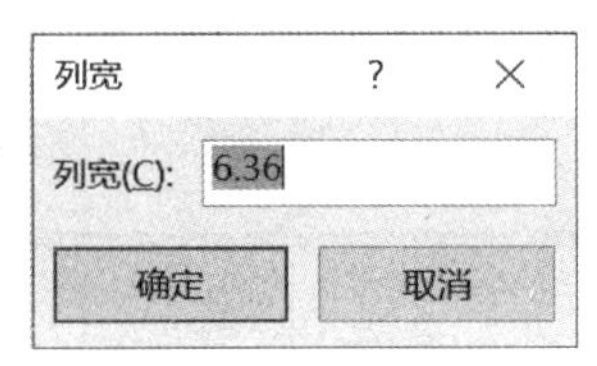

图 5-24　“行高”及“列宽”对话框

自动套用格式

5.6.3　自动套用格式和条件格式

1. 自动套用格式

Excel 2016 为用户提供了浅色、中等深浅与深色 3 种类型的 60 种表格格式。选择需要套用格式的单元格或区域，单击“开始”选项卡“样式”组中的“套用表格样式”按钮，在其下拉列表中选择某个样式即可。

2. 条件格式

条件格式

使用 Excel 2016 中的条件格式功能，可以预置一种单元格格式，并在指定的某种条件被满足时自动应用于目标单元格。可以预置的单元格格式包括边框、底纹、字体颜色等。例如，在如图 5-25 所示的学生成绩表，利用“条件格式”功能快速查找小于 60 分的成绩。

首先选中成绩所在的区域 C2:E10，选择“开始”→“样式”→“条件格式”命令，在下拉列表中选择“突出显示单元格规则”命令，在打开的级联菜单中选择“小于”命令，如图 5-26 所示。

	A	B	C	D	E
1	姓名	性别	高等数学	数据库	程序设计
2	崔涛	女	59	99	98
3	吴倩倩	女	90	99	88
4	陈曦	女	89	99	56
5	单丽萍	女	56	98	98
6	陈旭军	男	69	98	67
7	杨华雨	男	70	98	45
8	王佳	女	78	95	82
9	高玲玲	女	56	93	45
10	史云杰	男	89	92	95

图 5-25　学生成绩表

条件格式
突出显示单元格规则(H)
项目选取规则(T)
数据条(D)
色阶(S)
图标集(I)
新建规则(N)...
清除规则(C)
管理规则(R)...
大于(G)...
小于(L)...
介于(B)...
等于(E)...
文本包含(T)...
发生日期(A)...
重复值(D)...
其他规则(M)...

图 5-26　“条件格式”选项

在打开的对话框中输入 60，然后设置单元格显示样式，此处选择“浅红填充色深红色文本”，如图 5-27 所示，单击“确定”按钮。

在 Excel 2016 中，使用条件格式不仅可以快速查找相关数据，还可以以数据条、色阶、图标集的方式显示数据，使数据一目了然。

要对设置的条件规则进行清除或编辑，可在图 5-26 中选择“清除规则”或“管理规则”命令。

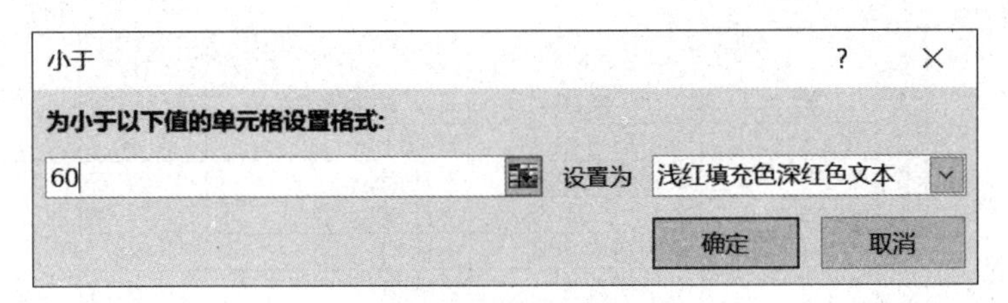

图 5-27　设置条件格式

5.7　数据处理

数据清单

具有二维表特性的电子表格在 Excel 中被称为数据清单。Excel 2016 的数据清单具有类似数据库的特点，可以实现数据的排序、筛选、分类汇总、统计和查询等操作，具有数据库组织、管理和处理数据的功能，因此 Excel 数据清单也称为 Excel 数据库。

数据清单第一行必须为文本类型，是相应列的名称，对应数据库中的字段名称。此行的下面是连续的数据区域，每一行对应数据库中的一条记录；每一列对应数据库中的一个字段，每列包含相同类型的数据。

数据清单是工作表中符合一定条件的连续区域，创建数据清单应遵循的规则为：避免在一个工作表中建立多个数据清单，如果工作表中还有其他数据，应该用空行（列）隔开；列标题（字段名）唯一，同列数据的数据类型相同。

5.7.1　数据排序

数据排序

排序是对数据清单中的一列或多列数据按一定顺序排列的一种组织数据的手段。分为简单排序和复杂排序。

1. 简单排序

当数据清单按照某一列数据进行排序时，只需要选中该列的任一单元格，单击选“数据”选项卡，在“排序和筛选”组中选择“升序”或“降序”命令进行排序。

问： 在 Excel 2016 中，升序排序、降序排序的顺序如何？

答： 升序排序是指数字从大到小，逻辑值从 FALSE 到 TRUE，字母从 A 到 Z 排列；降序排序与升序排序相反，但无论是升序排序还是降序排序，空白单元格都排在最后。

2. 复杂排序

使用“排序和筛选”组中的“升序”或“降序”命令只能按一列进行简单排序。如果数据清单要按照多列进行排序，需要用到“排序”对话框，操作方法是：在需要排序的数据清单中选中任一单元格，然后在“数据”选项卡“排序和筛选”组中选择“排序”命令，弹出“排序”对话框。

【例 5-7】 已知参加某学院招聘考试的考生成绩排名规则如下：首先按照应聘岗位的字母顺序升序排列，应聘岗位相同时按照总成绩降序排列，总成绩相同时再按照学历自定义排序（博士研究生、硕士研究生、本科）。排序前部分应聘考生成绩如图 5-28 所示，请按照排序规则对应聘考生成绩进行排序。

	A	B	C	D
1	姓名	学历	应聘岗位	总成绩
2	考生1	博士研究生	教师岗位	90.6
3	考生2	硕士研究生	管理岗位	79
4	考生3	本科	会计岗位	90
5	考生4	硕士研究生	会计岗位	84.7
6	考生5	硕士研究生	教师岗位	81.7
7	考生6	硕士研究生	会计岗位	90
8	考生7	本科	管理岗位	74.7
9	考生8	硕士研究生	教师岗位	89
10	考生9	博士研究生	教师岗位	94.2
11	考生10	硕士研究生	管理岗位	79.05
12	考生11	硕士研究生	教师岗位	78
13	考生12	博士研究生	教师岗位	80

图 5-28　排序前成绩表

操作步骤如下。

(1) 单击数据清单中任意单元格。

(2) 选择“数据”→“排序和筛选”→“排序”命令,打开如图 5-29 所示的“排序”对话框。

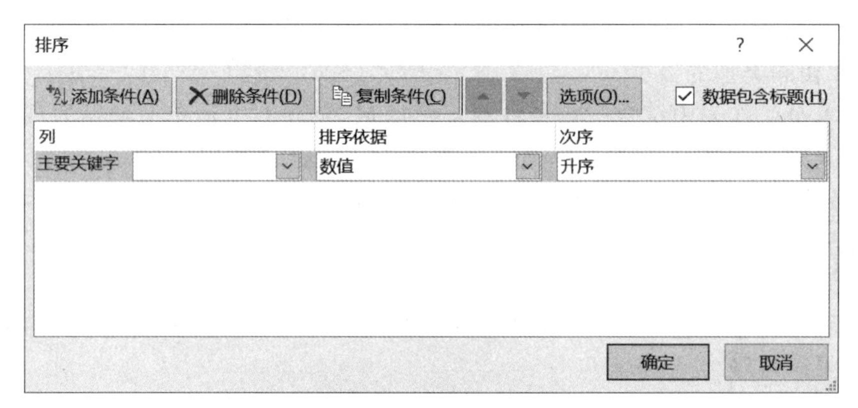

图 5-29　“排序”对话框

(3) 在“主要关键字”下拉列表中选择“应聘岗位”,“排序依据”选择“数值”,“次序”选择“升序”。

(4) 单击“添加条件”按钮,在“次要关键字”下拉列表中选择“总成绩”,“排序依据”选择“数值”,“次序”选择“降序”。

(5) 再单击“添加条件”按钮,在“次要关键字”下拉列表中选择“学历”,“排序依据”选择“数值”,“次序”选择“自定义序列”,弹出“自定义序列”对话框,参照图 5-30 添加新序列“博士研究生,硕士研究生,本科”。

(6) 依次单击“添加”和“确定”按钮,返回“排序”对话框,如图 5-31 所示。

(7) 单击“确定”按钮完成排序,排序结果如图 5-32 所示。

注意:执行复杂排序时,首先按照主要关键字排序,对主要关键字的值相同的记录,再按次要关键字排序;只有主要关键字的值和次要关键字的值都相同的记录,才按下一个次要关键字排序,以此类推。

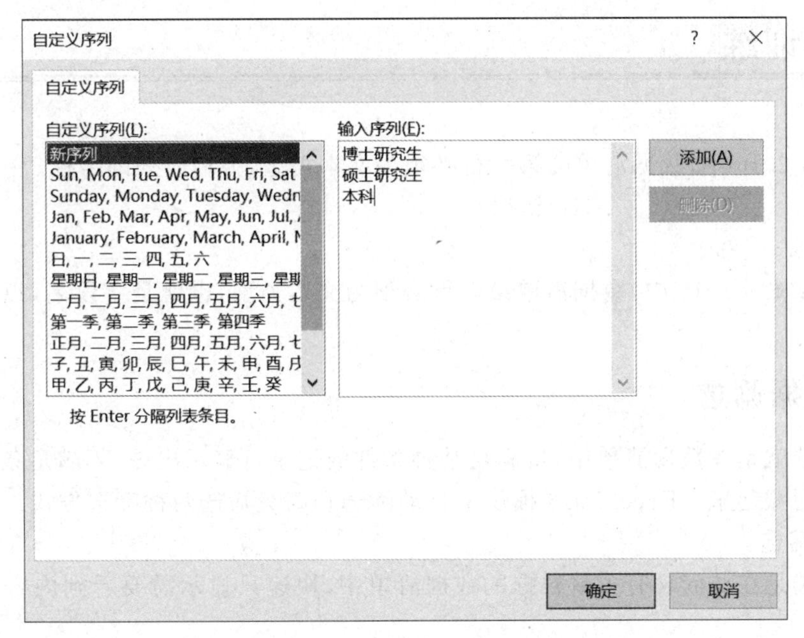

图 5-30　“自定义序列”对话框

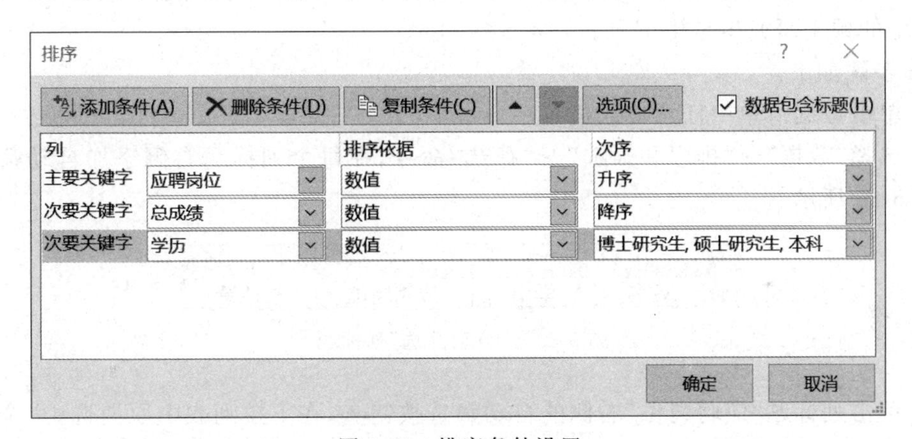

图 5-31　排序条件设置

	A	B	C	D
1	姓名	学历	应聘岗位	总成绩
2	考生2	硕士研究生	管理岗位	79
3	考生10	本科	管理岗位	79
4	考生6	硕士研究生	会计岗位	90
5	考生4	硕士研究生	会计岗位	85
6	考生3	本科	会计岗位	80
7	考生9	博士研究生	教师岗位	94
8	考生11	硕士研究生	教师岗位	94
9	考生7	本科	教师岗位	94
10	考生1	博士研究生	教师岗位	91
11	考生8	硕士研究生	教师岗位	89
12	考生5	硕士研究生	教师岗位	82
13	考生12	博士研究生	教师岗位	80

图 5-32　排序后成绩表

巩固训练

判断题

在 Excel 2016 中,数据清单的第一行必须为文本类型,为相应列的名称。(　　)

A. 正确　　　　　　　　B. 错误

【答案】 A

【解析】 Excel 2016 中,数据清单第一行必须为文本类型,也就是字段名,以便查找和组织数据。

5.7.2　数据筛选

数据筛选就是在数据清单中,将满足某种条件的记录行显示出来,不满足条件的记录行只是暂时被隐藏起来。Excel 2016 提供了自动筛选和高级筛选两种筛选方式。

1. 自动筛选

自动筛选

自动筛选是在访问含有大量数据的数据清单中,快速只显示需要看到内容的简单处理方法。

【例 5-8】 在应聘考生成绩表(见图 5-28)中显示应聘教师岗位、总成绩在 85 分以上的(含 85 分)的硕士研究生考生记录。

操作步骤如下。

(1) 单击数据清单中任意单元格。

(2) 选择"数据"→"排序和筛选"→"筛选"命令,在每个列标题右侧添加自动筛选按钮,如图 5-33 所示。

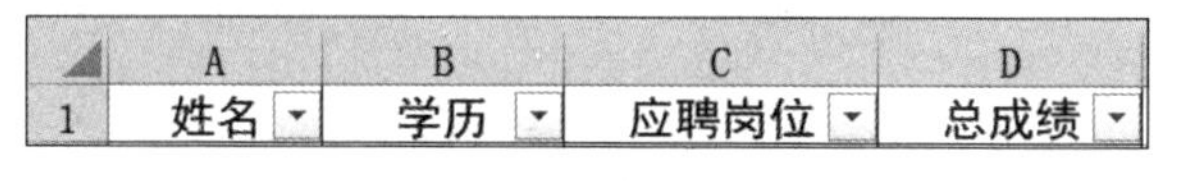

图 5-33　"自动筛选"列标题

(3) 单击列标题"应聘岗位"右侧的自动筛选按钮,在下拉列表中取消选中"全选",选中"教师岗位"选项,如图 5-34 所示,单击"确定"按钮,工作表中筛选应聘教师岗位的所有记录。

(4) 单击列标题"学历"右侧的自动筛选按钮,在下拉列表中取消选中"全选",选中"硕士研究生"选项,单击"确定"按钮。

(5) 单击列标题"总成绩"右侧的自动筛选按钮,从下拉列表中选择"数字筛选"→"大于或等于"命令,弹出"自定义自动筛选方式"对话框,在对话框输入"大于或等于"的值为 85,如图 5-35 所示。

(6) 单击"确定"按钮,工作表将显示应聘教师岗位,总成绩在 85 分以上(含 85 分)的硕士研究生考生记录,如图 5-36 所示。

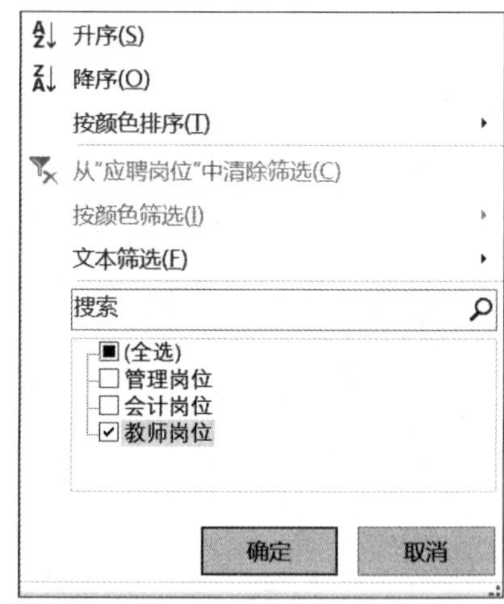

图 5-34　"应聘岗位"条件设置列表

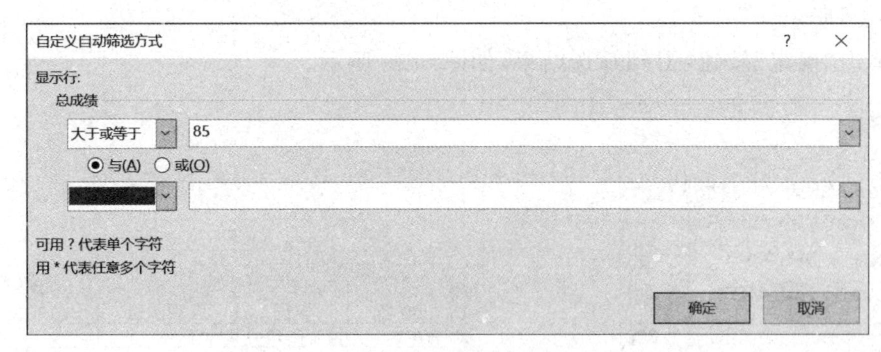

图 5-35　“自定义自动筛选方式”对话框

	A	B	C	D
1	姓名	学历	应聘岗位	总成绩
9	考生8	硕士研究生	教师岗位	89
12	考生11	硕士研究生	教师岗位	94

图 5-36　自动筛选结果

注意：自动筛选在不同属性(字段)间只能按“与”的条件进行筛选。

问：如何取消自动筛选?

答：在 Excel 的自动筛选中，不满足筛选条件的记录是被隐藏的。如果要取消自动筛选中的某一个条件，可以单击该条件列标题右侧的自动筛选按钮，选择“从"列标题"中清除筛选”命令。如果所有的自动筛选都要清除，则可以选择“数据”→“排序和筛选”→“清除”命令。

如果所有的自动筛选都要清除，且要删除列标题右侧的自动筛选按钮，则选择“数据”→“排序和筛选”→“筛选”命令。

2. 高级筛选

高级筛选

高级筛选是根据复合条件或计算条件来对数据进行筛选。要进行高级筛选，首先需要在工作表的空白处建立条件区域，用来指定筛选出的数据必须要满足的条件，且该区域必须与数据清单之间至少留一个空白行(或列)。筛选条件区域由两部分组成：条件的列标题和具体的筛选条件。条件的列标题必须与数据清单中对应列的标题相同，条件的列标题行下方至少要有一行筛选条件。

【例 5-9】　在应聘考生成绩表(图 5-28)中显示博士研究生或总成绩在 90 分以上的考生记录。

操作步骤如下。

(1) 在应聘考生成绩表中，且与数据清单间隔若干空行或若干空列的任意空白区域，输入筛选条件。示例：在单元格 B16 中输入“学历”，单元格 C16 中输入“总成绩”。单元格 B17 中输入“博士研究生”，单元格 C18 中输入“>90”，如图 5-37 所示。

(2) 单击数据清单中任意单元格，选择“数据”→“排序和筛选”→“高级”命令，打开“高级筛选”对话框。

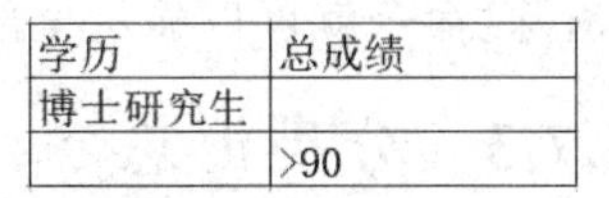

学历	总成绩
博士研究生	
	>90

图 5-37　高级筛选条件区域

(3) 单击“条件区域”右侧的按钮，选中设置好的条件区域 B16:C18，再单击拾取框右侧的按钮，返回“高级筛选”对话框,如图 5-38 所示。

(4) 单击“确定”按钮,得到筛选结果,如图 5-39 所示。

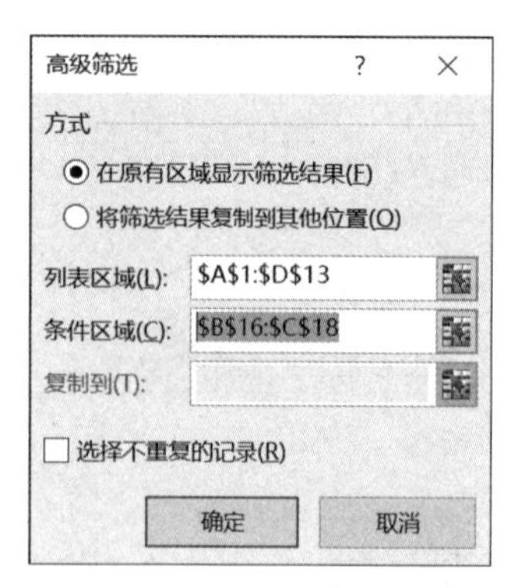

图 5-38 “高级筛选”对话框

	A	B	C	D
1	姓名	学历	应聘岗位	总成绩
2	考生1	博士研究生	教师岗位	91
8	考生7	本科	教师岗位	94
10	考生9	博士研究生	教师岗位	94
12	考生11	硕士研究生	教师岗位	94
13	考生12	博士研究生	教师岗位	80

图 5-39 高级筛选结果

问:高级筛选的筛选条件是如何设置的?

答:条件输入位置必须是与数据清单间隔一个以上的空行或者空列的任意空白单元格区域。

第一行是列标题行,这里的列标题必须与数据清单中完全一致,第二行开始放置筛选条件,同一行中的条件之间是“与”的关系,不同行的条件之间是“或”的关系。

巩固训练

一、多选题

在 Excel 2016 中,下列关于高级筛选的描述中,错误的是( )。

A. 高级筛选的条件区域至少有两行

B. 高级筛选的条件区域必须包含字段名和筛选条件

C. 高级筛选的条件区域中的字段名不需要与数据清单中的字段名完全一致

D. 高级筛选条件区域的设置中,同一行上的条件认为是“或”关系

【答案】CD

【解析】高级筛选的条件区域中的字段名必须与数据清单中的字段名完全一致,否则无法对该数据清单进行筛选。在高级筛选条件区域的设置中,同一行的条件为“与”,不同行的条件为“或”。

二、判断题

在 Excel 2016 中,筛选后的表格中只含有符合条件的行,其他行被删除。( )

A. 正确　　　　B. 错误

【答案】B

【解析】在 Excel 2016 中,筛选后的表格中只显示符合条件的行,其他行被隐藏,选择“清除”命令就可以显示全部行。

分类汇总

5.7.3 分类汇总

分类汇总是对数据清单某个字段中的数据进行分类,并对各类数据进行各种统计计算,

如求和、计数、求平均值和最大值等。在进行分类汇总之前，首先对分类的数据进行排序，然后按该字段进行分类，并分别对各类数据进行统计汇总。

【例 5-10】 某应聘考生成绩表如图 5-28 所示，请分别统计各应聘岗位的考生人数。

操作步骤如下。

(1) 先按照分类汇总的字段“应聘岗位”进行排序。选中“应聘岗位”列中的任一单元格，选择“数据”选项卡“排序和筛选”组中的“升序”或“降序”命令。

(2) 选择“数据”→“分级显示”→“分类汇总”命令，打开“分类汇总”对话框，如图 5-40 所示。

(3) 在“分类字段”下拉列表中选择“应聘岗位”。

(4) 在“汇总方式”下拉列表中选择“计数”。

(5) 在“选定汇总项”列表中选中“姓名”，并取消选中其他默认选项。

(6) 单击“确定”按钮，分类汇总结果如图 5-41 所示。

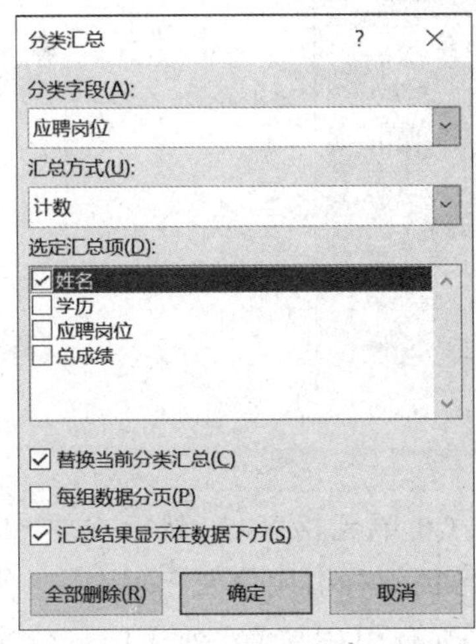

图 5-40 “分类汇总”对话框

	A	B	C	D
1	姓名	学历	应聘岗位	总成绩
2	考生1	博士研究生	教师岗位	91
3	考生5	硕士研究生	教师岗位	82
4	考生7	本科	教师岗位	94
5	考生8	硕士研究生	教师岗位	89
6	考生9	博士研究生	教师岗位	94
7	考生11	硕士研究生	教师岗位	94
8	考生12	博士研究生	教师岗位	80
9	7		**教师岗位 计数**	
10	考生3	本科	会计岗位	80
11	考生4	硕士研究生	会计岗位	85
12	考生6	硕士研究生	会计岗位	90
13	3		**会计岗位 计数**	
14	考生2	硕士研究生	管理岗位	79
15	考生10	本科	管理岗位	79
16	2		**管理岗位 计数**	
17	12		**总计数**	

图 5-41 分类汇总结果

使用分类汇总后，若只将汇总结果赋值到一个新的工作表中，则切换到 2 级状态，选中所有汇总项，使用 Alt+“;”组合键选中当前屏幕中显示的内容，然后进行粘贴操作。

如果要删除汇总信息，可在“分类汇总”对话框中单击“全部删除”按钮，数据表即恢复到原来状态。

5.7.4 合并计算

合并计算

Excel 的“合并计算”功能可以汇总或者合并多个数据源区域中的数据，具体方法有两种：一是按类别合并计算，二是按位置合并计算。

进行合并计算前，先选中一个单元格，作为合并计算后结果存放的起始位置，然后使用“合并计算”对话框完成合并计算过程。下面以图 5-42 所示的工作表数据为例介绍合并计算的方法。

1. 按类别合并计算

(1) 选中 A9 单元格，选择“数据”→“数据工具”→“合并计算”命令，弹出“合并计算”对

	A	B	C	D	E	F	G
1	**1月消费记录**				**2月消费记录**		
2							
3	**消费项目**	**数量**	**金额**		**消费项目**	**数量**	**金额**
4	手机	1	2200		自行车	1	600
5	衣服	1	200		旅游鞋	1	200
6	笔记本	1	5600		衣服	2	800
7							

图 5-42　合并计算示例数据

话框,如图 5-43 所示。

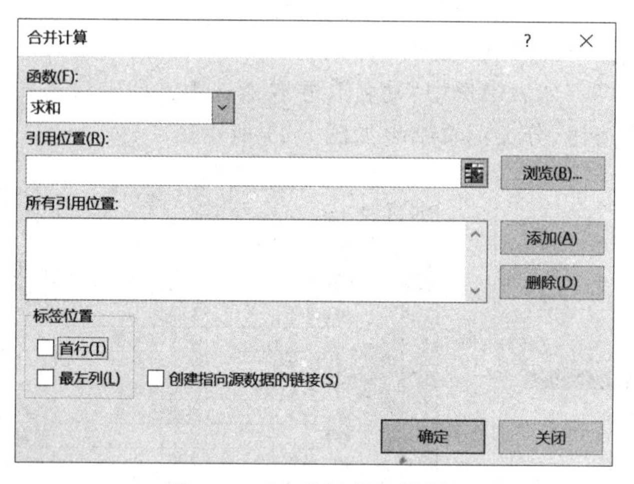

图 5-43　“合并计算”对话框

(2) 激活“引用位置”编辑框,选中“1 月消费记录”的 A3:C6 单元格区域,然后在“合并计算”对话框中单击“添加”按钮,将所引用的单元格区域添加到“所有引用位置”列表中。使用同样方法将“2 月消费记录”的 E3:G6 单元格区域添加到“所有引用位置”列表中。依次选中“首行”和“最左列”复选框,确定标签位置,如图 5-44 所示。

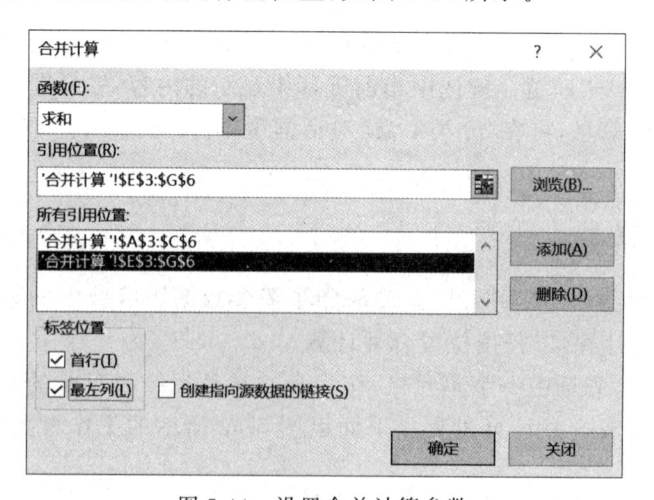

图 5-44　设置合并计算参数

(3) 单击“确定”按钮，即可生成合并计算结果，如图 5-45 所示。

2. 按位置合并计算

按数据表中的数据位置进行合并计算就是在按类别合并的步骤中不选中“首行”和“最左列”复选框，合并后的结果如图 5-46 所示。

	A	B	C	D	E	F	G
1	1月消费记录				2月消费记录		
2							
3	消费项目	数量	金额		消费项目	数量	金额
4	手机	1	2200		自行车	1	600
5	衣服	1	200		旅游鞋	1	200
6	笔记本	1	5600		衣服	2	800
7							
8							
9		数量	金额				
10	手机	1	2200				
11	自行车	1	600				
12	旅游鞋	1	200				
13	衣服	3	1000				
14	笔记本	1	5600				

图 5-45　按类别合并计算结果

	A	B	C	D	E	F	G
1	1月消费记录				2月消费记录		
2							
3	消费项目	数量	金额		消费项目	数量	金额
4	手机	1	2200		自行车	1	600
5	衣服	1	200		旅游鞋	1	200
6	笔记本	1	5600		衣服	2	800
7							
8							
9		数量	金额				
10	手机	1	2200			2	2800
11	自行车	1	600			2	400
12	旅游鞋	1	200			3	6400
13	衣服	3	1000				
14	笔记本	1	5600				

图 5-46　按类别合并与按位置合并计算结果比较

按位置合并时不关心多个数据源表的行/列标题是否相同，只是将相同位置上的数据进行简单的合并计算。这种合并方式适合数据源表结构完全相同的情况下的合并。若数据源表结构不同，合并结果可能无意义。

5.7.5　数据透视表

数据透视表

数据透视表能够将筛选、排序和分类汇总等操作依次完成，并生成汇总表格。下面以如图 5-47 所示的某学院招聘工作人员的考生信息为例，介绍使用 Excel 数据透视表功能进行数据统计分析的方法。

	A	B	C	D	E
1	姓名	性别	学历	应聘岗位	总成绩
2	考生1	女	博士研究生	教师岗位	91
3	考生2	男	硕士研究生	管理岗位	79
4	考生3	女	本科	会计岗位	80
5	考生4	女	硕士研究生	会计岗位	85
6	考生5	男	硕士研究生	教师岗位	82
7	考生6	男	硕士研究生	会计岗位	90
8	考生7	女	本科	教师岗位	94
9	考生8	男	硕士研究生	教师岗位	89
10	考生9	男	博士研究生	教师岗位	94
11	考生10	女	本科	管理岗位	79
12	考生11	男	硕士研究生	教师岗位	94
13	考生12	女	博士研究生	教师岗位	80
14	考生13	男	硕士研究生	教师岗位	85
15	考生14	女	硕士研究生	教师岗位	29
16	考生15	男	硕士研究生	教师岗位	71
17	考生16	女	硕士研究生	教师岗位	78
18	考生17	男	硕士研究生	管理岗位	84
19	考生18	男	硕士研究生	会计岗位	73
20	考生19	男	硕士研究生	会计岗位	88

图 5-47　考生信息

(1) 单击数据清单中任意单元格，选择“插入”→“表格”→“数据透视表”命令，打开“创建数据透视表”对话框,如图 5-48 所示。默认选择数据清单中的所有数据创建数据透视表,“选择放置数据透视表的位置”为“新工作表”。

(2) 单击“确定”按钮,在新工作表中自动创建空白数据透视表,同时打开“数据透视表字段”任务窗格。

(3) 在“数据透视表字段”任务窗格中,如图 5-49 所示,按下鼠标左键将“应聘岗位”字段拖曳到“筛选器”区域,将“性别”字段拖曳到“列”区域,将“姓名”拖曳到“值”区域,将“总成绩”拖曳到“值”区域。单击“值”区域中的“求和项:总成绩”,在弹出的下拉菜单中选择“值字段设置”命令,在打开的“值字段设置”对话框中,“计算类型”选择“平均值”,单击“数字格式”按钮,打开“设置单元格格式”对话框,设置数字格式为“数值(小数位数保留 1 位)”。生成各应聘岗位男、女人数及男、女平均总成绩统计表,如图 5-50 所示。

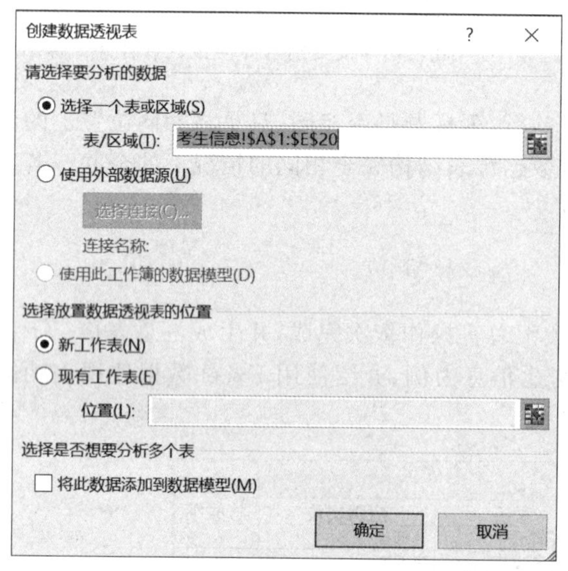

图 5-48 “创建数据透视表”对话框

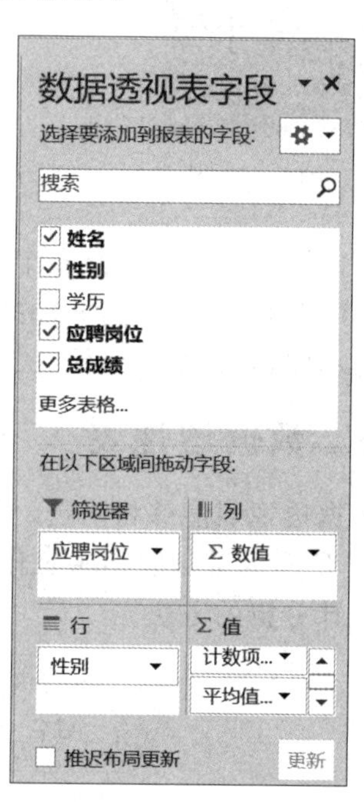

图 5-49 设置统计方式

	A	B	C
1	应聘岗位	(全部)	
2			
3	行标签	计数项:姓名	平均值项:总成绩
4	男	11	84.4
5	女	8	76.8
6	**总计**	**19**	**81.2**

图 5-50 数据透视表统计结果

若想得到其他数据统计汇总方式,只要按自己的需求进行字段的拖曳即可。

在图 5-50 中,通过“应聘岗位”右边的下拉箭头设置筛选条件,即可看到筛选后的数据。

数据透视表功能强大,可以对数据进行分类、汇总、筛选等,快速制作出所需要的汇总统计报表,灵活使用可大大提高工作效率。

5.7.6　获取外部数据

在 Excel 2016 中，可以将 Access、文本文件、CSV、SQL Server、XML 等多种数据格式转换到 Excel 工作表中，这样就可以利用 Excel 的功能对数据进行整理和分析。

假设桌面有“太极鞋订单.txt”文本文件，如图 5-51 所示。将其导入 Excel 工作表中的操作步骤如下。

太极鞋订单.txt - 记事本

文件(F) 编辑(E) 格式(O) 查看(V) 帮助(H)

序号	姓名	鞋码	颜色	加绒否	数量
1	潘志祥	35	白	否	1
2	廖晓波	43	白	否	2
3	廖晓波	42	黑	是	1
4	蔡文科	42	白	否	1
5	褚晓阳	35	白	是	1
6	路泽	39	白	否	2
7	楚濂浩	40	白	是	1
8	蓝雨	39	黑	否	2
9	朝阳	42	白	是	1
10	董哲奇	43	黑	是	1
11	葛文静	36	黑	是	1
12	崔阳	37	白	是	1
13	黄娟	41	黑	是	2
14	郭丽君	35	黑	是	1
15	殷诗琦	37	黑	是	1

第 1 行，第 1 列　100%　Windows (CRLF)　ANSI

图 5-51　太极鞋订单.txt

（1）选择“数据”→“获取外部数据”→“自文本”命令，弹出“导入文本文件”对话框。

（2）找到文件所在的位置及文件，单击“导入”按钮，弹出“文本导入向导-第 1 步，共 3 步”对话框，如图 5-52 所示。

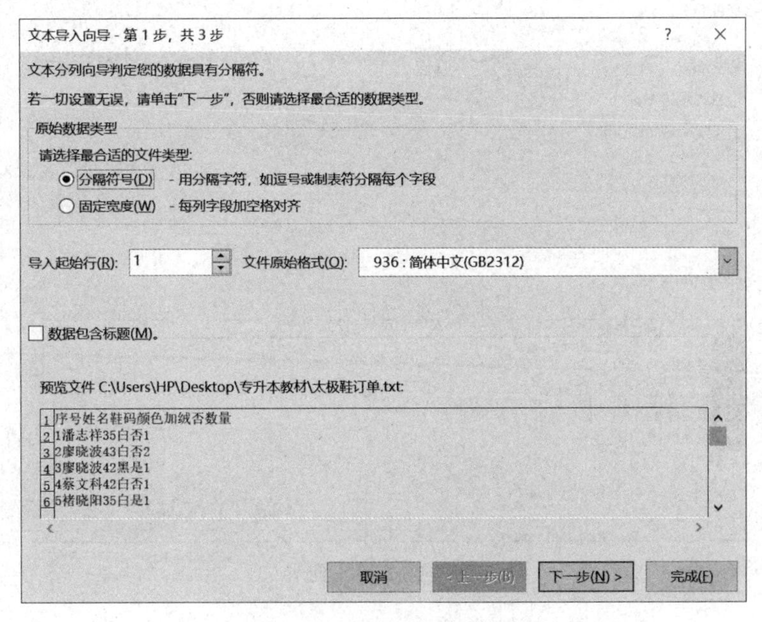

图 5-52　文本导入向导(1)

（3）单击“下一步”按钮，弹出“文本导入向导-第 2 步，共 3 步”对话框，根据示例文件，“分隔符号”默认设置为“Tab 键”，如图 5-53 所示。

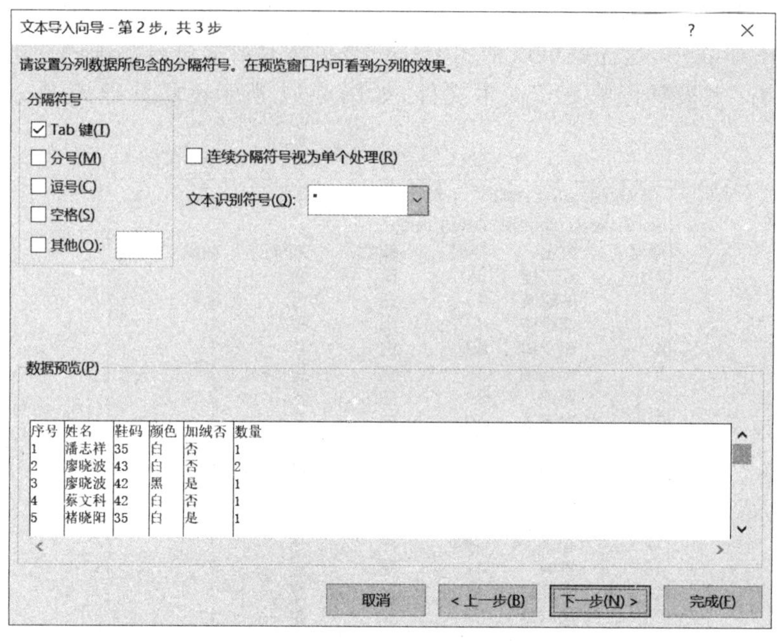

图 5-53 文本导入向导(2)

（4）单击“下一步”按钮，弹出“文本导入向导-第 3 步，共 3 步”对话框，如图 5-54 所示。选中第 1 列，将“列数据格式”设置为“文本”。

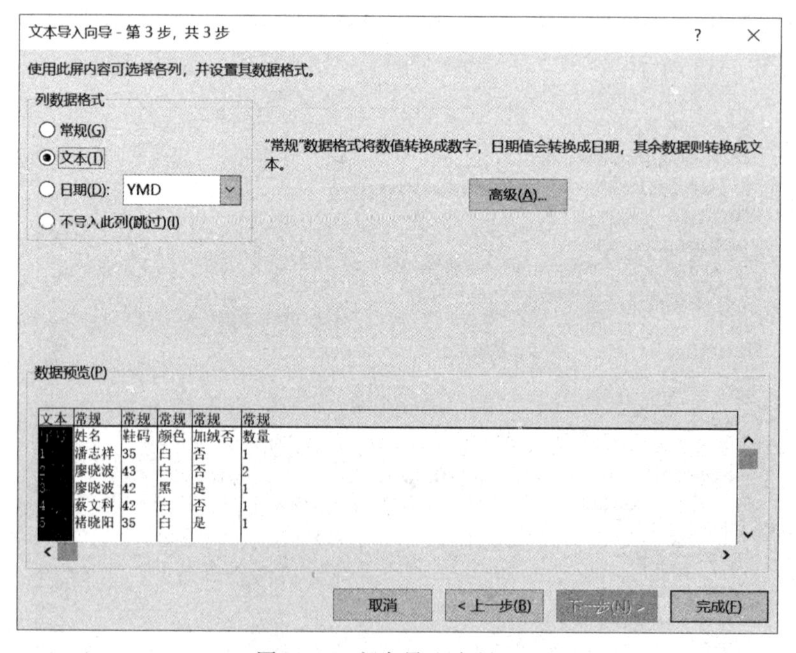

图 5-54 文本导入向导(3)

(5) 单击“完成”按钮，弹出“导入数据”对话框，如图 5-55 所示。

(6) 设置好导入数据的存放位置后，单击“确定”按钮，数据导入成功，如图 5-56 所示。

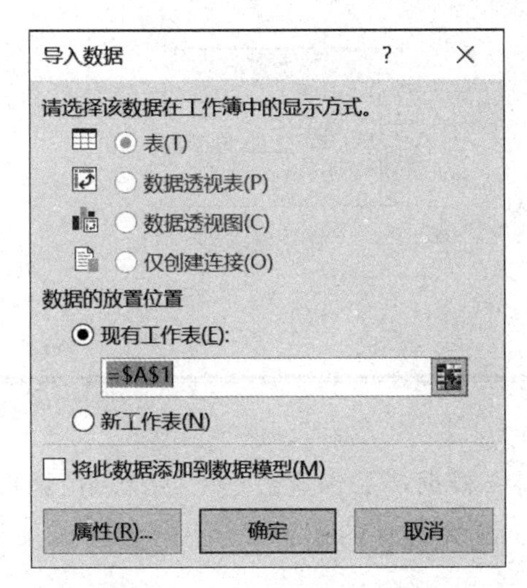

图 5-55 “导入数据”对话框

	A	B	C	D	E	F
1	序号	姓名	鞋码	颜色	加绒否	数量
2	1	潘志祥	35	白	否	1
3	2	廖晓波	43	白	否	2
4	3	廖晓波	42	黑	是	1
5	4	蔡文科	42	白	否	1
6	5	褚晓阳	35	白	是	1
7	6	路泽	39	白	否	2
8	7	楚濂浩	40	白	是	1
9	8	蓝雨	39	黑	否	2
10	9	朝阳	42	白	是	1
11	10	董哲奇	43	黑	是	1
12	11	葛文静	36	黑	是	1
13	12	崔阳	37	白	是	1
14	13	黄娟	41	黑	是	2
15	14	郭丽君	35	黑	是	1
16	15	殷诗琦	37	黑	是	1

图 5-56 文本文件数据导入 Excel 工作表

5.7.7 模拟分析

模拟分析是指通过更改单元格中的值来查看这些更改对工作表中公式结果的影响的过程。Excel 2016 中包含三种模拟分析工具：方案管理器、模拟运算表和单变量求解。

方案管理器和模拟运算表根据各组的输入值来确定可能的结果。单变量求解与方案管理器和模拟运算表的工作方式不同，它获取结果并确定生成该结果的可能的输入值，即已知单个公式的预测结果，而用于确定此公式结果的输入值未知，则可以使用单变量求解。

【例 5-11】 某课程的总评成绩(百分制)计算方法为：平时成绩占 20%，期中成绩占 30%，期末成绩占 50%。已知某学生的平时成绩为 80 分，期中成绩为 94 分，该学生的总评成绩要达到 90 分，则期末成绩至少需要考多少分？

按照总评成绩的计算方法，在如图 5-57 所示的工作表 B4 单元格内输入公式“=B1 * 0.2+B2 * 0.3+B3 * 0.5”，按 Enter 键确认，结果如图 5-58 所示。

	A	B	C
1	平时成绩	80	
2	期中成绩	94	
3	期末成绩		
4	总评成绩		
5			
6			

图 5-57 示例数据

B4 =B1*0.2+B2*0.3+B3*0.5

	A	B	C	D	E	F
1	平时成绩	80				
2	期中成绩	94				
3	期末成绩					
4	总评成绩	44.2				
5						
6						

图 5-58 输入公式计算课程总评成绩

选择“数据”→“预测”→“模拟分析”→“单变量求解”命令，打开“单变量求解”对话框，设置“目标单元格”为 B4，“目标值”为 90，“可变单元格”为 $B$3，如图 5-59 所示，单击“确定”按钮，出现“单变量求解状态”对话框，提示用户已经得到一个解使得目标值为 90。单击对话框中的“确定”按钮,得到的计算结果如图 5-60 所示。

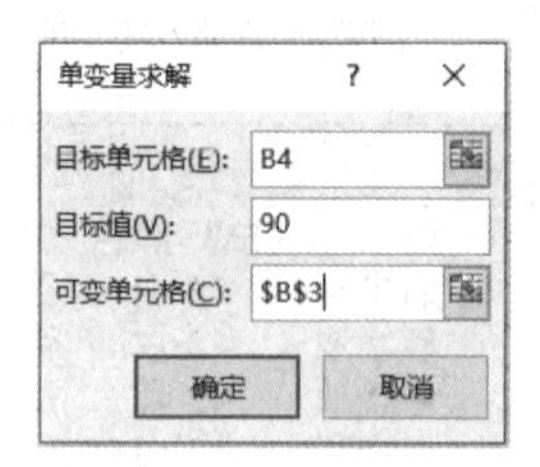

图 5-59 “单变量求解”对话框

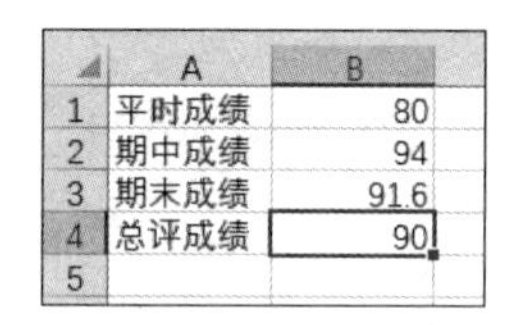

	A	B
1	平时成绩	80
2	期中成绩	94
3	期末成绩	91.6
4	总评成绩	90
5		

图 5-60 “单变量求解”结果

巩固训练

一、单选题

某公司经理希望公司每月利润 100 万以上,需要根据产品销售数据(含销售量、销售额、利润等)预测每月的销售量,如果使用 Excel 2016 预测本月的销售量,下列最应该使用的是(　　)。

A. 数据透视表　　B. 模拟分析　　C. 分类汇总　　D. 合并计算

【答案】 B

【解析】 利用 Excel 2016 中的模拟分析功能,可以根据预测结果,确定生成该结果的可能的输入。

二、填空题

Excel 2016 中包含三种模拟分析工具:方案管理器、模拟运算表和________。

【答案】 单变量求解

【解析】 略。

5.8 图　表

图表是工作表数据的图形化表示,能直观形象地显示数据及数据之间的关系,还能够更加详细地表示数据的大小、变化、趋势等,方便进行数据的比较和分析。图表和建立图表的工作表数据建立了动态链接关系。当工作表中的数据发生变化时,图表中对应项的数据系列自动发生变化。

5.8.1 图表简介

图表的组成

1. 图表的分类

按照图表的存放位置,Excel 中的图表分为两种,一种是嵌入式图表,它和创建图表的数据源放置在同一张工作表中,打印时可以同时打印;另一种是独立图表,它是一个独立的图表工作表,打印时也将与数据表分开打印。

2. 图表的组成

在 Excel 中,图表是由多个部分组成的,这些组成部分被称为图表元素。一个完整的图表通常由图表区、绘图区、图表标题和图例等几大部分组成，如图 5-61 所示。

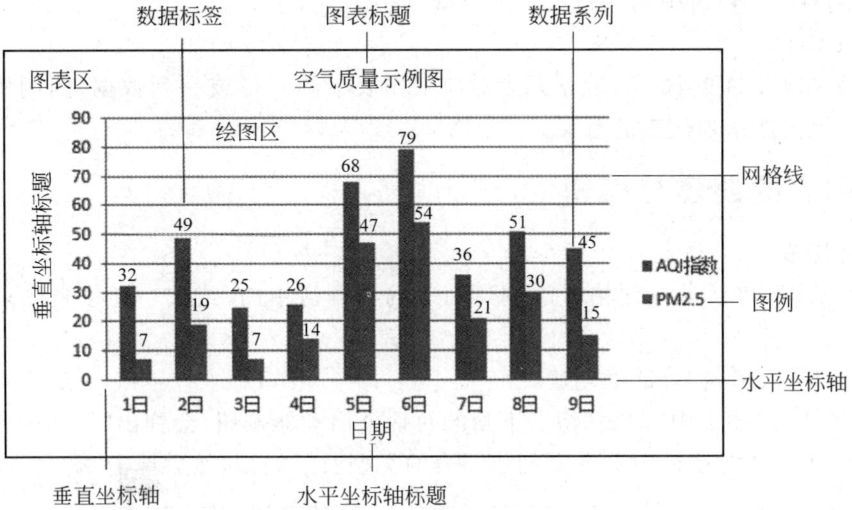

图 5-61　图表的组成部分

图表区：相当于画板，图表的其他组成部分都在图表区内。

绘图区：图表的核心，包括数据系列、坐标轴、网格线和数据标签等。对于三维效果的图表，还包括图表背景墙和图表基底。

图例：用于标识当前图表中各数据系列，由图例项和图例项标识组成。

数据系列：对应工作表中的一行或一列数据。一个图表中可以包含一个或多个数据系列，每个数据系列都有唯一的颜色或形状，与图例相对应。

坐标轴：用于绘制图表数据系列大小的参考框架。对于二维效果图表，坐标轴分为垂直坐标轴和水平坐标轴。水平坐标轴一般表示时间或分类，垂直坐标轴一般表示数据的大小。

图表标题、水平坐标轴标题、垂直坐标轴标题：分别用于说明图表、水平坐标轴、垂直坐标轴所代表的意义。

数据标签：显示与数据系列对应的实际值。

网格线：为方便对比各数据点值的大小而设置的水平参考线。

巩固训练

一、单选题

在 Excel 2016 中可以创建嵌入式图表，它和创建图表的数据源放置在（　　）工作表中。

A. 不同的　　B. 相邻的　　C. 同一张　　D. 另一工作簿的

【答案】 C

二、多选题

在 Excel 2016 中，下列关于图表的描述中错误的是（　　）。

A. Excel 中的图表分两种，一种是嵌入式图表，另一种是独立图表

B. 一个完整的图表通常由图表区、绘图区、图表标题和图例等几大部分组成

C. 数据系列用于标识当前图表中各组数据代表的意义

D. 图例对应工作表中的一行或一列数据

【答案】CD

【解析】在 Excel 2016 中,数据系列对应工作表中的一行或一列数据,图例用于标识当前图表中各组数据系列代表的意义。

5.8.2 图表的创建与编辑

创建图表

1. 创建图表

创建图表时,将活动单元格置于创建图表的数据清单内,或选中要创建图表的单元格区域。

1) 通过"插入图表"对话框创建

单击"插入"选项卡中"图表"组右下角的对话框启动器按钮,会弹出"插入图表"对话框,如图 5-62 所示。在对话框中选择要创建图表的类型及子类型,然后单击"确定"按钮。

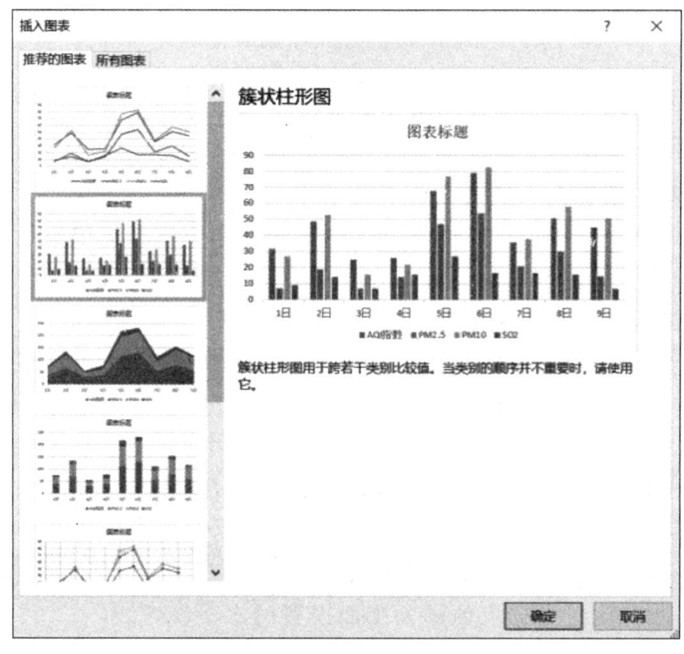

图 5-62 "插入图表"对话框

2) 使用"图表"组中的命令创建

在"插入"选项卡"图表"组中单击一种图表类型的下拉按钮,在下拉列表中选择一种子类型,即可创建一个图表。

巩固训练

单选题

在 Excel 2016 中可以选择一定的数据区域建立图表,当该区域的数据发生变化时,则(　　)。

A. 图表保持不变

B. 图表中的数据系列将自动随之改变

C. 需要用户手工刷新，才能使图表发生相应变化

D. 系统将给出错误提示

【答案】 B

【解析】 略。

2. 编辑图表

编辑图表

建立图表后，用户可以对它进行修改，如图表的大小、类型或数据系列等。

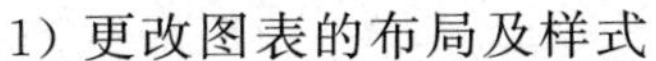

1）更改图表的布局及样式

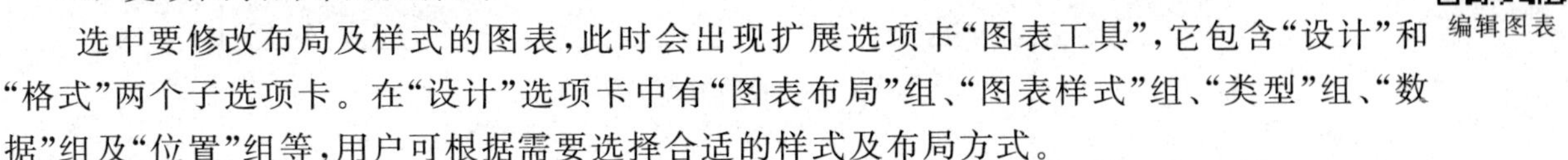

选中要修改布局及样式的图表，此时会出现扩展选项卡“图表工具”，它包含“设计”和“格式”两个子选项卡。在“设计”选项卡中有“图表布局”组、“图表样式”组、“类型”组、“数据”组及“位置”组等，用户可根据需要选择合适的样式及布局方式。

2）更改图表类型

选中图表，选择“图表工具/设计”→“类型”→“更改图表类型”命令，打开“更改图表类型”对话框，其操作方法与“插入图表”对话框相同。

3）改变图表存放位置

创建的图表默认是嵌入式的，和工作表放在一起。在图表区上右击，在弹出的快捷菜单中选择“移动图表”命令，或选择“图表工具/设计”→“位置”→“移动图表”命令，打开“移到图表”对话框，如图5-63所示。选择相应的存放位置，单击“确定”按钮即可。选择“新工作表”，可将图表单独存放在一张工作表中。

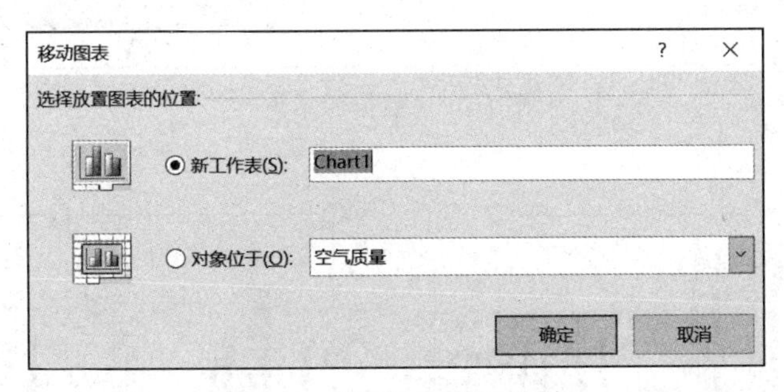

图5-63 “移动图表”对话框

4）修改图表数据源

（1）在图表任意位置上右击，在弹出的快捷菜单中选择“选择数据”命令，或选择“图表工具/设计”→“数据”→“选择数据”命令，打开“选择数据源”对话框，如图5-64所示。通过该对话框，可对数据源进行整体设计。

（2）选中图表，可看到图表数据源区域周围显示蓝色边框，如图5-65所示。将光标指向蓝色边框的四个顶角之一，当光标变为双向箭头时，按下鼠标左键进行拖曳，即可改变图表的数据源。

5）改变数据系列产生的方向

选中图表，选择“图表工具/设计”→“数据”→“切换行/列”命令，即可更改在图表中绘制工作表行和列的方式。示例如图5-66所示。

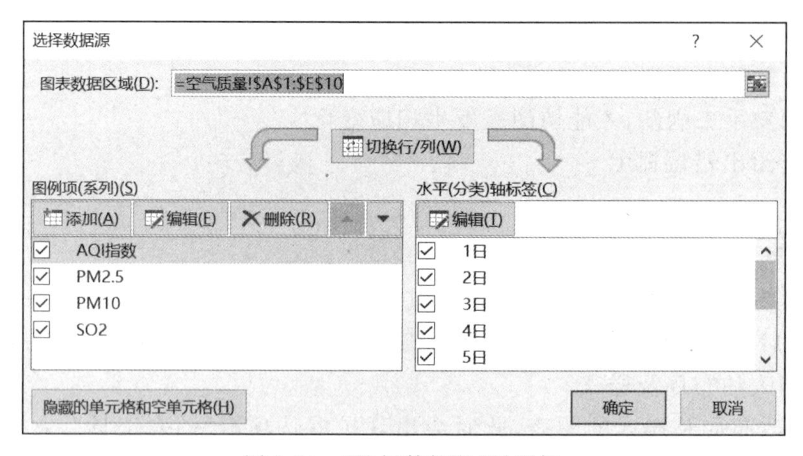

图 5-64 “选择数据源”对话框

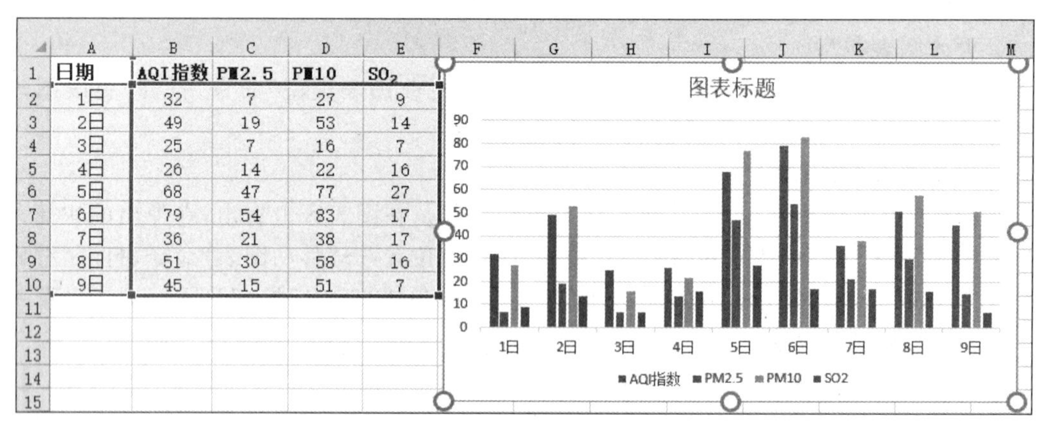

图 5-65 数据源示例

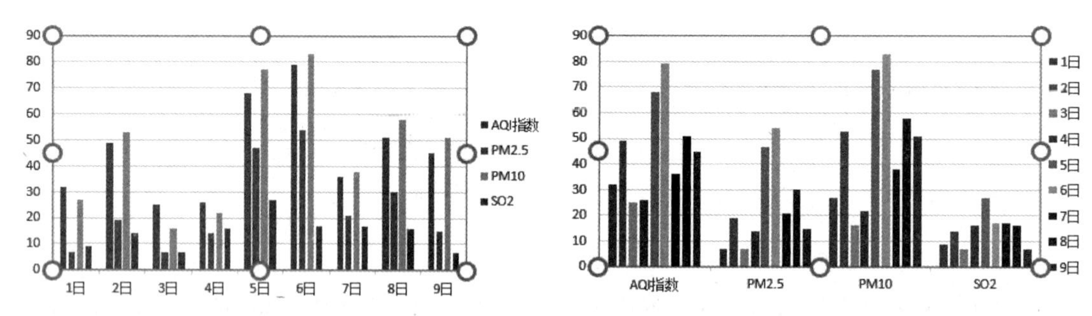

图 5-66 调整数据系列产生的方向

在“选择数据源”对话框中，单击“切换行/列”按钮，也可实现上述操作。

6）设置图表标题、坐标轴标题、图例、数据标签及坐标轴

选择“图表工具/设计”→“图表布局”→“添加图表元素”命令，可进行相应的设置。

7）改变图表大小

（1）将光标指向图表的控点之一，当光标变成双向箭头时，按下鼠标左键进行拖曳，即可改变图表的大小。

(2) 在“图表工具/格式”选项卡的“大小”组中设置图表的高度和宽度。

5.8.3　格式化图表

格式化图表

对于初步制作的图表，还可根据需要对其外观进行形状样式、填充效果、应用艺术字标题等格式化操作，以达到美化图表的效果。

选中要格式化的图表，在“图表工具/设计”选项卡中，用户可以根据需要选择相应的格式化命令，完成对图表的格式化操作。

在生成的图表上，光标移动到哪里都会显示相应图表元素的名称，通过这些名称可更好、更快地对图表进行设置。例如，将光标指向图表四周空白处，系统提示为“图表区”，在此位置右击，在弹出的快捷菜单中选择“设置图表区域格式”命令，打开图5-67所示的“设置图表区格式”窗格。在此窗格中可根据需要选择要设置的项目及参数。

其他图表元素格式化的方法与上述方法类似，此处不再赘述。

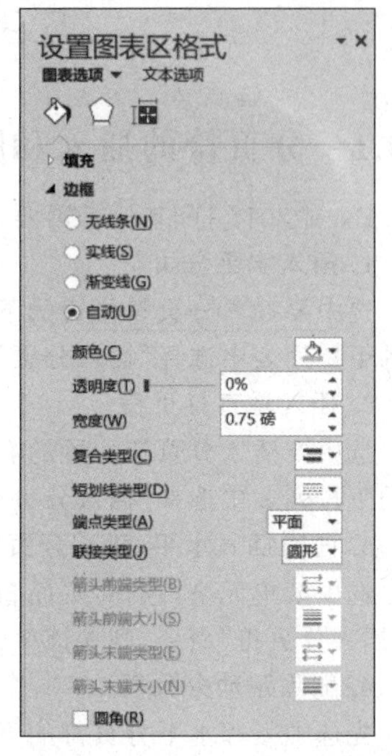

图5-67　“设置图表区格式”窗格

5.8.4　迷你图

迷你图

迷你图类似于图表功能，只不过将其简化，使其可以显示在一个单元格中。简单地以图表的形式在一个单元格内显示出指定单元格区域内的一组数据的变化。

Excel 2016有三种迷你图样式，即折线图、柱形图和盈亏图。

下面以如图5-68所示的数据介绍迷你图的制作方法。利用迷你图表示每个员工的奖金浮动情况。首先选择创建迷你图的单元格或区域，这里选择B3:E7，单击“迷你图”组中的折线图，弹出“创建迷你图”对话框，在该对话框中选择放置迷你图的位置(F3:F7)，迷你图效果如图5-69所示。

	A	B	C	D	E	F
1	某公司员工业绩考核奖金表					
2	姓名	1季度	2季度	3季度	4季度	奖金浮动
3	崔涛	900	800	980	770	
4	吴倩倩	980	1080	1300	990	
5	陈曦	660	990	560	840	
6	单丽萍	820	980	980	800	
7	陈旭军	880	1000	670	850	

图5-68　迷你图示例表

	A	B	C	D	E	F
1	某公司员工业绩考核奖金表					
2	姓名	1季度	2季度	3季度	4季度	奖金浮动
3	崔涛	900	800	980	770	
4	吴倩倩	980	1080	1300	990	
5	陈曦	660	990	560	840	
6	单丽萍	820	980	980	800	
7	陈旭军	880	1000	670	850	

图5-69　迷你图效果

巩固训练

单选题

在Excel 2016中有3种迷你图样式，其中不包含(　　)。

A. 折线图　　　B. 柱形图　　　C. 饼状图　　　D. 盈亏图

【答案】C

【解析】Excel 2016 中有 3 种迷你图,分别是折线图、柱形图和盈亏图。

5.9　页面设置与打印

5.9.1　分页符的插入和删除

Excel 2016 打印时,若需要在指定位置强行分页,可通过分页符手动分页。

分页符设置

1. 插入水平分页符

选中要插入分页符位置的下一行,选择"页面布局"→"页面设置"→"分隔符"命令,在出现的下拉列表中选择"插入分页符"命令,则在该行的上方插入一个水平分页符。

2. 插入垂直分页符

选中要插入分页符位置的右侧列,选择"页面布局"→"页面设置"→"分隔符"命令,在出现的下拉列表中选择"插入分页符"命令,则在该列的左侧插入一个垂直分页符。

3. 同时插入水平、垂直分页符

选中某单元格,选择"页面布局"→"页面设置"→"分隔符"命令,在出现的下拉列表中选择"插入分页符"命令,则在该单元格的上边框和左边框位置同时插入水平、垂直分页符。

4. 删除手动分页符

先选中紧邻水平分页符的下面一行(或该行中的任一单元格),或选择紧邻垂直分页符的右侧列(或该列中的任一单元格),选择"页面布局"→"页面设置"→"分隔符"命令,在出现的下拉列表中选择"删除分页符"命令,即可删除水平或垂直分页符。

若要删除工作表中所有的手动分页符,则选择"页面布局"→"页面设置"→"分隔符"命令,在出现的下拉列表中选择"重设所有分页符"命令,但 Excel 2016 中的自动分页符不会被删除。

5. 调整分页符位置

只有在分页预览视图下才能调整分页符位置。在"视图"选项卡"工作簿视图"组中,选择"分页预览"命令,或单击状态栏右侧的"分页预览"按钮,即可进入分页预览视图,如图 5-70 所示。在分页预览视图中,手动分页符以实线表示,自动分页符以虚线表示。将光标指向相应的分页符,按下鼠标左键拖曳即可移动分页符位置,拖曳出打印区域以外,则分页符将被删除。

5.9.2　页面设置

页面设置

在 Excel 2016 中,通过单击"页面布局"选项卡"页面设置"组的相应按钮,可以快速设置打印的相关参数。

单击"页面设置"组的对话框启动器按钮,打开"页面设置"对话框。在"页面设置"对话框中,共有 4 个选项卡:"页面""页边距""页眉/页脚"和"工作表",在相应选项卡中,可进行详细的参数设置来完成页面布局,达到满意的打印效果。

1. "页面"选项卡

"页面"选项卡可以设置纸张方向、缩放比例、纸张大小,打印质量、起始页码。

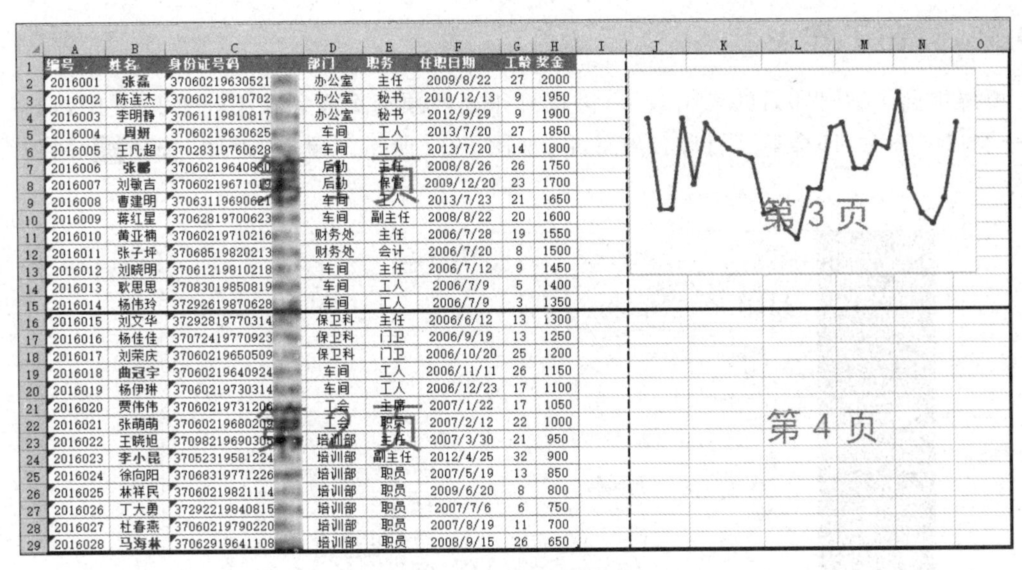

	A	B	C	D	E	F	G	H
1	编号	姓名	身份证号码	部门	职务	任职日期	工龄	奖金
2	2016001	张磊	37060219630521	办公室	主任	2009/8/22	27	2000
3	2016002	陈连杰	37060219810702	办公室	秘书	2010/12/13	9	1950
4	2016003	李明静	37061119810817	办公室	秘书	2012/9/29	9	1900
5	2016004	周[illegible]	37060219630625	车间	工人	2013/7/20	27	1850
6	2016005	王凡超	37028319760628	车间	工人	2013/7/20	14	1800
7	2016006	张[illegible]	370602196408[illegible]	后勤	主任	2008/8/26	26	1750
8	2016007	刘敏吉	3706021967101[illegible]	后勤	保管	2009/12/20	23	1700
9	2016008	曹建明	37063119690621	车间	工人	2013/7/23	21	1650
10	2016009	蒋红星	37062819700623	车间	副主任	2008/8/22	20	1600
11	2016010	黄亚楠	37060219710216	财务处	主任	2006/7/28	19	1550
12	2016011	张子坪	37068519820213	财务处	会计	2006/7/20	8	1500
13	2016012	刘晓明	37061219810218	车间	主任	2006/7/12	9	1450
14	2016013	耿思思	37083019850819	车间	工人	2006/7/9	5	1400
15	2016014	杨伟玲	37292619870628	车间	工人	2006/7/9	3	1350
16	2016015	刘文华	37292819770314	保卫科	主任	2006/6/12	13	1300
17	2016016	杨佳佳	37072419770923	保卫科	门卫	2006/9/19	13	1250
18	2016017	刘荣庆	37060219650509	保卫科	门卫	2006/10/20	25	1200
19	2016018	曲冠宇	37060219640924	车间	工人	2006/11/11	26	1150
20	2016019	杨伊琳	37060219730314	车间	工人	2006/12/23	17	1100
21	2016020	贾伟伟	37060219731206	工会	主席	2007/1/22	17	1050
22	2016021	张萌萌	3706021968020[illegible]	工会	职员	2007/2/12	22	1000
23	2016022	王晓旭	37098219690305	培训部	主任	2007/3/30	21	950
24	2016023	李小昆	37052319581224	培训部	副主任	2012/4/25	32	900
25	2016024	徐向阳	37068319771226	培训部	职员	2007/5/19	13	850
26	2016025	林祥民	37060219821114	培训部	职员	2009/6/20	8	800
27	2016026	丁大勇	37292219840815	培训部	职员	2007/7/6	6	750
28	2016027	杜春燕	37060219790220	培训部	职员	2007/8/19	11	700
29	2016028	马海林	37062919641108	培训部	职员	2008/9/15	26	650

图 5-70　分页预览视图

2. "页边距"选项卡

"页边距"选项卡可设置页面四个边界的距离、页眉和页脚的上下边距等，设置方法与 Word 2016 类似，此处不再赘述。

3. "页眉/页脚"选项卡

设置页眉和页脚，可通过单击"页眉"和"页脚"下拉列表，选择内置的页眉和页脚格式，最后单击"确定"按钮即可。

也可分别单击"自定义页眉""自定义页脚"按钮，在相应的对话框中自己定义。页眉和页脚的其他参数也可通过该选项卡设置。

4. "工作表"选项卡

"工作表"选项卡中的"打印区域"用于设置打印区域，若不设置，则当前整个工作表为打印区域。如果需要在每一页上都重复出现打印行标志（即数据清单的字段名），则单击"顶端标题行"编辑框，输入数据清单字段名所在的行区域，如 1:1，即第一行将作为每一页表格的行标题。如果每一页都重复打印某些列，则单击"左端标题列"编辑框，输入打印列的列区域，如 A:B，即打印的每一页表格都包含前两列。

其他打印参数及打印顺序可根据需要通过本选项卡进行设置。

巩固训练

判断题

Excel 2016 是电子表格处理软件，没有添加页眉和页脚功能。（　　）

A. 正确　　　　B. 错误

【答案】 B

【解析】 Excel 2016 可以通过"插入"选项卡中的"页眉和页脚"命令来添加页眉和页脚，也可以通过"页面设置"对话框对页眉和页脚进行设置。

5.9.3 打印工作表

打印工作表

要想提前了解打印后的表格效果，可在打印之前预览页面。在 Excel 2016 中，选择“文件”→“打印”命令，即会显示打印预览效果，如图 5-71 所示。单击“返回”按钮，回到编辑状态。

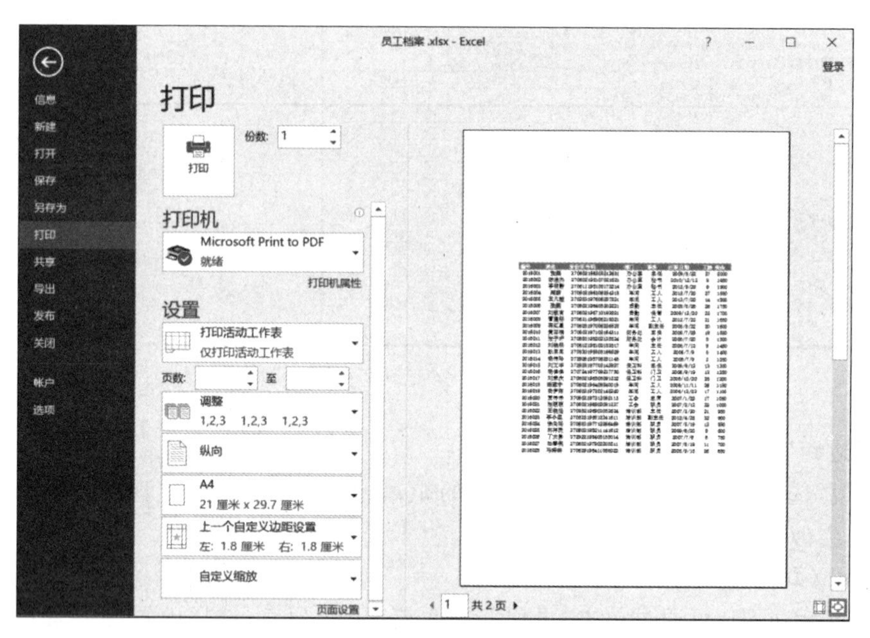

图 5-71　打印预览

在打印预览时，可以直观配置所有类型的打印设置，如打印份数、打印机属性、打印页面范围、页面打印/双面打印、纵向/横向、页面大小等。

在打印预览屏幕的“设置”区中，系统默认打印当前活动工作表。单击“打印活动工作表”下拉按钮，可选择更多打印范围，如图 5-72 所示。

Excel 2016 默认情况下，按实际大小打印工作表（即无缩放），若想实现缩放打印，可在打印预览屏幕的“设置”区中，单击“无缩放”下拉按钮，根据需要选择合适的缩放方式，如图 5-73 所示。

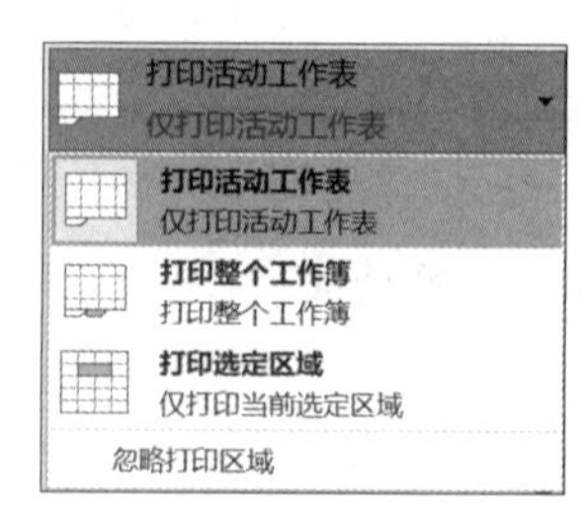

图 5-72　打印范围

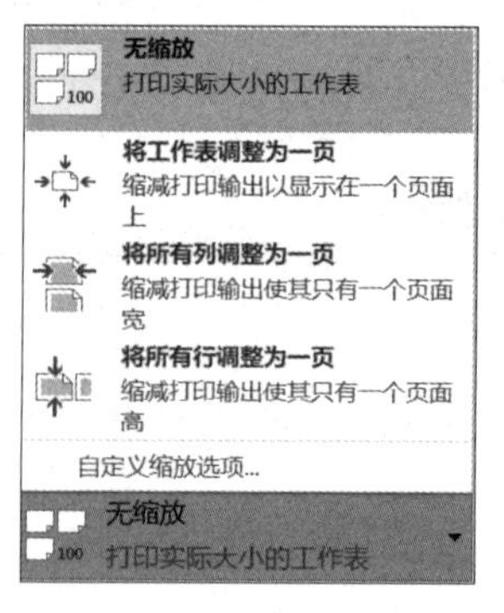

图 5-73　缩放打印

所有参数设置完毕，单击图 5-71 中的“打印”按钮即可。

巩固训练

单选题

在 Excel 2016 中，下列有关打印的说法，错误的是(　　)。

A. 可以设置打印份数

B. 选择“文件”→“打印”命令，页面右侧同步显示打印预览效果

C. 无法调整打印方向

D. 可进行页面设置

【答案】 C

【解析】 在 Excel 2016 中，选择“文件”→“打印”命令，页面右侧会同步显示打印预览效果，并可以对打印份数、打印范围、打印方向、边距等进行设置，也可以通过“页面设置”按钮对页面进行设置。

强化训练

请扫描二维码查看强化训练的具体内容。

强化训练

参考答案

请扫描二维码查看参考答案。

参考答案

第 6 章　演示文稿软件

思维导图

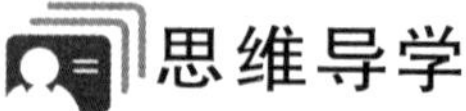

思维导学

请扫描二维码查看本章的思维导图。

明德育人

党的二十大要求加快实施创新驱动发展战略，加快实现高水平科技自立自强，以国家战略需求为导向，积聚力量进行原创性引领性科技攻关，坚决打赢关键核心技术攻坚战，增强自主创新能力，积极推动国产软件生态建设。

WPS Office 是国产办公软件的翘楚，由北京金山办公软件股份有限公司自主研发的一款办公软件套装，1989 年由求伯君正式推出 WPS 1.0。可以实现办公软件最常用的文字、表格、演示、PDF 阅读等多种功能。具有内存占用低、运行速度快、云功能多、强大插件平台支持、免费提供在线存储空间及文档模板的优点。

WPS Office 支持阅读和输出 PDF(pdf)文件、具有全面兼容微软 Office 97～Office 2010 格式(.doc、.docx、.xls、.xlsx、.ppt、.pptx 等)的独特优势。覆盖 Windows、Linux、Android、iOS 等多个平台。WPS Office 支持桌面和移动办公。且 WPS 移动版通过 Google Play 平台，已覆盖超过 50 多个国家和地区。

知识学堂

6.1　PowerPoint 2016 基本知识

6.1.1　PowerPoint 2016 的主要功能

PowerPoint 2016 和 Word 2016、Excel 2016 等软件一样，是 Microsoft 公司推出的 Office 系列软件之一。它可以制作出集文字、图形、图像、声音和视频等多媒体对象为一体的演示文稿，把学术交流、辅助教学、广告宣传、产品演示等信息以更轻松、更高效的方式表达出来。

在 PowerPoint 2016 中，将制作出的一张张图片叫作幻灯片，而由一张张幻灯片组成的文件叫作演示文稿文件，其默认扩展名为.pptx。

注意：PowerPoint 2016 演示文稿还可以保存为以下格式。

PowerPoint 模板文件：potx。

PowerPoint 放映文件：ppsx。

启动宏的 PowerPoint 演示文稿：pptm。

PDF 文档：pdf。

另存为视频的演示文稿：wmv。

另存为图片的演示文稿：gif、jpg、png 等。

6.1.2　PowerPoint 2016 的窗口界面

PowerPoint 2016 界面及视图

启动 PowerPoint 2016 后，显示的窗口被称为演示文稿的工作窗口，该窗口主要由快速访问工具栏、功能区、工作区、状态栏、视频切换按钮和幻灯片显示比例等部分组成，如图 6-1 所示。

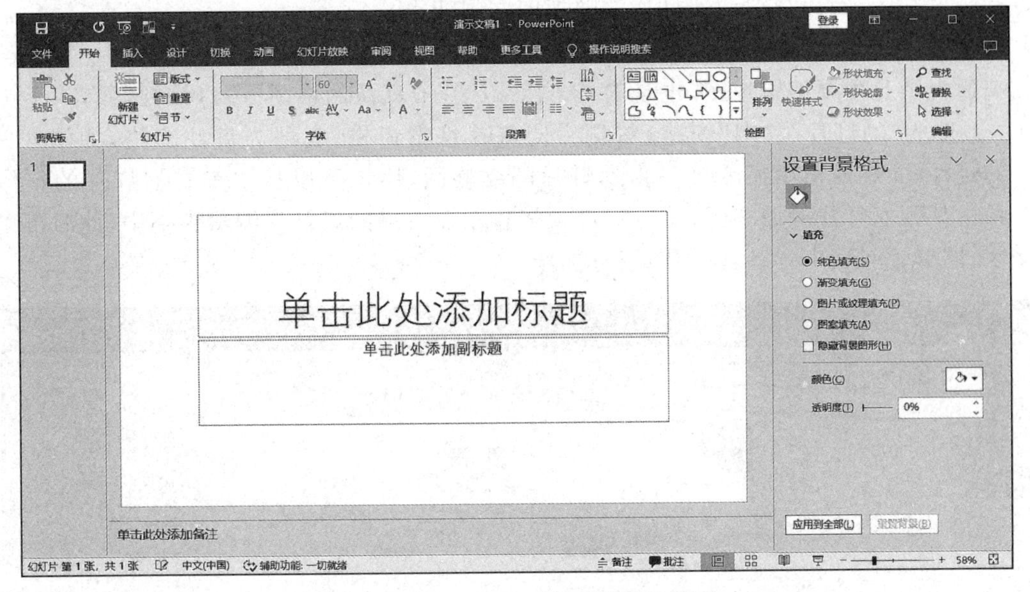

图 6-1　PowerPoint 2016 的窗口界面

在 Word 2016 中已经介绍过快速访问工具栏、选项卡、功能区、状态栏等部分的功能，此处仅对“幻灯片/大纲”窗格、幻灯片编辑窗格、任务窗格、备注窗格进行介绍。

1. “幻灯片/大纲”窗格

该窗格包括“幻灯片”和“大纲”两种列表方式，在幻灯片窗格中，可以显示每张幻灯片的具体内容。在大纲窗格中，每张幻灯片以微型方式顺序列出，仅显示幻灯片的主体大纲结构。

2. 幻灯片编辑窗格

在该窗格下可以逐张为幻灯片添加标题、正文，使用绘图工具画出各种图形，添加各种对象，对幻灯片的内容进行编排与格式化操作，还可以为各种对象添加超链接以及动画等。

3. 任务窗格

任务窗格用于显示某一特定功能的命令。在默认情况下，PowerPoint 2016 的操作界面不会显示任何任务窗格。只有执行了相应的操作后，任务窗格才会自动出现。

4. 备注窗格

添加与每个幻灯片的内容相关的备注,并且在放映演示文稿时将它们用作打印形式的参考资料,或者创建希望观众以打印形式或在网页上看到的备注。

6.1.3 PowerPoint 2016 视图

为了满足用户不同的需求,PowerPoint 2016 共提供了普通视图、大纲视图、幻灯片浏览视图、备注页视图、阅读视图和幻灯片放映视图等视图方式。

在不同视图方式间进行切换的方法有以下两种。

(1) 在"视图"选项卡"演示文稿视图"组中单击对应的按钮进行视图方式的切换,这种方法只能在普通视图、大纲视图、幻灯片浏览视图、备注页视图和阅读视图之间切换。

(2) 单击状态栏右侧的视图切换按钮进行视图方式的切换,这种方法只能在普通视图、幻灯片浏览视图、阅读视图和幻灯片放映视图之间切换。

1. 普通视图与大纲视图

普通视图是主要编辑视图,也是 PowerPoint 2016 默认的视图方式,该视图有 3 个工作区域:左侧为"幻灯片/大纲"窗格;右侧为幻灯片编辑窗格;底部为备注窗格,如图 6-2 所示。幻灯片/大纲窗格中显示每一张幻灯片的缩略图,用户可以从中查看幻灯片的整体效果。单击某张幻灯片的缩略图,对应幻灯片将显示在右侧的幻灯片编辑窗格中,此时可以进行文字、图形、图像、声音、动画等的编辑操作。

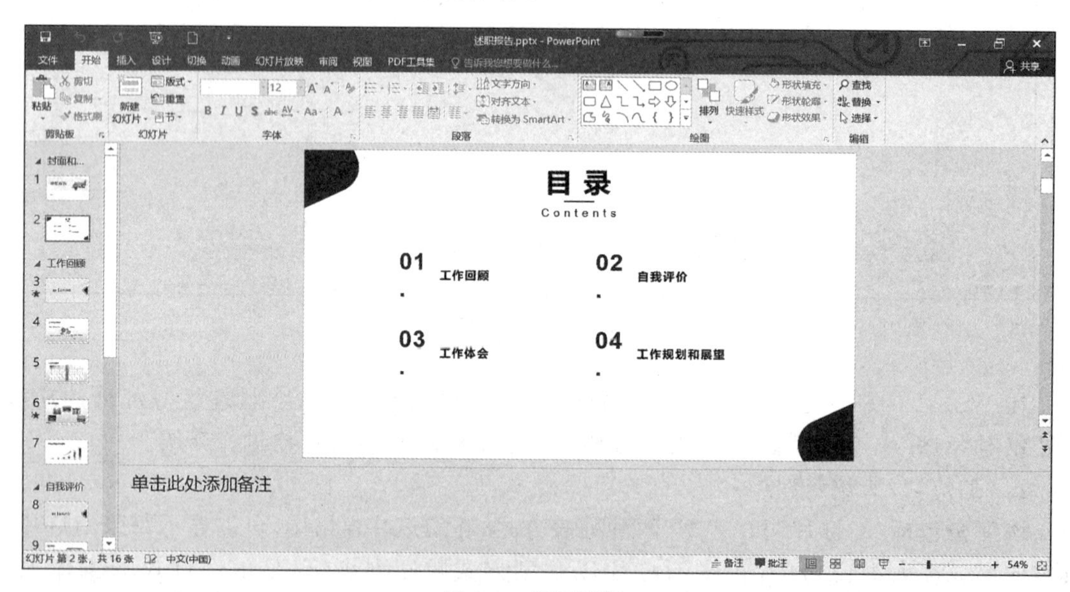

图 6-2 普通视图

注意:

(1) 普通视图模式下,默认在"幻灯片/大纲"窗格中显示幻灯片缩略图,使用缩略图可以方便地通过演示文稿导航并观看设计更改效果,也可以重新排列、添加和删除幻灯片。

(2) 大纲视图模式下,"幻灯片/大纲"窗格不显示幻灯片的图片、图形、色彩、表格、图表、文本框等内容,只显示幻灯片的文本部分(不包括文本框中的文本),可以看到每张幻灯片的标题和文本内容，并会依照文字的层次缩排，产生整个演示文稿的纲要、大标题、小标题等。

2. 幻灯片浏览视图

在幻灯片浏览视图中，既可以浏览幻灯片的整体外观，也可以轻松地进行幻灯片的复制、移动、删除等操作，如图6-3所示。在这种视图模式下，幻灯片缩略图的左下角显示当前幻灯片的编号，如果当前幻灯片中包含动画或设置了切换效果，则缩略图的右下角会有一个动画标志★，单击该标志即可预览动画效果或切换效果。

图6-3　幻灯片浏览视图

注意：幻灯片浏览视图下，用户不能编辑单张幻灯片的具体内容，但可以预览动画以及设置幻灯片的切换方式、背景和主题等。

3. 备注页视图

在备注页视图中，上部显示小版本的幻灯片，下部显示窗格中的内容，如图6-4所示。在这种视图模式下既可以很方便地编辑备注文本内容，也可以对文本进行格式设置。同时，表格、图表、图片等对象也可以插入备注页中，这些对象会在打印的备注页中显示出来，但不会在其他几种视图中显示。

4. 阅读视图

阅读视图可以根据当前窗口大小放映幻灯片，不需要全屏放映，如图6-5所示。该视图只显示标题栏、阅读区和状态栏，其他的编辑功能被屏蔽，可以用来在幻灯片制作完成后进行简单放映浏览。在该视图模式下，单击可以切换到下一张幻灯片，直到放映至最后一张幻灯片后退出阅读视图。在放映过程中也可以按Esc键退出阅读视图，还可以单击状态栏右侧的其他视图按钮，退出阅读视图并切换到对应的其他视图。

5. 幻灯片放映视图

在幻灯片放映视图模式下，用户可以看到演示文稿最终的演示效果，如图形、计时、音频以及各种动画等。

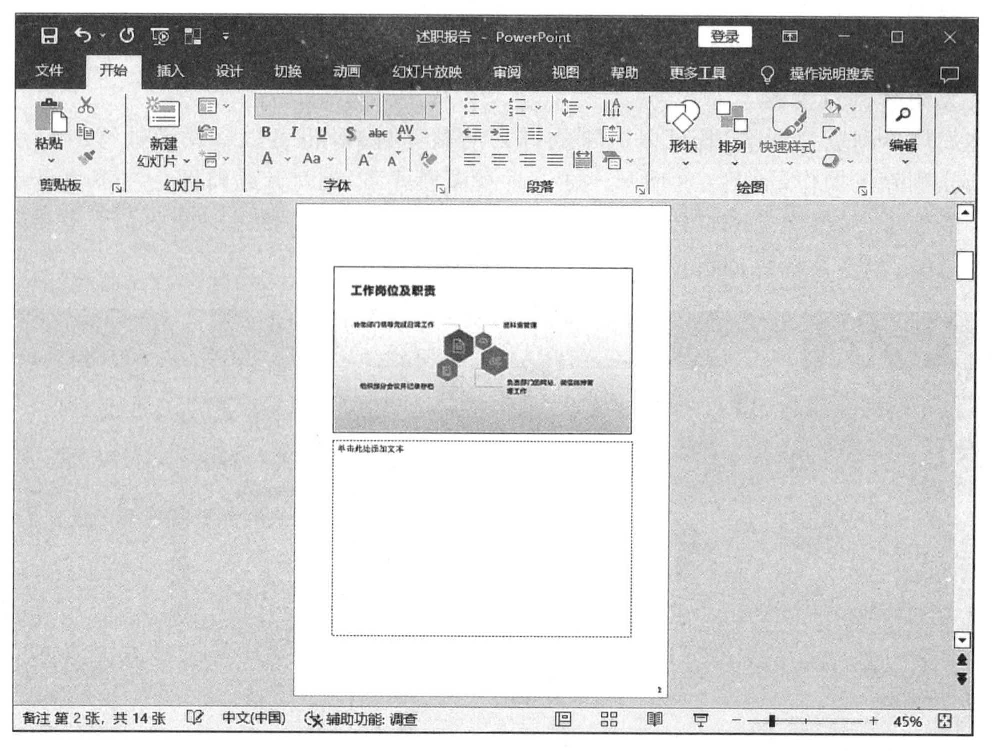

图 6-4　备注页视图

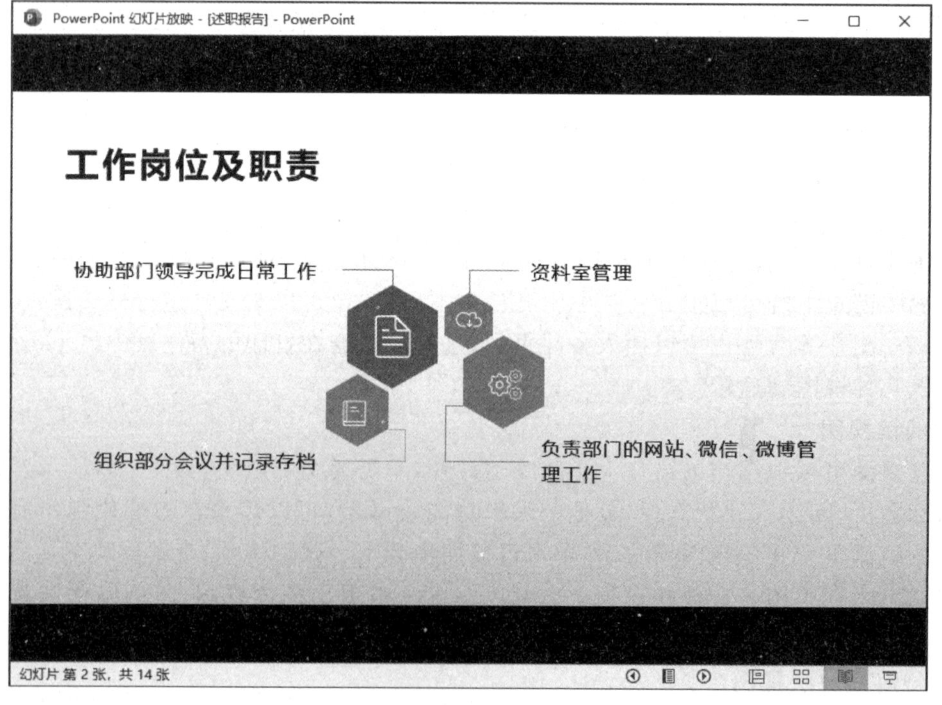

图 6-5　阅读视图

6.1.4　新建演示文稿

新建演示文稿

要编辑演示文稿，首先应从新建演示文稿开始。在 PowerPoint 2016 中，不仅可以新建空白演示文稿，还可以根据模板和主题创建带有格式的演示文稿。

1. 新建空白演示文稿

新建空白演示文稿有以下几种方法。

(1) 启动 PowerPoint 2016 程序，单击窗口中的“空白演示文稿”，则创建一个名为“演示文稿 1”的空白演示文稿，在此后新建的演示文稿，系统会以“演示文稿 2”“演示文稿 3”……的顺序对新建演示文稿进行命名。

(2) 在已打开的 PowerPoint 2016 文件中，按 Ctrl+N 组合键。

(3) 在已打开的 PowerPoint 2016 文件中，选择“文件”→“新建”命令，单击“空白演示文稿”，如图 6-6 所示。

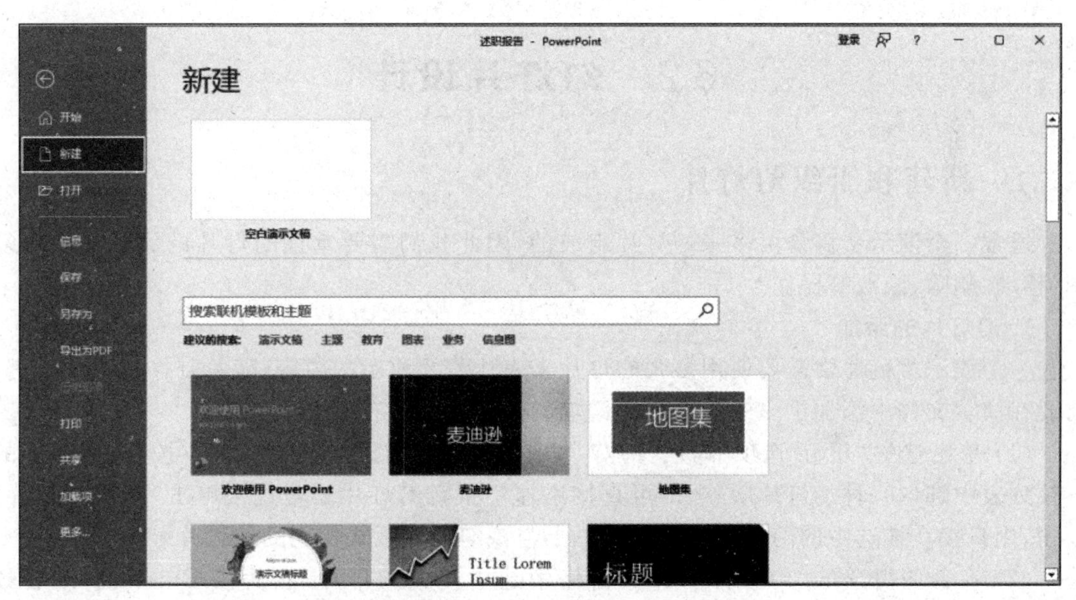

图 6-6　新建空白演示文稿

(4) 在已打开的 PowerPoint 2016 文件中，单击快速访问工具栏上的“新建”按钮。

2. 根据模板和主题创建演示文稿

模板是以特殊格式保存的演示文稿，在模板中，演示文稿的样式、风格、背景、装饰图案、文字布局及颜色、大小等均已定义好，用户在设计演示文稿时可以先选择演示文稿的整体风格，再进行进一步的编辑和修改。

主题是演示文稿的颜色搭配、字体格式化以及一些特效命令的集合，使用主题可以大大简化演示文稿的创建过程。

根据模板和主题创建演示文稿的方法是：选择“文件”→“新建”命令，再选中某个模板和主题并双击。

巩固训练

单选题

1. PowerPoint 2016 提供了多种演示文稿视图,下列不属于演示文稿视图的是(　　)。

A. 备注页视图　　B. 普通视图　　C. 幻灯片浏览视图　　D. 母版视图

【答案】 D

【解析】 略。

2. PowerPoint 2016 演示文稿默认的扩展名是(　　)。

A. pptx　　B. potx　　C. xlsx　　D. docx

【答案】 A

【解析】 potx 是 PowerPoint 2016 模板的扩展名,xlsx 是 Excel 2016 电子表格文件的扩展名,docx 是 Word 文档的扩展名。

6.2 幻灯片设计

6.2.1 新建和组织幻灯片

通常一个演示文稿是由多张幻灯片组成的,因此我们需要掌握幻灯片的添加、选择、复制、移动、删除、隐藏等操作。

1. 幻灯片的添加

一个演示文稿通常需要使用多张幻灯片来表达需要演示的内容,随着制作过程的推进,需要在演示文稿中添加更多的幻灯片。添加幻灯片的方法有以下几种。

(1) 单击选中“开始”选项卡,在“幻灯片”组中,单击“新建幻灯片”下拉按钮,从弹出的下拉列表中选取一种幻灯片版式,即可直接添加一张新幻灯片。若直接单击“新建幻灯片”按钮,则直接在被选中的幻灯片后面新建一个与该幻灯片版式相同的幻灯片。

(2) 在普通视图的“幻灯片/大纲”窗格中选中一张幻灯片,然后按 Enter 键,或者按 Ctrl+M 组合键,即可快速插入一张与选中幻灯片具有相同版式的幻灯片。

(3) 在“幻灯片/大纲”窗口中选中幻灯片并右击,在弹出的快捷菜单中选择“新建幻灯片”命令,也可以在当前幻灯片后面添加一张版式相同的新幻灯片。

2. 幻灯片的选择

在对幻灯片进行相关操作之前必须将其选中,不同的视图中,选择幻灯片的方式也有差别。在备注页视图中,当前显示的幻灯片就是被选中的,不必单击它。在普通视图的“幻灯片/大纲”窗格或幻灯片浏览视图下,可以进行的操作如表 6-1 所示。

表 6-1　选择幻灯片的操作方式

选择幻灯片	具 体 操 作
一张幻灯片	单击所选择的幻灯片的缩略图即可
多张连续幻灯片	首先单击要选择的第一张幻灯片的缩略图,然后按住 Shift 键,再单击要选择的最后一张幻灯片的缩略图

续表

选择幻灯片	具体操作
多张不连续幻灯片	首先单击要选择的第一张幻灯片的缩略图，然后按住 Ctrl 键，再逐个单击其他要选择幻灯片的缩略图
所有幻灯片	按 Ctrl＋A 组合键

3. 幻灯片的复制

在制作演示文稿时，为了使新建的幻灯片与已有的幻灯片保持版式、风格的一致，可以利用幻灯片的复制功能，复制以后，只需要在原有幻灯片的基础上进行适当的修改即可。复制幻灯片的常用方法如表 6-2 所示。

表 6-2　复制幻灯片的常用方法

方　　法	具体操作
使用"开始"选项卡	选中需要复制的幻灯片，选择"开始"→"剪贴板"→"复制"命令，移动光标到目标位置，然后选择"剪贴板"组中的"粘贴"命令（"复制"命令有下拉菜单，第一个"复制"命令只是将幻灯片复制到粘贴板中，第二个"复制"命令则将被选中幻灯片复制并粘贴到当前位置的后面）
使用快捷菜单	选中需要复制的幻灯片，右击，在弹出的快捷菜单中选择"复制"命令（若选择"复制幻灯片"命令，则将被选中的幻灯片复制并粘贴到当前位置的后方），在目标位置右击，执行粘贴命令
使用鼠标	选中需要复制的幻灯片，按住鼠标左键拖曳到目标位置的同时按住 Ctrl 键，此时目标位置上将出现一条横线，释放鼠标即可

注意：右击要复制的幻灯片，在快捷菜单中选择"复制"命令，在粘贴位置右击，执行"粘贴选项"命令，此时粘贴选项中有 3 个选项，分别是"使用目标主题""保留原格式"和"图片"。"使用目标主题"是指被粘贴的幻灯片使用目标位置幻灯片的主题；"保留原格式"是指被粘贴的幻灯片使用其原有的主题；"图片"是指被粘贴的幻灯片以图片形式粘贴到目标位置幻灯片内。

4. 幻灯片的移动

在编辑演示文稿的过程中，如果要调整幻灯片的顺序，可以进行移动操作。移动幻灯片的方法与复制类似，如表 6-3 所示。

表 6-3　移动幻灯片的操作方法

方　　法	具体操作
使用"开始"选项卡	选中需要移动的幻灯片，选择"开始"→"剪贴板"→"剪切"命令，移动光标到目标位置，然后选择"剪贴板"组中的"粘贴"命令
使用快捷菜单	选中需要移动的幻灯片，右击，在弹出的快捷菜单中选择"剪贴"命令，在目标位置右击，执行粘贴命令
使用鼠标	选中需要移动的幻灯片，按住鼠标左键拖曳到目标位置，此时目标位置上将出现一条横线，释放鼠标即可

5. 幻灯片的删除

制作演示文稿时，对于无用的幻灯片，可以将其删除，其方法为：选中需要删除的幻灯片，右击，在弹出的快捷菜单中选择“删除幻灯片”命令即可，也可以直接按 Delete 键或 Backspace 键。

6. 幻灯片的隐藏

制作好演示文稿后，如果不想放映个别幻灯片，此时可以将它们隐藏起来，可以采用以下两种方法。

（1）选中幻灯片，右击，在弹出的快捷菜单中选择“隐藏幻灯片”命令即可。

（2）选中幻灯片，在“幻灯片放映”选项卡的“设置”组中，选择“隐藏幻灯片”命令即可。

7. 设置幻灯片版式

幻灯片的布局格式也称为幻灯片版式。创建演示文稿后，新建的演示文稿默认包含一张版式为“标题幻灯片”的幻灯片。PowerPoint 2016 为用户提供了多种版式，如标题幻灯片、标题和内容、空白等。

常用的设置幻灯片版式的方法有以下几种。

（1）新建幻灯片时设置。设置方式与从“开始”→“幻灯片”组中添加新幻灯片相同。

（2）通过“版式”命令设置。选中目标幻灯片，在“开始”选项卡“幻灯片”组中选择“版式”命令，在弹出的下拉列表中选择要设置的版式即可。

（3）通过鼠标设置。选中目标幻灯片，右击，在弹出的快捷菜单中选择“版式”命令，在弹出的级联菜单中选择要设置的版式即可。

8. 重设幻灯片

若需要取消或修改幻灯片的版式，则可选中幻灯片，右击，在弹出的快捷菜单中选择“重设幻灯片”命令，幻灯片将恢复到初始版式状态。

9. 设置幻灯片的大小和方向

用户可以在“设计”选项卡“自定义”组中选择“幻灯片大小”命令，在下拉列表中选择“自定义幻灯片大小”命令，打开“幻灯片大小”对话框，如图 6-7 所示。

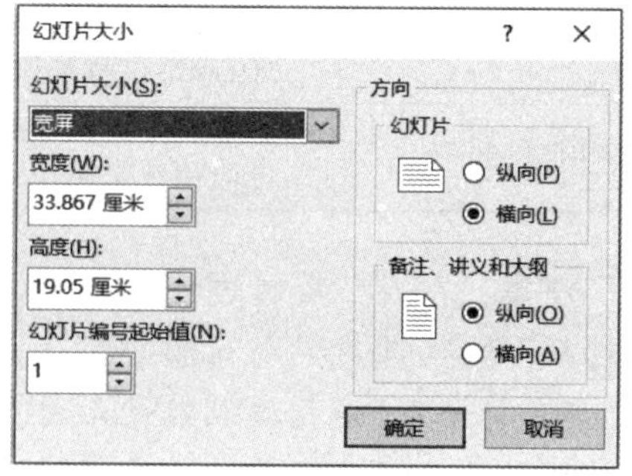

图 6-7 “幻灯片大小”对话框

6.2.2 编辑幻灯片

编辑幻灯片（占位符及文本编辑）

1. 占位符

在新建空白演示文稿的幻灯片中，用户可以看到带有虚线边框的区域，这些区域用于放置幻灯片的标题、文本、图表、表格等对象，称为占位符。“单击此处添加标题”“单击此处添加文本”等提示文字出现的区域称为文本占位符，单击文本占位符，提示文字会自动消失，此时便可在虚线框内输入相应的内容。

1）选择占位符

将光标移至占位符的虚线框上，当光标变为四向箭头形状时，单击即可选中该占位符。单击占位符内部，可在占位符中输入与编辑文本。

2）改变占位符大小

选中目标占位符，将光标移动到占位符的控制点上，当光标变为双向箭头形状时，按住鼠标左键拖曳即可。

3）复制或移动占位符

选中目标占位符，选择“开始”选项卡“剪贴板”组中的“复制”或“剪切”命令，然后在目的位置执行“粘贴”命令。也可以右击占位符，在弹出的快捷菜单中执行“复制”或“剪切”命令。

移动占位符时，也可以将光标移至占位符的虚线框上，当光标变为四向箭头形状时，按住鼠标左键拖曳占位符到目的位置即可。也可以选中占位符，然后使用键盘上的方向键移动占位符至目的位置。

4）删除占位符

选中目标占位符，按 Delete 或 Backspace 键即可。

5）对齐占位符

选中目标占位符，然后选择“开始”→“绘图”→“排列”→“对齐”命令，在其级联菜单中选择对齐方式。

2. 输入文本

文本内容是幻灯片的基础，在幻灯片中输入文本一般有以下 4 种方式。

1）在占位符中输入文本

单击占位符内部，光标变为闪烁的“|”形状时即可输入文本。

2）在“幻灯片/大纲”窗格中输入文本

使“幻灯片/大纲”窗格变为“大纲”模式，将光标定位到需要输入文本的幻灯片后，输入文本即可将文本输入至当前幻灯片的第一个占位符内，若要向其他占位符内输入文本，需要按 Ctrl＋Enter 组合键，然后输入文本。

3）在文本框中输入文本

首先通过“插入”选项卡的“文本框”命令向幻灯片内插入一个文本框，然后单击文本框内部，光标变为闪烁的“|”形状时即可输入文本。

4）将 Word 文本转为演示文稿

首先在 Word 中调整文本的大纲级别，调整好后保存并关闭，然后在“开始”选项卡“幻灯片”组中选择“新建幻灯片”命令，在弹出的下拉菜单中执行“幻灯片(从大纲)”命令，在弹出的“插入大纲”对话框中选择刚才调整好格式的 Word 文档，单击“插入”按钮即可。

3. 编辑文本

对文本的修改、复制、剪切、粘贴和删除等操作与在 Word 中完全相同，在此不再赘述。

6.2.3　格式化幻灯片

1. 设置字体格式

选中需要设置字体格式的文本，执行“开始”选项卡“字体”组中的相关命令即可设置文本的字体、字号、颜色、加粗、倾斜、下画线、间距、阴影、删除线等。也可以单击“字体”组的对话框启动器按钮，在弹出的“字体”对话框中进行设置，如图 6-8 所示。

2. 设置文本的段落格式

选中需要设置段落格式的文本，然后执行“开始”选项卡“段落”组中的相关命令即可设置段落的对齐方式、缩进方式、文字方向、行间距、段间距、分栏、项目符号和编号以及将文本转换为 SmartArt 图形等。也可以单击“段落”组的对话框启动器按钮，在弹出的“段落”对话框中进行设置，如图 6-9 所示。

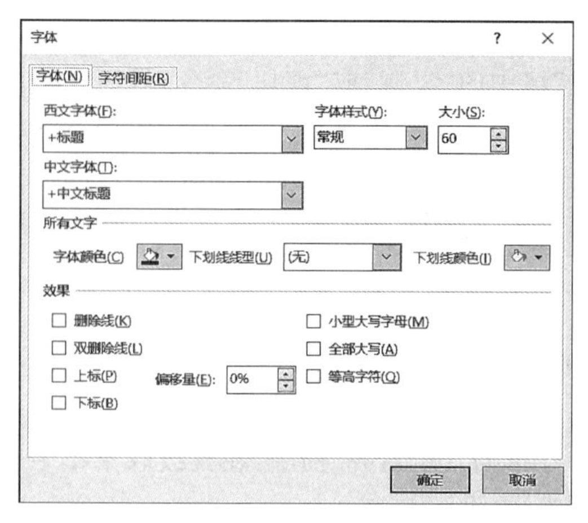

图 6-8 “字体”对话框

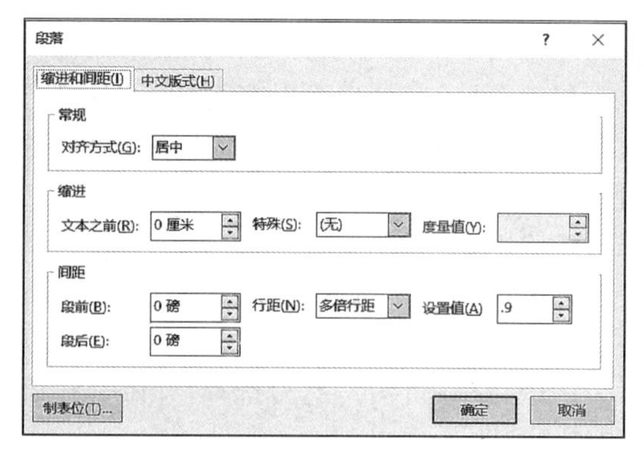

图 6-9 “段落”对话框

插入对象

6.2.4 插入对象

1. 插入文本框、图片、表格、公式、图表和艺术字

在演示文稿中使用文本框、图片、表格、公式、图表和艺术字等可以美化幻灯片并增强演示效果。插入这些对象时先选中目标幻灯片,然后执行“插入”选项卡中的相关命令即可。这些对象的插入与 Word 中类似,在此不再赘述。

2. 插入音频对象

1) 插入音频文件

选择“插入”选项卡,在“媒体”组中单击“音频”下方的下拉按钮,在下拉列表中选择“PC 上的音频”,就是从本机上选择音频文件并插入当前幻灯片中;选择“录制音频”,就是利用本机上的录音设备进行录音后,插入当前幻灯片中。

2) 剪裁音频文件

首先在幻灯片上插入音频文件,选中声音图标,然后切换到“音频工具/播放”选项卡,选择“编辑”组中的“剪裁音频”命令,打开“剪裁音频”对话框,如图 6-10 所示。

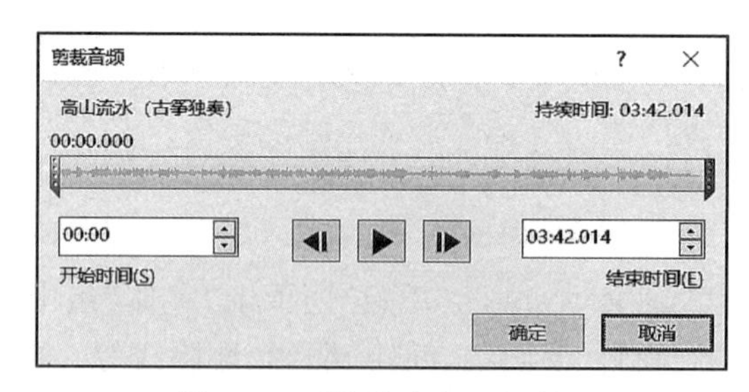

图 6-10 “剪裁音频”对话框

用鼠标左键按住进度条左端的标记并拖曳以确定起始播放位置,然后用鼠标左键按住进度条右端的标记并拖曳以确定终止播放位置,设置好后单击“确定”按钮。

注意:在演示文稿的一张幻灯片中可以同时插入多个音频文件,通过设置还可以同时播放这些音频文件。

3）设置音频播放方式

在"音频工具/播放"选项卡"音频选项"组中可以选择声音的播放方式，播放方式有5种。

(1)"开始"选项：设置音乐初始播放方式，有以下两个选项。

① 自动：声音将在幻灯片开始放映时自动播放，直到声音结束。

② 单击时：在幻灯片放映时声音不会自动播放，只有单击声音图标或启动声音的按钮时，才会播放声音。

(2)"跨幻灯片播放"选项：当演示文稿中包含多张幻灯片时，声音的播放可以从当前幻灯片延续到后面的幻灯片，不会因为幻灯片的切换而中断。

(3)"循环播放，直到停止"选项：选中该项，则将重复播放该音频，直到幻灯片放映结束为止。

(4)"放映时隐藏"选项：播放幻灯片时，隐藏小喇叭图标。

(5)"播完返回开头"选项：音频播放完毕，返回音频的开头。

4）录制音频

PowerPoint 2016还允许用户自行录制音频。选择"插入"选项卡"媒体"组中的"音频"命令，在弹出的下拉菜单中选择"录制音频"命令，将打开"录音"对话框，单击●按钮开始录音，单击■按钮停止录音，然后单击"确定"按钮即可。

3. 插入视频对象

1）插入视频文件

PowerPoint 2016支持诸如ASF、AVI、MOV、MP4、SWF等格式的视频文件。添加视频的步骤与添加音频类似，有两种插入视频文件的方式，分别为"联机视频"和"PC上的视频"，如图6-11所示。

选择视频以后，被添加的视频剪辑周围出现8个白色控点，使用鼠标拖曳的方法可以调节大小和位置。

2）剪裁视频文件

首先在幻灯片中插入视频文件，选中插入的视频，然后切换到"视频工具/播放"选项卡，选择"编辑"组中的"剪裁视频"命令，将弹出"剪裁视频"对话框，如图6-12所示。剪裁视频与剪裁音频的操作相同，在此不再赘述。

3）调整视频的标牌框架

标牌框架是指视频文件在没有正式播放时所展示的画面。默认情况下，插入视频的标牌框架为黑色或视频的第一帧，用户可以根据需要调整视频的标牌框架，方法如下。

选中视频文件，在"视频工具/格式"选项卡中，选择"调整"组中的"标牌框架"命令，在弹出的下拉列表中选择"文件中的图像"命令，打开"插入图片"对话框，找到满足需要的图片插入即可。另外也可以在视频播放过程中选择"标牌框架"命令下拉列表中的"当前框架"命令，将截取视频播放过程中的画面作为视频的标牌框架。

4）设置视频播放方式

在"视频工具/播放"选项卡的"视频选项"组中选择视频的播放方式。与音频播放方式选项相似，在此不再赘述。另外，播放视频时，只需选中"全屏播放"复选框即可。选中视频文件后，在"视频工具/视频格式"选项卡中还可以设置视频的颜色、对比度/亮度("更正"按钮下)、视频样式等。

图 6-11 “视频”命令及下拉菜单

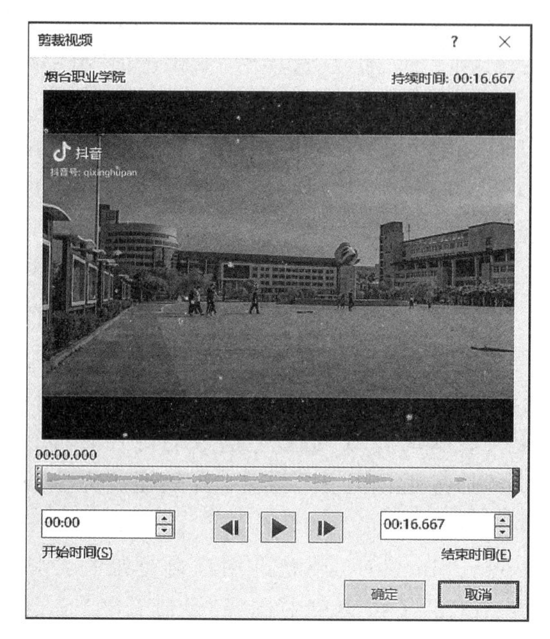

图 6-12 “剪裁视频”对话框

4. 插入 SmartArt 图形

1）创建 SmartArt 图形的方法

（1）利用“插入”选项卡。在“插入”选项卡的“插图”组中选择 SmartArt 命令，在弹出的“选择 SmartArt 图形”对话框中选择需要插入的 SmartArt 图形即可，如图 6-13 所示。

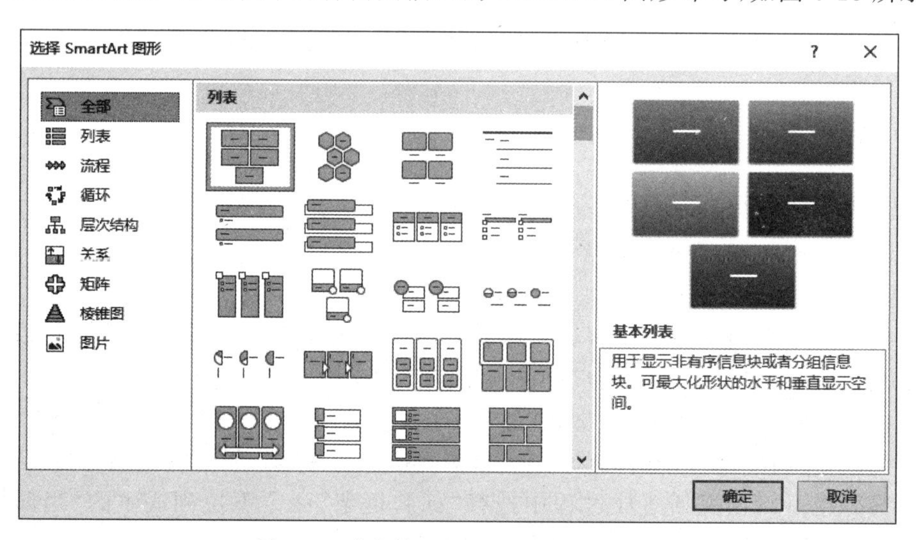

图 6-13 “选择 SmartArt 图形”对话框

（2）利用占位符。在包含“内容”版式的幻灯片中，单击占位符内的“插入 SmartArt 图形”按钮也可以弹出“选择 SmartArt 图形”对话框。

2）在 SmartArt 图形中输入文字

在 SmartArt 图形中输入文本内容有以下两种方法。

(1) 单击 SmartArt 图形中的“[文本]”直接输入。

(2) 单击 SmartArt 图形左侧的控制按钮<,展开“在此处键入文字”窗格,在其中输入文字,如图 6-14 所示。

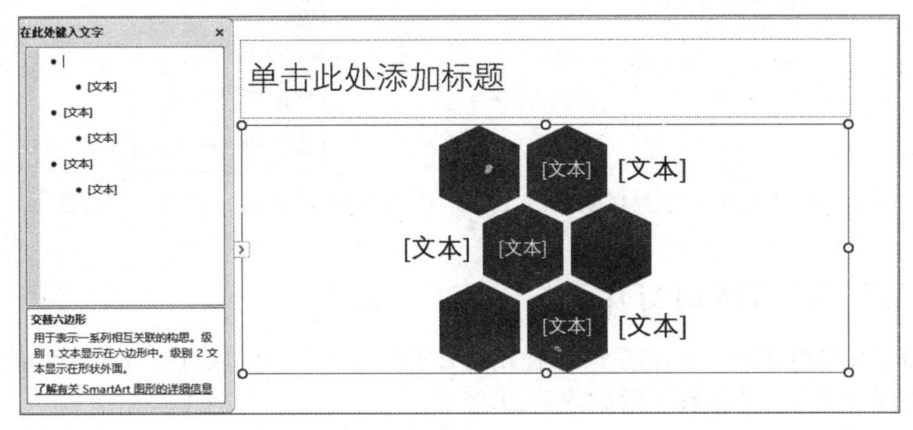

图 6-14 在 SmartArt 图形中输入文字

注意:有些形状内没有“[文本]”标志,无法直接单击输入文本。要输入文本,需要在这种形状上右击,在弹出的快捷菜单中执行“编辑文字”命令。

3) 设置 SmartArt 图形的版式与样式

(1) 设置 SmartArt 图形的版式:选中 SmartArt 图形,在“SmartArt 工具/设计”选项卡的“版式”组中单击“其他”按钮▾,在弹出的下拉菜单中选择满足需要的版式即可。

(2) 设置 SmartArt 图形的样式:选中 SmartArt 图形,在“SmartArt 工具/设计”选项卡“SmartArt 样式”组中单击“其他”按钮,在下拉菜单中选择满足需要的样式即可。也可以选择“更改颜色”命令,改变 SmartArt 图形的颜色。

4) 在 SmartArt 图形中编辑形状

一般情况下,SmartArt 图形是由一组图形组成的,其中每一个图形被称为形状,用户可根据需要对形状进行添加、删除、更改或格式化等操作。

(1) 添加形状:选中 SmartArt 图形中的形状后,在“SmartArt 工具/设计”选项卡“创建图形”组中选择“添加形状”命令,在弹出的下拉菜单中选择合适的添加位置即可,如图 6-15 所示。

(2) 删除形状:选中要删除的形状,按 Delete 键即可。需要注意的是,有些布局的 SmartArt 图形是不允许删除形状的。

(3) 格式化形状:选中要格式化的形状,在“SmartArt 工具/格式”选项卡中可更改形状的大小、样式、对齐方式、角度等。

5) SmartArt 图形转换

PowerPoint 2016 还为用户提供了转换 SmartArt 图形功能,不仅可以将幻灯片中的文本转换为 SmartArt 图形,还可以将 SmartArt 图形转换为文本。

(1) 将文本转换为 SmartArt 图形:选中文本,执行“开始”选项卡“段落”组中的“转换为 SmartArt”命令,在下拉列表中选择合适的图形即可。

(2) 将 SmartArt 图形转换为文本或形状:选中 SmartArt 图形,在“SmartArt 工具/设计”选项卡中“重置”组中选择“转换”命令，在弹出的下拉列表中选择“转换为文本”或“转换为形状”命令即可，如图 6-16 所示。

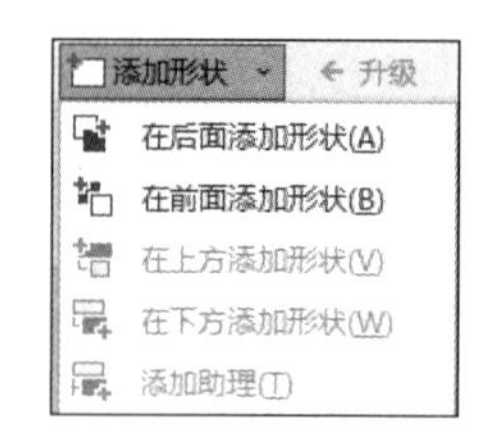

图 6-15 “添加形状”下拉列表

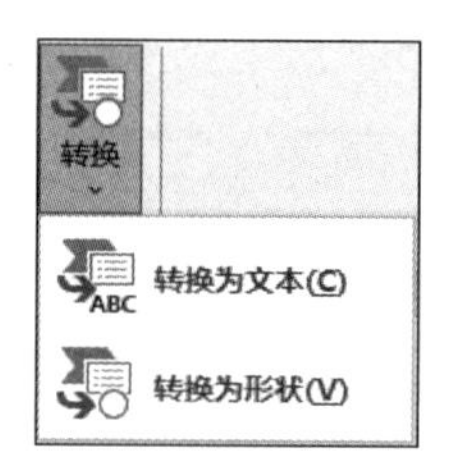

图 6-16 “转换”命令及下拉列表

6.2.5 用“节”管理幻灯片

用“节”管理幻灯片

当演示文稿包含的幻灯片较多时，使用节管理幻灯片可以实现对幻灯片的快速导航，还可以对不同节的幻灯片设置不同的背景、主题等。

1. 新增节

默认情况下，每一个演示文稿只有一个节，用户想要增加节只需要在“幻灯片/大纲”窗格中选中要分节的幻灯片，右击，在弹出的快捷菜单中执行“新增节”命令即可。新增节后，第一节默认被称为“默认节”，第二节默认被称为“无标题节”，并显示在“幻灯片/大纲”窗格中。

2. 编辑节

用户可以在节标题上右击，在弹出的快捷菜单中选择对节进行展开、折叠、重命名、移动或删除操作，如图 6-17 所示。

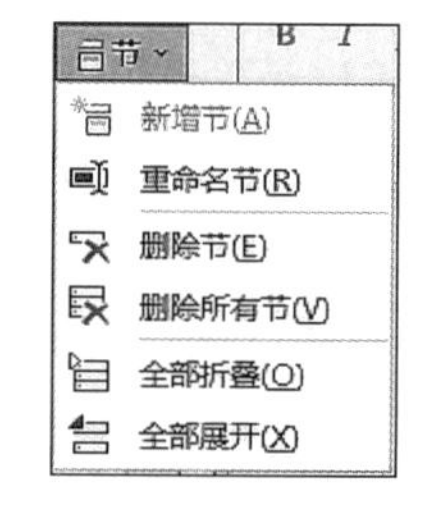

图 6-17 操作快捷菜单

注意：如果打开以 ppt 为扩展名的演示文稿，系统会将其判断为 PowerPoint 2003 兼容格式，此时无法添加节。

6.3 幻灯片的外观设计

常用的控制幻灯片外观的方法有应用幻灯片主题、设置幻灯片背景和母版等。

6.3.1 幻灯片主题

PowerPoint 2016 为用户提供了多种主题，用户既可以自由选择，也可以定义新的主题。

1. 应用主题

在“设计”选项卡的“主题”组中单击“其他”按钮，在下拉列表中选择合适的主题即可。在默认情况下，应用主题时会同时更改所有幻灯片的主题；如果选中的是几张幻灯片，则仅为这几张幻灯片应用主题。另外，在某主题上右击，从弹出的快捷菜单中选择“应用于所有幻灯片”或“应用于选定幻灯片”命令，也可以实现主题的应用，如图 6-18 所示。

2. 自定义主题

如果 PowerPoint 2016 提供的主题不能满足用户的要求，用户也可以自定义主题。自

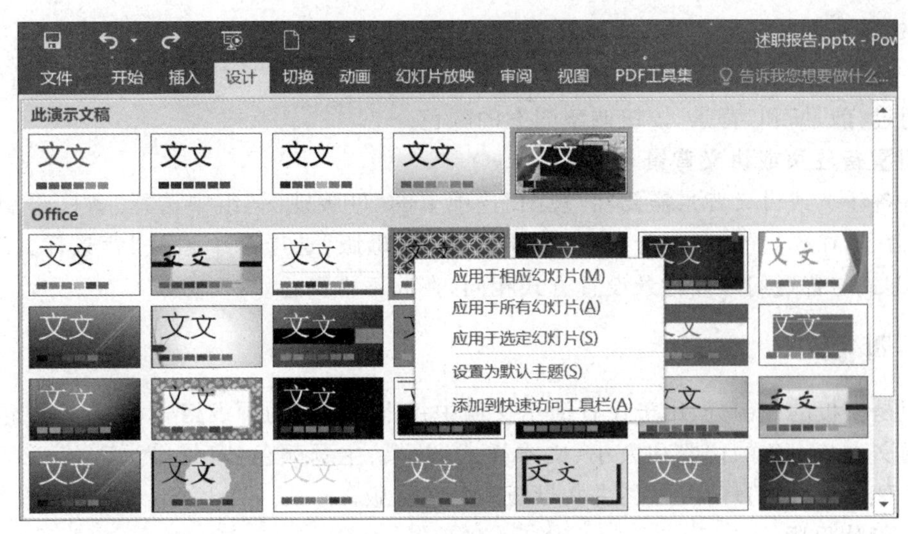

图 6-18　应用主题快捷菜单

定义主题时，首先设置好幻灯片主题的颜色、字体、效果等。

单击“设计”→“变体”组其他按钮，分别选择“颜色”“字体”“效果”或“背景样式”命令进行自定义，然后单击“主题”组其他按钮，选择“保存当前主题”，以文件的形式保存即可。

6.3.2　幻灯片背景

在 PowerPoint 2016 中可以更改幻灯片、备注页以及讲义的背景颜色或背景设计。若对幻灯片的背景不满意，用户也可以自定义背景样式。

1. 设置幻灯片背景

PowerPoint 2016 提供的背景填充方式有纯色填充、渐变填充、图片或纹理填充、图案填充 4 种，如图 6-19 所示。在“设计”选项卡“自定义”组中，选择“设置背景格式”命令，打开“设置背景格式”任务窗格。

(1) 纯色填充。在“设置背景格式”窗格中选中“纯色填充”，单击“颜色”按钮，在弹出的下拉列表中选择合适的颜色即可。设置好颜色后，被选中的幻灯片的背景颜色即被设好。若想将其他幻灯片中的背景也做同样设置，则需单击“全部应用”按钮。其他 3 种设置方式也是如此操作。

(2) 渐变填充。在“设置背景格式”窗格中选中“渐变填充”，在“预设渐变”中设置渐变色的基本色调，在“类型”“方向”“角度”中设置颜色变化类型、变化方向和变化角度。

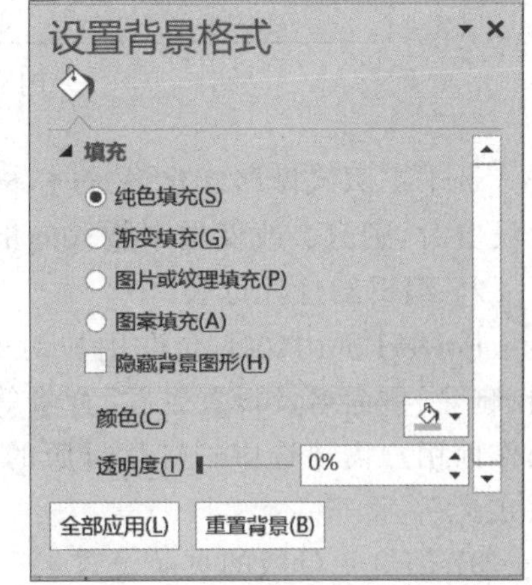

图 6-19　“设置背景格式”任务窗格

(3) 图片或纹理填充。在“设置背景格式”窗格中选中“图片或纹理填充”，在“纹理”中设置背景的纹理。若不想使用系统自带纹理，则可通过“插入图片来自”下面的“文件”或“剪贴板”按钮查找自己喜欢的图片，将其作为背景。若图片尺寸与幻灯片不符，可选中“将图片平铺为纹理”复选框,并设置相关平铺选项。

(4) 图案填充。在“设置背景格式”窗格中选中“图案填充”,在列表中选择合适的图案。还可以通过“前景”和“背景”按钮调整图案的颜色。

2. 设置备注页或讲义背景

设置备注页或讲义背景需要在“视图”选项卡的“母版视图”组中选择“备注母版”或“讲义母版”命令,在弹出的“备注母版”选项卡或“讲义母版”选项卡中通过“背景样式”命令设置,设置方式与普通幻灯片背景设置方式相同,在此不再赘述。

母版

6.3.3 母版

母版是模板的一部分,用于设置演示文稿中每张幻灯片的预设格式,这些格式包括每张幻灯片的文本与对象的位置和大小、文本样式、效果、主题颜色、背景等。PowerPoint 2016 提供了 3 种母版,即幻灯片母版、讲义母版和备注母版。

1. 幻灯片母版

幻灯片母版决定着幻灯片的外观,用于设置幻灯片的标题、正文文字等样式,包括字体、字号、文字颜色、阴影效果、背景、页眉页脚等内容。一个演示文稿至少要有一个幻灯片母版,可以有多个幻灯片母版。

1) 编辑版式

在 PowerPoint 2016 中,系统提供了一套幻灯片母版,包括 1 个主版式和 11 个其他版式。在“视图”选项卡的“母版版式”组中选择“幻灯片母版”命令,将会弹出“幻灯片母版”选项卡和窗格,如图 6-20 所示。选中目标版式,可进行插入、删除、重命名、设置主题、背景、标题、页脚等操作。

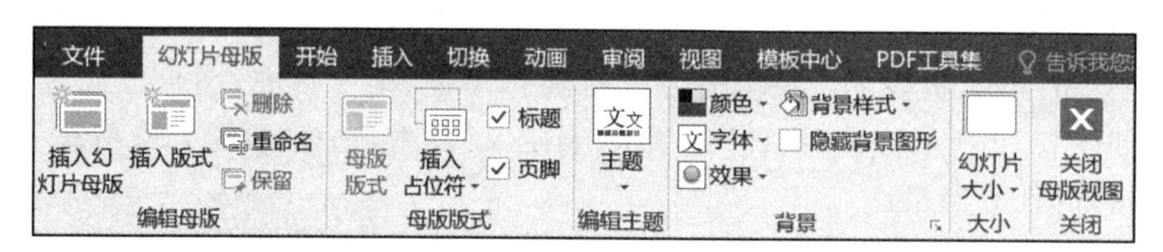

图 6-20 “幻灯片母版”选项卡

选中主版式做格式化设置时,格式化命令会改变所有版式的格式;选中其他版式做格式化设置时,则只会改变选中版式的格式。

2) 编辑幻灯片母版

PowerPoint 2016 允许用户对幻灯片母版进行添加、删除、重命名及设置主题、背景等操作,唯一区别是操作前用户需要选中幻灯片母版的主版式而不是其他版式。

3) 幻灯片母版的页面设置

在“幻灯片母版”选项卡中还可以进行页面设置。选择“大小”组中的“幻灯片大小”命令,在弹出的下拉列表中选择“自定义幻灯片大小”命令,打开“幻灯片大小”对话框,如图 6-21 所示。在该对话框中可设置幻灯

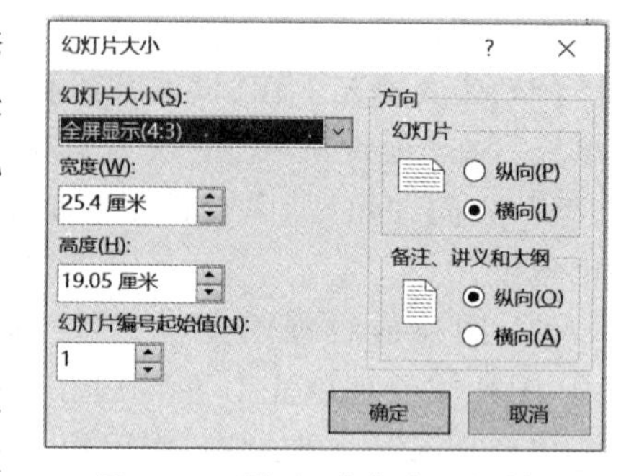

图 6-21 “幻灯片大小”对话框

片的大小、方向、起始编号等。

4）幻灯片母版的页眉/页脚设置

在"幻灯片母版"→"母版版式"组中有"页脚"复选框，若将其选中，则在母版下部会出现3个并排的文本框，分别代表日期、页脚和编号，如图6-22所示；若不选中，则这3个文本框都被隐藏。若只想保留其中的某几个，则需选中不保留的并按Delete键。

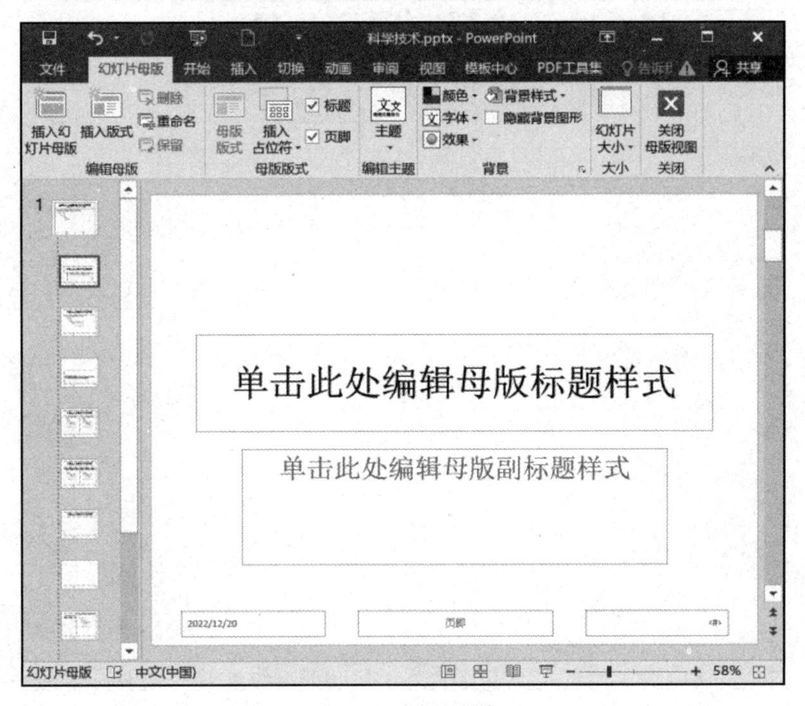

图 6-22 设置页脚

在幻灯片母版中没有专门设置页眉的选项，但用户可在幻灯片母版主版式中插入图片或绘制形状并在其中添加文本，这样就实现了页眉效果，如图6-23所示。

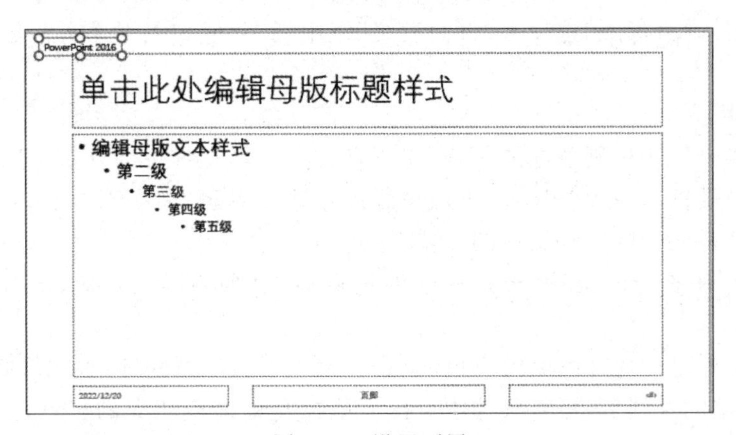

图 6-23 设置页眉

2. 讲义母版

讲义母版用于控制讲义的打印格式，是演示文稿的打印版本。可以在讲义母版的空白处添加图片、文字说明等内容。讲义有 6 种打印格式,即每页打印 1 张、2 张、3 张、4 张、6 张和 9 张幻灯片。单击“视图”选项卡中的“讲义母版”按钮,进入“讲义母版”视图,如图 6-24 所示。

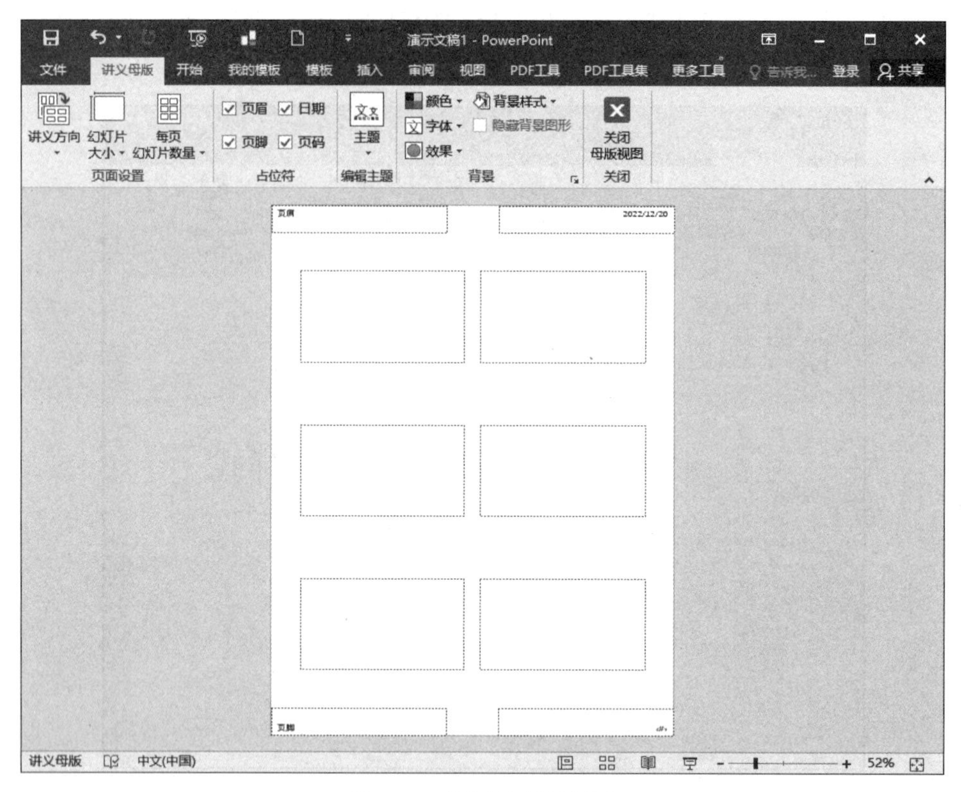

图 6-24 “讲义母版”视图

在讲义母版中有 4 个占位符和 6 个代表幻灯片的虚线框,其中 4 个占位符分别为页眉区、日期区、页脚区和数字区;6 个虚线框分别显示 6 张幻灯片的内容,最多可以显示 9 张幻灯片。可以单击“讲义母版”选项卡“页面设置”组中的“每页幻灯片数量”按钮,设置每页幻灯片的数量。

3. 备注母版

备注母版主要用于控制备注的版式,使所有备注页具有统一的外观。PowerPoint 2016 为每张幻灯片都设置了一个备注页,供用户添加备注。单击“视图”选项卡中的“备注母版”按钮,即可进入“备注母版”视图,如图 6-25 所示。

备注母版上有 6 个占位符,分别用于编辑页眉、页脚、日期、页码、幻灯片图像和备注文本。

备注母版上方是幻灯片缩略图,可以设置其大小、位置、格式等;备注母版下方是备注文本区,单击其四周的虚线框,可将其选中。按下鼠标左键拖曳四周的控点,可以改变文本框的大小;可以将光标置于文本框内,设置其中的文本格式;还可以根据需要在备注页上添加图片或其他对象。设置完成后,单击“备注母版”选项卡中的“关闭母版视图”按钮,即可退出备注母版,返回普通视图。

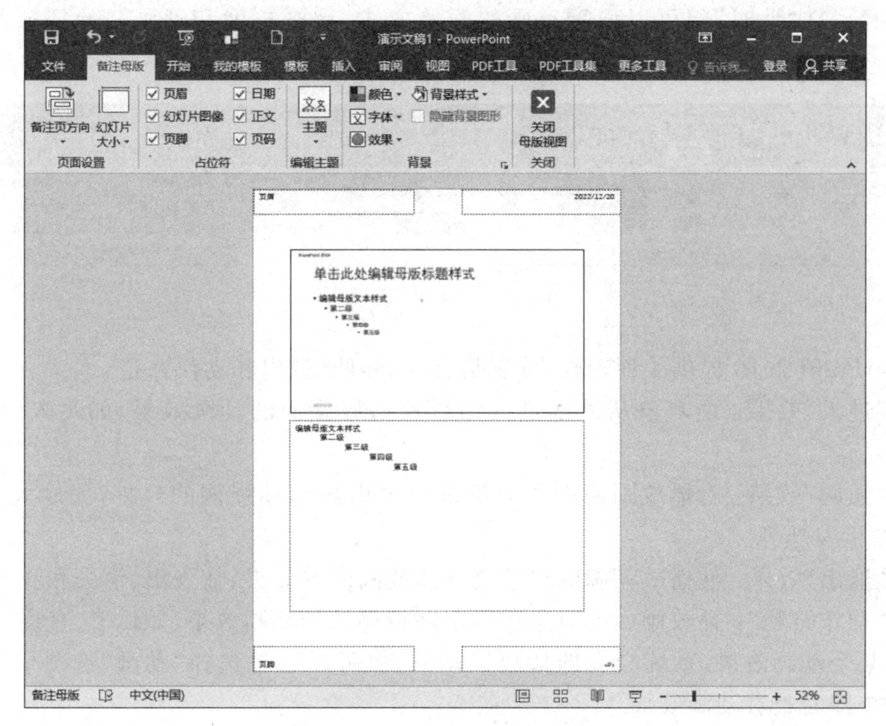

图 6-25　“备注母版”视图

巩固训练

单选题

PowerPoint 2016 提供了多种(　　),它包含了相应的配色方案、母版和字体样式等,可供用户快速生成风格统一的演示文稿,是一种特殊的 PowerPoint 文件。

A. 版式　　B. 母版　　C. 模板　　D. 主题

【答案】C

【解析】模板是一种特殊的 PowerPoint 文件,其中包括了定义好的主题、版式、母版、颜色等,以及一些建议性的演示文稿内容等。模板的默认扩展名是 potx。

设置幻灯片动画效果

6.4　演示文稿的交互设计

6.4.1　设置幻灯片动画效果

为了使幻灯片更具有观赏性,可以对幻灯片中的标题、文本和图片等对象设置动画效果,从而使这些对象以动态的方式出现在屏幕中,使演示文稿变得更加生动。

1. 插入单个动画

选中要添加动画的对象,在“动画”选项卡“动画”组中选择合适的动画即可,如图 6-26 所示。也可以单击[▾]按钮,在下拉列表中选择合适的动画。可以通过“效果选项”命令改变动画的路径。在“计时”组可以设置动画的开始方式、动画长度和动画开始播放的延迟时间等。

图 6-26 “动画”选项卡

PowerPoint 2016 提供 4 种动画,分别是进入、强调、退出和动作路径。

(1)“进入”效果:使对象从外部进入幻灯片播放画面的动画效果,如飞入、出现和淡入等。

(2)“强调”效果:对播放画面中的对象进行突出显示和强调的效果,如放大/缩小、加粗显示、加粗闪烁等。

(3)“退出”效果:使播放动画的对象离开播放画面的效果,如飞出、消失和浅出等。

(4)“动作路径”:播放画面的对象按指定路径移动的动画效果,如弧形、直线、循环等。

选中某个动画效果,系统会立即播放该动画,也可以通过选择“动画”选项卡最左侧的“预览”命令即时查看动画效果。

2. 设置效果选项

不同的动画,其效果选项也不同,如选择了“飞入”动画,则其效果选项主要是飞入方向的设置(如自底部、自左下部等);选择了“陀螺旋”动画,其效果选项主要是旋转方向和数量的设置(如顺时针、半旋转等)。

3. 动画窗格

添加动画效果以后,还可以选择“动画窗格”命令对这些效果进行相应的编辑操作,如播放动画、设置动画开始的时间、设置动画播放的声音、删除动画和调整动画的播放顺序等,如图 6-27 所示。

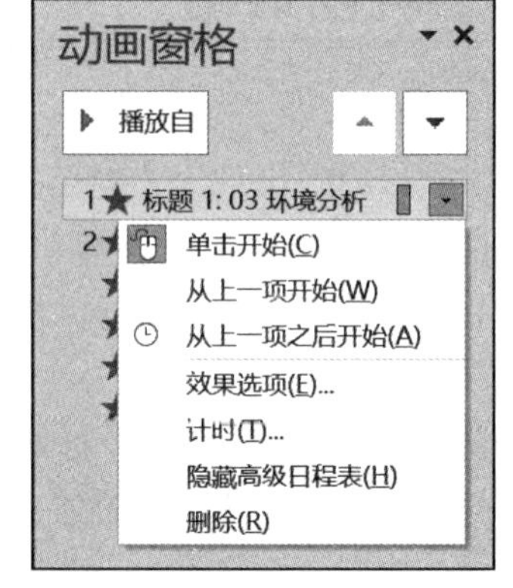

图 6-27 动画窗格

4. 为一个对象添加多个动画

为了让幻灯片中的动画丰富自然,可对其添加多个动画。选中要插入多个动画的对象,选择“动画”→“高级动画”→“添加动画”命令,在弹出的下拉列表中选择合适的动画进行添加,重复这一步骤即可添加多个动画。单击“动画窗格”按钮会弹出动画窗格,在里面可以看到全部动画。

注意:为选中的对象添加多个动画效果后,在该对象的左侧会出现编号。该编号是根据添加动画效果的顺序而自动添加的。

5. 自定义动画路径

PowerPoint 2016 提供的进入、强调和退出 3 类动画都有固定的路径,若用户需要自定义动画路径,则可单击“动画”组中的其他按钮,在下拉列表的“动作路径”中进行选择,如图 6-28 所示。也可以选择“其他动作路径”命令,在弹出的对话框中选择需要的路径。

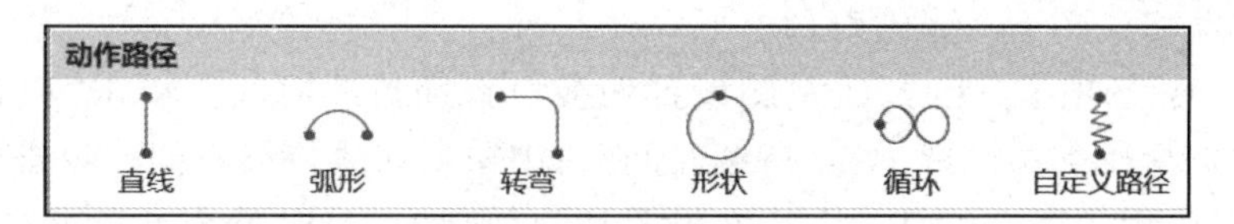

图 6-28　动作路径

6. 使用动画刷复制动画效果

PowerPoint 2016 增加了动画刷功能，通过“动画”选项卡“高级动画”组中的“动画刷”工具，可以对动画效果进行复制操作，即将某个对象中的动画效果复制到另一个对象上，其操作方法与 Word 中使用格式刷复制文本格式类似，在此不再赘述。

7. 删除动画

选中要删除动画的对象，则其左上角会出现该对象的所有动画序号按钮，选中要删除的动画序号按钮，按 Delete 键即可。也可以在动画窗格里选中要删除的动画，右击，在弹出的快捷菜单中执行“删除”命令，如图 6-27 所示。

8. 动画排序

若一个幻灯片内有多个动画，这些动画默认是按照添加顺序进行播放的。若想改变播放顺序，只需要在动画窗格中选中要改变顺序的动画，然后按住鼠标左键上下拖曳，拖曳时会出现一条黑线，表示目的位置，拖曳到合适的位置松开左键即可。

6.4.2　设置幻灯片切换效果

幻灯片的切换效果是指播放幻灯片时幻灯片进入和离开播放动画所产生的视觉效果，包括切换效果(如“淡出”或“擦除”)和切换属性(效果选项、换片方式、持续时间和声音效果)。

1. 设置幻灯片的切换效果

(1) 在幻灯片浏览视图或普通视图中选中一张或多张幻灯片。

(2) 单击“切换”选项卡“切换到此幻灯片”组中要应用的切换效果，如图 6-29 所示。若需要更多的切换效果，则单击切换效果列表右下角“其他”按钮，打开切换效果列表，在列表中选择一种切换样式即可。

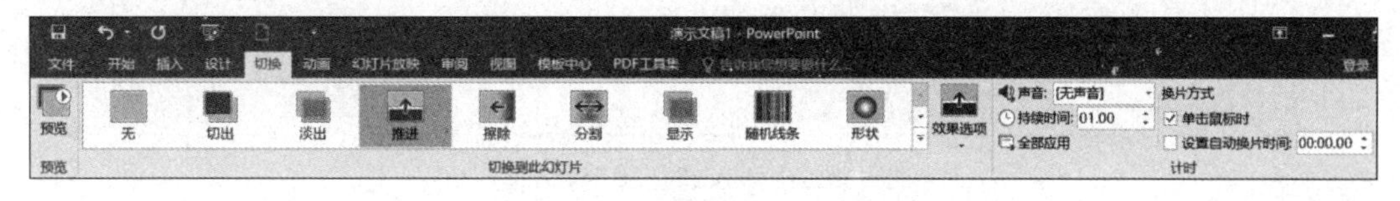

图 6-29　设置幻灯片切换效果

2. 设置幻灯片切换属性

幻灯片切换属性包括效果选项、换片方式、持续时间和声音效果。用户可根据需要自行设置，具体操作方法如下。

(1) 单击“切换”选项卡“切换到此幻灯片”组中的“效果选项”按钮，在出现的下拉列表中选中一种切换效果。

(2) 在“切换”选项卡“计时”组右侧设置换片方式。如选中“单击鼠标时”复选框，表示单击幻灯片时将切换到下一张幻灯片；也可以选中“设置自动换片时间”复选框，则经过设置的时间后将自动切换到下一张幻灯片。

(3) 在"切换"选项卡"计时"组左侧设置切换声音和持续时间。单击"声音"下拉按钮，在下拉列表中选择所需的声音。在"持续时间"栏中输入切换持续时间。单击"全部应用"按钮，将切换效果应用到所有幻灯片上。在设置切换效果时，当时就会预览所选的切换效果。也可以单击"预览"组中的"预览"按钮，随时预览切换效果。

注意：为幻灯片添加动画效果或设置幻灯片切换效果后，在普通视图（幻灯片窗格）或幻灯片浏览视图中，幻灯片缩略图的左侧下方会出现"播放动画"按钮★，单击该按钮可以对动画效果进行预览。

超链接和动作

6.4.3 超链接和动作

1. 超链接

幻灯片中的超链接与网页中的超链接类似，是从一个对象跳转到另一个对象的快捷途径。在幻灯片中添加超链接的对象并没有严格的限制，可以是文本或图形图片，也可以是表格或图表。

插入超链接时，首先要选中要插入超链接的对象，然后在"插入"选项卡，选择"链接"组中的"超链接"命令，这时会弹出"插入超链接"对话框，如图 6-30 所示。

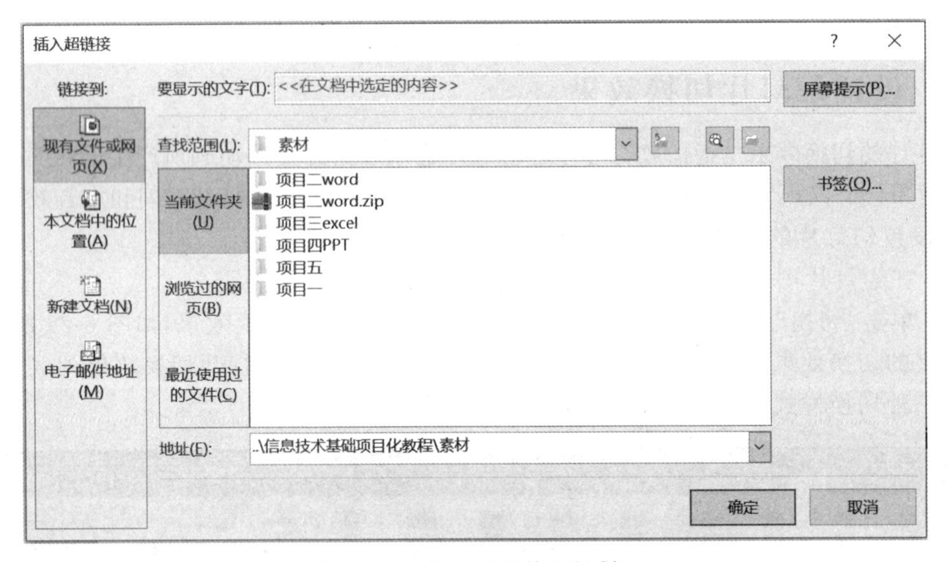

图 6-30 "插入超链接"对话框

通过此对话框可以设置链接的目标位置，如表 6-4 所示。

表 6-4 超链接设置

目标位置	阐　　述
现有文件或网页	链接到其他现有的文档、应用程序或网页
本文档中的位置	链接到本文档其他幻灯片
新建文档	链接到一个新的文档中
电子邮件地址	链接到一个电子邮件地址

为文本建立了超链接以后，文字的颜色会自动发生变化并增加下画线，在播放时，只要光标指向了超链接的对象，就会变成抓手形状，单击后就能跳转到链接的目标位置，超链接如果已经访问，文字颜色又会发生变化。超链接的文字属性是可以修改的，方法是：单击“设计”选项卡“变体”组中的“其他”按钮，在下拉列表中选择“颜色”→“自定义颜色”命令，在打开的“新建主题颜色”对话框中将“超链接”和“已访问超链接”定义为用户喜欢的颜色，保存即可。

2. 动作设置

演示文稿放映时，由演讲者操作幻灯片上的对象去完成下一步的某项既定工作，称为该对象的动作。对象动作的设置提供了让幻灯片人机交互的一个途径，既可以在众多的幻灯片中实现快速跳转，也可以实现与网络的超链接，甚至可以应用动作启动某一个应用程序或宏。设置动作的方法如下。

（1）选中要设置动作的对象，选择“插入”选项卡“链接”组中的“动作”命令，打开“操作设置”对话框，如图 6-31 所示。“操作设置”对话框有两个选项卡：“单击鼠标”和“鼠标悬停”。前者是放映时单击对象发生动作；后者是放映时当光标悬停在对象上时发生动作。

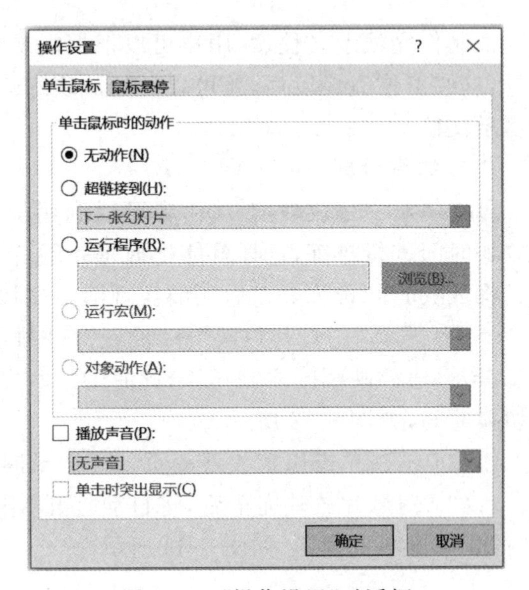

图 6-31　“操作设置”对话框

（2）在“单击鼠标”选项卡中选中“超链接到”单选按钮，在下面的列表中可以选择超链接的对象，操作方法与前面介绍的超链接的内容基本一致，在此不再赘述。若选中“运行程序”单选按钮，则表示放映时单击对象会自动运行所选的应用程序，用户可在文本框中输入要运行的程序及其完整路径，或单击“浏览”按钮选择。

已建好的超链接、动作也可以修改和删除，方法是选中后右击，在快捷菜单中选择“编辑超链接”或“取消超链接”命令来实现。

 巩固训练

单选题

1. 在 PowerPoint 2016 中，选中用作超链接的对象，按（　　）组合键即可出现“插入超链接”对话框。

A. Ctrl＋K　　B. Ctrl＋Y　　C. Ctrl＋S　　D. Ctrl＋M

【答案】 A

【解析】 略。

2. 在 PowerPoint 2016 的演示文稿中，插入超级链接中所链接的目标，不能是（　　）。

A. 另一演示文稿　　B. 不同演示文稿的某一张幻灯片

C. 其他应用程序的文档　　D. 幻灯片中的某个对象

【答案】D

【解析】超级链接的对象既可以是同一个演示文稿中的其他幻灯片、另一个演示文稿或其他文件，也可以是一个网上资源的地址，但不能是幻灯片中的某个对象。

6.5 演示文稿的放映与打印

6.5.1 演示文稿的放映

播放和打印演示文稿

制作完演示文稿后，用户可以根据需要进行放映前的准备，如排练计时、设置放映方式等，这些工作完成以后，就可以开始放映幻灯片了，接下来介绍放映前的准备以及如何放映演示文稿。

1. 排练计时

在演示文稿放映前，演讲者可以利用 PowerPoint 2016 的排练计时功能对演示文稿的放映时间进行排练，这样就能把握每张幻灯片的放映时间和整个演示文稿的总放映时间，而且将放映时间排练好以后还能实现演示文稿的自动播放。具体操作步骤如下。

（1）选择“幻灯片放映”→“设置”→“排练计时”命令，则演示文稿会处于幻灯片放映状态，与普通放映不同之处在于，此时幻灯片左上角将出现“录制对话框并自动记录幻灯片的切换时间，如图 6-32 所示。

（2）不断单击以播放下一页，此时“录制”对话框中的数据会不断更新。

（3）幻灯片放映完毕后，将自动打开 Microsoft PowerPoint 对话框，询问是否保留排练时间，单击“是”按钮，如图 6-33 所示。

图 6-32 “录制”对话框

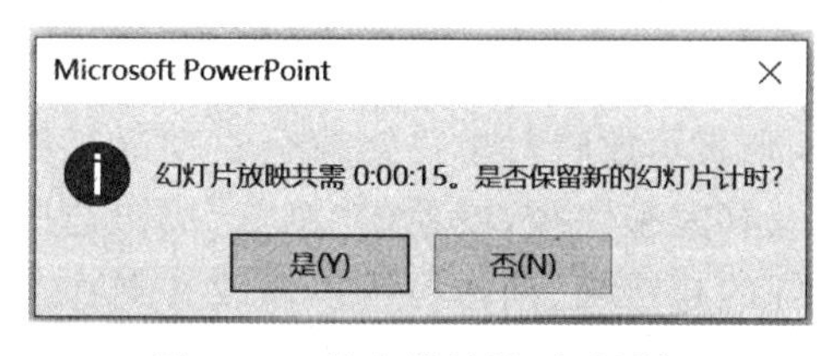

图 6-33 保存排练计时对话框

（4）此时演示文稿将切换到幻灯片浏览视图，在幻灯片缩略图的右下角可以看到每张幻灯片各自的排练时间。

（5）选择“幻灯片放映”→“设置”→“设置幻灯片放映”命令，打开“设置放映方式”对话框，如图 6-34 所示，然后在“换片方式”选项组中选中“如果存在排练时间，则使用它”按钮，单击“确定”按钮，PowerPoint 2016 就会按照刚才录制的排练时间自动地放映演示文稿。

2. 设置幻灯片放映方式

在幻灯片放映前，可以设置放映方式，根据具体的情况满足相应的需要。选择“幻灯片放映”→“设置”→“设置幻灯片放映”命令，打开“设置放映方式”对话框，如图 6-34 所示。

放映幻灯片：提供了演示文稿中幻灯片的 3 种播放方式，即播放全部幻灯片、播放指定范围的幻灯片和自定义放映。

换片方式：若选择手动，则放映时必须有人为的干预才能切换幻灯片。若选中“如果存

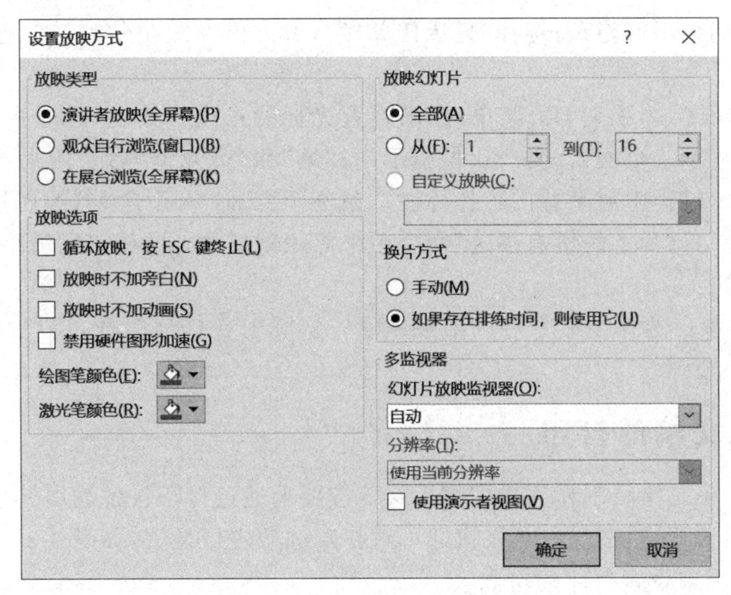

图 6-34 “设置放映方式”对话框

在排练时间，则使用它”，并且设置了自动换页时间，则幻灯片在播放时便能自动切换。

放映选项：若选中“循环放映，按 Esc 键终止”，则在最后一张幻灯片放映结束后，会自动返回第一张幻灯片继续播放。若选中“放映时不加旁白”，则在放映幻灯片时不会播放用户录制的解说旁白。若选中“放映时不加动画”，则在播放幻灯片时原来设定的动画效果将会失去作用。

放映类型：演示文稿有 3 种放映类型，分别为演讲者放映（全屏幕）、观众自行浏览（窗口）和在展台浏览（全屏幕）。其中“演讲者放映（全屏幕）”是默认的放映方式。

3. 放映演示文稿

1）直接放映

在任何一种视图下，单击 PowerPoint 2016 主窗口下的视图切换按钮中的“幻灯片放映”按钮，都可以进入幻灯片放映视图，并根据设置的放映方式从当前幻灯片开始播放演示文稿。在幻灯片放映视图中，幻灯片以全屏方式显示，且一直保持在屏幕上，直到用户单击或按键盘上相应的终止键为止。

2）控制放映过程的快捷菜单

在幻灯片放映视图中右击，可弹出控制放映过程的快捷菜单，如图 6-35 所示，各命令功能如下。

（1）下一张。切换到下一张幻灯片继续播放。

（2）上一张。切换到上一张幻灯片继续播放。

（3）查看所有幻灯片。选择该命令后会打开所有幻灯片的缩略图，用户可以单击任意一张幻灯片继续播放，实现幻灯片的随机播放。

（4）屏幕。这是一个子菜单，选择“黑屏”或“白屏”使整个屏幕变成黑色或白色，直到单击鼠标为止；选择“显示/隐藏墨迹标记”命

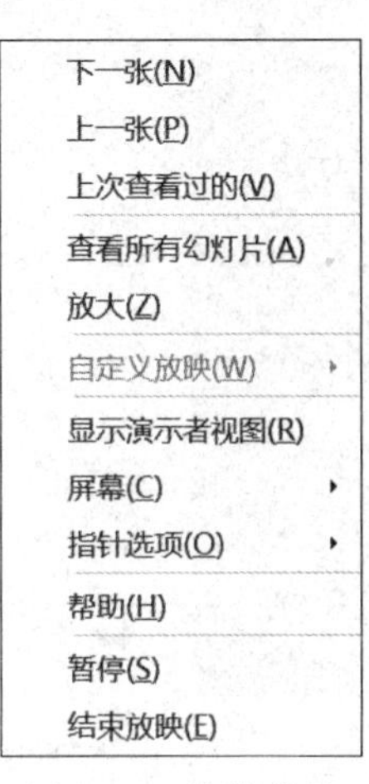

图 6-35 快捷菜单

令,可控制墨迹的显示或隐藏;选择“显示任务栏”,可方便在放映幻灯片时通过任务栏切换到其他程序。

(5)指针选项。这是一个子菜单,用来设置光标的选项。其中“激光指针”就是让光标相当于激光笔,显示一个醒目的红点,做指示用;“笔”和“荧光笔”命令用来将光标设置为笔形状,可以在演示过程中对某些内容作标注;“墨迹颜色”命令用于设置绘图笔的颜色;“橡皮擦”和“是否擦除幻灯片上的所有墨迹”命令用来擦除幻灯片上的墨迹;“箭头选项”命令用于设置箭头是否可见。

(6)结束放映。选择该命令可以结束演示。实际上在任何时候,用户都可以按 Esc 键退出幻灯片放映视图。

6.5.2 演示文稿的打印

打印演示文稿是指将制作完成的演示文稿按要求通过打印设备输出并呈现在纸上。切换到“文件”选项卡下,单击“打印”按钮即可对打印选项进行设置,如图 6-36 所示。

(1)份数:用来设置打印的份数。

(2)打印机:若当前计算机安装了多台打印机,则可在其中选择用其中一台进行打印。

(3)打印机属性:单击后会弹出“打印机属性”对话框,可设置纸张大小和打印方向等。

(4)打印全部幻灯片:用来设置打印范围,单击后会弹出下拉列表,打印范围包括“全部幻灯片”“选中幻灯片”“当前幻灯片”和“自定义范围”。

(5)整页幻灯片:用来设置打印版式以及讲义幻灯片放置方式,单击后会弹出下拉列表,在此进行设置。

(6)编辑页眉和页脚:用来设置幻灯片的页眉和页脚。单击后会弹出“页眉和页脚”对话框,如图 6-37 所示。

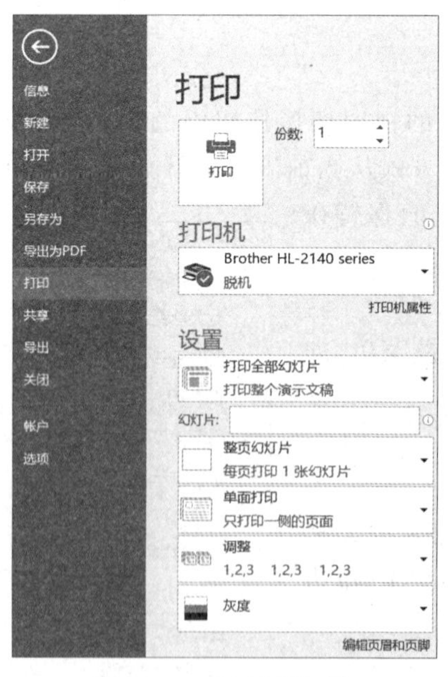

图 6-36 “打印”选项

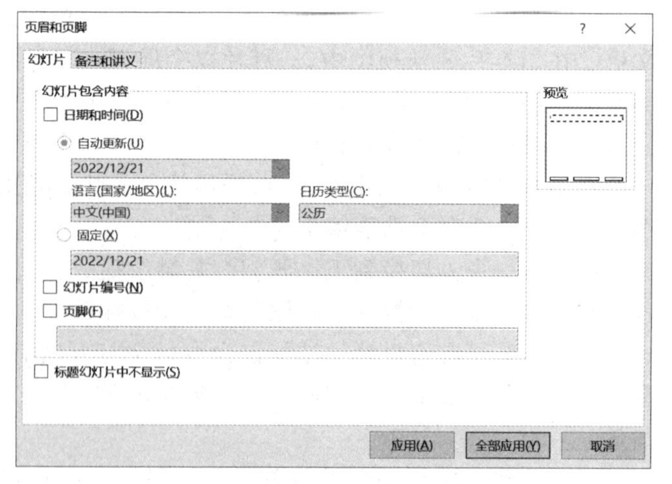

图 6-37 “页眉和页脚”对话框

其中,“日期和时间”包括两种,若选中“自动更新”则显示的日期为每次打开演示文稿的日期;若选中“固定”则显示的日期为设置的固定日期。若不想在标题幻灯片中显示页脚,则选中“标题幻灯片中不显示”选项。若想对整个演示文稿进行页脚设置,则需最后单击“全部应用”按钮;若只想设置当前幻灯片,则需单击“应用”按钮。

巩固训练

单选题

1. 要使幻灯片在放映时能够自动播放,需要为其设置(　　)。

A. 超链接　　B. 动作按钮　　C. 排练计时　　D. 录制旁白

【答案】C

【解析】使用排练计时功能可以设置演示文稿的自动播放时间。已进行了排练计时的演示文稿,在幻灯片浏览视图下,每张幻灯片的下面显示了它的演示时间。在设置放映方式时可以使用排练计时让演示文稿自动放映,这时的放映效果和排练计时的效果完全一致。

2. 在 PowerPoint 中结束幻灯片放映,不可以使用(　　)操作。

A. 按 Esc 键　　B. 按 End 键

C. 按 At+F4 组合键　　D. 右击,在菜单中选择“结束放映”命令

【答案】B

【解析】按 End 键会播放最后一张幻灯片,但不结束。

6.6 演示文稿的导出

演示文稿的导出

6.6.1 演示文稿的打包

PowerPoint 2016 提供的“将演示文稿打包成 CD”功能,是将演示文稿、播放器及与其关联的文件打包,实现将演示文稿转移到其他计算机上或没有安装 PowerPoint 程序的计算机上进行演示。

演示文稿可以打包到 CD 光盘(必须有刻录机或空白 CD 光盘),也可以打包到磁盘文件,将演示文稿打包到磁盘某文件夹的操作步骤如下。

(1) 选择要打包的演示文稿,在“文件”选项卡中选择“导出”命令,在级联菜单中选择“将演示文稿打包成 CD”命令,如图 6-38 所示。单击“打包成 CD”按钮,打开“打包成 CD”对话框,如图 6-39 所示,在对话框中提示了当前要打包的演示文稿。若要添加其他的演示文稿一起打包,则单击“添加”按钮,出现“添加文件”对话框,从中选择所要打包的文件即可。

(2) 默认情况下打包应包含链接文件和 PowerPoint 播放器,若要修改此设置,可单击“选项”按钮,在弹出的对话框中进行设置,设置完毕,单击“确定”按钮。

(3) 在“打包成 CD”对话框中单击“复制到文件夹”按钮,出现“复制到文件夹”对话框,如图 6-40 所示,在对话框中设置指定文件夹的名称和位置,然后单击“确定”按钮,就会在指定位置生成打包后的文件。

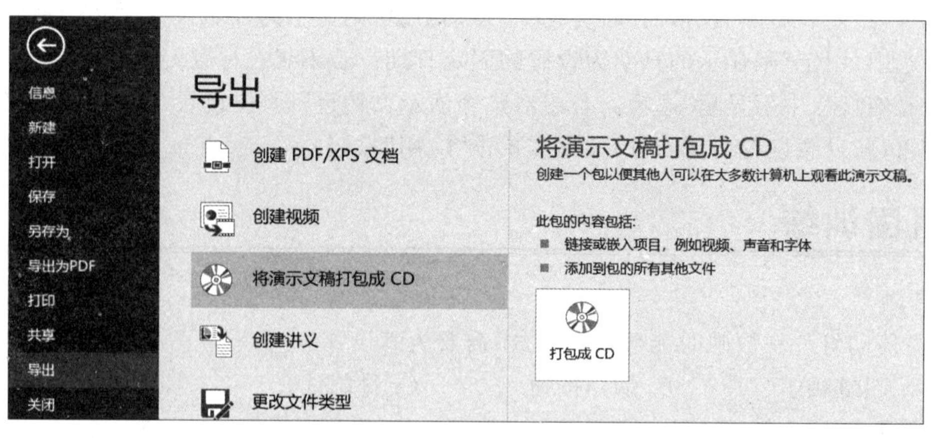

图 6-38 “导出”级联菜单

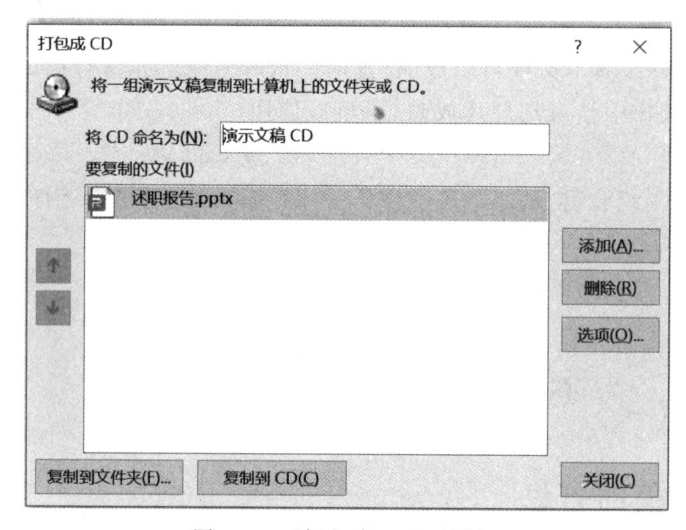

图 6-39 “打包成 CD”对话框

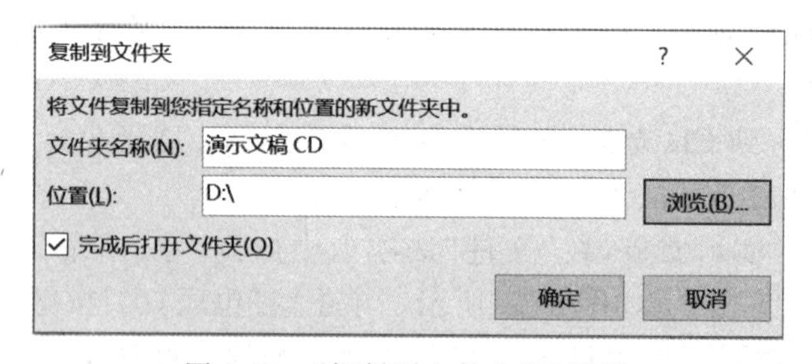

图 6-40 “复制到文件夹”对话框

6.6.2 将演示文稿转换为直接放映格式

打开演示文稿，选择“文件”→“另存为”命令，打开“另存为”对话框，在对话框中选择保存类型为“PowerPoint 放映(*.ppsx)”，选择存放的位置和文件名后，单击“保存”按钮。

双击放映格式文件，即可直接放映演示文稿。

巩固训练

单选题

如果将演示文稿置于另一台没有安装 PowerPoint 2016 系统的计算机上放映，那么应该对演示文稿进行(　　)。

A. 复制　　B. 打包　　C. 移动　　D. 打印

【答案】B

【解析】将编辑好的演示文稿在其他计算机上进行放映，可使用 PowerPoint 的“打包”功能。打包之后，无论目的计算机上是否安装 PowerPoint、版本是否一致以及是否安装字体，都可以实现无障碍播放。

强化训练

请扫描二维码查看强化训练的具体内容。

强化训练

参考答案

请扫描二维码查看参考答案。

参考答案

第 7 章　数据库管理系统

思维导学

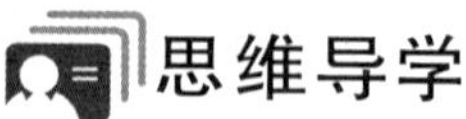

请扫描二维码查看本章的思维导图。

明德育人

随着信息技术的快速发展，我国要加快数字化发展，加快建设数字经济、数字社会、数字政府，进而加快建设数字中国。培育壮大人工智能、大数据、区块链、云计算、物联网等新兴数字产业，在智能交通、智慧物流、智慧能源、智慧医疗等重点领域开展基于 5G 的应用场景和产业生态试点示范。这些会生成海量的数据，要对这些数据进行高效的管理，就需要先进的数据库技术和数据库管理系统。

同学们在学习本章内容时，要秉承严谨细致、精益求精、超越自我的大国工匠精神。通过本章的学习，培养互帮互助的团队协作精神和创新精神；塑造“守律协作、共享超越”的 IT 精神；培养爱国、爱党的情怀以及主人翁意识；做到坚定理想信念，心中有信仰，脚下有力量。努力成为实践社会主义核心价值观的朝气蓬勃的新时代专业人才。

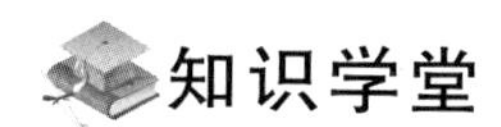

7.1　数据库技术基础

7.1.1　数据管理技术的发展

数据管理技术的发展大致经历了人工管理、文件系统和数据库系统三个阶段，如表 7-1 所示。

表 7-1　数据管理技术的发展

数据管理发展阶段	硬　件	软　件	主要特点
人工管理阶段	没有磁盘等直接存取存储设备，只有卡片、纸带和磁带	只有汇编语言，没有操作系统和高级语言	① 数据不进行保存； ② 没有专门的数据管理软件； ③ 数据面向应用； ④ 只有程序的概念

续表

数据管理发展阶段	硬　件	软　件	主要特点
文件系统阶段	已经有了磁盘、磁鼓等直接存取的外存设备	有了操作系统和高级语言	① 数据可以长期保存在磁盘上； ② 提供了数据与程序间的存取方法； ③ 数据冗余量大； ④ 文件之间缺乏联系，相对孤立
数据库系统阶段	磁盘技术有了很大发展，出现了大容量的磁盘	软件更加丰富，数据库技术应运而生	① 数据结构化； ② 数据共享性好； ③ 数据独立性好； ④ 数据存储粒度小； ⑤ 为用户提供了友好的接口

数据库技术诞生于20世纪60年代末70年代初，主要研究如何存储、使用和管理数据。数据库技术是研究、管理和应用数据库的一门软件科学。

7.1.2　数据库的基本概念

1. 数据

数据是指存储在某一种媒体上能够识别的物理符号。数据的概念包括两个方面：一是描述事务特性的数据内容，二是存储在某一种媒体上的数据形式。

2. 数据处理

数据处理是指对各种形式的数据进行收集、存储、加工、传播的一系列活动的总和。

3. 数据库

数据库(DB)是长期存放在计算机内的、有组织的、可表现为多种形式的、可共享的数据集合。

4. 数据库管理系统

数据库管理系统(DBMS)是对数据库进行管理的系统软件，它的职能是有效地组织和存储数据，获取和管理数据，接受和完成用户提出的访问数据的各种请求。

5. 数据库系统

数据库系统(DBS)是指拥有数据库技术支持的计算机系统，它可以实现有组织地、动态地存储大量相关数据，提供数据处理和信息资源共享服务。数据库系统包括数据库和数据库管理系统。

巩固训练

单选题

数据库管理系统是(　　)。

A. 管理数据库的应用软件

B. 用户自己开发的针对特定领域的数据库系统

C. 有效地组织和存储数据，并高效地获取和管理维护数据的系统软件

D. 管理数据的文件系统

【答案】 C

【解析】数据库管理系统是有效地组织和存储数据,并高效地获取和管理维护数据的系统软件,是位于用户和操作系统之间的一种数据管理软件。

7.1.3 数据库系统的组成

数据库系统是由硬件系统、系统软件、数据库应用系统和各类人员 4 部分组成。

1. 硬件系统

硬件系统主要包括计算机的主机、键盘、鼠标、显示器和外围设备等,由于一般数据库系统的数据量很大,数据库管理系统自身所占存储空间也很大,因此,整个数据库系统对硬件资源提出了较高的要求。

2. 系统软件

系统软件主要包括操作系统、数据库管理系统,具有与数据库接口的高级语言及其编译系统和特定应用软件,以及以 DBMS(数据库管理系统)为核心的应用程序开发工具。

3. 数据库应用系统

数据库应用系统是为特定应用开发的数据库应用软件。

4. 各类人员

参与分析、设计、管理、维护和使用数据库的人员均是数据库系统的组成部分。这些人员包括数据库管理员、系统分析员、应用程序员和最终用户。

7.1.4 数据模型

数据库是企业或组织所涉及数据的提取和综合,它不仅反映数据本身,而且反映数据之间的联系。数据库用数据模型对现实世界进行抽象,数据库中最常见的数据模型有层次模型、网状模型和关系模型 3 种。

1. 层次模型

如用图来表示,层次模型是一棵倒立的树。在数据库中,满足以下两个条件的数据模型称为层次模型。

(1) 有且仅有一个结点无父结点,这个结点称为根结点。

(2) 其他结点有且仅有一个父结点。

在层次模型中,结点层次从根开始定义,根为第一层,根的子结点为第二层,根为其子结点的父结点,同一父结点的子结点称为兄弟结点,没有子结点的结点称为叶子结点。

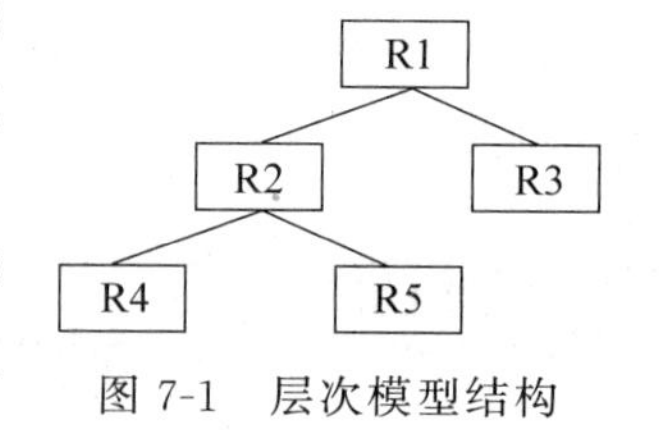

图 7-1 层次模型结构

在如图 7-1 所示的抽象层次模型中,R1 为根结点;R2 和 R3 为兄弟结点,并且都是 R1 的子结点;R4 和 R5 为兄弟结点,并且都是 R2 的子结点;R3、R4 和 R5 为叶子结点。

2. 网状模型

如用图来表示,网状模型就是一个网络。在数据库中,满足以下两个条件的数据模型称为网状模型。

(1) 允许一个以上的结点无父结点。

(2) 允许结点有多于一个的父结点。

在网状模型中子结点与父结点的联系不是唯一的,所以要为每个联系命名,并要指出与该联系有关的父结点和子结点。网状模型允许一个以上的结点无父结点或某一个结点有一个以上的父结点，从而构成了比层次结构复杂的网状结构。

在如图7-2所示的抽象网状模型中，R1与R2之间的联系被命名为L1，R1与R4之间的联系被命名为L2，R3与R4之间的联系被命名为L3，R4与R5之间的联系被命名为L4，R2与R5之间的联系被命名为L5。R1为R2和R4的父结点，R3也是R4的父结点。R1和R3没有父结点。

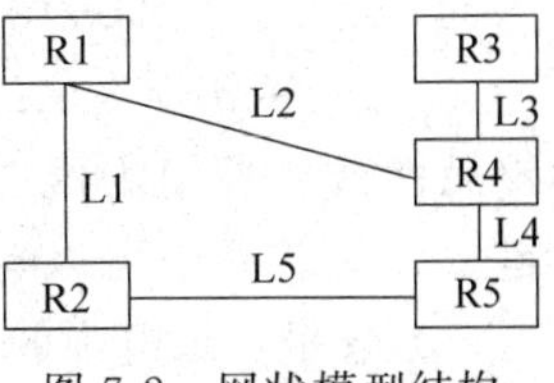

图7-2　网状模型结构

3. 关系模型

关系模型把世界看作由实体和联系构成。

所谓联系，就是指实体之间的关系，即实体之间的对应关系。联系可以分为以下3种。

1）一对一的联系

对于实体集A中的每个实体，实体集B中最多有一个实体与之联系，反之亦然。例如，一所学校只有一名校长，一名校长只属于一所学校，校长和学校之间就是一对一的联系，可记为1∶1。

2）一对多的联系

对于实体集A中的每个实体，实体集B中可以有多个实体与之联系；反之，对于实体集B中的每个实体，实体集A中只有一个实体与之联系。例如，一个班级中有若干名学生，每个学生只在一个班级中学习，班级和学生之间就是一对多的联系，可记为1∶m。

3）多对多的联系

对于实体集A中的每个实体，实体集B中可以有多个实体与之联系，反之亦然。例如，一门课程同时有若干名学生选修，一名学生可以同时选修多门课程。课程与学生之间属于多对多联系，可记为m∶n。

通过联系可以用一个实体的信息来查找另一个实体的信息。关系模型把所有的数据都组织到一张二维表中。二维表是由行和列组成的，反映了现实世界中的事实和值。

满足下列条件的二维表，在关系模型中被称为关系。

(1) 每一列中的分量是数据类型相同的数据。

(2) 行和列的顺序可以是任意的。

(3) 表中的分量是不可再分割的最小数据项。

(4) 表中的任意两行不能完全相同。

表7-2就是一个关系。

表7-2　学生基本情况表

学　号	姓名	性别	出生日期	入学成绩
060222001	刘　蒙	男	2002-10-02	560
060222002	李　萌	女	2002-01-05	545
060222003	董晓琳	女	2003-11-15	583
060222004	李　斌	男	2003-08-11	525

7.1.5　关系型数据库的基本概念

(1) 关系：一个关系就是一张二维表，每个关系有一个关系名。

(2) 属性:二维表中垂直方向的列称为属性,有时也叫作字段。

(3) 域:一个属性的取值范围。

(4) 元组:二维表中水平方向的行称为元组,有时也叫作记录。

(5) 码(关键字):二维表中的某个属性或属性组,若它的值唯一地标识了一个元组,则称该属性或属性组为候选码。若一个关系有多个候选码,则选定其中一个作为主码,也称为主键。一个关系中可以有多个关键字,但只能有一个主键,主键不能有空值或重复值。

(6) 分量:元组中的一个属性值。

(7) 关系模式:对关系的描述,它包括关系名、组成该关系的属性名、属性到域的映像。通常简记为

关系名(属性名 1,属性名 2,...,属性名 n)

巩固训练

一、单选题

1. 一个公司内有多名职员,每名职员只属于这一个公司,那么公司与职员之间的联系属于(　　)。

A. 一对一　　B. 一对多　　C. 多对一　　D. 多对多

【答案】 B

【解析】 对于实体集 A 中的每个实体,实体集 B 中可以有多个实体与之联系;反之,对于实体集 B 中的每个实体,实体集 A 中只有一个实体与之联系,那么实体集 A 与实体集 B 之间就属于一对多的联系。

2. 实际应用中,最常用的数据库类型是(　　)。

A. 树状数据库　　B. 网状数据库　　C. 网络数据库　　D. 关系型数据库

【答案】 D

【解析】 关系型数据库数学理论基础完善,数据独立性强,使用简单灵活,是目前使用最多的数据库类型。

3. 下列关于主键的说法错误的是(　　)。

A. 关系中只能有一个属性作为主键　　B. 主键的值是唯一的

C. 主键不允许有重复值和空值　　D. 数据库中的表可以不定义主键

【答案】 A

【解析】 主键不能有空值或重复值,所以它的值是唯一的。如果关系中的某个属性或属性组的值唯一地标识了一个元组,就可以作为主键。数据库中的表可以不定义主键。

二、多选题

数据库中最常见的数据模型有(　　)。

A. 树状模型　　B. 层次模型　　C. 网状模型　　D. 关系模型

【答案】 BCD

【解析】 层次模型、关系模型和网状模型是数据库中最常见的 3 种数据模型。

7.1.6　关系运算

在关系型数据库中查询用户所需的数据时,就需要对关系进行一定的关系运算。关系

运算主要分为传统的集合运算和专门的关系运算两类。关系运算的操作对象是关系，运算的结果仍为关系。

1. 传统的集合运算

传统的集合运算包括并、差、交、广义笛卡儿积等，进行并、差、交集合运算的前提是两个关系必须具有相同的关系模式，即具有相同的结构。

1）并

两个相同结构关系的并是由属于两个关系的元组组成的集合。例如，有两个结构相同的关系 R 和关系 S，如表 7-3 和表 7-4 所示，将 S 的记录追加到 R 记录后面并去掉重复的元组就得到这两个关系的并集，如表 7-5 所示。

表 7-3 关系 R1

A	B	C
1	1	1
1	1	2
2	2	1

表 7-4 关系 S1

A	B	C
1	1	1
2	2	1
2	3	2

表 7-5 关系 R 和 S 的并集

A	B	C
1	1	1
1	1	2
2	2	1
2	3	2

2）差

关系 R 和关系 S 的差结果是由属于 R 但不属于 S 的元组组成的集合，即差运算的结果是从 R 中去掉 R 和 S 中相同的元组，如表 7-6 所示。

3）交

关系 R 和关系 S 的交是由既属于 R 又属于 S 的元组所组成的集合。交运算的结果是 R 和 S 的共同元组，如表 7-7 所示。

表 7-6 关系 R 和 S 的差

A	B	C
1	1	2

表 7-7 关系 R 和 S 的交

A	B	C
1	1	1
2	2	1

4）广义笛卡儿积

关系 R(m 个属性）和关系 S(n 个属性）的广义笛卡儿积是一个有 $m+n$ 个属性的元组集合，元组的前 m 列是关系 R 的一个元组，后 n 列是关系 S 的一个元组。若 R 有 p 个元组，S 有 q 个元组，则关系 R 和关系 S 的广义笛卡儿积有 $p\times q$ 个元组，如表 7-8 所示。

表 7-8 关系 R 和 S 的广义笛卡儿积

R.A	R.B	R.C	S.A	S.B	S.C	R.A	R.B	R.C	S.A	S.B	S.C
1	1	1	1	1	1	1	1	2	2	3	2
1	1	1	2	2	1	2	2	1	1	1	1
1	1	1	2	3	2	2	2	1	2	2	1
1	1	2	1	1	1	2	2	1	2	3	2
1	1	2	2	2	1						

2. 专门的关系运算

专门的关系运算的操作对象是关系，运算的结果仍为关系。专门的关系运算包括选择、投影和连接。

1）选择

从关系模式中查找出满足某些条件的元组称为选择。选择是从行的角度进行的运算，即水平方向抽取元组，完成选择运算后的结果，就是一个新的关系，其关系模式不变。

【例 7-1】 现有学生信息表如表 7-9 所示，查询所有党员的学生信息。

表 7-9 学生信息表

姓名	学号	班级	性别	党员	姓名	学号	班级	性别	党员
王磊	20230111	一班	男	否	张月	20230215	二班	女	否
李明	20230108	一班	男	是	周丽	20230325	三班	女	否
赵颖	20230201	二班	女	是	王涛	20230328	三班	男	是

查询结果如表 7-10 所示，所采用的关系运算是选择运算。

表 7-10 选择运算结果

姓名	学号	班级	性别	党员	姓名	学号	班级	性别	党员
李明	20230108	一班	男	是	王涛	20230328	三班	男	是
赵颖	20230201	二班	女	是					

2）投影

从关系模式中指定若干个属性从而组成新的关系称为投影。投影是从列的角度进行的运算，相当于对关系进行垂直分解。经过投影运算可以得到一个新关系，其关系模式所包含的属性个数一般比原关系要少，或者属性的排列顺序发生了变化，投影运算体现了关系中的属性次序可以改变的性质。

【例 7-2】 查询学生信息表中所有学生的“姓名”“学号”和“性别”三列信息，查询结果如表 7-11 所示。

表 7-11 投影运算结果

姓名	学号	性别	姓名	学号	性别
王磊	20230111	男	张月	20230215	女
李明	20230108	男	周丽	20230325	女
赵颖	20230201	女	王涛	20230328	男

3）连接

连接运算将两个或两个以上关系模式拼成一个包含更多列的关系模式，生成的新关系中包含满足条件的元组。连接运算中有等于连接（等值连接）、大于连接、小于连接和自然连接，其中最为重要的是等值连接和自然连接。

等值连接：两个关系中，按照对应属性值相等作为连接条件进行的连接为等值连接。

自然连接：去掉重复属性的等值连接为自然连接。一般的连接操作是从行的角度进行运算，但自然连接还需要取消重复列，所以是同时从行和列的角度进行运算的。

【例 7-3】 设有两个关系 R 和 S 如表 7-12 和表 7-13 所示。以关系 R 中的 A 列和关系 S 中的 C 列进行等值连接，其中关系 R 中 A 列的值 1 和 4，与关系 S 中 C 列的值 1 和 4 对应，取消其他行，连接的结果如表 7-14 所示。

表 7-12　关系 R2

A	B
1	6
3	3
5	8
4	7

表 7-13　关系 S2

B	C
6	1
8	4
1	8
7	9

表 7-14　等值连接(A=C)

A	R.B	S.B	C
1	6	6	1
4	7	8	4

同理可得，以关系 R 中的 B 列和关系 S 中的 B 列进行等值连接，结果如表 7-15 所示。

【例 7-4】 对关系 R 和关系 S 进行自然连接，结果如表 7-16 所示。

表 7-15　等值连接(R.B=S.B)

A	R.B	S.B	C
1	6	6	1
4	7	7	9
5	8	8	4

表 7-16　自然连接

A	B	C
1	6	1
4	7	9
5	8	4

在关系 R 和关系 S 中，只有 B 列的属性名称相同，因此，只能以 B 列进行自然连接，相比于等值连接(R.B=S.B)，自然连接就是去掉重复属性的等值连接(R.B 和 S.B 重复，只保留一列，字段名称为 B)。

总结如下。

(1) 自然连接一定是等值连接，但等值连接不一定是自然连接。

(2) 等值连接不要求相同属性值的属性名称(字段名称)相同，如等值连接(A=C)；自然连接要求相同属性值的属性名称必须相同。

(3) 等值连接不将重复的属性(字段)去掉，而自然连接会去掉重复属性。

(4) 在一个关系中就可以进行选择和投影运算，而连接运算则至少需要 2 个关系。

巩固训练

单选题

1. 关系 S 到关系 T(见表 7-17 和表 7-18)用了(　　)关系运算。

A. 选择　　B. 投影　　C. 连接　　D. 笛卡儿积

表 7-17　关系 S3

学号	姓名	性别
202301	张同	男
202302	王涛	男
202303	陈雪	女

表 7-18　关系 T1

学号	姓名	性别
202301	张同	男
202302	王涛	男

【答案】A

【解析】选择运算是在关系中选择满足指定条件的元组(行),投影运算是在关系中选择某些属性(列)。由题可知只有男生的信息被选择出来,所以是选择运算。

2. 现有关系 R、S、T 如表 7-19～表 7-21 所示,由 R、S 得到 T 的关系运算是(　　)。

A. 选择　　B. 投影　　C. 自然连接　　D. 笛卡儿积

表 7-19　关系 R3

职工号	姓名	性别
K001	张璐	女
K002	李涛	男
K003	陈晨	男

表 7-20 关系 S4

职工号	基本工资	职务工资
K001	2800	1500
K003	2500	1300

表 7-21 关系 T2

职工号	姓名	性别	基本工资	职务工资
K001	张璐	女	2800	1500
K003	陈晨	男	2500	1300

【答案】C

【解析】自然连接是指去掉重复属性的等值连接。图中关系 T 是由关系 S 和关系 R 去掉相同属性(职工号)的等值连接(S.职工号＝R.职工号),故选 C。

7.2　数据库管理系统概述

数据库管理系统是一种操纵和管理数据库的系统软件,用于建立、使用和维护数据库,简称 DBMS。它对数据库进行统一的管理和控制,以保证数据库的安全性和完整性。用户通过 DBMS 访问数据库中的数据,数据库管理员也通过 DBMS 对数据库进行维护工作。

7.2.1　数据库管理系统的组成和功能

1. 数据库管理系统的组成

按功能划分,数据库管理系统大致可分为以下 6 部分。

(1) 模式翻译。提供数据定义语言(DDL),用它书写的数据库模式被翻译为内部表示。

(2) 应用程序的编译。把包含着访问数据库语句的应用程序编译成在 DBMS 支持下可运行的目标程序。

(3) 交互式查询。提供易使用的交互式查询语言,如 DBMS 负责执行查询命令,并将查询结果显示在屏幕上。

(4) 数据的组织与存取。提供数据在外围存储设备上的物理组织与存取方法。

(5) 事务运行管理。提供事务运行管理及运行日志管理、事务运行的安全性监控和数据完整性检查、事务的并发控制及系统恢复等功能。

(6) 数据库的维护。为数据库管理员提供软件支持,包括数据安全控制、完整性保障、数据库备份、数据库重组以及性能监控等维护工具。

2. 数据库管理系统的功能

数据库管理系统所提供的功能有以下几项。

(1) 数据定义功能。DBMS 提供相应数据定义语言来定义数据库结构、刻画数据库框架,并保存在数据字典中。

(2) 数据存取功能。DBMS 提供数据操纵语言(DML),实现对数据库数据的基本存取操作,如检索、插入、修改和删除。

(3) 数据库运行管理功能。DBMS 提供数据控制功能,即在数据库运行期间,对数据的安全性、完整性和并发控制等进行有效的控制和管理,以确保数据正确有效。

(4) 数据库的建立和维护功能。包括数据库初始数据的装入,数据库的转储、恢复、重组织,系统性能监视、分析等功能。

(5) 数据库的传输。DBMS 提供数据的传输功能,实现用户程序与 DBMS 之间的通信,通常与操作系统协调完成。

7.2.2　常见的数据库管理系统

1. Oracle

Oracle 是著名的 Oracle(甲骨文)公司的产品,它是最早商品化的关系型数据库管理系统,也是应用最广泛、功能最强大的数据库管理系统之一。Oracle 作为一个通用的数据库管理系统,不仅具有完整的数据管理功能,还是一个分布式数据库系统,支持各种分布式功能,特别是支持 Internet 应用。

2. Microsoft SQL Server

Microsoft SQL Server 是一种典型的关系型数据库管理系统,它使用 Transact-SQL 语言完成数据操作。它是开放式的系统,其他系统可以与它进行较好的交互操作。

3. MySQL

MySQL 是一个小型关系型数据库管理系统,广泛地应用在 Internet 上的中小型网站中。由于其体积小、速度快、总体拥有成本低,尤其是开放源代码这一特点,许多中小型网站为了降低网站总体成本而选择将 MySQL 作为网站数据库。

4. Visual FoxPro

Visual FoxPro 简称 VFP,是 Microsoft 公司推出的数据库管理/开发软件,它既是一种简单的数据库管理系统,又能用来开发数据库客户端应用程序。

5. DB2

DB2 是 IBM 公司研制的一种关系型数据库系统,主要应用于大型应用系统,具有较好的可伸缩性,可支持从大型机到单用户环境,应用于 OS/2、Windows 等平台下。

6. Microsoft Access

Access 是 Microsoft Office 办公系列软件的一个重要组成部分,主要用于数据库管理。使用它可以高效地完成各种类型的中小型数据库管理工作,可以大大提高数据处理的效率。

巩固训练

一、单选题

1. 数据库管理系统是一种(　　)。

A. 特殊的数据库　　B. 仅是操纵数据库的软件

C. 只能建立数据库的软件　　D. 操纵和管理数据库的系统软件

【答案】D

【解析】数据库管理系统(DBMS)是一种操纵和管理数据库的系统软件,主要功能是建立、使用和维护数据库。

2. 关于事务运行管理的说法,不正确的是(　　)。

A. 提供事务运行管理　　B. 提供并发控制和系统恢复

C. 提供运行日志管理　　D. 提供运行代码分析

【答案】D

【解析】事务运行管理可以提供事务运行管理、事务运行的安全性监控和数据完整性检查、运行日志管理、事务的并发控制、系统恢复等功能,不提供运行代码分析功能。

二、多选题

下列属于关系型数据库管理系统的是(　　)。

A. Visual FoxPro　B. MySQL　C. Oracle　D. Word

【答案】ABC

【解析】Visual FoxPro、MySQL、Oracle 都是关系型数据库管理系统,Word 是字处理应用软件。

7.3 SQL 语言及关系型数据库设计方法

7.3.1 SQL(结构化查询语言)

结构化查询语言(SQL)是具有数据操纵、数据定义、数据查询和数据控制等多种功能的数据库语言,这种语言具有交互性特点,能为用户提供极大的便利,数据库管理系统应充分利用 SQL 语言提高计算机应用系统的工作质量与效率。SQL 语言不仅能独立应用于终端,还可以作为子语言为其他程序设计提供有效助力,该程序应用中,SQL 可与其他程序语言一起优化程序功能,进而为用户提供更多更全面的信息。

1. 数据定义

数据定义又称为"DDL 语言",定义数据库的逻辑结构,包括定义数据库、基本表、视图和索引 4 部分,如创建表、修改表、删除表、设置主键、设置字段的有效性规则等。表 7-22 是常用的数据定义语句。

表 7-22　数据定义语句

语句名称	语句功能
CREATE TABLE	创建表结构和表间关系,设置主键等
ALTER TABLE	修改表结构,如添加字段以及修改字段类型、字段大小和字段有效性规则
DROP TABLE	删除数据库中的表

【例 7-5】 在数据库中,使用 SQL 语句创建"学生"表,字段有学号、姓名、性别、出生日期。

```
CREATE TABLE 学生(学号,姓名,性别,出生日期)
```

注意: 输入 SQL 语句时,英文字母大写或小写均可。

【例 7-6】 使用 SQL 语句删除数据库中的"学生"表。

```
DROP TABLE 学生
```

2. 数据操纵

数据操纵又称为“DML 语言”，包括插入、删除和更新三种操作功能来操作表中的记录，可以在表的尾部插入记录、修改记录中的字段内容和删除符合条件的记录。表 7-23 是常用的数据操纵语句。

表 7-23　数据操纵语句

语句名称	语句功能
INSERT	在指定表的尾部插入一个新记录
DELETE	删除指定表中符合条件的记录
UPDATE	更新指定表中符合条件记录的字段内容

1）INSERT 语句

在 SQL 中，INSERT 语句用于数据插入，其语法格式如下。

格式 1：

```
INSERT INTO 表名(字段 1,字段 2,...,字段 n) VALUES(常量 1,常量 2,...,常量 n)
```

格式 2：

```
INSERT INTO 表名(字段 1,字段 2,...,字段 n) VALUES 子查询
```

第一种格式是把一条记录插入指定的表中，第二种格式是把某个查询的结果插入表中。如果表中某个字段在 INSERT 中没有出现，则这些字段上的值取空值(NULL)。如果新记录在每一个字段上都有值，则字段名连同两边的括号可以省略。

【例 7-7】　向“学生”表中插入记录“202311，孙彤，女，2004-9-1”。

```
INSERT INTO 学生(学号,姓名,性别,出生日期) VALUES("202311","孙彤","女",#2004-9-1#)
```

注意：在表达式中，字符型数据用“'”或“"”括起来，日期型数据用“#”括起来，如"xyz"、#2004-9-1#。

2）DELETE 语句

在 SQL 中，DELETE 语句用于数据删除，其语法格式如下：

```
DELETE FROM 表名 [WHERE 条件]
```

DELETE 语句用于从表中删除满足条件的记录。如果 WHERE 子句省略，则删除表中所有的记录，但是表本身没有被删除，仅删除了表中的数据，表结构仍保留，变成一个空表。

【例 7-8】　使用 SQL 语句实现从“学生”表中删除学号第 2、4、6 位分别是“789”的学生记录。

```
DELETE FROM 学生 WHERE 学号 like "?7?8?9*"
```

注意：like 通常与?、*、# 等通配符结合使用，主要用于模糊查询。其中“?”表示任何单一字符；“*”表示零个、一个或多个字符；“#”表示任何一个数字(0～9)。

3）UPDATE 语句

在 SQL 中，UPDATE 语句用于数据修改，其语法格式如下：

```
UPDATE 表名 SET 字段 1=表达式 1,...,字段 n=表达式 n [WHERE 条件]
```

UPDATE 语句修改指定表中满足条件表达式的记录的相应字段值。如果 WHERE 子

句省略,则更新表中所有的记录。

【例 7-9】 将“成绩表”中所有分数低于 60 分的学生分数提高 10%。

```
UPDATE 成绩表 SET 分数=分数 * (1+0.1) WHERE 分数<60
```

需要注意的是,UPDATE 语句一次只能对一个表进行修改,这就有可能破坏数据库中数据的一致性。例如,如果修改了学生表中学生的学号,而成绩表没有相应的调整,则两个表之间就存在数据不一致的问题。要解决这个问题,需要执行两个 UPDATE 语句,分别对两个表进行修改。

3. 数据查询

数据查询又称为“DQL 语言”,是 SQL 语言的核心功能,查询语句只有一个 SELECT,用来实现各种查询功能,它可与其他语句配合完成所有的查询功能。SELECT 语句包含多个子句,功能非常强大,基本结构如下:

```
SELECT 字段名称 FROM <表名或查询>                    说明:基本部分,选择字段
[WHERE <条件>]                                       说明:选择满足条件的记录
[GROUP BY <字段名称 1> [HAVING <条件>]]              说明:分组
[ORDER BY <字段名称 2>[ASC|DESC]]                    说明:排序
```

SELECT 语句一般由上述内容组成。其中没有[]包围的是基本的、不可缺少的,称为基本部分;有[]包围的是可以省略的,称为子句。

整个语句的功能是,根据 WHERE 子句中的表达式,从 FROM 子句指定的表或查询中找出满足条件的记录,可以显示所有字段,也可以是部分字段。如果包含 GROUP BY 子句,则按字段名称 1 的值进行分组,字段名称 1 值相等的记录分在一组,每一组产生一条记录。如果 GROUP BY 子句带有 HAVING 子句,则只有满足条件的组才予以输出。如果有 ORDER BY 子句,则查询结果按字段名称 2 的值进行排序。

1)条件查询

条件查询用来检索符合条件的记录,构造满足要求的条件是关键。语句结构如下:

```
SELECT <字段名称> FROM <表名或查询> [WHERE <条件>]
```

其中,FROM 子句指定数据来源,WHERE 子句指定查询条件。如果查询条件省略,则检索所有记录。

【例 7-10】 查询“学生表”中姓“张”的学生记录,查询结果中显示所有字段。

```
SELECT * FROM 学生表 WHERE 姓名 like "张*"
```

其中,SELECT 子句后的星号“*”代表所有字段。

2)分组查询

分组查询就是按照分组依据,将记录划分为多个组,一个组中的记录合并成一条记录。分组后还可以进行各种计算,如求每个组中的记录个数、平均值、最大值和最小值等。分组查询的语句结构如下:

```
SELECT <字段名称> FROM <表名或查询> [WHERE <条件>]
GROUP BY <字段名称> HAVING <条件>
```

其中,GROUP BY 子句中的“<字段名称>”用来指定分组的依据,可按一个或多个字段进行分组。HAVING 子句中的“<条件>”是分组限定条件,根据条件确定需要输出的分组。HAVING 子句必须在 GROUP BY 子句后面出现,不能单独使用。

WHERE 子句用来选择记录，GROUP BY 子句将所选择的记录分组，HAVING 子句确定需要输出的分组。

【例 7-11】 查询“成绩表”中至少参加三门课程考试且成绩大于或等于 85 分的学生的学号。

```
SELECT 学号 FROM 成绩表 WHERE 分数>=85
GROUP BY 学号 HAVING COUNT(*)>=3
```

3）排序查询

ORDER BY 子句用于指定查询结果的排列顺序，ASC 表示升序(可省略)，DESC 表示降序。ORDER BY 可以指定多个列作为排序的关键字。

【例 7-12】 查询“学生表”中 2004 年以前出生的学生的学号、姓名、出生日期，并按出生日期降序排序。

```
SELECT 学号,姓名,出生日期 FROM 学生表 WHERE 出生日期<#2004-1-1#
ORDER BY 出生日期 DESC
```

巩固训练

一、单选题

1. 在关系二维表 STUD 中查询所有年龄在 22～26 岁内(包括 22 岁和 26 岁)的学生名(XM)及其年龄(NL)，正确的 SQL 语句为(　　)。

A. SELECT XM,NL　FROM　STUD　FOR NL<=26,NL>=22

B. SELECT　XM,NL　FROM　STUD　WHERE(NL<=26 and NL>=22)

C. SELECT XM,NL　ON　STUD　FOR(NL<=26 and NL>=22)

D. SELECT　XM,NL　ON　STUD　WHERE(NL<=26 and NL>=22)

【答案】 B

【解析】 SELECT(查询)语句的基本格式为

```
SELECT <字段名称> FROM <表名或查询> WHERE <条件>
```

逻辑运算符 and 连接两个比较表达式，这个题目的条件也可以写成 between 22 and 26。

2. SQL 的中文含义是(　　)。

A. 结构化的问题语言　　B. 结构化的查询语言

C. 系统查询语言　　D. 系统标记语言

【答案】 B

【解析】 略。

二、填空题

在 SQL 查询中，用于修改表结构的 SQL 命令是________。

【答案】 ALTER TABLE

【解析】 略。

7.3.2　关系型数据库设计方法

关系型数据库的设计是指，对于一个给定的应用环境，构造最优的数据库模式，建立数据库及其应用系统，使之能够有效地存储数据，满足各种用户的应用需求。一般来说关系型数据库的设计过程大致可分为需求分析、概念设计、逻辑设计、物理设计和验证设计 5 个阶段。

1. 需求分析

数据库设计是面向应用的设计,用户是最终的使用者,为设计出满足要求的数据库,必须首先进行用户需求调查、分析与描述。需求分析是数据库设计的第一步,是设计的基石。需求分析能否全面、准确地表达用户要求,将直接影响到后续各阶段的设计,影响到整个数据库设计的可用性和合理性。

2. 概念设计

概念设计是对数据的抽象和分析,它以对信息要求和处理要求的初步分析为基础,以数据流图和数据字典提供的信息作为输入,运用信息模型工具,发挥开发设计人员的综合抽象能力建立概念模型。概念模型独立于数据逻辑结构,也独立于 DBMS 和计算机系统,能充分反映现实世界。

1) E-R 模型

E-R 方法是“实体—联系”方法的简称,是描述现实世界概念结构模型的有效方法。用 E-R 方法建立的概念结构模型称为 E-R 模型,或称为 E-R 图,其中矩形框表示实体,菱形框表示实体间的联系,椭圆框表示实体的属性,如图 7-3 所示。

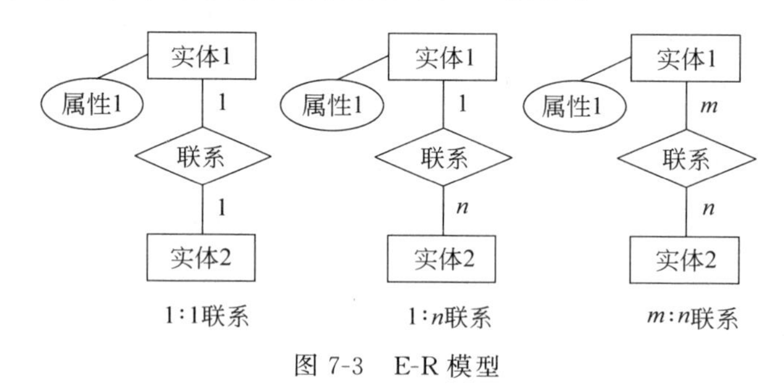

图 7-3　E-R 模型

2) 数据抽象

E-R 模型是对现实世界的一种抽象。所谓抽象是对实际的人、物、事和概念进行人为处理,获取人们关心的本质特性,忽略非本质的细节,并把这些特征用各种概念精确地描述,最终这些概念组成了某种模型。抽象一般有 3 种,分别是分类、聚集和概括。

3. 逻辑设计

逻辑设计是在数据库概念设计的基础上,将概念设计阶段得到的概念模型转换成特定的数据库管理系统所支持的数据模型。概念模型可转换为关系、网状、层次 3 种模型中的任意一种。大部分的数据库系统普遍采用支持关系数据模型的数据库管理系统。

4. 物理设计

物理设计是以逻辑设计结果作为输入,结合数据库管理系统特征与存储设备特性设计出适合应用环境的物理结构。数据库物理结构是数据库在物理设备上的存储结构和存取方法。数据库物理设计的目的是提高系统处理效率,充分利用计算机的存储空间。

5. 验证设计

验证设计是在上述设计的基础上收集数据并建立一个数据库,运行一些典型的应用任务来验证数据库设计的正确性和合理性。一般来说,一个大型数据库的设计过程往往需要经过多次循环反复。当在设计的某步中发现问题时,可能就需要返回前面去进行修改,因此，在做上述数据库设计时就应考虑到今后修改设计的方便性和可行性。

巩固训练

单选题

设计关系型数据库时，E-R 图完成于(　　)。

A. 物理设计阶段　　B. 概念设计阶段　　C. 逻辑设计阶段　　D. 需求分析阶段

【答案】 B

【解析】 用 E-R 方法建立的概念结构模型称为 E-R 模型，或称为 E-R 图，应用于概念设计阶段。

7.4　非关系型数据库

7.4.1　非关系型数据库的概念

随着互联网 Web 2.0 网站的兴起，传统的关系型数据库在处理 Web 2.0 网站，特别是超大规模和高并发的 Web 2.0 纯动态网站的数据时已经显得力不从心，出现了很多难以克服的问题，而非关系型数据库则由于其本身的特点得到了非常迅速的发展。NoSQL(非关系型)数据库的产生就是为了解决大规模数据集合多重数据种类带来的挑战，特别是大数据应用难题。该技术的出现弥补了传统关系型数据库的技术缺陷——尤其是在速度、存储量及多样化结构数据的处理问题上。

NoSQL 数据库是指主体符合非关系型、分布式、开放源码和具有横向扩展能力的下一代数据库。英文名称 NoSQL 本身的意思是 Not Only SQL，中文意思为"不仅是 SQL"。

传统关系型数据库在使用之前，必须先进行表结构定义，并对字段属性进行各种约束，而 NoSQL 在这方面的要求很宽松，很多 NoSQL 数据库产品不需要预先定义数据存储结构。

7.4.2　NoSQL 数据存储模式

NoSQL 数据存储模式主要涉及数据库建立的存放数据的逻辑结构，基本的数据读、写、改、删等操作，数据处理对象以及在分布式状态下的一些处理方式等。

从数据存储结构原理的角度，一般将 NoSQL 数据库分为键值数据存储、文档数据存储、列族数据存储、图数据存储、其他数据存储 5 种模式。本节重点介绍键值(key-value)、文档(document)、列族(column families)、图(graph)4 种 NoSQL 数据存储模式，如图 7-4 所示。

1. 键值数据存储模式

键值数据库是一类以轻量级结合内存处理为主的 NoSQL 数据库。轻量级是指它的存储数据结构特别简单，数据库系统本身规模也比较小；以内存为主的运行处理的设计目的是更快地实现对大数据的处理。键值数据库的设计原则是以提高数据处理速度为第一目标。常见的键值数据库有 Redis、Memcached 等。

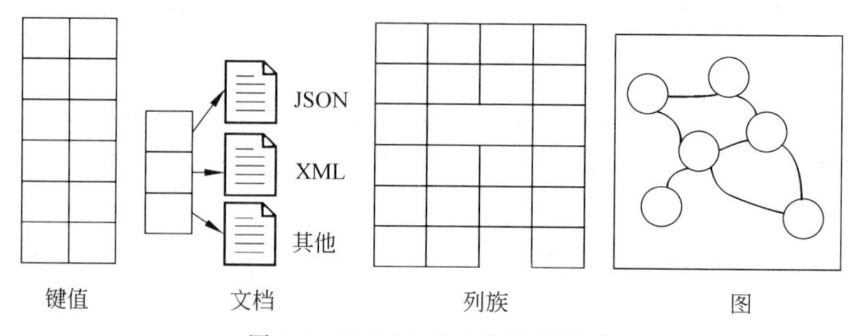

图 7-4 NoSQL 的 4 种存储模式

1) 键值数据库存储结构基本要素

(1) 键。键起唯一索引值的作用,确保一个键值结构里数据记录的唯一性,也起信息记录的作用。

(2) 值。值是对应键相关的数据,通过键来获取,可以存放任何类型的数据。

(3) 键值对。键和值的组合就形成了键值对,它们之间的关系是一对一映射的关系。

(4) 命名空间。命名空间是由键值对所构成的集合。通常由一类键值对构成一个集合。

2) 键值存储特点

(1) 简单。数据存储结构只有"键"和"值",并成对出现,"值"理论上可以存储任意数据,并支持大数据存储。凡是具有类似关系的数据应用,均可以考虑键值数据库,如热门网页的排行记录。

(2) 快速。由于键值数据库在设计之初就要避开机械硬盘低效的读写速度瓶颈,那么以内存为主的设计思路使键值数据库拥有了快速处理数据的优势。更大容量、更快速内存的出现使键值数据库具备了在互联网上应对海量访问的高速处理能力。

(3) 高效计算。键值数据库具有数据结构简单化、数据集之间关系的简单化(没有复杂的传统关系型数据库那样的多表关联关系)以及基于内存的数据集计算等特点,使在大量用户访问情况下,键值数据库仍可以高速计算并响应。例如,电子商务网站需要根据用户历史访问记录,实时提供用户喜欢商品的推荐信息,提高用户的购买量,而在推荐过程中不能出现明显的延迟现象,键值数据库擅长解决类似问题。

(4) 分布式处理。分布式处理能力使键值数据库具备了处理大数据的能力。它们可以把拍字节(PB)级的大数据放到几百台 PC 服务器的内存里一起计算,最后把计算结果汇总。

注意:键值数据库的缺点是:①多值查找的功能很弱;②缺少约束,意味着更容易出错;③不容易建立复杂关系。

3) 应用实例

键值数据库的应用主要包括:百度云数据库、京东、阿里巴巴、腾讯(游戏)、新浪网(微博)、美团网等。

2. 文档数据存储模式

文档数据库主要用于管理文档,尤其适合于处理各种非结构化与半结构化的文档数据、建立工作流应用以及建立各类基于 Web 的应用。常见的文档数据库有 MongoDB、Couchbase 等。

文档数据库与传统关系型数据库一样，也是建立在对磁盘进行读写的基础上，对数据进行各种操作。文档数据库的设计思路是针对传统数据库低效的操作性能，首先考虑的是读写性能，为此需要去掉各种传统数据库规则的约束。

1）文档数据库存储结构基本要素

（1）键值对。文档数据库数据存储结构的基本形式为键值对形式，具体由数据和格式组成。数据分键和值两部分，格式根据数据种类的不同有所区别。

（2）文档。文档是由键值对所构成的有序集。

（3）集合。集合是由若干条文档构成的对象。一个集合对应的文档应该具有相关性。例如，所有的图书相关信息放在一个集合里，方便电子商务平台用户选择。

（4）数据库。文档数据库中包含若干个集合，在进行数据操作之前，必须指定数据库名。

2）文档存储特点

（1）简单。没有数据存储结构定义要求，不考虑数据写入各种检查约束，也不考虑集合与集合对象之间的关系检查约束，相对传统关系型数据库来说，数据存储结构简单。

（2）相对高效。相对于传统关系型数据库而言，文档数据库每秒可以写入几万条到几十万条记录，每秒可以写出几百万条记录。

（3）文档格式处理。在文档数据库中，一般采用JSON、XML、BSON格式存储文档数据。在选择该类数据库产品时，必须遵循这样的格式约定。

（4）查询功能强大。相对于键值数据库而言，文档数据库具有强大的查询支持功能，更加接近于SQL数据库。

（5）分布式处理。文档数据库具有分布式多服务器处理功能，具有很强的可伸缩性，给大数据处理带来了很多方便。它们可以轻松解决拍字节(PB)级甚至是艾字节(EB)级的数据存储应用需要。

注意：文档数据库的缺点是：①数据出现冗余；②缺少约束；③与键值数据库的响应速度比较，文档数据库相对低效。

3）应用实例

文档数据库的应用主要包括：阿里云提供的基于云MongoDB服务、华为的数据中心等。

3. 列族数据存储模式

列族数据库是为处理大数据而生的。列族数据库为了解决大数据存储问题引入了分布式处理技术；为了提高数据操作效率，针对传统数据库的弱点，采用了去规则、去约束化的思路。常见的列族数据库有Cassandra、Hbase等。

1）列族数据库存储结构基本要素

（1）命名空间。命名空间是列族数据库的顶级数据库结构，相当于传统关系型数据库的表名。

（2）行键。行键用来唯一确定列族数据库中不同行数据区别的标识符。它的作用与传统关系型数据库表的行主键作用类似。但是列族数据库的行是虚的，只存在逻辑关系，因为它们的值以列为单位进行存储。另外，行键还起分区和排序作用。当列族的列存放于不同服务器的分区里时，则行键起分区地址指向的标识作用。列族数据库存放数据时，自动按照行键进行排序,如按照 ASCII 码进行排序。

(3) 列族。由若干个列所构成的一个集合称为列族。对于关系紧密的列可以放到一个列族里,目的是提高查询速度。

(4) 列。列是列族数据库中用来存放单个数值的数据结构。列的每个值都附带时间戳,通过时间戳来区分值的不同版本。

2) 列族存储特点

(1) 擅长大数据处理,特别是拍字节(PB)、艾字节(EB)级别的大数据存储和从几千台到几万台级别的服务器分布式存储管理,体现了更好的可扩展性和高可用性。

(2) 命名空间、行键、列族需要预先定义;列无须预先定义,随时可以增加。

(3) 在大数据应用环境下管理复杂,必须借助各种高效的管理工具来监控系统的正常运行。

(4) 数据存储模式相对键值数据库、文档数据库要复杂。

(5) 查询功能相对更加丰富。

(6) 高密集写入处理能力。不少列族数据库一般能达到每秒百万次的并发插入处理能力。

3) 应用实例

Facebook(脸书)使用的是 Cassandra 数据库,Yahoo(雅虎)使用的是 Hbase 数据库。

4. 图数据存储模式

"图"是指数学里的"图论"。所谓图论里的图,就是由若干给定的点及连接两点的线所构成的图形,这种图形通常用来描述某些事务之间的某种特定关系,用点代表事务,用连接两点的线表示相应两个事务间具有这种关系。

图数据库使用灵活的图形模型,并且能够扩展到多个服务器上,要进行数据库查询,需要制定数据模型。常见的图数据库有 Neo4j、OrientDB 等。

图存储是一个包含若干个节点,节点之间存在边关系且节点和边可以附加相关属性的结合系统。

(1) 图数据库存储结构基本要素:①节点;②边;③属性;④图。

(2) 图存储特点如下。

① 处理各种具有图结构的数据。这里的图结构包括无向图、有向图、流动网络图、二分图、多重图、加权图、树等。

② 应用领域相对明确。

③ 以单台服务器运行的图数据库为主。

④ 图偏重于查找、统计、分析应用。

(3) 应用实例。eBay(易贝)网是一家销售玩具、领带、拖鞋、手机等商品的电子商务平台,从 2014 年开始,易贝网把相关的业务数据管理从 MySQL 数据库迁移到了图数据库 Neo4j。迁移完成后,快递查询功能速度是原来的几千倍,而执行查询请求的代码却缩减为原来的 1%~10%,达到了提高速度、减少维护工作量的目的。

巩固训练

一、单选题

1. 以下不属于 NoSQL 数据库的是(　　)。

A. DB2 数据库　　B. 列族数据库　　C. 文档数据库　　D. 键值数据库

【答案】A

【解析】DB2 数据库是一种典型的关系型数据库。

2. 关于 NoSQL，下列说法正确的是(　　)。

A. NoSQL 必须预先定义数据存储结构

B. 文档数据库的响应速度比键值数据库的响应速度快

C. 列族数据库采用分布式处理技术，主要用于处理大数据

D. 图数据库可以处理有向图，不能处理无向图

【答案】C

【解析】很多 NoSQL 数据库产品不需要预先定义数据存储结构，选项 A 错误；与键值数据库的响应速度比较，文档数据库相对低效，选项 B 错误；图数据库可以处理无向图、有向图、流动网络图、二分图、多重图、加权图、树等，选项 D 错误。

二、多选题

对比关系型数据库，下列属于 NoSQL 数据库优势的是(　　)。

A. 容易实现数据完整性　　B. 支持超大规模数据存储

C. 复杂查询能力好　　D. 数据模型灵活

【答案】BD

【解析】非关系型数据库(NoSQL)是指主体符合非关系型、分布式、开放源码和具有横向扩展能力的下一代数据库，具有支持超大规模数据存储、数据模型灵活、擅长大数据处理等特点。

强化训练

请扫描二维码查看强化训练的具体内容。

强化训练

参考答案

请扫描二维码查看参考答案。

参考答案

第 8 章　计算机网络基础

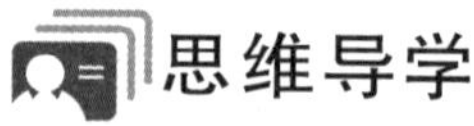

请扫描二维码查看本章的思维导图。

明德育人

国家“十四五”规划中指出要加快数字化发展，建设数字中国。迎接数字时代，激活数据要素潜能，推进网络强国建设，加快建设数字经济、数字社会、数字政府，以数字化转型整体驱动生产方式、生活方式和治理方式变革。培育壮大人工智能、大数据、区块链、云计算、网络安全等新兴数字产业，提升通信设备、核心电子元器件、关键软件等产业水平。构建基于5G的应用场景和产业生态，在智能交通、智慧物流、智慧能源、智慧医疗等重点领域开展试点示范。

计算机网络是以上各方面健康发展的基础，当代大学生应该努力学好计算机网络技术，不断进行技术创新，为我国的数字化发展做出贡献，进而增加自己的自信心，提高爱国热情和民族的自豪感。

国家“十四五”规划中还指出要推动构建网络空间命运共同体。推进网络空间国际交流与合作，推动以联合国为主渠道、以联合国宪章为基本原则制定数字和网络空间国际规则。推动建立多边、民主、透明的全球互联网治理体系，建立更加公平合理的网络基础设施和资源治理机制。积极参与数据安全、数字货币、数字税等国际规则和数字技术标准制定。推动全球网络安全保障合作机制建设，构建保护数据要素、处置网络安全事件、打击网络犯罪的国际协调合作机制。向欠发达国家提供技术、设备、服务等数字援助，使各国共享数字时代红利。积极推进网络文化交流互鉴。

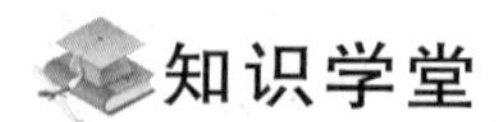

8.1　计算机网络基础知识

8.1.1　计算机网络概述

当前，人类所处的是一个以计算机网络为核心的信息时代，数字化、网络化和信息化是它的主要特征。世界经济正从工业经济转向信息经济，而信息经济的主要特征是信息化和全球化，要实现和发展信息经济，就要依靠由广播电视网络、电信网络和计算机网络组成的网络体系，核心是计算机网络。

1. 计算机网络的概念

计算机网络是指将一群具有独立功能的计算机通过通信设备及传输媒体互联起来，在通信软件的支持下，实现计算机间资源共享、信息交换或协同工作的系统。计算机网络是计算机技术和通信技术紧密结合的产物，两者的迅速发展及相互渗透，形成了计算机网络技术。如图8-1所示是一个计算机网络系统的示意图。

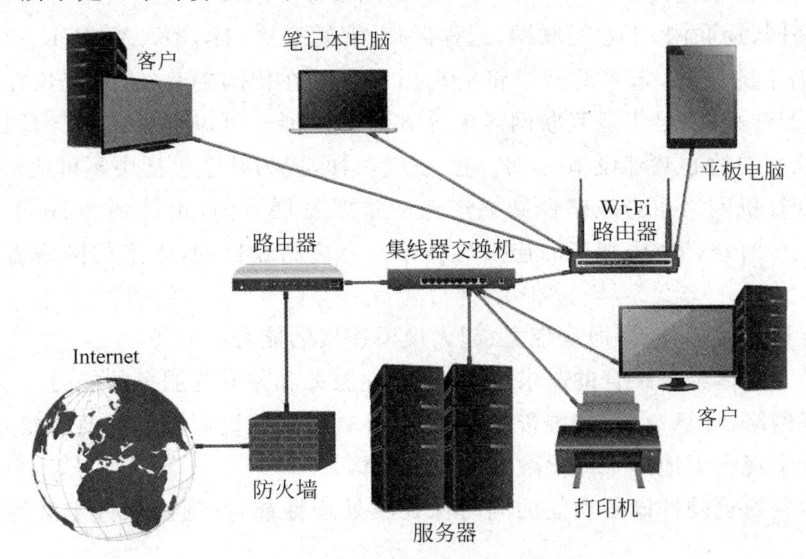

图8-1 计算机网络系统的示意图

2. 计算机网络的发展历程

1）以数据通信为主的第一代计算机网络

1954年，美国军方的半自动地面防空系统将远距离的雷达和测控仪器所探测到的信息，通过通信线路汇集到某个基地的一台IBM计算机上进行集中的信息处理，再将处理好的数据通过通信线路送回各自的终端设备。从严格意义上说，该阶段的计算机网络还不是真正的计算机网络，但这样的通信系统已具备了网络的雏形。

2）以资源共享为主的第二代计算机网络

美国国防部高级研究计划局（ARPA）于1968年主持研制，次年将分散在不同地区的4台计算机连接起来，建成了ARPANet。ARPANet的建成标志着计算机网络的发展进入了第二代，它也是Internet的前身。第二代计算机网络是以分组交换网为中心的计算机网络，它与第一代计算机网络的区别在于：网络中通信双方都是具有自主处理能力的计算机，而不是终端机，计算机网络的功能以资源共享为主。

3）体系标准化的第三代计算机网络

随着社会的发展，需要各种不同体系结构的网络进行互联，但是由于不同体系的网络很难互联，因此，国际标准化组织（ISO）在1977年设立了一个分委员会，专门研究网络通信的体系结构。1983年，该委员会提出的开放系统互联参考模型（OSI）各层的协议被批准为国际标准，给网络的发展提供了一个可共同遵守的规则，从此计算机网络的发展走上了标准化的道路。我们把体系结构标准化的计算机网络称为第三代计算机网络。

4）以 Internet 为核心的第四代计算机网络

进入 20 世纪 90 年代，Internet 的建立将分散在世界各地的计算机和各种网络连接起来，形成了覆盖世界的大网络。随着信息高速公路计划的提出和实施，Internet 迅猛发展起来，它将当今世界带入了以网络为核心的信息时代，Internet 是目前世界上最大的一个国际互联网。目前这个阶段计算机网络发展特点呈现为：高速互联、智能与更广泛的应用。

3. 未来的计算机网络

随着车联网、物联网、工业互联网、远程医疗、智能家居、4K/8K、AR/VR、空间网络等新业务类型和需求的出现，未来的网络将呈现出一种泛在化的趋势，重点聚焦在加速业务创新、促进运营商转型、满足工业互联网需求等方面的发展。可以预见，未来的网络将成为构建未来智慧社会的核心基础设施，像水、电、空气一样，成为社会生活中不可或缺的一部分。

未来的计算机网络作为战略性新兴产业的重要发展方向，预计到 2030 年将支撑万亿级、人/机/物、全时空、安全、智能的连接与服务。为达到此目的，未来的网络需要具备以下能力。

（1）支持超低时延、超高通量带宽、超大规模连接的能力。

（2）满足与实体经济融合的需求，支持确定性服务和差异化服务的能力。

（3）实现网络、计算、存储多维资源一体化，并具备多维资源统一调度的能力。

（4）设计实现空天地海一体化融合的网络架构。

（5）在做到简化硬件设备功能的同时保证其处理性能，并通过软件定义的方式增强网络弹性。

（6）具备“智慧大脑”，实现网络运维智能化。

（7）确保是一个内生安全、主动安全的网络，进而更好地实现网络安全。

计算机网络的功能

8.1.2 计算机网络的功能

1. 数据通信

数据通信是计算机网络的基本功能之一，用于实现计算机之间的信息传送。在计算机网络中，人们可以收发电子邮件，发布新闻、消息，进行电子商务、远程教育、远程医疗以及传递文字、图像、声音、视频等信息。

2. 资源共享

计算机资源主要是指计算机的硬件、软件和数据资源。资源共享功能是组建计算机网络的驱动力之一，使网络用户可以克服地理位置的差异性，共享网络中的计算机资源。

3. 分布式处理

对于综合性的大型科学计算和信息处理问题，可以采用一定的算法，将任务分给网络中不同的计算机，以达到均衡使用网络资源、实现分布处理的目的。

4. 提高系统的可靠性

可靠性对于军事、金融和工业过程控制等部门的应用特别重要。计算机通过网络中的冗余部件，尤其是借助虚拟化技术可大大提高可靠性。例如，在工作过程中，如果一台设备出现了故障，可以使用网络中的另一台设备；如果网络中的一条通信线路出现问题，可以使用另外一条进行通信，从而提高网络系统的整体可靠性。

8.1.3　计算机网络的组成

1. 根据物理连接划分

从物理连接上讲，计算机网络由计算机系统、网络节点和通信链路组成。计算机系统进行各种数据处理，通信链路和网络节点提供通信功能。

1）计算机系统

计算机网络中的计算机系统主要承担数据工作，它可以是具有强大功能的大型计算机，也可以是一台微机，其任务是进行信息的采集、存储和加工处理。

2）网络节点

网络节点主要负责网络中信息的发送、接收和转发。网络节点是计算机与网络的接口，计算机通过网络节点向其他计算机发送信息，鉴别和接收其他计算机发送来的信息。

3）通信链路

通信链路是连接两个节点的通信信道，通信信道包括通信线路和相关的通信设备。相关的通信设备包括中继器、调制解调器等。

2. 根据逻辑功能划分

从逻辑功能上看，可以把计算机网络分成通信子网和资源子网两个子网。

1）通信子网

通信子网提供计算机网络的通信功能，是由网络节点和通信链路组成的独立的数据通信系统。

2）资源子网

资源子网提供访问网络和处理数据的能力，是由主机、终端控制器和终端组成的。主机负责本地或全网的数据处理，运行各种应用程序或大型数据库系统以及向网络用户提供各种软硬件资源和网络服务；终端控制器用于把一组终端联入通信子网，并负责控制终端信息的接收和发送，包括打印机、大型存储设备等。

巩固训练

多选题

下列选项中，属于资源子网的是（　　）。

A. 主机　　B. 网桥　　C. 大型存储设备　　D. 共享的打印机

【答案】 ACD

【解析】 资源子网提供访问网络和处理数据的能力，由主机、终端控制器和终端组成。包括打印机和大型存储设备等。

8.1.4　计算机网络的分类

计算机网络的分类

1. 根据网络的覆盖范围划分

计算机网络按网络覆盖范围的不同，可分为局域网、城域网和广域网，如表 8-1 所示。

因特网（Internet）可以说是最大的广域网。它将世界各地的城域网、局域网等互联起来，形成一个整体，实现全球范围内的数据通信和资源共享。

表 8-1 按覆盖范围划分计算机网络

分 类	阐 述	特 点
局域网(LAN)	一般用微机通过高速通信线路连接,覆盖范围从几百米到几千米,通常用于连接一个房间、一层楼或一座建筑物	传输速率高,误码率低,可靠性好,组网灵活方便,适用各种传输介质,建设成本低
城域网(MAN)	在一座城市范围内建立的计算机通信网,一般可将同一城市内不同地点的主机、数据库以及 LAN 等互相连接起来	常使用与局域网相似的技术,但对媒介访问控制在实现方法上有所不同
广域网(WAN)	用于联接不同城市之间的 LAN 和 MAN,通信子网主要采用分组交换技术,常常借用传统的公共传输网(如电话网)。广域网可以覆盖一个地区或国家	数据传输相对较慢,传输误码率较高,随着光纤通信网络的建设,其速度已经大大提高

2. 根据网络的拓扑结构划分

网络的拓扑结构是指网络连线及设备的分布形式,常见的网络拓扑结构如表 8-2 所示。

表 8-2 按网络拓扑结构划分计算机网络

分 类	阐 述	优 点	缺 点
总线型拓扑	总线型拓扑采用单一信道作为传输介质,所有主机或站点通过专门的连接器连接到这根称为总线的公共信道上,如图 8-2 所示。任何一个站点的信号都可以沿着介质传播,而且能被其他站点接收	结构简单,易于实现,站点扩展灵活方便,可靠性高	故障检测和隔离较困难,总线负载能力较低,一旦线缆中断,整个网络通信将终止
环形拓扑	环形拓扑是一个包括若干节点和链路的单一封闭环,每个节点只与相邻的两个节点相连,如图 8-3 所示	容易安装和监控,传输最大延迟时间是固定的,传输控制机制简单,实时性强	网络中任何一台计算机的故障都会影响整个网络的正常工作,故障检测比较困难,节点增删不方便
星形拓扑	星形拓扑是由各个节点通过专用链路连接到中央节点上而形成的网络结构,如图 8-4 所示。在星形拓扑中,信息从计算机通过中央节点传送到网络上的所有计算机	传输速度快,误差小,扩容比较方便,易于管理和维护,网络中的某一台计算机或者一条线路的故障不会影响整个网络的运行	中央节点一旦发生故障,整个网络就会瘫痪,需要耗费大量的电缆
树状拓扑	在树状拓扑中,任何一个节点发送信息后都要传送到根节点,然后从根节点返回整个网络,如图 8-5 所示	扩容方便,容错性强,很容易将错误隔离在小范围内	依赖根节点,如果根节点出了故障,则整个网络将会瘫痪
网状拓扑	网状拓扑由节点和连接节点的点到点链路组成,每个节点都有一条或几条链路同其他节点相连,如图 8-6 所示。网状拓扑通常用于广域网中	节点间路径多,局部的故障不会影响整个网络的正常工作,可靠性高,扩容方便	网络的结构和协议比较复杂,建网成本高

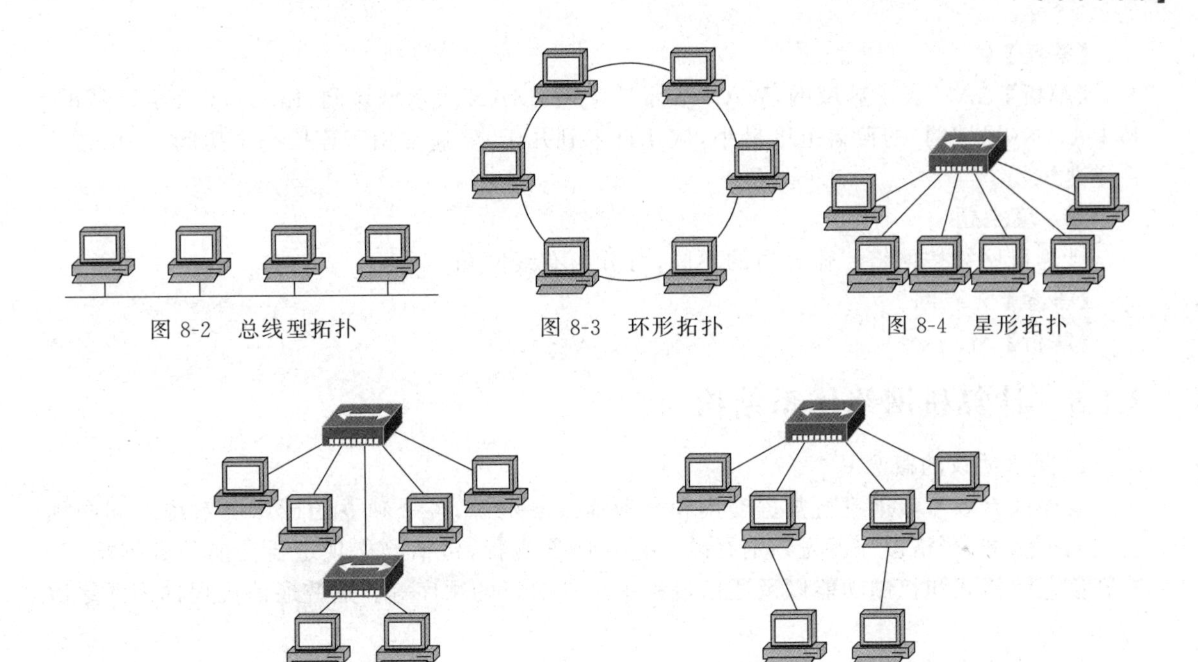

图 8-2　总线型拓扑

图 8-3　环形拓扑

图 8-4　星形拓扑

图 8-5　树状拓扑

图 8-6　网状拓扑

3. 按传输介质划分

计算机网络按网络传输介质的不同,可分为有线网和无线网。

1）有线网

有线网是采用双绞线、同轴电缆、光纤等作传输介质连接的计算机网络。

2）无线网

无线网主要以无线电波或红外线为传输介质,联网方式灵活方便,但可靠性和安全性还有待完善。另外,还有卫星数据通信网,它是通过卫星进行数据通信的。

4. 按网络使用性质划分

计算机网络按网络使用性质的不同,可分为公用网和专用网。

1）公用网

公用网(public network)是一种付费网络,属于经营性网络,由电信部门或其他提供通信服务的经营部门组建、管理和控制,任何单位和个人可付费租用一定带宽的数据信道,如我国的电信网、广电网、联通网、移动网等。

2）专用网

专用网(private network)是某个部门根据本系统的特殊业务需要而建设的网络,这种网络一般不对外提供服务。例如,军队、政府、银行、电力等系统的网络就属于专用网。

巩固训练

一、单选题

下列网络覆盖范围最小的是(　　)。

A. WAN　　B. MAN　　C. LAN　　D. Internet

【答案】C

【解析】LAN 表示局域网,WAN 表示广域网,MAN 表示城域网,Internet 表示因特网。其中 LAN(局域网)的覆盖范围最小,从几百米到几千米,通常用于连接一个房间、一层楼或一座建筑物。

二、填空题

计算机网络按网络传输介质的不同,可分为有线网和________。

【答案】无线网

【解析】略。

8.1.5 计算机网络体系结构

1. 网络协议的概念

要保证有条不紊地进行数据交换和合理地共享资源,各个独立的计算机系统之间必须达成某种默契,严格遵守事先约定好的一整套通信规程,包括严格规定要交换的数据格式、控制信息的格式和控制功能以及通信过程中事件执行的顺序等。这些通信规程称为网络协议(protocol)。

网络协议主要由以下 3 个要素组成。

(1) 语法:用户数据与控制信息的结构或格式。

(2) 语义:需要发出何种控制信息,以及完成的动作和做出的响应。

(3) 时序:对事件实现顺序的详细说明。

2. 网络协议分层

计算机网络的协议是分层的,层与层之间相对独立,各自完成特定的功能,每一层都为上一层提供服务,协议分层有助于网络的实现和维护;有助于技术发展;有助于网络产品的生产;可以促进标准化工作。

计算机网络协议是按照层次结构模型来组织的,我们将网络层次结构模型与计算机网络各层协议的集合称为网络的体系结构或参考模型。目前,计算机网络存在两种体系结构:OSI 参考模型和 TCP/IP 参考模型。

OSI 参考模型将计算机网络分为 7 层,TCP/IP 参考模型将计算机网络分为 4 层,它们每层的名称及层次对应关系如表 8-3 所示。

表 8-3 OSI/ISO 参考模型与 TCP/IP 参考模型对照

OSI 层次	OSI 参考模型	TCP/IP 参考模型	TCP/IP 层次
7	应用层	应用层(FTP、Telnet、SMTP、HTTP、DNS、BBS 等)	4
6	表示层		
5	会话层		
4	传输层	传输层(TCP 和 UDP)	3
3	网络层	网际层(IP、ICMP 等)	2
2	数据链路层	网络接口层(或称主机—网络层)	1
1	物理层		

3. TCP/IP 参考模型

TCP/IP 协议的中文译名为传输控制协议/网际协议,又称为网络通信协议。TCP/IP

协议是 Internet 最基本也是最常用的协议，是 Internet 国际互联网络的基础。TCP/IP 协议在 1974 年和 1975 年经过两次修订后正式成为国际标准，同时也就诞生了 TCP/IP 参考模型。

TCP/IP 的体系结构分为 4 层，从上到下依次是应用层、传输层、网际层和网络接口层。TCP/IP 协议已成为目前 Internet 上的国际标准和工业标准，是计算机之间进行通信必须遵守的协议。

1）网络接口层

网络接口层又称为主机—网络层，负责与硬件的沟通，接收 IP 数据报并进行传输，从网络上接收物理帧，抽取 IP 数据报并转交给下一层，对实际的网络媒体进行管理，定义如何使用实际网络来传送数据。

2）网际层

网际层又称为网络层，负责提供基本的数据封包和传送功能，让每一块数据包都能够到达目的主机（但不检查是否被正确接收），网际协议（IP）、网际控制报文协议（ICMP）、网际组报文协议（IGMP）等工作在该层。

3）传输层

传输层又称为主机对主机层，负责传输过程中流量的控制、差错处理、数据重传等工作。使用的协议有传输控制协议（TCP）、用户数据报协议（UDP）等，TCP 和 UDP 给数据包加入传输数据并把它传输到下一层中，这一层负责传送数据，并且确定数据已被送达并接收。

4）应用层

应用层是应用程序间进行沟通的层，使用的协议有文件传输协议（FTP）、远程登录协议（Telnet）、简单邮件传输协议（SMTP）、超文本传输协议（HTTP）、域名服务（DNS）、点对点协议（PPP）等。

巩固训练

一、单选题

1. TCP 是（　　）协议的简写。

A. 超文本传输　　B. 传输控制　　C. 远程登录　　D. 数据传输

【答案】 B

【解析】 TCP 是传输控制协议的简写，HTTP 是超文本传输协议的简写，Telnet 是远程登录。

2. Internet 中计算机之间通信必须共同遵循的协议是（　　）。

A. SMTP　　B. HTTP　　C. TCP/IP　　D. UDP

【答案】 C

【解析】 TCP/IP 协议是传输控制协议/网际协议，是 Internet 最基本的协议，Internet 中的计算机之间相互通信必须遵守 TCP/IP 协议。

二、多选题

下列关于计算机网络体系结构的说法，正确的是（　　）。

A. TCP/IP 协议是一个 7 层的体系结构

B. 在 OSI 参考模型中，应用层是最高层

C. 计算机网络体系结构的层次越多越好

D. 每一层都具有相对独立的通信功能，且都为上一层提供服务

【答案】BD

【解析】OSI 参考模型分为 7 层，最底层是物理层，最高层是应用层，每一层都具有独立的通信功能，并为上一层提供服务。

8.1.6　网络硬件

网络硬件由网络主体设备、网络连接设备和网络传输介质三部分组成。

1. 网络主体设备

局域网中的计算机设备也称为网络主体设备，根据其在网络中功能的不同，又分为服务器（中心站）和客户机（工作站）两类。

服务器（server）是网络中提供共享资源的特殊计算机，它是整个网络系统的核心，对客户机进行管理并提供网络服务。服务器的性能要高于普通计算机，要求其速度更快、容量更大、可靠性更高。

客户机（client）是用户入网操作的节点，也称为网络终端设备。除了传统的个人计算机，还有智能手机、个人数字助理（PDA）、上网本、笔记本电脑等终端设备。用户通过客户端软件可以向服务器请求提供各种服务，如邮件服务、打印服务等。

网络的工作模式分为客户机/服务器模式和对等网络模式两种。

客户机/服务器模式：简称 C/S 模式，网络中有几台计算机专门充当服务器，为整个网络提供共享资源服务。服务器要安装服务器版的网络操作系统，客户机安装带有网络功能的单机版操作系统。该模式提高了网络的服务效率，因此在局域网中得到了广泛应用。

为了进一步减轻客户机的负担，人们又开发了浏览器/服务器模式，简称 B/S 模式。该模式的客户机不需要安装特定的客户端软件，只需要客户端有浏览器软件就可以完成大部分工作任务。

对等网络模式：网络中的所有计算机都具有同等地位，没有主次之分。任何一个节点机所拥有的资源都作为网络资源，可被其他节点机上的用户共享。

2. 网络连接设备

1）网卡

网卡（NIC）又称网络适配器（或网络接口卡），是连接计算机与网络的硬件设备。网卡一般插于计算机或服务器的扩展槽中，通过网线与网络交换数据、共享资源。网卡的作用主要是提供固定的网络地址。每个网卡上都有一个固定的全球唯一的物理地址（MAC 地址），这样才能区分出数据是从哪台计算机来的，到哪台计算机去。网卡可分为有线网卡和无线网卡。

2）网桥

网桥（bridge）用来连接相互独立的网段从而扩大网络的最大传输距离，是在数据链路层实现网络互联的存储—转发设备，被广泛用于局域网的互联。

作为网段与网段之间的连接设备，它实现数据包从一个网段到另一个网段的选择性发送，即只让需要通过的数据包通过而将不必通过的数据包过滤掉，平衡各网段之间的负载，从而实现网络间数据传输的稳定和高效。

3）调制解调器

调制解调器（modem，俗称“猫”）是一种计算机硬件，它能把计算机的数字信号翻译成可沿普通电话线传送的模拟信号，而这些模拟信号又可被线路另一端的另一个调制解调器接收，并译成计算机可识别的数字信号，这一简单过程完成了两台计算机间的通信。

将数字信号翻译成模拟信号的过程叫调制，将模拟信号翻译成数字信号的过程叫解调。

4）集线器

集线器（hub）是局域网中计算机和服务器的连接设备，每个工作站用双绞线连接到集线器上，由集线器对工作站进行集中管理。集线器主要提供信号放大和中转的功能，一个集线器上很多端口，可使多个用户通过双绞线电缆与网络设备相连。集线器上的端口彼此相互独立，不会因某一端口的故障影响其他用户。集线器中只包含物理层协议。

5）中继器

任何一种介质的有效传输距离都是有限的，电信号在介质中传输一段距离后会自然衰减并且附加一些噪声。中继器（repeater）就是为解决这一问题而设计的，它完成物理线路的连接，对衰减的信号进行放大，保持与原数据相同。中继器属于物理层设备。

6）交换机

交换机（switch）发展迅猛，基本取代了集线器和网桥，并增强了路由选择功能。交换和路由的主要区别在于交换发生在 OSI 参考模型的数据链路层，而路由发生在网络层。交换机的主要功能包括物理编址、错误校验、帧序列以及流控制等。有些交换机还具有对虚拟局域网（VLAN）和链路汇聚的支持，有的甚至还具有防火墙的功能。

7）路由器

路由器（router）是连接不同网络或网段的网络连接设备，属于网际互联设备。它可以将局域网与其他网络（如 Internet、局域网、广域网）相连，以使它们能够互相通信，从而构成一个更大的网络。路由器的主要工作就是为不同网络的节点之间通信选择一条最佳路径，适合于连接复杂的大型网络。

巩固训练

一、单选题

下列关于网卡的说法错误的是（　　）。

A. 网卡又叫网络适配器

B. 网卡能进行网络数据传输的路径选择

C. 网卡用于连接计算机系统与网络，主要工作是接收与发送数据包

D. 每个网卡都有唯一的物理地址

【答案】B

【解析】网卡的主要作用是提供固定的网络地址，路由器可以进行网络数据传输的路径选择。

二、判断题

中继器可以对传输的信号进行放大。（　　）

A. 正确　　　　　　　　B. 错误

【答案】A

三、填空题

调制解调器的功能是实现________信号和模拟信号的转换。

【答案】数字

【解析】略。

3. 网络传输介质

根据传输介质形态的不同,可以把传输介质分为有线传输介质和无线传输介质两种。

1) 有线传输介质

有线传输介质主要有双绞线、同轴电缆和光纤。

(1) 双绞线。双绞线是把两根绝缘的铜导线按一定密度互相绞在一起,每一根导线在传输中辐射出来的电波会被另一根线上发出的电波抵销,有效降低信号干扰的程度。它是目前最常用的传输介质之一。一般局域网中常用到的双绞线是5类非屏蔽双绞线(通常也称为网线),它由不同颜色的4对(8根)线组成,线缆两端安装有RJ-45接头,俗称水晶头。双绞线用于连接工作站的网卡和集线器或交换机,传输速率能达到100Mb/s,最大传输距离为100m左右,可以通过安装中继器或交换机加大连接距离,如图8-7所示。

(2) 同轴电缆。它是一种电线及信号传输线,一般是由四层物料构成:最内里是一条导电铜线,线的外面有一层塑胶(作绝缘体、电介质之用)围拢,绝缘体外面又有一层薄的网状导电体(一般为铜或合金),然后导电体外面是最外层的绝缘物料它作为外皮。同轴电缆具有屏蔽性好、传输距离远的特点,但安装维护不太方便,目前在一般局域网中已很少使用。如图8-8所示。

(3) 光纤。光纤是光导纤维的简写,是一种由玻璃或塑料制成的纤维,可作为光传导工具,传输原理是"光的全反射",如图8-9所示。当光从一种高折射率介质射向低折射率介质时,只要入射角足够大,就会产生全反射,这样一来,光就会不断在光纤中折射传播下去。

图8-7 双绞线　　图8-8 同轴电缆　　图8-9 光纤

光纤的优点是重量轻、传输速率快、带宽高、损耗低、保真度高、抗干扰能力强、传输距离长等。由于制作光纤的材料(石英)来源十分丰富,随着技术的进步,成本还会进一步降低。光通信技术的发展,为Internet宽带技术的发展奠定了非常好的基础,今后光纤传输在网络传输中将占绝对优势。

2) 无线传输介质

无线传输介质的主要应用形式有无线电频率通信、红外通信、微波通信和卫星通信等。

(1) 无线电频率通信。无线电频率是指频率为1kHz～1GHz的电磁波谱。在此频段范围内包括短波波段、超高频波段等。无线电频率通信中的扩展频谱通信技术是当前无线局域网的主流技术。

(2) 红外通信。红外通信是以红外线作为传输载体的一种通信方式,它以红外二极管或红外激光管作为发射源,以光电二极管作为接收设备。红外通信成本较低,传输距离短,具有直线传输、不能透射不透明物的特点,实现起来较简单,设备也较便宜。

(3) 微波通信。微波是使用波长为 0.1mm~1m 的电磁波进行的通信,该波长段电磁波所对应的频率范围是 300MHz~3000GHz。当两点间直线距离内无障碍时就可以使用微波传送。微波通信具有容量大、质量好并可传至很远的距离的特点,因此是国家通信网的一种重要通信手段。

(4) 卫星通信。卫星通信是地球上(包括地面和低层大气中)的无线电通信站间利用卫星作为中继而进行的通信,是航天技术和电子技术相结合而产生的一种重要通信方式。卫星通信具有传输距离远、覆盖区域大、可靠性高、不受地理环境条件限制等独特优点。

巩固训练

一、单选题

信号传输过程中不受电磁干扰的传输介质是(　　)。

A. 双绞线　　B. 同轴电缆　　C. 光纤　　D. 卫星通信

【答案】 C

【解析】 光纤中传输的是光信号,不受其他电磁信号的干扰,其他项都受电磁干扰。

二、多选题

计算机网络使用的有线传输介质有(　　)。

A. 双绞线　　B. 同轴电缆　　C. 微波　　D. 光纤

【答案】 ABD

【解析】 有线传输介质主要有双绞线、同轴电缆和光纤,无线传输介质主要有无线电频率通信、红外通信、微波通信和卫星通信等。

8.1.7 网络软件

网络软件是指在计算机网络环境中,用于支持数据通信和各种网络活动的软件。根据软件的功能,计算机网络软件可分为网络系统软件和网络应用软件两大类。

1. 网络系统软件

网络系统软件是控制和管理网络运行、提供网络通信、分配和管理共享资源的网络软件,它包括网络操作系统、网络协议、通信控制软件和网络管理软件等。

1) 网络操作系统

网络操作系统是指能够对网络中的资源进行统一调度和管理的系统软件,它是计算机网络软件的核心。目前,常用的网络操作系统有 Windows Server、UNIX 和 Linux 等。

2) 网络协议

网络协议是计算机网络中进行数据交换而建立的规则、标准或约定的集合,任何网络都要通过协议才能起作用。在网络中常用的数据协议有 NetBEUI、TCP/IP、UDP、HTTP 协议等。

3) 通信控制软件

通信控制软件可以使用户能够在不必详细了解通信控制规程的情况下完成网络中计算

机之间的通信,并可对通信数据进行加工和处理。

4) 网络管理软件

网络管理软件就是能够完成网络管理功能的网络管理系统,简称网管系统。借助于网管系统,网络管理员不仅可以经由网络管理员与被管理系统中的代理交换网络信息,而且可以开发网络管理应用程序。

2. 网络应用软件

网络应用软件是指为某一个网络应用而开发的网络软件,为用户提供访问网络的手段、网络服务、信息传输和资源共享等,如 Microsoft Edge(浏览器)、迅雷(下载工具)、QQ、微信、QQ 音乐、优酷(在线视频播放)等。

8.2 Internet 基础

8.2.1 Internet 的起源与发展

1. Internet 的起源

因特网(Internet,也称互联网)是通过 TCP/IP 协议将世界各地的网络连接起来,实现资源共享和信息交换,提供各种应用服务的全球性计算机网络,它是全球最大的、开放式的、由众多网络互连而成的计算机网络。从广义上讲,Internet 是遍布全球的连接各个计算机平台的总网络,是成千上万信息资源的总称。从本质上讲,Internet 是一个使世界上不同类型的计算机能交换各类数据的通信媒介。

因特网起源于 1969 年由美国国防部高级研究计划署(ARPA)主持研制并建立的用于支持军事研究的计算机实验网络 ARPANet(阿帕网)。1985 年,美国国家科学基金会(NSF)开始建立 NSFNet,NSFNet 成为 Internet 中主要用于教研和教育的主干部分,代替了 ARPANet 的骨干地位。1989 年 MILNet 实现和 NSFNet 连接后,开始采用 Internet 这个名称,此后其他部门的计算机网相继并入 Internet,ARPANet 宣告解散。20 世纪 90 年代初,商业机构开始进入 Internet,1995 年 NSFNet 停止运行,Internet 彻底商业化。从 1996 年起,世界各国陆续启动下一代高速互联网及其关键技术的研究。下一代互联网与现在使用的互联网相比,规模更大、速度更快、更安全、更智能。

2. Internet 在中国的发展

1987 年 9 月 20 日,钱天白教授发出我国第一封电子邮件"越过长城,通向世界",揭开了中国人使用 Internet 的序幕。

Internet 在中国的发展可以粗略地划分为三个阶段:第一阶段为 1987—1993 年,我国的一些科研部门通过 Internet 建立电子邮件系统,并在小范围内为国内少数重点高校和科研机构提供电子邮件服务。第二阶段为 1994—1995 年,这一阶段是教育科研网发展阶段。北京中关村地区及清华大学、北京大学组成的 NCFC 网于 1994 年 4 月开通了与国际 Internet 的 64kb/s 专线连接,同时设立了中国最高域名(CN)服务器。这时,中国才算真正加入了国际 Internet 行列。此后又建成了中国教育和科研计算机网(CERNet)。第三阶段是 1995 年以后,该阶段开始了商业应用。

下面分别介绍我国现有四大主干网络的基本情况。

1）公用计算机互联网（ChinaNet）

ChinaNet是由原邮电部组织建设和管理的。原邮电部与美国Sprint Link公司在1994年签署Internet互联协议，开始在北京、上海两个电信局进行Internet网络互联工程。ChinaNet有三个国际出口，分别在北京市、上海市和广州市。

2）中国教育和科研计算机网（CERNet）

CERNet是1994年由原国家计委、原国家教委批准立项，原国家教委主持建设和管理的全国性教育和科研计算机互联网络。该项目的目标是建设一个全国性的教育科研基础设施，把全国大部分高校连接起来，实现资源共享。它是全国最大的公益性互联网络。

CERNet全国网络中心设在清华大学，负责全国主干网的运行管理。地区网络中心和地区主节点分别设在清华大学、北京大学、北京邮电大学、上海交通大学、西安交通大学、华中科技大学、华南理工大学、电子科技大学、东南大学、东北大学这10所高校，负责地区网的运行管理和规划建设。

3）中国科技信息网（CSTNet）

CSTNet是国家科学技术委员会联合全国各省、市的科技信息机构，采用先进信息技术建立起来的信息服务网络，旨在促进全社会广泛的信息共享、信息交流。中国科技信息网的建成对于加快中国国内信息资源的开发和利用、促进国际交流与合作起到了积极的作用，以其丰富的信息资源和多样化的服务方式为国内外科技界和高技术产业界的广大用户提供服务。

4）国家公用经济信息通信网络（金桥网，ChinaGBN）

金桥网是建立在金桥工程上的业务网，支持金关、金税、金卡等“金”字头工程的应用。它是覆盖全国，实行国际联网，为用户提供专用信道、网络服务和信息服务的基干网。金桥网由吉通公司牵头建设并接入Internet。

8.2.2 Internet的组成和常用术语

Internet的组成和常用术语

1. Internet的组成

Internet采用分层结构，由物理网、协议、应用软件和信息这四层组成。

1）物理网

物理网是实现因特网通信的基础，其作用类似于现实生活中的交通网络，像一个巨大的蜘蛛网覆盖全球，而且仍在不断延伸和加密。

2）协议

在Internet上传输的信息至少遵循三个协议：网际协议、传输协议和应用程序协议。网际协议（IP）负责将信息发送到指定的接收机；传输协议（TCP）负责管理被传送信息的完整性；应用程序协议几乎和应用程序一样多，如SMTP、Telnet、FTP和HTTP等，每一个应用程序都有自己的协议，负责将网络传输的信息转换成用户能够识别的信息。

3）应用软件

实际应用中，通过一个个具体的应用软件与Internet打交道。每一个应用程序的使用代表着要获取Internet提供的某种网络服务。例如，通过WWW浏览器可以访问Internet上的Web服务器，享受图文并茂的网页信息。

4）信息

没有信息，网络就没有任何价值。信息在网络世界中就像货物在交通网络中一样，建设物理网(修建公路)、制定协议(交通规则)和使用各种各样的应用软件(交通工具)的目的是传输信息(运送货物)。

2. Internet 的常用术语

(1) ISP：Internet 服务提供商，主要为用户提供拨号上网、WWW 浏览、FTP、收发 E-mail、BBS、Telnet 等各种服务。

(2) PPP 协议：点对点协议，Modem 与 ISP 连接通信时所支持的协议。

(3) DNS：域名服务器，用户访问 Internet 任意站点的必由之路，也相当于指路牌。在配置 Internet 软件时，如果不是自动获得 DNS 服务器地址，则必须将 ISP 提供给自己的 DNS 的 IP 地址写正确。

(4) HTTP：超文本传输协议，是一个简单的请求—响应协议，它通常运行在 TCP 之上。它指定了客户端可能发送给服务器什么样的消息以及得到什么样的响应。

(5) 博客：Blog 或 Weblog，源于 Web Log(网络日志)，是一种十分简易的傻瓜化个人信息发布方式。

(6) BBS：电子公告牌系统，是一种电子信息服务系统，向用户提供一块公共电子白板，每个用户都可以在上面发布信息或提出看法。

8.2.3 IP 地址及域名系统

1. IP 地址

1) IP 地址的概念

在 Internet 上为每台计算机指定的唯一的 32 位地址称为 IP 地址，也称网际地址。

IP 地址具有固定、规范的格式，它由 32 位二进制数组成，分成 4 段，其中每 8 位构成一段，这样，每段所能表示的十进制数的范围最大不超过 255，段与段之间用“.”隔开，这种方法称为点分十进制表示方法。其格式为×××.×××.×××.×××。

IP 地址分为 A、B、C、D、E 五类，其中 A、B、C 三类为常用类型，D 类为组播地址，E 类为保留地址。A、B、C 三类均由网络号和主机号两部分组成，规定每一组都不能用全 0 和全 1。通常全 0 表示网络本身的 IP 地址，全 1 表示网络广播的 IP 地址。为了区分类别，A、B、C 三类的最高位分别为 0、10、110，如图 8-10 所示。

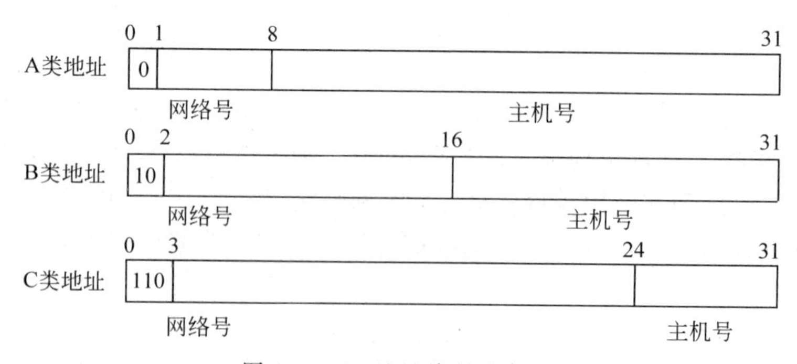

图 8-10 IP 地址编码示意图

(1) A 类 IP 地址：用前 8 位来标识网络号，后 24 位标识主机号，最前面一位为 0，这样，A 类 IP 地址所能表示的网络数范围为 0～127，但数字 127 保留给内部回送函数，而数字 0 表示该地址是本地宿主机，所以 A 类 IP 地址的第一个 8 位表示的数的可用范围是 1～126。A 类 IP 地址通常用于大型网络，每个网络所能容纳的计算机数为 16777214($2^{24}-2$)台。

(2) B 类 IP 地址：用前 16 位来标识网络号，后 16 位标识主机号，最前面两位为 10。网络号和主机号的数量大致相当，分别用两个 8 位来表示，第一个 8 位表示的数的范围为 128～191。B 类 IP 地址适用于中等规模的网络，每个网络所能容纳的计算机数为 65534($2^{16}-2$) 台。

(3) C 类 IP 地址：用前 24 位来标识网络号，后 8 位标识主机号，最前面三位为 110。网络号的数量要远大于主机号，一个 C 类 IP 地址共可连接 254($2^{8}-2$) 台主机。C 类 IP 地址的第一个 8 位表示的数的范围为 192～223。C 类 IP 地址一般适用于校园网等小型网络。

综上所述，从 IP 地址第一段的十进制数字即可区分出 IP 地址的类型，如表 8-4 所示。

2) 内部地址

由于地址资源紧张，因而在 A、B、C 类 IP 地址中，按如表 8-5 所示的范围保留了部分地址，被称为内部地址或者私有地址。这些地址只能用于一个机构的内部通信，而不能用于和互联网上的主机通信，但可以在各个局域网内重复使用。

表 8-4　A、B、C 类 IP 地址

网络类型	第一段数字范围	包含主机台数
A 类	1～126	1677214
B 类	128～191	65534
C 类	192～223	254

表 8-5　内部地址

网络类型	地　址　段	网络数
A 类	10.0.0.0～10.255.255.255	1
B 类	172.16.0.0～172.31.255.255	16
C 类	192.168.0.0～192.168.255.255	256

相应地，其余的 A、B、C 类地址可以在互联网上使用(即可被互联网上的路由器所转发)，称为公网地址。

3) 子网掩码

子网掩码是判断任意两台计算机的 IP 地址是否属于同一子网的根据。最为简单的理解就是将两台计算机各自的 IP 地址与子网掩码进行 AND(与)运算后，如果得出的结果是相同的，则说明这两台计算机是处于同一个子网的，可以进行直接通信。

正常情况下子网掩码的地址为：网络位全为“1”，主机位全为“0”，如表 8-6 所示。

表 8-6　标准 IP 地址类的子网掩码

网络类型	子网掩码(二进制位)	子网掩码
A 类	11111111　00000000　00000000　00000000	255.0.0.0
B 类	11111111　11111111　00000000　00000000	255.255.0.0
C 类	11111111　11111111　11111111　00000000	255.255.255.0

可以利用主机位的一位或几位将子网进一步划分，缩小主机的地址空间而获得一个范围较小的、实际的网络地址(子网地址)，这样更便于网络管理。

4) 特殊 IP 地址

(1) 0.0.0.0。严格来说，它不是真正意义上的 IP 地址。它表示的是所有不清楚的主机和目的地网络。这里的不清楚是指在本机的路由表里没有特定条目指明如何到达。

(2) 255.255.255.255。它是受限制的广播地址，对本机来说，这个地址指本网段内(同一个广播域)的所有主机，该地址用于主机配置过程中 IP 数据包的目的地址，这时主机可能还不知道它所在网络的网络掩码,甚至连它的 IP 地址也还不知道。在任何情况下,路由器都会禁止转发目的地址为受限的广播地址的数据包,这样的数据包只出现在本地网络中。

(3) 主机号全为 1 的地址。通常网络中的最后一个地址为直接广播地址,也就是主机号全为 1 的地址。主机使用这种地址将一个 IP 数据包发送到本地网段的所有设备上,路由器会转发这种数据包到特定网络上的所有主机。这个地址在 IP 数据包中只能作为目的地址。

(4) 主机号全为 0 的地址。它指向本网,表示的是“本网络”,路由表中经常出现主机号全为 0 的地址。

特殊的 IP 地址无法分配给主机,根据以上特殊 IP 地址的要求,A、B、C 三类特殊的 IP 地址如表 8-7 所示。

表 8-7 A、B、C 三类中的特殊 IP 地址

网络类型	特殊 IP 地址	示　　例
A 类	×.0.0.0	122.0.0.0
	×.255.255.255	66.255.255.255
B 类	×.×.0.0	191.25.0.0
	×.×.255.255	155.28.255.255
C 类	×.×.×.0	192.165.1.0
	×.×.×.255	202.193.25.255

5) IPv6

现有的互联网是在 IPv4 协议的基础上运行的,IPv6 是下一版本的互联网协议。在 IPv6 中,IP 地址占用 16 字节,共 128 位,分为 8 段,每段 2 字节。IP 地址采用冒分十六进制形式表示,段与段之间用“:”隔开。其格式如下:

××××:××××:××××:××××:××××:××××:××××:××××

在冒分十六进制表示法中,有些类型的 IPv6 地址中包含了一长串 0,为了进一步简化 IP 地址的表达,如果连续的一段或几段全为 0,可以压缩为“::”,这种方法称为零压缩法。为保证地址解析的唯一性,地址中“::”只能出现一次。例如,FF25:0:0:0:0:0:0:1234→FF25::1234。

IPv6 的主要优势体现在以下几方面。

(1) 规模更大:地址、网络的规模更大,接入网络的终端种类和数量更多,网络应用更广泛。

(2) 更安全可信:可进行对象识别、身份认证和访问授权,具有数据加密和完整性,可实现可信任的网络。

(3) 更方便:基于移动和无线通信的丰富应用。

(4) 更及时:提供组播服务,进行服务质量控制,可开发大规模实时交互应用。

(5) 速度更快:100Mb/s 以上的端到端高性能通信。

(6) 更可管理:有序的管理、有效的运营、及时的维护。

注意:IPv4 可以提供约 2^{32} 个地址,IPv6 可以提供约 2^{128} 个地址,IPv6 的地址数量是 IPv4 地址数量的 296 倍,IPv6 解决了 IPv4 网络地址资源匮乏的问题。

巩固训练

一、单选题

1. 下列表示 A 类 IP 地址范围的是(　　)。

A. 192.0.0.0～223.255.255.255　　B. 1.0.0.0～126.255.255.255

C. 128.0.0.0～191.255.255.255　　D. 0.0.0.0～255.255.255.255

【答案】B

【解析】A 类 IP 地址的首字节范围为 1～126，B 类 IP 地址的首字节范围为 128～191，C 类 IP 地址的首字节范围为 192～223。

2. IPv4 中，IP 地址由 32 位二进制数组成，分为 A、B、C、D、E 五类，其中前两位是 10 的是(　　)。

A. A 类　　B. B 类　　C. C 类　　D. D 类

【答案】B

【解析】A 类 IP 地址第一位为 0，B 类 IP 地址前两位为 10，C 类 IP 地址前三位为 110。

二、多选题

以下合法的 IP 地址是(　　)。

A. 11.125.1.1　　B. 256.33.3.35　　C. 222.222.22.2　　D. 11.11.11.11.11

【答案】AC

【解析】IP 地址采用点分十进制法来表示时，是由四个不超过 255 的十进制数组成，中间用点连接。

三、填空题

网络内主机数量最少的 IP 地址为________类地址。

【答案】C

【解析】网络内主机数量最多的是 A 类地址，主机最少的是 C 类地址。

2. 域名系统

为了方便用户，Internet 在 IP 地址的基础上提供了一种面向用户的字符型主机命名机制，这就是域名系统，它是一种更高级的地址形式。域名是一个逻辑的概念，它不反映主机的物理地点。在网络中经常提到的“网址”就是一台 Web 服务器在网络中的唯一标识，也称为域名。

1）域名系统与主机命名

在 Internet 中，IP 地址是一个具有 32 位长度的数字，用十进制表示时，也有 12 位整数，对于一般用户来说，要记住这类抽象数字的 IP 地址是十分困难的。为了向一般用户提供一种直观明了的主机识别符(在 Internet 中，计算机称为主机，而计算机名称为主机名)，TCP/IP 协议专门设计了一种字符型主机命名机制，即给每一台主机一个有规律的名字(由字符串组成)。

为了方便记忆，人们采用英文符号来表示 IP 地址，这就产生了域名，域名长度不超过 255 个字符，每一层域名长度不超过 63 个字符，一般由字母、数字或下画线组成，以字母开头，以字母或数字结尾。另外，域名中的英文字母不区分大小写。一个域名对应一个 IP 地址，而一个 IP 地址可以对应多个域名。也可以在域名中用汉字进行命名。

2）域名结构

域名采用层次结构，每一层构成一个子域名，子域名之间用“.”隔开，自右至左分别为顶级域名、二级域名、三级域名等。典型的域名结构如下：

主机名 . 单位名 . 机构名 . 国家名

例如，stu.sdu.edu.cn 代表中国(cn)、教育机构(edu)、山东大学(sdu)校园网上的一台主机(stu)。

3) 顶级域名

顶级域名分为两类：一是国际顶级域名，如表 8-8 所示；二是国家顶级域名，用两个字母代表世界各个国家和地区，如 cn 代表中国，jp 表示日本，us 代表美国(可省略)，de 表示德国，hk 代表中国香港等。

表 8-8 常用国际顶级域名

域名代码	意 义	域名代码	意 义
com	商业类	net	网络机构
edu	教育机构	org	非营利组织
gov	政府部门	int	国际机构
mil	军事类	info	信息服务

4) 中国互联网络的域名规定

根据已发布的《中国互联网络域名注册暂行管理办法》，中国互联网络的域名体系最高级为 cn。二级域名共 40 个，分为 6 个类别域名(ac、com、edu、gov、net、org)和 34 个行政区域名(如 bj、sh、tj 等)。二级域名中，除了 edu 的管理和运行由中国教育和科研计算机网络中心负责外，其余全部由中国互联网络信息中心(CNNIC)负责。

巩固训练

单选题

1. 如果一个网址的末尾是“.gov.cn”，则表示该网站是(　　)。

　A. 商业组织　　B. 教育机构　　C. 非营利组织　　D. 政府部门

【答案】 D

【解析】 com 表示商业组织，edu 表示教育机构，org 表示非营利组织，gov 表示政府部门。

2. 下面关于域名系统的说法，错误的是(　　)。

　A. 域名只能对应一个 IP 地址

　B. 域名服务器 DNS 用于实现域名地址与 IP 地址的转换

　C. 一般而言，网址与域名没有关系

　D. 域名中可以包含汉字

【答案】 C

【解析】 网址是指 Internet 上网页的地址，既可以是 IP 地址，也可以是域名地址，通过 DNS 可以实现域名地址与 IP 地址的转换，故 C 项错误。

8.2.4 Internet 接入方式

Internet 接入方式

Internet 服务提供商(ISP)是计算机接入 Internet 的桥梁。单位或个人的计算机都需要采用某种方式连接到 ISP 提供的某一台服务器上，通过它再接入 Internet，常用的网络接入方式有以下几种。

1. PSTN 接入

PSTN(公用电话交换网)技术是利用 PSTN 通过调制解调器(Modem)拨号实现用户接

入的技术。这是早期的一种接入方式,最高速率为56kb/s,已达到香农定理确定的信道容量极限,但远不能满足宽带多媒体信息的传输需求。

2. ADSL 接入

ADSL(非对称数字用户环路)是一种利用电话线和公用电话网接入 Internet 的技术,它通过专用的 ADSL Modem 连接到 Internet,ADSL 因其下行速率较高、频带相对较宽、安装方便、上网和打电话兼顾等特点而深受用户喜爱,成为家庭上网的主要接入方式。ADSL 上网的上行和下行速率是不一致的,通常下行速率高于上行速率。

3. 光纤接入

光纤接入(FTTH)是一种以光纤为主要传输介质的接入技术。用户通过光纤 Modem 连接到网络,再通过 ISP 的骨干网出口连接到 Internet,是一种宽带的 Internet 接入方式。光纤接入的主要特点是带宽高、端口带宽独享,抗干扰性能好,安装方便。此外,光纤信号不受强电、电磁和雷电的干扰。光纤体积小,重量轻,容易施工。

4. HFC 方式

HFC(光纤同轴混合网)利用了现有的有线电视线路,将宽带信号直接接入已经布好的有线电视同轴电缆,这样就省去了布线环节。每个家庭安装了一个用户接口盒,一个接口接电视,另一个接口接调制解调器,再连接电脑,用户就可以访问 Internet 了。现在很多家庭办理数字电视机顶盒时,就可以同时办理宽带,以电视机顶盒充当宽带信号源,就是基于这种原理。

5. 局域网接入

如果用户是通过局域网(LAN)连接 Internet,则不需要调制解调器和电话线路,而是需要一个网卡和网络连接线,通过集线器或交换机经路由器接入 Internet,这种方式实际上是将局域网作为一个子网接入 Internet。目前,各电信公司以及部分 ISP 都在推出宽带 LAN 接入方式上网,用户 PC 的上网速率可达 100Mbps。

6. 无线接入

由于铺设光纤的费用很高,对于需要宽带接入的用户,一些城市提供无线接入。用户通过高频天线和 ISP 连接,距离在 10km 左右,带宽为 2～11Mbps,费用低廉,性价比很高,但是受地形和距离的限制,适合城市里距离 ISP 不远的用户。

无线接入技术主要有以下几种类型:蜂窝技术、数字无绳技术、点对点微波技术、卫星技术、蓝牙技术等。近年来,由于无线应用协议(WAP)的制定,已实现了移动通信手机接入 Internet。

7. 无线局域网接入

个人计算机或移动设备可以通过无线局域网(WLAN)连接到 Internet。在一些校园、机场等公共场所内,由电信公司或单位统一部署了无线接入点(AP),建立起 WLAN,并接入 Internet。WLAN 利用射频技术使用户通过无线方式高速接入互联网/企业网,获取信息、移动办公、娱乐等,达到"信息随身化、便利走天下"的理想境界。

注意: 用户的笔记本电脑通过无线方式接入 Internet 时需要配备无线网卡。具有 Wi-Fi 功能的移动设备(如智能手机、平板电脑等)也可以通过无线方式接入 Internet。

Internet 服务

8.2.5 Internet 服务

从功能上说,Internet 所提供的服务基本上可以分为3类:共享资源、交流信息、发布和获取信息。下面介绍 Internet 的几种主要服务。

1. 电子邮件服务

电子邮件服务(又称 E-mail 服务)是目前因特网上使用最频繁的服务之一,它为因特网用户之间发送和接收消息提供了一种快捷、廉价的现代化通信手段。

1）电子邮件的功能

电子邮件的功能主要包括以下几个。

(1) 邮件的制作与编辑。

(2) 邮件的发送。

(3) 邮件通知。

(4) 邮件阅读与检索。

(5) 邮件回复与转发。

(6) 邮件处理。

2）电子邮件地址的格式

用户为了收发邮件,必须先向拥有 E-mail 服务器的网络服务商(如新浪、网易等)申请一个电子邮箱。邮件服务器上包含大量用户的电子邮箱,而每个用户的电子邮箱地址是唯一的,其格式如下:

<用户名>@<电子邮件服务器名>

例如,xxjs@sina.com 是一个邮件地址。其中,xxjs 表示用户名,sina.com 表示电子邮件服务器名。

3）常用电子邮件协议

(1) SMTP 协议:简单邮件传输协议,主要用于发送电子邮件。

(2) POP3 协议:第三版本的邮局协议,可以访问并读取邮件服务器上的邮件信息,主要用于接收电子邮件。

4）电子邮件的收发方式

(1) Web 方式。首先登录提供电子邮件服务的站点(如新浪、网易等),再通过站点收发邮件。这种方法不需要进行设置,只需知道邮箱账号和密码即可以登录邮件服务器。

(2) 使用 Outlook、Foxmail 等专门的电子邮件管理软件。使用这些软件收发电子邮件首先要设置好电子邮件地址(也称为账户),然后电子邮件软件通过网络连接到电子邮件服务器,替用户接收和发送存放在邮件服务器上的电子邮件。若发送的文件过大,可以通过添加附件功能将文件以附件的形式添加到电子邮件中进行发送。

注意:如果电子邮件的接收方计算机未处于上网状态,发送的邮件将存放在邮件服务器上。

2. 文件传输服务

FTP 服务即文件传输服务,是 Internet 的常用服务之一。在 Internet 上,通过 FTP 协议及 FTP 程序,用户计算机和远程服务器之间可以进行文件传输。

FTP 采用客户机/服务器工作模式。用户的本地计算机称为 FTP 客户机,远程提供 FTP 服务的计算机称为 FTP 服务器。从远程服务器上将文件复制到本地计算机称为下载(download),将本地计算机上的文件复制到远程服务器上称为上传(upload)。

访问 FTP 服务器有以下两种方式。

1）匿名方式

匿名 FTP 服务器为普通用户建立了一个公共账号，即 Anonymous，密码是任意一个有效的 E-mail 地址或 Guest。例如，在 IE 地址栏内输入"ftp://www.ytvcxxx.com"，即以匿名方式登录 FTP 服务器，不使用账号和密码。

2）使用账号和密码

例如，在"ftp://Users:123@www.ytvcxxx.com"中，Users 是账号，123 是密码。

3. 远程登录 Telnet

Telnet 是最早的 Internet 活动之一，用户可以通过一台计算机登录另一台计算机，运行其中的程序并访问其中的服务。当登录远程计算机后，用户的计算机就仿佛是远程计算机的一个终端，可以使用自己的计算机直接操纵远程计算机。

4. 即时通信

即时通信是指能够即时发送和接收互联网消息等业务。自 1998 年面世以来，特别是最近几年来发展迅速，功能日益丰富，逐渐具备了电子邮件、博客、音乐、电视、游戏和搜索等多种功能，发展成集交流、资讯、娱乐、搜索、电子商务、办公协作和企业客户服务等于一体的综合化信息平台。例如，网上聊天、网络寻呼、IP 电话等。

5. 网络音乐和视频点播

1）网络音乐

MIDI、MP3、Real Audio 和 WAV 等是歌曲的几种压缩格式，其中前三种是现在网络上比较流行的网络音乐格式。由于 MP3 体积小，音质高，采用免费的开放标准，使得它几乎成为网上音乐的代名词。

MP3 是 ISO 下属的 MPEG 开发的一种以高保真为前提实现的高效音频压缩技术，它采用了特殊的数据压缩算法对原先的音频信号进行处理，可以按 12∶1 的比例压缩 CD 音乐，以减小数码音频文件的大小，而音乐的质量却没有什么变化，几乎接近于 CD 唱盘的质量。

2）视频点播（VOD）

VOD 是 Video On Demand 的缩写，即交互式多媒体视频点播业务，是集动态影视图像、静态图片、声音、文字等信息于一体，为用户提供实时、高质量、按需点播服务的系统。它是一种以图像压缩技术、宽带通信网技术、计算机技术等现代通信手段为基础发展起来的多媒体通信业务。

VOD 是一种可以按用户需要点播节目的交互式视频系统，或者更广义一点讲，它可以为用户提供各种交互式信息服务，可以根据用户需要任意选择信息，并对信息进行相应的控制，如在播出过程中留言、发表评论等，从而加强交互性，增加了用户与节目之间的交流。

6. 搜索引擎

搜索引擎是一种搜索其他目录和网站的检索系统，它并不是真的搜索 Internet，而是搜索预先整理好的网页索引数据库，然后将搜索结果以统一的清单形式返回给用户，一般结果都是根据与搜索关键字的相关度高低来依次排列的。常用的搜索引擎有谷歌（Google）、百度、搜狗搜索、360 搜索、微软必应搜索（Bing）等。

使用搜索引擎的方法比较简单。首先打开搜索引擎的主页，输入要搜索的关键字，就可以开始搜索。需要注意的是，在搜索的时候应尽可能缩小搜索范围。缩小搜索范围的简单方法就是添加搜索关键字或设置搜索类别。

巩固训练

一、单选题

1. 使用匿名 FTP 服务,用户登录时通常使用(　　)作为用户名。

A. 自己的 E-mail　　B. 节点的 IP 地址

C. Anonymous　　D. 主机的 IP 地址

【答案】 C

【解析】 在使用匿名 FTP 服务时,用户名为 Anonymous,意为“匿名”。用户可通过它连接到远程主机上,并下载文件,而无须成为其注册用户。

2. 通常所说的 ADSL 是指(　　)。

A. 一种网络协议　　B. 计算机五大部件之一

C. 网络服务商　　D. 一种宽带网络接入方式

【答案】 D

【解析】 PSTN、ADSL、局域网接入、无线接入等都是 Internet 接入方式。

3. 当电子邮件到达时,若收件人没有开机,该邮件将(　　)。

A. 自动退回给发件人　　B. 保存在 E-mail 服务器上

C. 开机时对方重新发送　　D. 该邮件丢失

【答案】 B

【解析】 当电子邮件到达时,若收件人没有开机,该邮件将保存在 E-mail 服务器上,当收件人开机后可再次进行接收。

二、多选题

下列关于网络应用与服务的说法,正确的是(　　)。

A. 搜索引擎使用网络爬虫和检查排序等技术

B. 电子邮件系统最常用的协议是 SMTP 和 POP3

C. FTP 不能传输图像文件和声音文件

D. Telnet 是为远程用户之间建立连接而提供的一种服务

【答案】 ABD

【解析】 FTP 服务是文件传输服务,可以传送任何类型的文件。

8.3　网页基本知识

8.3.1　网站与网页

网站是一组相关网页和有关文件的集合,一般有一个特殊的网页作为浏览的起始点,称为主页,用来引导用户访问其他网页。

网站中的内容通常包括网页和相关的文件,一般被存储在同一个目录中,并根据网站栏目或资源类型进行分类,分别存放在不同的子目录中。本地网站在制作完成后,不经过发布是不能被其他浏览者访问的。发布就是将本地网站的内容传输到连接 Internet 的 Web 服务器上。网站发布后，即获得一个网站地址，浏览者可以通过该地址访问 Web 服务器查看网站的内容。

网页一般又称为 HTML 文件，是一种可以在 WWW 上传输，能被浏览器认识和翻译成页面并显示出来的文件。通常用户看到的网页大多是以 htm 和 html 为扩展名的文件。

1. 网页内容

一般来说，网页主要由文字、图片、动画、超链接和特殊组件等元素构成。

1）文字

网站主题思想的表达离不开文字，无论是网上新闻还是相关介绍，都需要一定的文字来说明。文字是传递信息最直接、最通用、最容易的沟通方式，而且传输速度快、占用空间小。

2）图片

网页的一大特点就是图文并茂，在网站上加入适量的图片可以使网页更加丰富生动。同时，图片通常比文字更直观、更有说服力。目前网页中使用的图片格式大多是 GIF、PNG 和 JPEG。

3）动画

随着新技术的应用，动画成为网页显示活力的主要因素之一，简单方便的动画制作工具（如 Flash、Fireworks 等）为网页提供了大量的动画素材。早期的网上动画由多帧的 GIF 图片构成，而现在多采用表现力更加丰富的 Flash 动画。

4）超链接

超链接将具有文字、图片、动画的网页连接在一起，构成一个统一的整体。可以说，超链接是网络的命脉。

5）特殊组件

图片和动画可以算是网页中最常见的组件，还有一些可以起到丰富网页作用的组件，如 JavaApplet、JavaScript 脚本、字幕、计数器、背景音乐等。

2. 静态网页和动态网页

根据网页的生成方式，大致可以分为静态网页和动态网页两种。

1）静态网页

静态网页就是 HTML 文件，文件的扩展名通常是 htm 或 html。除非网页的设计者自己修改了网页的内容，否则网页的内容不会发生变化，故称为静态网页。如图 8-11 所示，静态网页的浏览过程是浏览器向 Web 服务器发出请求，服务器查找该网页文件，并将文件内容直接发送给浏览器。

2）动态网页

动态网页是指网页文件里包含有程序代码，需要服务器执行程序才能生成网页内容。执行程序的过程中，通常会与数据库进行信息交互，因此，网页的内容会随程序的执行结果发生变化，故称为动态网页。动态网页的浏览过程如图 8-12 所示。动态网页的扩展名一般根据不同的程序设计语言而不同。动态网页制作比较复杂，需要用到 ASP、PHP、JSP 等专门的动态网页设计语言。

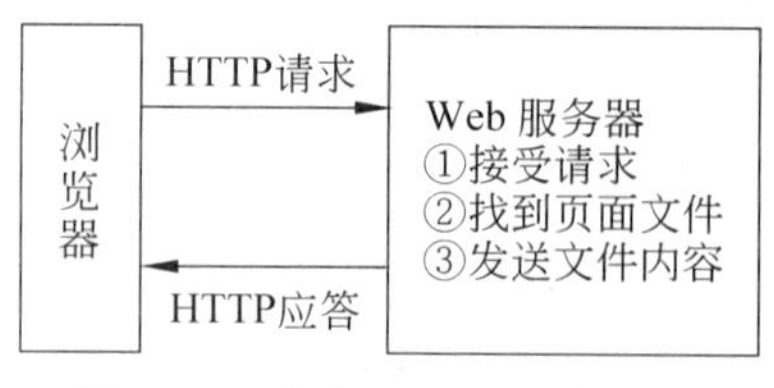

图 8-11　静态网页的浏览过程

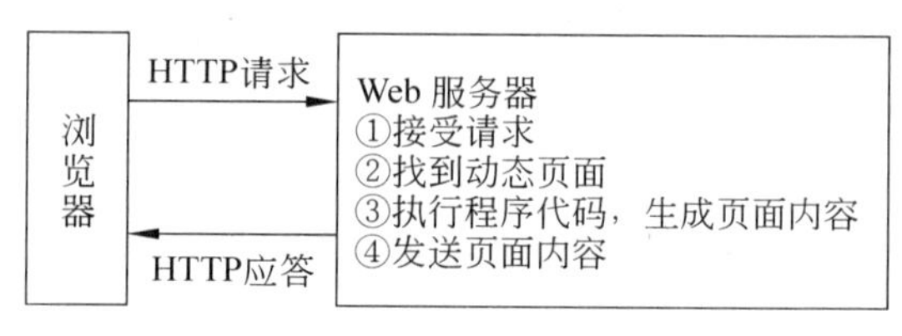

图 8-12　动态网页的浏览过程

巩固训练

一、多选题

以下选项中属于网页文件扩展名的是(　　)。

A. html　　B. docx　　C. hml　　D. htm

【答案】AD

【解析】htm 或 html 是常见的静态网页文件的扩展名。

二、填空题

________是一组相关网页和有关文件的集合,一般有一个特殊的网页作为浏览的起始点,称为主页。

【答案】网站

【解析】略。

8.3.2　Web 服务器

网站通常位于 Web 服务器上。Web 服务器又称 WWW 服务器、网站服务器或站点服务器。从本质上讲,Web 服务器就是一个软件系统,它通过网络接收访问请求,然后提供响应给请求者。要浏览 Web 页面,必须在本地计算机上安装浏览器软件。浏览器就是 Web 客户端,它是一个应用程序,用于与 Web 服务器建立连接,并与之进行通信。Web 客户端(Web 浏览器)和 Web 服务器之间通过超文本传输协议(HTTP)进行通信。目前常见的浏览器有 Microsoft Edge、火狐(Firefox)、Safari、Chrome、Opera、UC、搜狗、猎豹、360 浏览器等。

巩固训练

单选题

在 Internet 上浏览网页时,Web 服务器和浏览器间传输网页遵循(　　)协议。

A. IP　　B. HTTP　　C. SMTP　　D. Telnet

【答案】B

【解析】IP 是网际协议,HTTP 是超文本传输协议,SMTP 是简单邮件协议,Telnet 是远程登录协议。浏览器和 Web 服务器利用 HTTP 传输网页和有关文件。

8.3.3　网页制作工具

1. FrontPage

FrontPage 是一个界面友好、操作容易的 Web 文档开发和 Web 站点创建工具,主要功能是设计、制作、管理网页或站点。使用 FrontPage 既可以创建新的网页，也可以打开并修改已经存在的网页。

2. Dreamweaver

Dreamweaver 是美国著名的软件开发商 Macromedia 公司推出的一个所见即所得的可视化网站开发工具，具有界面友好、功能强大、可视化等优点。Dreamweaver 除了可以用来开发静态网页外，还支持动态服务器网页 JSP、PHP、ASP 等的开发。

3. Fireworks

Fireworks 以处理网页图片为特长，可以轻松创作 GIF 动画。Fireworks 是专为网络图像设计而开发的，内建丰富的支持网络出版功能，具有十分强大的动画功能和一个几乎完美的网络图像生成器。

4. Flash

Flash 是当今 Internet 最流行的动画作品的制作工具之一。Flash 采用了矢量作图技术，各元素均为矢量，只需用少量的数据就可以描述一个复杂的对象，大大减小了动画文件的大小。Flash 采用流控制技术，可以边下载边播放。Dreamweaver、Flash、Fireworks 被称为网页制作“三剑客”。

8.4　网页设计语言

8.4.1　网页设计相关的计算机语言

1. HTML

HTML 是 Hypertext Markup Language 的缩写，中文名为超文本标记语言，是 WWW 技术的基础，它使用一些约定的标记(tag)对文本进行标注，定义网页的数据格式，描述网页中的信息，控制文本的显示。用 HTML 语言编写的文件被称为 HTML 文档，也叫作网页(Web page)，一般以 htm 或 html 为扩展名。

2. XML

XML 的中文名是可扩展标记语言，其主要用途是在 Internet 上传递或处理数据。XML 可以说是 HTML 的补丁，用来弥补 HTML 的不足。比如，在 HTML 中不允许用户自定义控制标识符，而在 XML 中允许用户这样做。XML 文件的扩展名为 xml。

3. CSS

CSS 的中文名是层叠样式表，主要用来对网页数据进行编排、格式化、显示、设置特效等。传统的 HTML 不能对网页数据进行随心所欲的格式化，而 CSS 语言却满足了这种要求，它对网页的特殊显示、特殊效果提供了很大的帮助。目前，大多数网页都使用了 CSS。

4. DHTML

DHTML 是动态 HTML，这种技术要求网页具备动态功能，如动态交互、动态更新等。事实上，这是要求我们掌握 Web 中所包含的对象、对象集，以及对象的属性、方法、事件等，然后用程序处理这些对象相关的属性、方法，让事件去完成一定的处理程序，以实现网页的动态效果。

5. 脚本语言

脚本(script)语言是嵌入 HTML 代码中的程序,根据运行的位置不同把它分为客户端脚本和服务器端脚本。客户端脚本是运行在客户端的程序,服务器端脚本是运行在服务器端的程序,这里所说的客户端是指浏览器,服务器端是指 Web 服务器。目前较为流行的脚本语言有 JavaScript 和 VBScript。

6. HTML 5

HTML 5 由超文本标记语言 HTML 经过第五次重大修改得来。它的第一份正式草案于 2008 年 1 月 22 日公布。2012 年 12 月 17 日,万维网联盟(W3C)宣布 HTML 5 规范正式定稿。2013 年 5 月 6 日,HTML 5.1 草案正式公布。2014 年 10 月 29 日,万维网联盟宣布该标准规范正式完成。

HTML 5 技术是一项公开技术,使得互联网络标准达到当代的网络需求,具有自适应网页设计、支持多设备跨平台使用、为桌面和移动平台带来无缝衔接等诸多优点,但由于新标签的引入,它未能很好地被浏览器所支持,各浏览器之间缺少一种统一的数据描述格式,造成用户体验不佳。

巩固训练

单选题

下列(　　)语言可以对网页进行设计。

A. Java　　B. HTML　　C. C++　　D. Visual Basic

【答案】 B

【解析】 HTML 的中文名为超文本标记语言,它使用一些约定的标记(tag)对文本进行标注,定义网页的数据格式,描述网页中的信息,控制文本的显示等。Java、C++、Visual BASIC 是高级程序设计语言。

8.4.2 HTML 语言概述

超文本标记语言是用于描述网页文档的标记语言,由万维网联盟(W3C)于 20 世纪 80 年代制定,最新版本是 HTML 5。可扩展超文本标记语言(XHTML)是一个基于可扩展标识语言(XML)的标记语言,它结合了 XML 的强大功能和 HTML 的简单特性,可以看作一种增强 HTML。下面介绍 HTML 的基本构成和层次结构。

1. HTML 文件标记

Internet 中的每一个 HTML 文件都包括文本内容和 HTML 标记两部分。其中,HTML 标记负责控制文本显示的外观和版式,并为浏览器指定各种链接的图像、声音和其他对象的位置。多数 HTML 标记的格式如下:

```
<标记名>文本内容</标记名>
```

标记名写在"＜ ＞"内。多数 HTML 标记同时具有起始和结束标记,但也有一些 HTML 标记没有结束标记。另外,HTML 标记不区分大小写。

有些 HTML 标记还具有一些属性,这些属性指定对象的特性,如背景颜色、文本字体及大小、对齐方式等。属性一般放在起始标记中,格式如下:

```
<标记名 属性 1=值 1  属性 2=值 2...>文本内容</标记名>
```

其中标记名和属性之间用空格分隔。如果标记有多种属性,则属性之间也要用空格分隔。

2. HTML 网页的结构

1）头部(head)

HTML 文件的头部由<head>和</head>标记定义。通常情况下,文件的标题、语言字符集信息等都放在头部信息中。最常用到的标记是<title>...</title>,它用于定义网页文件的标题。当该网页文件被打开后,网页文件的标题将出现在浏览器的标题栏中。

2）正文主体(body)

正文主体是 HTML 文件的核心内容,由<body>和</body>标记定义。<body>标记具有一些常用的属性,格式如下：

```
<body bgcolor=#n color=#n>...</body>
```

其中,bgcolor 为背景颜色,color 为文本颜色,n 为六位十六进制数。如果网页使用背景图像,格式如下：

```
<body background="路径/图片文件名">...</body>
```

HTML 对格式的要求并不严格,当 HTML 文件被浏览器扫描时,所有包含在文件中的空格、回车符等均被忽略,因此,将一行内容写成两行或多行,在浏览器中的结果是相同的。

8.4.3　常用的 HTML 标记

1. 文本布局

1）段落标记<p>

<p>...</p>标记指定文档中一个独立的段落。通过设置 align 属性来控制段落的对齐方式,其值可以是 left、center、right、justify,分别表示左对齐、居中、右对齐和两端对齐,默认值为左对齐。格式如下：

```
<p align=对齐方式>...</p>
```

2）换行标记

标记可以强制文本换行。该标记只有起始标记。

3）水平线标记<hr>

水平线标记<hr>用于在网页中插入一条水平线。

2. 文字格式

HTML 语言中用于文字格式化的标记如下。

(1) 标题标记<hn>的格式如下：

```
<hn 属性=属性值>标题文字内容</hn>
```

其中 n 说明大小级别,取值范围为 1～6 的数字。把标题分为 6 级,即 h1～h6,h1 级文字最大,h6 级文字最小。

(2) 字体标记<font>。字体标记用来对文字格式进行设置,主要属性如表 8-9 所示。

(3) 字形标记。字形标记用于设置文字的粗体、斜体、下画线、上标、下标等,如表 8-10 所示。

表 8-9　字体标记

属性	格　式	作用及说明
size	<font size=n>...</font>	用于控制文字的大小，其中 n 的取值范围为 1～7 的数字，默认值为 3
color	<font color=#n 或英文表示的颜色>...</font>	用于控制文字的颜色，其中 n 是一个十六进制的六位数，英文表示的颜色如 Red、Blue
face	<font face=字体名>...</font>	用于指明文字使用的字体，如宋体、黑体、楷体_GB2312 等

表 8-10　字形标记

标记格式	字　形	标记格式	字　形
<b>...</b>	粗体	^{...}	上标
<i>...</i>	斜体	_{...}	下标
<u>...</u>	下画线		

3. 图片

<img>标记将图片插入网页中，用于设置图片的大小以及相邻文字的排列方式。该标记具有多种属性，如表 8-11 所示。

表 8-11　图片标记

属　性	格　式	作用及说明
Src	<img src=URL>	指明图片文件所在的位置
Alt	<img src=URL alt=说明文字>	对图片的文字说明
Width 和 height	<img src=URL width=n1 height=n2>	设置图片显示区域的宽度和高度
border	<img src=URL border=n>	设置图片文件的边框
align	<img src=URL align=对齐方式>	设置图片相对于文本的位置关系

4. 超链接

在 HTML 语言中，标记<a>和</a>用于设置网页中的超链接，href 属性指明被超链接的文件地址，格式如下：

```
<a href= URL>超链接文本</a>
```

用于表示超链接的文本一般显示为蓝色并加下画线。在浏览器中，当光标指向该文本时，箭头变为手形，并在浏览器的状态栏中显示该链接的地址。

若使用图片作超链接，可用如下格式完成：

```
<a href=URL1> <img src=URL2> </a>
```

5. 表格

在网页中插入一个表格，需要用到一组 HTML 标记。定义表格的有关标记如表 8-12 所示。

表 8-12　表格的有关标记

标 记 格 式	含　义	标 记 格 式	含　义
<table>...</table>	定义表格区域	<tr>...</tr>	定义表格行
<caption>...</caption>	定义表格标题	<td>...</td>	定义表格单元格
<th>...</th>	定义表格头		

常用的标记属性中，border属性用于设置表格边框的宽度；width、height属性用于设置表格或单元格的宽度、高度；cellspacing和cellpadding属性分别用于设置单元格之间的间隙和单元格内部的空白；align属性用于设置表格或单元格的对齐方式；bgcolor和background属性分别用于设置表格的背景颜色和背景图像。

 巩固训练

单选题

1. 在HTML中，<title>...</title>标签用来定义(　　)。

A. 书签标题　　B. 样式标题　　C. 网页标题　　D. 表格标题

【答案】 C

【解析】 <title>...</title>用于定义网页文件的标题，<caption>...</caption>定义表格标题。

2. 标记<p>...</p>中的align属性值等于(　　)，表示居中对齐。

A. left　　B. center　　C. right　　D. justify

【答案】 B

【解析】 align属性值为left、center、right、justify时，分别表示左对齐、居中对齐、右对齐和两端对齐，默认值为左对齐。

强化训练

请扫描二维码查看强化训练的具体内容。

强化训练

参考答案

请扫描二维码查看参考答案。

参考答案

第 9 章　数字多媒体技术基础

思维导学

思维导图

请扫描二维码查看本章的思维导图。

明德育人

文化是一个国家、一个民族的灵魂。文化兴国运兴,文化强民族强。党的十八大以来,习近平总书记多次提出“文化自信是一个国家、一个民族发展中最基本、最深沉、最持久的力量”“没有高度的文化自信,没有文化的繁荣兴盛,就没有中华民族的伟大复兴”。

作为文化表达和传播的重要载体,春晚在弘扬节庆文化、传承家国情怀、提供精神动力等方面持续发力,持久打造。春晚作为媒体科技创新展示的大舞台,融合了 XR、AR、全息扫描和 8K 裸眼 3D 呈现等新多媒体技术,突破时空限制,为节目的创新呈现提供了无限可能。科技与艺术融为一体,让节目的创意展现得淋漓尽致,为百姓打造视觉盛宴的同时传递着更深沉的文化自觉和文化自信。

知识学堂

9.1　多媒体基本知识

9.1.1　多媒体技术的概念和特点

1. 媒体及多媒体技术

1) 媒体和多媒体

媒体(media)是指能为信息传播提供平台的媒介。在计算机领域中,媒体是指文字、声音、图形、图像、动画、视频等能在计算机中使用的载体,以及对它们进行加工、记录、显示、存储和传输的设备。

2) 多媒体技术

多媒体技术是通过计算机对文字、数据、图形、图像、动画、声音等多种媒体信息进行综合处理和管理,使用户可以通过多种感官与计算机进行实时信息交互的技术。

2. 多媒体技术的特点

多媒体具有多样性、集成性、交互性和实时性的特点,如表 9-1 所示。

表 9-1　多媒体的特点

特　点	阐　　述
多样性	多样性是指综合处理和利用多媒体信息，将不同形式的媒体集成到一个数字化环境中，从而实现一种信息综合媒体，包括文本、图形、图像、动画和视频等。例如，在计算机上播放电影，就是实现了声音、图像、动画等多种媒体的综合
集成性	多媒体的集成性主要体现在两方面：一是多媒体信息的集成，即文本、图像、动画、声音、视频等的集成；二是操作这些媒体信息的软件和设备的集成
交互性	多媒体的关键特性。多媒体系统采用人机对话方式，对计算机中存储的各种信息进行选择、使用、加工和控制。多媒体技术的交互性为用户选择和获取信息提供了灵活的手段和方式
实时性	多媒体支持实时处理，各种媒体有机组合，在处理信息时，有着严格的时序要求和速度要求

巩固训练

一、单选题

下面关于多媒体技术的叙述不正确的是(　　)。

A. 多媒体技术是指用计算机和相关设备处理多媒体信息的方法和手段

B. 动画、图形等属于多媒体信息

C. 多媒体技术涉及信息处理的几乎所有技术和方法

D. 磁盘和光盘属于多媒体信息

【答案】D

【解析】磁盘和光盘属于保存多媒体信息的外部设备，但不能说它们属于多媒体信息。

二、多选题

多媒体技术(　　)。

A. 是一种对各种媒体信息，用数字技术进行生成、存储、处理和传送的技术

B. 涉及信息处理的几乎所有技术和方法

C. 是人工不能参与的一种“全数字”技术

D. 仅是指用光盘播放音乐和电影

【答案】AB

【解析】多媒体(multimedia)是多种媒体的综合，多媒体技术是用数字技术进行生成、存储、处理和传送的技术和手段。

9.1.2　媒体的分类

按照国际电话电报咨询委员会(CCITT)的定义，媒体可分为感觉媒体、表示媒体、显示媒体、存储媒体和传输媒体五大类，如表 9-2 所示。

表 9-2　多媒体的分类

类　型	特　　点	实 现 方 式
感觉媒体	直接作用于人的感觉器官，使人产生直接感觉的一类媒体	文字、声音、图形、图像、动画、视频等
表示媒体	为了加工、处理和传输感觉媒体而人为研究或构造的媒体	图像编码、文本编码、音频编码、视频编码等

续表

类　型	特　　点	实 现 方 式
显示媒体	也称为呈现媒体，是进行信息输入和输出的媒体。又分为输入显示媒体和输出显示媒体	鼠标、键盘、摄像机、数码相机，音响、显示器、投影仪、打印机等
存储媒体	用于存储表示媒体，即存放感觉媒体数字化后的代码的媒体，又称为存储介质	硬盘、U 盘、光盘等
传输媒体	即传输信息的物理设备	电缆、光缆、电磁波等

9.1.3　媒体元素及常见格式

媒体元素是指多媒体应用中可显示给用户的媒体组成部分。目前，多媒体技术处理的媒体元素主要包括文本、图形图像、音频、动画和视频等。常见的文件格式如表 9-3 所示。

表 9-3　媒体元素及常见的文件格式

媒 体 元 素	描　　述	常见文件格式
文本(text)	文本就是以文字和各种专用符号表达的信息形式	TXT、RTF 等
图形图像	图形是指通过绘图软件绘制的由直线、曲线等组成的画面，图像是通过扫描仪、数码相机等输入设备获取的画面	BMP、JPEG、PSD、PCX、CDR、DXF、TIFF、EPS、GIF 和 AI 等
音频(audio)	音频包含有音乐、语音和声音效果等	WAV、MP3、RA、WMA、MIDI、AAC 和 AIFF 等
动画(animation)	动画是一幅幅静态图像的连续播放	GIF、SWF 等
视频(video)	视频是图像数据的一种，若干有联系的图像数据连续播放就形成了视频	AVI、MGP、MOV、MPEG、WMV 等

9.1.4　数字多媒体相关技术

数字多媒体技术是一个涉及面极广的综合技术，是开放性的、没有最后界限的技术。多媒体技术的研究涉及计算机技术、网络通信技术、人工智能及现代媒体技术等。

1. 多媒体数据压缩/解压缩技术

在多媒体计算机系统中，各种媒体元素的表示、传输和存储都需要占用非常大的存储空间。如果不进行处理，计算机系统几乎无法对它进行存取和交换。多媒体数据压缩技术可以大大降低数据量，以压缩的形式存储和传输，既节约了存储空间，又提高了传输效率。因此高效的压缩和解压缩技术是多媒体系统运行的关键。

2. 数字多媒体输入/输出技术

数字多媒体输入/输出技术主要包括媒体变换技术、媒体识别技术、媒体理解技术和媒体综合技术。

(1) 媒体变换技术是指改变媒体的表现形式。例如，当前广泛使用的视频卡、音频卡(声卡)都属于媒体变换设备。

(2) 媒体识别技术是对信息进行一对一的映像过程。例如，语音识别技术和触摸屏技术等。

(3) 媒体理解技术是对信息进行更进一步的分析处理和理解信息内容。例如，自然语言理解、图像理解、模式识别等技术。

(4) 媒体综合技术是把低维的信息表示映像成高维的模式空间的过程。例如,语音合成器可以把语音的内部表示综合为声音输出。

3. 数字多媒体软件技术

数字多媒体操作系统是多媒体软件系统的核心,它实现多媒体环境下多任务调度,保证音频、视频同步控制及信息处理的实时性,提供多媒体各种基本操作和管理。具有独立于硬件设备的功能和较强的可扩展性。

除了多媒体操作系统之外,多媒体的创作工具、素材编辑软件以及多媒体应用软件等技术涵盖了多媒体元素的获取、加工、处理以及应用的各个环节。

4. 数字多媒体设备技术

伴随数字多媒体的发展,相关的多媒体存储设备、输入/输出设备、处理设备以及芯片等得到了快速的发展。新式的数字多媒体设备不断地涌现,深入工业生产管理、学校教育、公共信息咨询、商业广告甚至家庭生活与娱乐等领域,给用户带来了新的体验与感受。

5. 数字多媒体通信技术

数字多媒体通信技术是多媒体技术与通信技术的有机结合,突破了计算机、通信、电视等传统产业间相对独立发展的界限,是计算机、通信和电视领域的一次革命。它在计算机的控制下,对多媒体信息进行采集、处理、表示、存储和传输。简单地说,多媒体通信技术就是解决多媒体内容以哪种格式发送后存储空间小、传输容错能力强、传输速度快、耗费资源少的问题。

6. 虚拟现实技术

虚拟现实技术(virtual reality,VR)又称虚拟实境或灵境技术,是以计算机技术为主,利用并综合三维图形技术、多媒体技术、仿真技术、显示技术等技术,借助计算机等设备产生一个逼真的三维视觉、触觉、嗅觉等多种感官体验的虚拟世界,从而使处于虚拟世界中的人产生一种身临其境的感觉。

巩固训练

单选题

1. 下列关于多媒体的描述,错误的是(　　)。

A. 文字不属于多媒体元素

B. 多媒体技术的特点是多样性、实时性、集成性、交互性

C. 远程医疗使用多媒体技术

D. 网页可以理解为多媒体元素的组合

【答案】A

【解析】在多媒体技术中,多媒体元素包括文字、图形、图像、音频和视频等。

2. 按照国际电话咨询委员会(CCITT)的定义,声音属于(　　)。

A. 显示媒体　　B. 感觉媒体　　C. 存储媒体　　D. 表示媒体

【答案】B

【解析】感觉媒体是指能直接作用于人的感觉器官,使人产生直接感觉的一类媒体,如

语言、文字、音乐、声音、图像、图形、动画等。

9.2 数字多媒体系统组成

多媒体个人计算机是指能够综合处理文字、图形、图像、动画、音频和视频等多种媒体信息的个人计算机。完整的多媒体计算机系统由多媒体计算机硬件系统和多媒体计算机软件系统组成。

9.2.1 多媒体计算机硬件系统

在常用的个人计算机(PC)的基础上进行了硬件的扩充,一般要有功能强大、运行速度快的中央处理器(CPU),大容量的存储空间,高分辨率显示接口与设备,可处理图像的接口与设备,可存放大量数据的配置。除主机外,典型的多媒体计算机的配置主要包括光盘驱动器、音频卡(声卡)、视频卡(连接摄像机等设备)和交互控制接口(用来连接触摸屏、鼠标、光笔等人机交互设备)。

9.2.2 多媒体计算机软件系统

多媒体软件系统包括多媒体操作系统、多媒体创作工具、多媒体素材编辑软件、多媒体应用软件。各种软件系统及常用软件如表 9-4 所示。

表 9-4 各种软件系统及常用软件

软件系统	常用软件
多媒体操作系统	Windows、UNIX、Linux、macOS X 等
多媒体创作工具	Authorware、Director、PowerPoint 等
多媒体素材编辑软件	Photoshop、Audition、Premiere、Flash、3ds Max 等
多媒体应用软件	多媒体课件、多媒体广告系统、游戏软件、多媒体播放软件等

 巩固训练

单选题

1. 多媒体计算机软件系统的核心是(　　)。

A. 多媒体创作软件　　B. 多媒体操作系统

C. 多媒体应用软件　　D. 多媒体驱动软件

【答案】B

【解析】多媒体操作系统是多媒体计算机软件系统的核心。

2. 下列各项中不属于多媒体硬件的是(　　)。

A. 声卡　　B. 视频卡　　C. 网卡　　D. 光盘驱动器

【答案】C

【解析】网卡属于网络硬件。

9.3 数字多媒体处理技术

9.3.1 音频处理技术

1. 声音的数字化

声音的数字化是将模拟的声音信号经过模/数转换器转换成计算机所能处理的数字声音信号,然后利用计算机进行编辑或存储。这个过程就是对音频信号的采样、量化和编码的过程。

1) 采样

在连续的音频信号中以固定的时间间隔抽取模拟信号的幅度值。这个抽取过程我们称为"采样",采样精度越高,数字声音越逼真。

2) 量化

量化是指把采样得到的信号幅度的样本值从模拟量转换成数字量。

3) 编码

编码时把数字化的声音信息按一定数据格式表示。

2. 音频文件的存储容量

除了采样、量化和编码之外,声道数也是影响声音数字化的一个重要因素。声道数是一次采样记录产生的声音波形的个数。记录声音时,如果每次生成一个声道数据,称为单声道;如果每次生成两个声道数据,则称为双声道或者立体声。双声道文件在其他条件相同的情况下是单声道文件的两倍。

声音数字化后的音频文件存储量为

每秒数据量(B)=采样频率(Hz)×量化精度(bit)/8×声道数

存储量(B)=采样频率(Hz)×量化精度(bit)/8×声道数×时间(秒)

【例 9-1】 若采用22kHz的采样频率,8位量化精度,立体声效果,那么采集1分钟的音乐进行数字化,生成的音频文件的存储容量为

$$\frac{22\times1000\times8\times2\times60}{8\times1024\times1024}\approx2.5(\text{MB})$$

3. 音频文件格式

(1) WAV格式。WAV格式也称为波形声音文件,是为 Windows 开发的一种标准数字音频文件。WAV文件是一种无损音乐格式,能够保证声音不失真,缺点是占用的磁盘空间较大。

(2) MP3 格式。MP3 是目前较为流行的保持较好音质效果的高压缩比音频文件格式。因其体量较小、音质效果也不错深受普通用户喜爱。

(3) MIDI 格式。MIDI(乐器数字接口)是电子乐器和计算机相连的一个规范,是数字音乐的国际标准,它用音符的数字控制信号来记录音乐,因此 MIDI 文件记录的不是乐曲本身,而是描述乐曲演奏过程中的指令,文件数据量较小。

(4) CD 格式。CD 的音频文件是近似无损的,因此它的声音基本保真度较高。

(5) Real Media。RA、RMA 是 Real Media 中用于存储音频的两种文件格式,是由 Real NetWorks 公司开发的,用于在线聆听的流媒体格式。

(6) WMA 格式。它是微软公司推出的与 MP3 格式齐名的一种新的音频格式。其压

缩率一般可以达到1∶18,生成的文件大小只有相应MP3文件的一半,WMA在压缩比和音质方面都超过了MP3,更是远胜于RA,即使在较低的采样频率下也能产生较好的音质。

4. 音频处理软件

常见的音频处理软件有如下几种。

(1) Audition。Audition是一款由Adobe公司推出的多功能音频处理工具,专为在照相室、广播设备和后期制作设备方面工作的音频和视频专业人员设计,软件为使用者提供了诸多强大的音频处理功能,其中包括用于创建、混合、编辑和恢复音频内容的多轨、波形和频谱显示,可用于视频、播客和音效设计,满足了使用者的各种音频使用要求。

(2) Audacity。Windows下最好用的开源跨平台音频剪辑软件,包含录音等功能。内置60种界面语言。简单易上手,性能表现十分卓越。它在国外软件站点长期位居音频剪辑类软件第一名,更新迅速,功能丰富。

(3) Ocenaudio。Ocenaudio是一款跨平台的、易于使用的、快速的、功能强大的、好用的音频编辑软件。此软件支持Virtual Studio Technology插件,具有美观、统一的跨平台界面风格,可实时进行效果预览,支持段落多重选择,可以对长达数小时的音频文件进行即时剪辑操作。

(4) GoldWave。GoldWave是一款易上手的专业数字音频编辑软件。从最简单的录制和编辑到最复杂的音频处理、恢复、增强和转换,它可以完成所有工作。

(5) Windows录音机。Windows操作系统附带的“录音机”软件是一种具有语音录制功能的工具。

巩固训练

单选题

若声音信号的采样频率为3kHz,量化精度为8位,单声道,那么1小时采集的数据量约为(　　)。

A. 10MB　　B. 14MB　　C. 28MB　　D. 56MB

【答案】 A

【解析】 $3\times1000\times8\div8\times1\times3600\div1024\div1024\approx10$(MB)。

9.3.2 图形/图像处理技术

1. 图形与图像

1) 图形

图形是指通过绘图软件绘制的由直线、圆、圆弧等任意曲线组成的画面。又称为矢量图或者向量图形,它是由一组指令(图形的大小、形状、位置等属性)来描述的,当矢量图放大后,图像仍能保持原来的清晰度,且色彩不失真。矢量图的文件大小与图像大小无关,只与图像内容的复杂度有关。

2) 图像

图像一般是通过扫描仪、数码相机等多媒体输入设备捕捉获取的画面,数字化后以位图格式存储,因此图像又称为位图图像或者点阵图像。位图由多个像素组成,当放大到一定倍数后,可以看到一个个方形的色块,整体图像也会变得模糊。位图的清晰度与像素有关,单位面积内的像素越大,图像越清晰;像素的颜色等级越多则图像越逼真,用位图存储所需的存储空间也越大。

2. 图像的数字化

图像经过数字化后成为计算机上处理的位图。图像的数字化过程分为采样、量化和编码。

影响图像数字化质量的主要参数有图像分辨率、颜色深度等。其中图像分辨率是指数字图像的实际尺寸,反映了图像在水平和垂直方向上的大小。颜色深度是指记录每个像素所使用的二进制位数。对于彩色图像来说,颜色深度决定了该图像最多可以使用的颜色数目;对于灰度图来说,颜色深度决定了该图像可以使用的亮度级别数目。

图像的文件大小由图像分辨率和颜色深度决定,计算公式为

$$\frac{\text{图像分辨率}\times\text{颜色深度}}{8}=\text{图像所占字节数}$$

【例 9-2】 一幅分辨率为 1024×768、颜色深度为 24 位的图像未压缩时的数据量为

$$\frac{1024\times768\times24}{8\times1024\times1024}\approx2.25(\text{MB})$$

3. 图形/图像文件格式

下面认识几种常见的图形/图像文件格式。

(1) JPEG 格式。JPEG 是 Joint Photographic Experts Group(联合图像专家组)的缩写,文件的扩展名为 jpg 或 jpeg。JPEG 压缩技术十分先进,它用有损压缩方式去除冗余的图像数据,在获得极高的压缩率的同时能展现十分丰富生动的图像,换句话说,就是可以用最少的磁盘空间得到较好的图像品质。

(2) BMP 格式。BMP(位图)是 Windows 操作系统中的标准图像文件格式。因其采用无损压缩,所以一般情况下图像文件所占用的空间会比较大。

(3) GIF 格式。GIF(图形交换格式)是一种无损压缩格式,几乎所有相关软件都支持它。因其体积小而成像相对清晰,特别适合于初期慢速的互联网,GIF 格式的另一个特点是其在一个 GIF 文件中可以存多幅彩色图像,可构成一种最简单的动画。它最大的缺点是最多能够处理 256 色图像。

(4) PSD 格式。PSD 是 Adobe 公司的图像处理软件 Photoshop 的专用格式。PSD 格式所包含图像数据信息较多(如图层、通道、剪辑路径、参考线等),因此比其他格式的图像文件要大得多。

(5) PNG 格式。PNG(移植的网络图像)是一种位图文件存储格式。用来存储灰度图像时,灰度图像的深度可达到 16 位;存储彩色图像时,彩色图像的深度可达到 48 位。因为它压缩比高,生成文件容量小,所以一般应用于 Java 程序中,或网页中。

4. 图像处理软件

随着信息技术和智能手机的发展,图像处理软件越来越被更多的用户所熟悉。下面介绍几种常用的图像处理软件。

(1) Photoshop。Photoshop 是由 Adobe Systems 开发和发行的专业图像处理软件。Photoshop 主要处理以像素所构成的数字图像。使用其众多的编修与绘图工具,可以有效地进行图片编辑工作。PS 应用领域广泛,在图像、图形、文字、视频、出版等各方面都有涉及。

(2) CorelDRAW。CorelDRAW 是加拿大 Corel 公司出品的矢量图形制作工具软件,这个图形工具给设计师提供了矢量动画、页面设计、网站制作、位图编辑和网页动画等多种功能。

(3) 美图秀秀。美图秀秀是 2008 年 10 月 8 日由厦门美图科技有限公司研发、推出的一款免费影像处理软件,在影像类应用排行上保持领先优势。2018 年 4 月美图秀秀推出社区,并且将自身定位为“潮流美学发源地”,这标志着美图秀秀从影像工具升级为以让用户变美为核心的社区平台。

(4) ACDSee。ACDSee 是目前非常流行的看图工具之一,提供良好的操作界面,具有简单人性化的操作方式和优质的快速图形解码方式,支持丰富的图形格式,具有强大的图形文件管理功能等。

巩固训练

一、单选题

一幅分辨率为 1280×1024 的 8∶8∶8 的 RGB 彩色图像,其存储容量为(　　)。

A. 2.34MB　　B. 3.75MB　　C. 30MB　　D. 1.2MB

【答案】 B

【解析】 RGB 的含义是“红绿蓝”三基色颜色系统,所有的颜色都是通过三基色的比例而得。“8∶8∶8”的含义是每个基色用 8bit 表示,即一种颜色使用 24bit 表示。此图像的存储容量为

$$1280 \times 1024 \times 24/8/1024/1024 = 3.75(\text{MB})$$

二、多选题

以下选项中属于色彩三要素的是(　　)。

A. 色相　　B. 色温　　C. 色度　　D. 饱和度

【答案】 AD

【解析】 色彩的三要素包括色相(色调)、饱和度(纯度)和明度。

9.3.3　视频处理技术

1. 视频信息的数字化

视频是图像数据的一种,是若干有联系的图像连续地播放。因此视频数字化的过程就是在一定的时间内,以一定的速度对单帧视频信息进行采样、量化和编码的过程。因此,数字化后,如果不对视频信号进行压缩,则视频文件的数据量大小的计算方法为

视频文件量(B)=帧×每幅图像的数据量=帧×图像分辨率×颜色深度/8

【例 9-3】 数码摄像机的分辨率为 1280×1024,每秒 25 帧,拍摄时间为 30 秒的 24 位真彩色高质量视频未压缩时所需存储空间为

$$\frac{30 \times 25 \times 1280 \times 1024 \times 24}{8 \times 1024 \times 1024 \times 1024} \approx 2.75(\text{GB})$$

2. 视频文件的格式

常见的视频格式如下。

(1) MPEG 格式。MPEG(动态图像专家组)是运动图像压缩算法的国际标准。采用有损压缩算法,在保证视频、音频质量的基础上减少图像的冗余度,大大增强了压缩性能。

(2) AVI格式。AVI格式即音频视频交错格式，是将语音和影像同步组合在一起的有损压缩方式文件格式。这种视频格式的优点是可以跨多个平台使用，其缺点是体积过于庞大，而且更加糟糕的是压缩标准不统一，兼容性较差。

(3) MOV格式。MOV(影片格式)是Apple公司开发的一种音频、视频文件格式，用于存储数字多媒体信息。MOV格式具有跨平台、存储空间要求小等技术特点，被众多多媒体编辑软件所支持。

(4) RM格式。RM格式是Real Networks公司开发的一种流媒体视频文件格式，可以根据网络数据传输的不同速率制定不同的压缩比率，从而实现在低速率的Internet上进行视频文件的实时传送和播放。它主要包含Real Audio、Real Video和Real Flash三部分。

(5) ASF格式。ASF是微软公司开发的一种串流多媒体文件格式，包含音频、视频、图像以及控制命令脚本等，ASF文件具有可本地或网络回放、媒体类型可扩充等优点，特别适合在网络上传输。

3. 视频处理软件

(1) Premiere。Adobe公司推出的基于非线性编辑设备的专业音视频编辑软件，被广泛地应用于电影、电视和广告制作等领域。可靠的创意工具，与其他Adobe应用程序的紧密集成，以及Adobe Sensei的强大功能，所有这些都可帮助用户通过顺畅、互联的工作流程快速创作精美作品。

(2) After Effects。After Effects简称AE，是Adobe公司推出的专业级影视合成软件，适用于从事设计和视频特技的机构，包括电视台、动画制作公司、后期制作工作室以及多媒体工作室。

(3) 会声会影。会声会影是加拿大Corel公司发布的一款功能丰富的视频编辑软件。该软件具有拖曳式标题、转场、覆叠和滤镜，色彩分级、动态分屏视频等功能。优化分屏剪辑功能，简化多时间轴编辑的工作流程，让创作更加轻松。

(4) 爱剪辑。作为一款操作简单、易学易用的视频剪辑制作工具，不仅可以轻松剪辑制作视频，支持海量影像效果的自由搭配，提供丰富的文字编辑方式，更有MV滤镜效果、动画效果等美化可供选择。直观易懂的剪辑方式，深受剪辑爱好者的喜爱。

巩固训练

单选题

在数字视频信息获取与处理过程中，下面选项中正确的是(　　)。

A. 采样、A/D变换、压缩、存储、解压缩、D/A变换

B. 采样、压缩、A/D变换、存储、解压缩、D/A变换

C. A/D变换、采样、压缩、存储、解压缩、D/A变换

D. 采样、D/A变换、压缩、存储、解压缩、A/D变换

【答案】 A

【解析】 首先采样，然后将模拟信号转换为数字信号，再进行压缩、存储、解压缩，最后将数字信号转换为模拟信号。

9.3.4 流媒体技术

1. 流媒体的概念

流媒体(streaming media)是指在网络上按照时间先后次序传输和播放的连续音/视频数据流。与传统的播放方式不同,流媒体不需要下载整个文件,只是将部分内容缓存,流媒体数据流边传送边播放,即用户可以边接收边观看。

2. 流媒体的特点

流媒体数据流具有 3 个特点:连续性、实时性、时序性(即其数据流具有严格的前后时序关系)。

3. 流媒体的应用领域

流媒体的主要应用有视频点播(VOD)、视频广播、视频监视、视频会议、远程教学、交互式游戏等。

强化训练

请扫描二维码查看强化训练的具体内容。

强化训练

参考答案

请扫描二维码查看参考答案。

参考答案

第10章 信息安全

思维导学

思维导图

请扫描二维码查看本章的思维导图。

明德育人

党的二十大报告中指出要加强全媒体传播体系建设，塑造主流舆论新格局。健全网络综合治理体系，推动形成良好网络生态。还强调要健全国家安全体系，完善重点领域安全保障体系和重要专项协调指挥体系，强化经济、重大基础设施、金融、网络、数据、生物、资源、核、太空、海洋等安全保障体系建设。所以网络信息安全对国家和社会是非常重要的。

国家在“十四五”规划中强调要加强网络安全保护，加强网络文明建设，发展积极健康的网络文化，加强网络安全宣传教育和人才培养。健全国家网络安全法律法规和制度标准，加强重要领域数据资源、重要网络和信息系统安全保障。建立健全关键信息基础设施保护体系，提升安全防护和维护政治安全能力。加强网络安全风险评估和审查。加强网络安全基础设施建设，强化跨领域网络安全信息共享和工作协同，提升网络安全威胁发现、监测预警、应急指挥、攻击溯源能力。加强网络安全关键技术研发，加快人工智能安全技术创新，提升网络安全产业综合竞争力。

提倡网络道德，必须从我做起。作为网络时代的大学生，要努力做到不浏览或观看不健康的网站或视频，不发表不恰当的言论，严格遵守《中华人民共和国网络安全法》和《中国互联网管理条例》，善于在网上学习，诚实友好交流，不侮辱欺诈他人，增强自我保护意识，维护网络安全，不破坏网络秩序，不沉溺于虚拟时空和网络游戏。

从我们自己做起，就要求每一个网民做到：在网上与别人发生矛盾时，少一些冲动、急躁和恶意猜测，多一些忍让、耐心和理解；在网上与别人交谈时，少一些不文明的用词，多一些暖心的话语；在网上看到一些言论时要理性思考，辨别真假；在发布信息的时候要再三考虑，多在网上发布一些传递正能量的内容。

知识学堂

10.1 信息安全基本知识

随着全球信息化技术的快速发展，信息技术的应用愈加广泛，同时信息安全问题也正面临着前所未有的挑战。作为新一代大学生，需要掌握一定的信息安全的基本知识，为个人的隐私和今后从事相关工作提供保障。

随着政府和各行各业对信息系统依赖性的不断增长，信息系统的脆弱性日益暴露。由于信息系统遭受攻击使其运转及运营受负面影响的事件不断出现，信息系统安全管理已经成为政府、行业、企业管理越来越关键的部分，信息系统安全建设成为信息化建设所面临的一个迫切问题。

信息安全是保护信息及信息系统免受未经授权的进入、使用、披露、修改、检视、破坏、记录及销毁。信息安全是指信息网络的硬件、软件及其系统中的数据受到保护，不受偶然的或者恶意的原因而遭到破坏、更改、泄露，系统连续、可靠、正常地运行，信息服务不中断。它是一门涉及计算机科学、网络技术、通信技术、密码技术、信息安全技术、信息论等多种学科的综合性学科。国际标准化组织已明确将信息安全定义为“信息的完整性、可用性、保密性和可靠性”。

10.1.1　信息安全意识

在以互联网为代表的信息网络技术迅猛发展的同时，当前人们的信息安全意识却相对淡薄，信息网络安全管理体制尚不完善，导致我国由计算机犯罪造成的损害飞速增长。因此，加强信息安全管理，提高全民的信息安全意识刻不容缓。

1. 建立对信息安全的正确认识

随着信息产业越来越庞大，网络基础设施越来越深入社会的各个方面、各个领域，信息技术应用成为我们工作、生活、学习、国家治理和其他各个方面必不可少的关键组件，信息安全的地位日益突出。它不仅是企业、政府的业务持续、稳定运行的保证，也关系到个人安全，甚至关系到国家安全。所以信息安全是我们国家信息化战略中一个十分重要的方面。

2. 掌握信息安全的基本要素

信息安全包括四大要素：技术、制度、流程和人。合适的标准、完善的程序和优秀的执行团队，是一个企业单位信息化安全的重要保障。技术只是基础保障，技术不等于全部，很多问题不是装一个防火墙或杀毒软件就能解决的。制定完善的安全制度很重要，而如何执行这个制度更为重要。我们可以认为

信息安全＝先进技术＋防患意识＋完美流程＋严格制度＋优秀执行团队＋法律保障

3. 清楚可能面临的威胁和风险

信息安全所面临的威胁大致可分为自然威胁和人为威胁。自然威胁是指那些来自自然灾害、恶劣的场地环境、电磁辐射和电磁干扰以及网络设备自然老化等的威胁。自然威胁往往带有不可抗拒性，因此这里主要讨论人为威胁。

1）人为攻击

人为攻击分为偶然事故和恶意攻击两种。偶然事故虽然没有明显的恶意企图和目的，但它仍会使信息受到严重破坏。恶意攻击是有目的的破坏，分为被动攻击和主动攻击两种。被动攻击是指在不干扰网络信息系统正常工作的情况下，进行侦收、截获、窃取、破译和业务流量分析及电磁泄漏等。主动攻击是指以各种方式有选择地破坏信息，如修改、删除、伪造、添加、重放、乱序、冒充、制造病毒等。

2）安全缺陷

如果网络信息系统本身没有任何安全缺陷，那么人为攻击者即使本事再大也不会对网

络信息安全构成威胁，但是，现在所有的网络信息系统都不可避免地存在一些安全缺陷，有些安全缺陷可以通过努力加以避免或者改进，但有些安全缺陷是经过各种折中而必须付出的代价。

3）软件漏洞

由于软件程序的复杂性和编程的多样性，在网络信息系统的软件中很容易有意或无意地留下一些不易被发现的安全漏洞。软件漏洞同样会影响网络信息的安全。如数据库的安全漏洞，某些数据库将原始数据以明文形式存储，这是不够安全的。另外，还可能存在操作系统的安全漏洞、网络软件与网络服务及口令设置等方面的漏洞。

4）结构隐患

结构隐患一般是指网络拓扑结构的隐患和网络硬件的安全缺陷。网络的拓扑结构本身有可能给网络的安全带来问题。作为网络信息系统的躯体，网络硬件的安全隐患也是网络结构隐患的重要方面。

4. 养成良好的安全习惯

现在所有的信息系统都不可避免地存在这样或那样的安全缺陷，攻击者正是利用这些缺陷对系统进行攻击。在这些安全缺陷中，有很大一部分是人们的不良安全习惯造成的。良好的安全习惯和安全意识有利于避免或减少损失。

良好的安全习惯如下。

(1) 良好的密码设置习惯。在日常使用密码过程中，我们要定期更换密码，密码应该由字母(大小写字母最好都要有)、数字和各种特殊符号混合而成，并且密码长度至少要在 8 位以上。

(2) 使用网络和计算机时，培养良好的安全意识。例如，在没有得到正式批准之前，不要直接或间接地将个人拥有的设备接入公司网络；从一个远程计算机上访问公司的资源而不是公开网站时，应该安装防病毒和防火墙软件；不要安装未授权的软件等。

(3) 使用安全电子邮件，学习识别恶意的电子邮件。电子邮件在 Internet 上传输时，网络上的任一系统管理员或黑客都有可能截获和更改该邮件，甚至伪造某人的电子邮件。解决办法是使用安全电子邮件，通过使用数字证书对邮件进行数字签名和加密，这样就可以通过电子邮件进行重要的商务活动和发送机密信息，保证邮件的真实性和不被其他人偷阅。同时，我们也要必须学习如何识别恶意的电子邮件，对于那些有疑问或不知道来源的邮件，不要查看或者回复，更不要打开可疑的附件。

(4) 避免文档的过度打印，防止信息泄露。没有必要总是把文档打印出来。对于机密文档，如果必须打印，则尽量不要使用公共打印机，一旦打印完成，应快速收拾打印出来的文档，将打印错误的纸张粉碎，或者按照其他安全处理程序操作。

(5) 保证计算机信息系统各种设备的物理安全，免遭环境事故或人为操作失误的破坏。

巩固训练

一、多选题

下列选项不容易导致个人信息泄露的是(　　)。

A. 定期更换重要账号的密码　　B. 直接删除邮箱中的不明邮件

C. 从正规软件商店下载 App　　D. 随意单击陌生人发的链接

【答案】ABC

【解析】选项A、B、C均可以很好地保护个人信息不被泄露，随意单击陌生人的链接容易导致计算机或手机感染病毒，甚至泄露用户个人信息。

二、判断题

网络信息安全面临的威胁与风险和网络拓扑结构无关。（　　）

A. 正确　　　　B. 错误

【答案】B

【解析】网络信息安全面临的人为威胁主要分为人为攻击、安全缺陷、软件漏洞和结构隐患四个方面。结构隐患一般是指网络拓扑结构的隐患和网络硬件的安全缺陷。

10.1.2　网络礼仪与道德

随着计算机网络全面进入社会和家庭，形成了所谓的“网络社会”或“虚拟世界”，在这个虚拟世界中，我们该如何“生活”？遵循什么样的道德规范？它给现实社会的道德意识、道德规范和道德行为都带来了怎样的冲击和挑战？这些都是我们需要认真研究的。

1. 网络道德概念

计算机网络道德是用来约束网络从业人员的言行，指导他们思想的一整套道德规范。计算机网络道德可涉及计算机工作人员的思想意识、服务态度、业务钻研、安全意识、待遇得失及其公共道德等方面。

2. 网络的发展对道德的影响

（1）淡化了人们的道德意识。在网络的虚拟世界中，人们更多地通过“人—网络—人”的方式进行交往，缺乏监督，外在压力减小，使人们的思想获得了“解放”，于是法律法规和道德规范容易被人遗忘。

（2）冲击了现实的道德规范。网络环境滋生了道德个人主义，黑客被当作偶像崇拜，行黑被视为壮举，现实社会道德规范的约束力下降甚至失效。

（3）导致道德行为的失范。虚拟世界的道德规范尚未形成，现实社会的道德规范被遗忘或扭曲，由此而导致的网络道德行为失范现象已经较为严重，其中最突出的是网络犯罪。

3. 网络道德规范

为了规范人们的道德行为，指明道德是非，美国计算机伦理协会制定了“计算机伦理十诫”。

（1）不应当用计算机去伤害别人。

（2）不应当干扰别人的计算机工作。

（3）不应当偷窥别人的文件。

（4）不应当用计算机进行偷盗。

（5）不应当用计算机作伪证。

（6）不应当使用或复制没有付过钱的软件。

（7）不应当未经许可而使用别人的计算机资源。

（8）不应当盗用别人的智力成果。

（9）应当考虑你所编制的程序的社会后果。

（10）应当用深思熟虑和审慎的态度来使用计算机。

4. 加强网络道德建设的意义

(1) 网络道德可以制约和规范人们的信息行为。

(2) 加强网络道德建设,有利于加快信息安全立法的进程。

(3) 加强网络道德建设,有利于发挥信息安全技术的作用。

10.1.3 信息安全政策与法规

随着信息化时代的到来、信息化程度的日趋深化以及社会各行各业计算机应用的广泛普及,计算机犯罪也越来越猖獗。为有效地防止计算机犯罪,保证计算机信息系统安全运行,我们不仅要从技术上采取一些安全措施,还要在行政管理方面采取一些安全手段。因此,制定和完善信息安全法律法规,制定及宣传信息安全伦理道德规范非常必要和重要。

1. 信息系统安全法规的基本内容与作用

计算机信息系统安全立法为信息系统安全提供了法律的依据和保障,有利于促进计算机产业、信息服务业和科学技术的发展。

(1) 计算机违法与犯罪惩治。这是为了震慑犯罪,保护计算机资产。

(2) 计算机病毒治理与控制。在于严格控制计算机病毒的研制、开发,防止、惩罚计算机病毒的制造与传播,从而保护计算机资产及其运行安全。

(3) 计算机安全规范与组织法。着重规定计算机安全监察管理部门的职责和权利以及计算机负责管理部门和直接使用部门的职责与权利。

(4) 数据法与数据保护法。其主要目的在于保护拥有计算机的单位或个人的正当权益,包括隐私权等。

2. 国外计算机信息系统安全立法简况

瑞典早在 1973 年就颁布了《数据法》,这大概是世界上第一部直接涉及计算机安全问题的法规。1991 年,欧共体 12 个成员国批准了《软件版权法》等。

1981 年美国成立了国家计算机安全中心(NCSC);1985 年美国国防部公布了《可信计算机系统评测标准》(TCSEC);1986 年 NCSC 制定了计算机诈骗条例;1987 年 NCSC 又制定了计算机安全条例。

3. 国内计算机信息系统安全立法简况

早在 1981 年,我国政府就对计算机信息安全系统安全予以极大关注。1983 年 7 月,公安部成立了计算机管理监察局,主管全国的计算机安全工作。公安部于 1987 年 10 月推出了《电子计算机系统安全规范(试行草案)》,这是我国第一部有关计算机安全工作的管理规范。

1994 年 2 月颁布的《中华人民共和国计算机信息系统安全保护条例》是我国的第一个计算机安全法规,也是我国计算机安全工作的总纲。此外,还颁布了《计算机信息系统国际联网保密管理规定》《计算机病毒防治管理办法》等多部信息系统方面的法律法规。

除此之外,各地区也根据本地实际情况,在国家有关法规的基础上,制定了符合本地实情的计算机信息安全"暂行规定"或"实施细则"等。

巩固训练

一、判断题

《中华人民共和国计算机信息系统安全保护条例》是我国的第一个计算机安全法规,也

是我国计算机安全工作的总纲。(　　)

A. 正确　　　　　　　　　　B. 错误

【答案】A

【解析】略。

二、填空题

________是用来约束网络从业人员的言行,并指导他们思想的一套道德规范。

【答案】计算机网络道德

【解析】略。

10.2 计算机犯罪与网络黑客

10.2.1 计算机犯罪

所谓计算机犯罪,是指行为人以计算机作为工具或以计算机资产作为攻击对象实施的严重危害社会的行为。由此可见,计算机犯罪包括利用计算机实施的犯罪行为和把计算机作为攻击对象的犯罪行为。

1. 计算机犯罪的特点

(1) 犯罪智能化。计算机犯罪主体多为具有专业知识、技术熟练和掌握系统核心的人。他们犯罪的破坏性比一般人要大得多。

(2) 犯罪手段隐蔽。由于网络的开放性、不确定性、虚拟性和超越时空性等特点,使犯罪分子作案可以不受时间、地点的限制,也没有明显的痕迹,犯罪行为难以被发现、识别和侦破,增加了计算机犯罪的破案难度。

(3) 跨国性。犯罪分子只要拥有一台计算机,就可以通过因特网对网络上任何一个站点实施犯罪活动。这种跨国家、跨地区的行为更不易被侦破,危害也更大。

(4) 犯罪目的多样化。计算机犯罪作案动机多种多样,从最初的攻击站点以泄私愤、显示技术高超,到破解用户账号非法敛财,再到如今入侵政府网站的政治活动等,犯罪目的呈现多样性。

(5) 犯罪分子低龄化。在计算机及网络犯罪实施者中,青少年占据了很大比例,他们对信息安全的法律法规了解得不够深入。他们大部分人没有商业动机和政治目的,而是把犯罪行为看作富有挑战性的攻关游戏,借此获得满足感。

(6) 犯罪后果严重。随着社会网络化的不断发展,包括国防、金融、航运等部门都实行了网络化管理,整个社会对网络的依赖日益加深,一旦这些部门遭到入侵和破坏,后果将不堪设想。

2. 计算机犯罪的手段

(1) 制造和传播计算机病毒。计算机病毒是隐藏在可执行程序或数据文件中,在计算机内部运行的一种程序。计算机病毒已经成为计算机犯罪者的一种有效手段。它可能会盗取资金、造成网络拥堵、破坏各种文件及数据、造成机器的瘫痪等。

(2) 数据欺骗。数据欺骗是指非法篡改计算机输入、处理或输出过程中的数据,从而实现犯罪目的。这是一种比较简单但很普遍的犯罪手段。

(3)"意大利香肠术"。"意大利香肠术"是指行为人通过逐渐侵吞少量资产的方式来窃取大量资产的犯罪行为。这种方法就像吃香肠一样,每次偷吃一小片,日积月累就很可观了。

(4)活动天窗。活动天窗是指程序设计者为了对软件进行测试和维护而特意设置的计算机件系统入口。通过这些入口,可以绕过软件提供的正常安全性检查而进入软件系统。

(5)清理垃圾。清理垃圾是指有目的、有选择地从废弃的资料和磁带、磁盘、光盘等存储设备中搜寻有潜在价值的数据、信息和密码等,从而达到实施犯罪目的的行为。

(6)数据泄露。数据泄露是一种有意转移或窃取数据的手段。例如,有的罪犯将一些关键数据混杂在一般性的报表之中,然后予以提取;有的罪犯在系统的中央处理器上安装微型无线电发射机,将计算机处理的内容传送给几千米以外的接收机。

(7)电子嗅探器。电子嗅探器是用来截取和收藏在网络上传输的信息的软件或硬件。它不仅可以截取用户的账号和口令,还可以截获敏感的经济数据(如银行卡号和密码)、秘密信息(如电子邮件)和专用信息,并可以攻击相邻的网络。

(8)口令破解程序。口令破解程序是可以解开或者屏蔽口令保护的程序。几乎所有多用户系统都是利用口令来防止非法登录的,而口令破解程序经常对有问题并缺乏保护的口令进行攻击。例如,Crack 和 Claymore 就是较为流行的口令破解程序。

除此之外还有社交方法,电子欺骗技术,浏览,顺手牵羊和对程序、数据集、系统设备的物理破坏等犯罪手段。

10.2.2 网络黑客

黑客一词源于英文 Hacker,原指热心于计算机技术、业务水平高超的计算机专家,尤其是程序设计人员。但现在,黑客一词已被用于泛指那些专门利用计算机搞破坏或恶作剧的人。黑客的行为会扰乱网络的正常运行,甚至会演变为犯罪。

黑客行为特征的表现形式如下。

(1)恶作剧型。喜欢进入他人网站,通过删除和修改某些文字或图像、篡改主页信息来显示自己高超的计算机技术。

(2)隐蔽攻击型。躲在暗处以匿名身份对网络发动攻击,或者干脆冒充网络合法用户侵入网络进行破坏或窃取重要数据。该种行为由于是在暗处实施的主动攻击,因此对社会危害极大。

(3)定时炸弹型。故意在网络上布下陷阱或在网络维护软件内安插逻辑炸弹或后门程序,在特定时间或特定条件下,引发一系列具有连锁反应性质的破坏行动。

(4)制造矛盾型。非法进入他人网络,窃取或修改其电子邮件的内容或签约日期等,破坏双方交易,或非法介入竞争。有些黑客还通过入侵政府网站,修改公众信息以制造社会矛盾。

(5)职业杀手型。经常以监控方式将他人网站内的资料迅速清除,使网站使用者无法获取最新资料。或者将计算机病毒植入他人网络,使其网络无法正常运行。更有甚者,进入军事情报机关的内部网络,干扰军事指挥系统的正常工作,从而导致严重后果。

(6)窃密高手型。为了个人的私利,窃取网络上的重要数据,使高度敏感信息泄密。

(7)业余爱好型。某些爱好者受好奇心驱使,为了在技术上"精益求精",并没有感觉到自己的行为对他人和社会造成的影响,属于无意性攻击行为。

为了降低被黑客攻击的可能性,需要注意以下几方面。

(1) 提高安全意识。例如,不要随便打开来历不明的邮件,不要单击手机陌生短信中的链接。

(2) 使用防火墙。防火墙是抵御黑客程序入侵的非常有效的手段。

(3) 尽量不要暴露自己的IP地址。

(4) 安装杀毒软件并及时升级病毒库。

(5) 定期做好数据备份。

巩固训练

单选题

1. 在计算机网络中,专门利用计算机搞破坏或恶作剧的人被称为(　　)。

A. IT精英　　B. 网络管理员　　C. 黑客　　D. 程序员

【答案】 C

【解析】 黑客泛指那些专门利用计算机搞破坏或恶作剧的人。

2. 下列不属于计算机犯罪行为的是(　　)。

A. 制造和传播计算机病毒

B. 通过数据欺骗修改计算机中的重要数据

C. 通过口令破解程序破解自己忘记的账户密码

D. 为软件系统特意预留后门,避开正常的软件安全检查

【答案】 C

【解析】 通过口令破解程序破解自己忘记的账户密码,不属于计算机犯罪;如果破解他人的密码,造成他人很大的损失,就能构成计算机犯罪。

10.3 计算机病毒

10.3.1 计算机病毒的定义与特点

1. 计算机病毒的定义

1994年出台的《中华人民共和国计算机信息系统安全保护条例》对病毒的定义是:计算机病毒是指编制或者在计算机程序中插入的破坏计算机功能或者毁坏数据,影响计算机使用并能自我复制的一组计算机指令或者程序代码。

换句话说,计算机病毒本质上就是一组计算机指令或者程序代码,它像生物界的病毒一样,具有自我复制的能力,而它存在的目的就是影响计算机的正常工作,甚至破坏计算机的数据以及硬件设备。

2. 计算机病毒的特点

计算机病毒具有可执行性、破坏性、传染性、潜伏性、针对性、衍生性和抗杀毒软件性。

1) 可执行性

计算机病毒可以直接或间接地运行,可以隐藏在可执行程序和数据文件中运行而不易

被察觉。病毒程序在运行时与合法程序争夺系统的控制权和资源，从而降低计算机的工作效率。

2）破坏性

计算机病毒的破坏性主要有两方面：一是占用系统资源，影响系统正常运行；二是干扰或破坏系统的运行，破坏或删除程序或数据文件。

3）传染性

病毒的传染性是指带病毒的文件将病毒传染给其他文件，新感染病毒的文件继续传染给其他文件，这样一来，病毒会很快传染整个系统、整个局域网，甚至整个广域网。

4）潜伏性

计算机系统被病毒感染之后，病毒的触发是由病毒表现及破坏部分的判断条件来确定的。病毒在触发条件满足前没有明显的表现症状，不影响系统的正常运行，一旦具备触发条件就会发作，给计算机系统带来不良的影响。

5）针对性

一种计算机病毒并不能传染所有的计算机系统或程序，通常病毒的设计具有一定的针对性。例如，有传染PC机的，也有传染Macintosh机的；有传染com文件的，也有传染docx文件的。

6）衍生性

计算机病毒由安装部分、传染部分、破坏部分等组成，这种设计思想使病毒在发展、演化过程中允许对自身的几个模块进行修改，从而产生不同于原版本的新病毒，又称病毒变种，这就是计算机病毒的衍生性，这种变种病毒造成的后果可能比原版病毒严重得多。

7）抗杀毒软件性

有些病毒具有抗杀毒软件的功能，这种病毒的变种可以使检测、消除该变种源病毒的杀毒软件失去效能。

巩固训练

多选题

1. 下列有关计算机病毒的说法，正确的是（　　）。

A. 计算机病毒是一组计算机指令或程序代码

B. 计算机感染病毒后不一定会马上发作

C. 计算机病毒只感染可执行文件

D. 带病毒的文件将病毒传染给其他文件

【答案】ABD

【解析】计算机病毒不仅会感染可执行文件，还可以感染文本、Office文件等其他类型文件。

2. 下列属于计算机病毒主要特点的是（　　）。

A. 破坏性　　B. 潜伏性　　C. 针对性　　D. 传染性

【答案】ABCD

【解析】计算机病毒具有可执行性、破坏性、传染性、潜伏性、针对性、衍生性等。

10.3.2 计算机病毒的传播途径

和生物界病毒一样，计算机病毒也会根据其自身特点，选择合适路径进行繁殖和传播。掌握病毒的常见传播途径，对预防和阻止病毒传播有重要作用。

计算机病毒一般通过以下几种途径进行繁殖和传播。

1. 通过计算机网络进行传播

网络是目前病毒传播的首要途径，计算机病毒可以通过网络进入一个又一个的计算机。从网上下载文件、浏览网页、观看视频、收发电子邮件等，都有可能感染病毒。

2. 通过不可移动的计算机硬件设备进行传播

这些设备通常有计算机的专用 ASIC 芯片和硬盘等。这种病毒虽然极少，但破坏力却极强，目前没有较好的监测手段。

3. 通过可移动存储设备来进行传播

这些设备主要包括 U 盘、移动硬盘、光盘、存储卡等，它们都能成为计算机病毒传播和寄生的“温床”。U 盘是应用最广泛且移动性最频繁的存储介质，将带有病毒的 U 盘在网络中的计算机上使用，U 盘所带的病毒就会很容易被扩散到网络上。

4. 通过点对点通信系统和无线通道传播

比如，QQ 连发器病毒能通过 QQ 这种点对点的聊天程序进行传播，手机上的病毒就是利用无线通道传播的。目前这种传播途径也越来越广泛。

巩固训练

多选题

当前计算机病毒的主要传播途径有（　　）。

A. 网络　　B. 可移动存储器　　C. 点对点通信　　D. 电线

【答案】 ABC

【解析】 计算机病毒是可以使整个计算机瘫痪、危害极大的一段特制程序，主要通过网络、移动存储设备（如 U 盘）、点对点通信系统等进行传播。

10.3.3 计算机病毒的类型

计算机病毒的分类方式很多，主要列举以下几种。

1. 按照计算机病毒存在的媒体进行分类

根据病毒存在的媒体，可以分为网络型病毒、文件型病毒和引导型病毒。其中，网络型病毒是通过计算机网络传播并感染网络中的某些文件；文件型病毒感染计算机中的文件（如 com 文件、exe 文件和 docx 文件等）；引导型病毒感染启动扇区（Boot）和硬盘的系统引导扇区（MBR）。另外，还有 3 种类型的混合型的病毒。

2. 按照计算机病毒传染的方法进行分类

根据病毒传染的方法，可分为驻留型病毒和非驻留型病毒。驻留型病毒感染计算机后，把自身的内存驻留部分放在内存中，这一部分程序挂接系统调用并合并到操作系统中，处于激活状态，一直到关机或重新启动。非驻留型病毒在得到机会激活时并不感染计算机内存。

另外，一些病毒在内存中留有小部分，但并不通过这一部分进行传染，这类病毒也被划分为非驻留型病毒。

3. 按照计算机病毒的破坏能力进行分类

根据病毒的破坏能力，把病毒划分为以下几种。

(1) 无害型：除了传染时减少磁盘的可用空间外，对系统没有其他影响。

(2) 无危险型：这类病毒仅占用大量内存、显示图像、发出声音等。

(3) 危险型：这类病毒对计算机系统操作造成严重的错误。

(4) 非常危险型：这类病毒会删除程序、破坏数据以及清除系统内存和操作系统中的重要信息。此类病毒对系统造成的危害，并不是本身的算法中存在危险的调用，而是当它们传染时会引发无法预料的灾难性的破坏。

4. 按照计算机病毒特有的算法进行分类

根据病毒特有的算法，病毒可以划分为以下几种。

(1) 伴随型病毒：这一类病毒并不改变文件本身，它们根据算法产生 exe 文件的伴随体，具有同样的名字和不同的扩展名(com)。病毒把自身写入 com 文件，但并不改变 exe 文件。当系统加载文件时，伴随体优先被执行，再由伴随体加载执行原来的 exe 文件。

(2) 蠕虫型病毒：主要通过计算机网络传播，不改变文件和资料信息，利用网络从一台计算机的内存传播到其他计算机的内存。有时，它们在系统中存在，一般除了内存外，不再占用其他资源。

(3) 寄生型病毒：除了伴随型和蠕虫型病毒外，其他病毒均可称为寄生型病毒。它们依附在系统的引导扇区或文件中，通过系统的功能进行传播。

10.3.4 常见的计算机病毒

1. 蠕虫病毒

1988 年，22 岁的康奈尔大学研究生罗伯特·莫里斯通过网络发送了一种专门攻击 UNIX 系统缺陷的名为“蠕虫”的病毒，造成了 6000 多个系统瘫痪，估计损失高达 6000 万美元。

蠕虫病毒(Worm)是一种不需要附在别的程序内的一个独立运行的程序，能自我复制或执行，是一种在网络上传播的病毒。虽然它未必会直接破坏被感染的系统，但几乎都对网络有害。

蠕虫病毒的前缀是 Worm，这种病毒的共有特性是通过网络或者系统漏洞进行传播，很大一部分的蠕虫病毒都有向外发送带毒邮件、阻塞网络的特性，如“冲击波”(阻塞网络)、“小邮差”(发带毒邮件)、红色代码病毒等。

蠕虫病毒的一般防治方法是使用具有实时监控功能的杀毒软件，并及时更新病毒库。同时注意不要轻易打开不熟悉的邮件附件。

2. 特洛伊木马病毒

木马病毒是因古希腊特洛伊战争中著名的“木马计”而得名，其前缀是 Trojan。木马病毒的共有特性是通过网络或者系统漏洞进入用户的系统并隐藏，然后向外界泄露用户信息，木马病毒侵入用户的计算机后，获得对计算机的控制权。常见的木马病毒有 QQ 消息尾巴 Trojan.QQ3344，还有针对网络游戏的木马，如 Trojan.LMir.PSW.60。病毒名中有 PSW 或 PWD 之类的，一般就表示这个病毒有盗取账号密码的功能。

木马病毒的传播方式主要有两种：一种是通过 E-mail，控制端将木马程序以附件的形式放在邮件中发送出去，收信人只要打开该附件，系统就会感染木马；另一种是软件下载，一些非正规的网站以提供软件下载为名，将木马捆绑在软件安装程序上，下载后，只要一运行这些程序，木马就会自动安装。

对于木马病毒的防范措施主要有：提高警惕，不下载和运行来历不明的程序；不随意打开来历不明的邮件附件；不单击陌生短信中的链接等。

3. 脚本病毒

脚本病毒的前缀是 Script。脚本病毒的共有特性是使用脚本语言编写，通过网页进行传播，如“红色代码(Script、Redlof)”。脚本病毒还有前缀 VBS、JS，表明是用何种脚本编写的。例如，“欢乐时光(VBS Happytime)”“十四日(JS.Fortnight.c.s)”等。

4. 宏病毒

有些应用软件为了方便用户自己编制可用于重复操作的一批命令，提供了宏命令编程能力。随着应用软件的进步，宏命令编程语言的功能也越来越强大，其中微软的 VBA(visual basic for application)已经成为应用软件宏语言的标准。利用宏语言，可以实现几乎所有的操作，还可以实现一些应用软件原来没有的功能。宏病毒就是利用 VBA 进行编写的一些宏，这些宏可以自动运行，干扰用户工作。用户一旦打开含有宏病毒的文档，其中的宏就会被执行，于是宏病毒就会被激活，转移到计算机上，并驻留在 Normal 模板上。从此以后，所有自动保存的文档都会“感染”上这种宏病毒，而且如果其他用户打开了感染病毒的文档，宏病毒又会传播到他的计算机上。宏病毒的前缀是 Macro，该类病毒的共有特性是能感染 Office 文件，然后通过 Office 模板进行传播，如著名的“美丽莎”(Macro.Melissa)。

5. “火焰”病毒

“火焰”病毒的全名是 Worm.Win32.Flame，它是一种后门程序和木马病毒，同时还具有蠕虫病毒的特点。只要其操作者发出指令，它就能够在网络和移动设备中进行自我复制。计算机系统一旦被感染，病毒就可以监测网络流量、获取截屏画面、记录音频对话和截获键盘输入等操作。被病毒感染的系统中所有的数据，如用户浏览的网页、通话、账号、密码以及键盘输入等记录和重要文件都能发送给远程操控病毒的服务器，这样操作者就可以掌握这些数据。

“火焰”病毒被认为是规模十分大和十分复杂的网络攻击病毒，它被用作网络武器并已经攻击了多个国家，其复杂性和功能性已经超过其他任何已知的网络武器。尽管它早在 2010 年 3 月就开始活动，但直到卡巴斯基实验室发现它之前，没有一款安全软件将其检测到。

6. “熊猫烧香”病毒

“熊猫烧香”(又称“武汉男生”)病毒是比较有名的病毒，它是由一名武汉男孩编写的，它在较短时间内泛滥成灾，多家著名网站遭到此种病毒攻击，很多企业业务因此停顿，造成的直接和间接损失无法估量。

“熊猫烧香”其实是一种蠕虫病毒的变种，是蠕虫和木马的结合体，而且是经过多次变种而来的。由于中毒计算机的可执行文件会出现“熊猫烧香”图标，所以被称为“熊猫烧香”病毒。用户计算机中毒后可能会出现蓝屏、频繁重启、系统硬盘中数据文件被破坏、浏览器会莫名其妙地开启或关闭等现象。同时，该病毒的某些变种可以通过局域网进行传播，进而感染局域网内所有计算机系统，最终导致整个局域网瘫痪，无法正常使用。

该病毒主要通过浏览恶意网站、网络共享、文件感染和可移动存储设备等途径感染，其中通过网络共享和文件感染的风险较大，而通过 Web 和可移动存储设备感染的风险相对较小。该病毒会自行启动安装，生成注册表和病毒文件。

对于“熊猫烧香”病毒的防范措施有：加强基本的网络安全防范知识，培养良好的上网习惯；及时更新系统补丁；为系统管理员账户设置复杂的密码；关掉一些不需要却存在安全隐患的端口(如 139、445 等)；关闭系统非必需的“自动播放”功能等。

7. “撞库”

“撞库”是黑客专用语，又称“扫存”，是指拿网上已经泄露的用户名和密码信息，批量尝试在另一个网站或平台进行匹配登录的行为。只要有一次匹配成功，就成功窃取到用户信息。以京东之前的“撞库”事件为例，京东的数据库并没有泄露，黑客只不过通过“撞库”的手法获取到了一些京东用户的数据(用户名和密码)，而这样的手法几乎可以对付任何网站登录系统，用户在不同网站登录时使用相同的用户名和密码，就相当于给自己配了一把“万能钥匙”，一旦丢失，后果可想而知。所以，防止“撞库”是一场需要用户一同参与的持久战。

2014 年 12 月 25 日 12306 网站用户信息在互联网上疯传，此次泄露的用户数据不少于 131653 条。该批数据基本确认为黑客通过“撞库”攻击所获得。2019 年，黑客通过“撞库”破解了抖音上破百万粉丝账户密码，两个月获利上百万元。

“撞库”可以通过数据库安全防护技术解决。数据库安全防护技术主要包括数据库漏扫、数据库加密、数据库防火墙、数据脱敏、数据库安全审计系统。

8. “暗云”病毒

“暗云”是迄今为止最复杂的木马之一，感染了数百万的计算机。“暗云”木马使用了很多复杂的、新颖的技术来实现长期潜伏在用户的计算机系统中。其使用了 BootKit 技术，直接感染磁盘的引导区，感染后即使重新格式化硬盘也无法将其清除。国内权威安全评测机构 PCSL 针对“暗云”对各大安全厂商做了一次详尽评估，其中腾讯电脑管家和金山毒霸等杀毒软件可以防御。

如果发现计算机存在下列症状，最好使用杀毒软件查杀“暗云”木马。

(1) 桌面出现“美女视频直播”快捷方式。

(2) 访问“www.baidu.com”时，网址后面自动加上了一个奇怪的字符串。

(3) 电脑出现过 RUNDLL 错误提示框。

(4) 安卓手机连接计算机后莫名其妙装上 haomm 等应用，计算机里查出 xnfbase.dll、thpro32.dll 等文件，或者你所在 QQ 群出现由你分享的私服游戏(实际上是木马利用 QQ 漏洞上传的)。

(5) 由于“暗云”木马感染了 MBR(磁盘主引导区)，因此，即使重装系统，MBR 里的恶意代码也会联网下载木马病毒，计算机中毒症状会再次出现。

2017 年 6 月 9 日至今，中国国家互联网应急中心监测发现中国境内有 160 余万台计算机感染了此木马。为此，该中心首次开通了“暗云”木马感染数据免费查询服务。

10.3.5　计算机病毒的预防与清除

1. 计算机病毒的预防

预防计算机病毒，应该从管理和技术两方面进行。

1）从管理上预防病毒

计算机病毒的传染是通过一定途径来实现的，为此，必须重视制定措施、法规，加强职业道德教育，不得传播，更不能制造病毒。还要采取一些有效方法预防和抑制病毒的传染。

(1) 谨慎地使用公用软件或硬件。

(2) 任何新使用的软件或硬件(如磁盘)必须先检查。

(3) 定期检测计算机上的磁盘和文件并及时消除病毒。

(4) 对系统中的数据和文件要定期进行备份。

(5) 对所有系统盘和文件等关键数据要进行写保护。

2）从技术上预防病毒

从技术上对病毒的预防有硬件保护和软件预防两种方法。

(1) 用户可以通过增加硬件设备来保护系统，增加的硬件设备既能监视 RAM 中的常驻程序，又能阻止对外存储器的异常写操作，这样就能实现预防计算机病毒的目的。

(2) 软件预防方法是使用计算机杀毒软件，杀毒软件可以监视系统的运行，防止病毒的入侵，警告或拒绝用户的非法操作，使病毒无法传播。

2. 计算机病毒的清除

如果发现计算机感染了病毒，应立即清除。通常用人工处理或杀毒软件方式进行清除。

(1) 人工处理的方法有：用正常的文件覆盖被病毒感染的文件；删除被病毒感染的文件；重新格式化磁盘等，这种方法有一定的危险性，容易造成对文件的破坏。

(2) 用杀毒软件对病毒进行清除是一种较好的方法。常用的杀毒软件有瑞星、卡巴斯基、NOD32、NORTON、BitDefender、江民杀毒、360 杀毒、金山毒霸、火绒安全软件等。特别需要注意的是，要及时对杀毒软件进行升级更新，才能保持软件良好的杀毒性能。

10.4 防　火　墙

防火墙是通过有机结合各种用于安全管理与筛选的软件和硬件设备，帮助计算机网络于其内、外网之间构建一道相对隔绝的保护屏障，以保护用户资料与信息安全性的一种技术。

10.4.1 防火墙的概念

防火墙是用于在企业内部网和因特网之间实施安全策略的一个系统或一组系统。防火墙在于及时发现并处理计算机网络运行时可能存在的安全风险、数据传输等问题，其中处理措施包括隔离与保护，同时可对计算机网络安全中的各项操作实施记录与检测，以确保计算机网络运行的安全性，保障用户资料与信息的完整性，为用户提供更好、更安全的计算机网络使用体验。如图 10-1 所示，防火墙必须只允许授权的业务流通过，并且防火墙本身也必须能够抵抗渗透攻击，因为攻击者一旦突破或绕过防火墙系统，防火墙就不能提供任何保护了。

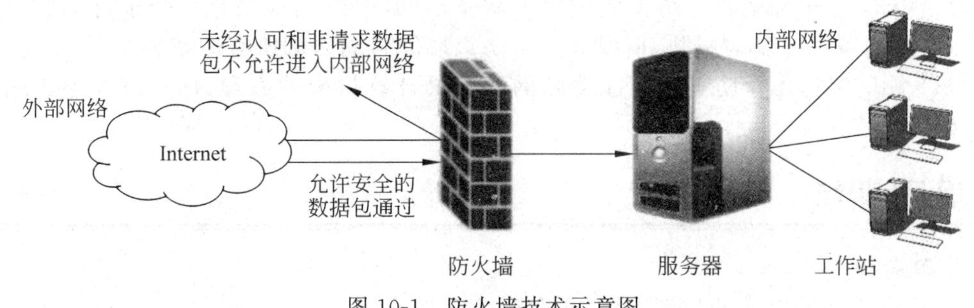

图 10-1　防火墙技术示意图

10.4.2　防火墙的分类

（1）按防火墙保护网络使用方法的不同可分为：网络层防火墙、应用层防火墙和链路层防火墙。

（2）按防火墙发展的先后顺序可分为：包过滤型防火墙（也叫第一代防火墙）、复合型防火墙（也叫第二代防火墙），以及 IGA 防毒墙、Sonic Wall 防火墙和 Link Trust CyberWall 等（都属于第三代防火墙）。

（3）按防火墙在网络中的位置可分为：边界防火墙和分布式防火墙。分布式防火墙又包括主机防火墙和网络防火墙。

（4）按实现手段可分为：硬件防火墙、软件防火墙和软硬兼施的防火墙。

10.4.3　防火墙的优缺点

1. 防火墙的优点

（1）防火墙能强化安全策略。因为 Internet 上每天都有无数人在收集信息、交换信息，不可避免地会出现个别品德不良的人，或违反规则的人，防火墙是防止不良现象发生的“交通警察”，它执行站点的安全策略，仅容许认可的和符合规则的请求通过。

（2）防火墙能有效地记录 Internet 上的活动。因为所有进出信息都必须通过防火墙，所以防火墙能够收集关于系统和网络的使用数据。作为访问的唯一点，防火墙能在被保护的网络和外部网络之间进行数据记录。

（3）防火墙限制暴露用户点。防火墙能够用来隔开整个网络中的一个子网与另一个子网，这样可以防止一个子网出现问题而影响其他子网。

（4）防火墙是一个安全策略的检查站。内网和外网中所有进出的数据都必须通过防火墙，这样可疑和不信任的访问将被拒绝。

2. 防火墙的缺点

（1）不能防范恶意的知情者。防火墙可以禁止系统用户通过网络连接发送信息，但用户可以将数据复制到磁盘等可移动设备上，放在公文包中带出去。如果入侵者已经在防火墙内部，防火墙是无能为力的。对于来自知情者的威胁，只能要求加强内部管理。

（2）不能防范不通过它的连接。防火墙能够有效地防止通过它传输的信息，但不能防止不通过它而传输的信息。例如，如果站点允许对防火墙后面的内部系统进行拨号访问，那么防火墙绝对没有办法阻止入侵者进行拨号入侵。

(3) 不能防备全部威胁。防火墙被用来防备已知的威胁,如果是一个很好的防火墙设计方案,可以防备一些新的威胁,但没有一个防火墙能自动防御所有的威胁。

(4) 不能防范病毒。防火墙不能清除网络上的计算机中的病毒,病毒需要通过杀毒软件进行清除。

巩固训练

一、单选题

按照防火墙在网络中的位置不同,可分为边界防火墙和(　　)。

A. 物理层防火墙　　B. 分布式防火墙　　C. 硬件防火墙　　D. 网络层防火墙

【答案】 B

【解析】 按防火墙在网络中的位置不同可分为:边界防火墙和分布式防火墙。

二、多选题

下列关于防火墙的说法,正确的是(　　)。

A. 防火墙主要监测内部系统内违背安全策略的行为

B. 防火墙不能防范不通过它的连接

C. 防火墙能够对网络访问进行日志记录

D. 既有硬件防火墙也有软件防火墙

【答案】 BCD

【解析】 防火墙是位于计算机和外部网络之间或内部网络与外部网络之间的一道安全屏障,用于过滤进出内部网络或计算机的不安全访问,因此 A 项错误。

三、填空题

安装在计算机上,对网络通信行为进行监控,并对数据包进行过滤的软件是________。

【答案】 防火墙

【解析】 在因特网和企业内网之间实施安全策略的系统是防火墙,这是一种软件防火墙。

10.5　信息安全技术

目前常用的信息安全技术主要有密码技术、防火墙技术、虚拟专用网(VPN)技术、反病毒技术、数字证书技术以及身份认证技术等安全保密技术。

10.5.1　密码技术

1. 密码技术的基本概念

密码技术是网络信息安全与保密的核心和关键。发送方要发送的消息称为明文,明文被转换成看似无意义的随机信息,称为密文。明文到密文的转换过程称为加密,其逆过程称为解密。非法接收者试图从密文分析出明文的过程称为破译。对明文加密采用加密算法,对密文解密采用解密算法。加密算法和解密算法是在一组仅有合法用户知道的秘密信息的控制下进行的,该信息称为密钥。

2. 单钥加密与双钥加密

传统密码体制所用的加密密钥和解密密钥相同,或从一个可以推出另一个,被称为单钥密码体制或对称密码体制。若加密密钥和解密密钥不相同，从一个难以推出另一个，则称为双钥或非对称密码体制。

单钥密码的优点是加、解密速度快。缺点是随着网络规模的扩大，密钥的管理成为一个难点，无法解决消息确认问题，缺乏自动检测密钥泄露的能力。

数据加密标准(DES)是广泛使用和流行的一种分组密码算法。它的产生被认为是20世纪70年代信息加密技术发展史上的两大里程碑之一。DES是一种单钥密码算法，是一种典型的按分组方式工作的密码。其他的分组密码算法还有IDEA密码算法、LOKI算法、RC5算法等。

双钥体制的特点是密钥中的一个是可以公开的，另一个则是秘密的，因此双钥体制又称作公钥体制。由于双钥密码体制仅需对解密密钥保密，所以双钥密码不存在密钥管理问题。双钥密码的优点是可以拥有数字签名等新功能，缺点是算法一般比较复杂，加、解密速度慢。

常见的公钥密码体制有RSA算法、DSA(数字签名算法)。RSA算法是一种用数论构造的、成熟完善的公钥密码体制，该体制已得到广泛应用。

10.5.2 防火墙技术

当构筑和使用木质结构房屋的时候，为防止火灾的发生和蔓延，人们将坚固的石块堆砌在房屋周围作为屏障，这种防护构筑物被称为防火墙。在当今的电子信息世界里，人们借助了这个概念，使用防火墙来保护计算机网络免受非授权人员的骚扰与黑客的入侵，不过这些防火墙是由先进的计算机系统构成的。

10.5.3 虚拟专用网技术

虚拟专用网是虚拟私有网络(virtual private network，VPN)的简称，它被定义为通过一个公用网络(通常是因特网)建立一个临时的、安全的连接，是一条穿过混乱的公用网络的安全、稳定的隧道。虚拟专用网是对企业内部网的扩展。目前，能够用于构建VPN的公共网络包括Internet和服务提供商(ISP)所提供的DDN专线、帧中继、ATM等。

10.5.4 反病毒技术

计算机病毒具有自我复制能力，能影响计算机软件、硬件的正常运行，破坏数据的正确性与完整性，造成计算机或计算机网络瘫痪，给人们的经济和社会生活造成巨大的损失。

计算机病毒的危害不言而喻，人类针对这一世界性的公害采取了许多行之有效的措施，如加强教育和立法，从产生病毒的源头上杜绝病毒，加强反病毒技术的研究，从技术上解决病毒传播和发作问题。

10.5.5 数字证书技术

数字证书以密码学为基础，采用数字签名、数字信封、时间戳服务等技术，在Internet上建立起有效的信任机制。它是一种电子身份证，以保证互联网网上银行和电子交易及支付的双方都必须拥有合法的身份，并且在网上能够有效无误地进行验证。数字证书是包含用户身份信息的一系列数据，是一种由权威机构证书授权(certificate authority，CA)中心发行的权威性电子文档。在数字证书认证的过程中，CA作为权威的、公正的、可信赖的第三方，其作用是至关重要的。

随着 Internet 的普及,各种电子商务活动和电子政务活动飞速发展,数字证书具有安全性、保密性等特点,可有效防范电子交易过程中的欺诈行为,已经广泛地应用到各个领域之中,目前主要包括网上银行、电子商务、电子政务、网上招标投标、网上签约、网上订购、安全网上公文传送、网上缴费、网上缴税、网上炒股等。

10.5.6 身份认证技术

身份认证是指验证某个通信参与者的身份与所声明的一致,确保该通信参与者不是冒名顶替。身份认证是安全系统应具备的最基本功能。

传统的身份认证方法一般是靠用户的登录密码来对用户身份进行认证,但用户的密码在登录时是以明文的方式在网络上传播的,很容易被攻击者在网络上截获,进而仿冒用户的身份,使身份认证机制被攻破。目前,在很多应用场合中,身份认证方式是基于“RSA 公钥密码体制”的加密机制,用户必须接受数字签名信息和登录密码检验,只有全部通过,服务器才承认该用户的身份。

身份认证时,设置一个安全有效的口令是至关重要的,对预防“黑客”破解密码相当有用。一个安全有效的口令,要遵循以下规则。

(1) 使用长口令,口令越长,被猜中的概率就越低。

(2) 最好的口令是英文字母、数字和特殊字符的组合。

(3) 若用户访问多个系统,不要使用相同的口令。

(4) 避免使用自己不容易记的口令。

(5) 口令最好不要记录到计算机上,要记到纸张上。

巩固训练

一、多选题

下列属于信息安全技术的是(　　)。

A. 密码技术　　B. 防火墙　　C. 虚拟专用网　　D. 数字证书

【答案】 ABCD

【解析】 信息安全技术包括密码技术、防火墙技术、虚拟专用网技术、反病毒技术、数字证书技术、身份认证技术等。

二、填空题

在对称密码体制和非对称密码体制中,可以公开一个密钥的是________。

【答案】 非对称密码体制

【解析】 双钥体制(非对称密码体制)的特点是密钥中的一个是可以公开的,另一个则是秘密的,所以双钥体制又称作公钥体制,典型的公钥体制算法是 RSA。

10.6 操作系统安全

在日常工作学习中,如果用户在安装和配置操作系统时没有做好安全防范,系统安装完成后,可能导致计算机病毒、网络黑客入侵操作系统。搭建一个安全的操作系统并保持操作系统安全、无恶意软件和良好的工作状态是至关重要的。

10.6.1　Windows 系统安装的安全

操作系统的安全从开始安装操作系统时就应该考虑，以下是应注意的几点。

1. 选择 NTFS 文件格式来分区

Windows 中可以使用 FAT32 和 NTFS 两种文件格式，但最好所有的分区都用 NTFS 格式，因为 NTFS 格式的分区在安全性方面更有保障。

2. 进行组件的定制

Windows 在默认情况下会安装一些常用的组件，但是这个默认安装是很危险的。用户应该确切地知道自己需要哪些服务，而且只安装确实需要的服务。安全原则如下：

最少的服务＋最小的权限＝最大的安全

3. 分区和逻辑盘的分配

建议建立多个磁盘分区，包括一个系统分区和一个以上的应用程序分区，把系统和应用程序分开，以此来保护应用程序。一般来说，病毒或者黑客利用漏洞攻击、损坏的是系统分区，而不会对应用程序分区造成损坏。即使系统完全损坏，需要重新格式化系统分区和安装新系统，其他分区的应用程序和重要数据也不会丢失。

10.6.2　系统账户的安全

1. Administrator 账户安全

Windows 在安装完成后默认创建了一个管理员账户 Administrator，该账户拥有对计算机的完全控制权限。如果黑客控制了这个账户，就如同用户使用计算机一样，所以一定要为该账户设置复杂的密码，并关闭不常用的端口和服务。

2. Guest 账户安全

Guest 账户也是安装系统时默认添加的账户，对于没有特殊要求的计算机用户，最好禁用 Guest 账户。此外，一般不要将其加进 Administrators 用户组中。

3. 密码设置安全

在设置账户密码时，为了保证密码的安全性，要注意将密码设置为 8 位以上的字母、数字和符号的组合，同时对密码策略进行必要的设置。

10.6.3　应用安全策略

1. 安装正版的 Windows 系统

要到微软官网下载系统镜像文件，只有正版操作系统才是最安全的，可以从源头上保证系统的可靠和安全。在安装或者使用过程中会弹出提示信息，需要耐心等待，不要强制关机。

2. 使用安全防控工具 Windows Defender

微软在 Windows 10 上对系统安全防控工具 Windows Defender 做了非常不错的优化与改进。无论是在主动监控，还是在手动扫描方面，都已经完全满足日常安全需求，并且占用系统资源较少，误报率也较低，如果平时上网习惯良好，则无须安装其他同类软件。另外，如果安装各种安全卫士，还会导致 Windows Defender 的防控功能被关闭。

3. 及时更新和安装系统补丁

由于任何系统都不是完美无缺的,所以要及时进行系统更新,以便在第一时间拥有最新版本,并为可能会威胁系统安全的漏洞打上安全补丁。

2020年3月 Windows 10 系统爆出了一个"史诗级"的漏洞,危险程度堪比前几年肆虐全球的"永恒之蓝",该漏洞可能被攻击者利用,远程执行恶意代码。好在微软及时在当年3月12日的系统更新中发布了新的补丁。该事件再次表明了及时更新软件的重要性。

4. 停止不必要的服务

操作系统后台运行着很多服务,这些服务支持着计算机的正常运行。服务组件安装得越多,用户可以享受的服务功能也就越多。但是,用户平时使用到的服务组件毕竟有限,那些很少用的组件除占用不少系统资源和会引起系统不稳定外,还为黑客的远程入侵提供了多种途径。因此我们应该尽量把那些暂不需要的服务组件屏蔽掉。

10.6.4 网络安全策略

1. IE 浏览器的安全

为了让 IE 浏览器变得更加强壮,需要对其进行安全设置,包括以下几点。

(1) 把 IE 浏览器升级到最新版本。

(2) 设置 IE 的安全级别,最好设置安全级别为"中"以上。

(3) 屏蔽插件和脚本,防止网页中恶意的脚本文件运行,造成信息被非法窃取的安全隐患。

(4) 定期清除临时文件,防止被别有用心之人从临时文件中找到有关个人信息的蛛丝马迹,从而保证个人信息资料的绝对安全。

2. 网络共享设置的安全

在局域网内共享文件或文件夹时,一些非法用户通过这些共享获得访问权限,病毒也容易通过这些共享入侵计算机。因此,在使用完共享后要及时关闭共享。可以通过"控制面板"→"管理工具"→"计算机管理"→"共享文件夹"→"共享"来查看本机所有开启的共享,对于不再使用的共享,要及时取消。

3. 使用 Web 格式的电子邮件系统

在使用 Outlook Express、Foxmail 等客户端邮件系统接收邮件时,要注意对邮件的安全扫描,一般杀毒软件都具有邮件扫描功能。有些邮件危害性很大,一旦植入本机,就有可能造成系统的瘫痪。同时,不要查看来历不明的邮件中的附件,这些附件往往带有病毒和木马,对计算机造成损害。

巩固训练

多选题

为实现 Windows 操作系统安全,应采取的应用安全策略是(　　)。

A. 更新和安装系统补丁　　B. 使用安全防控工具 Windows Defender

C. 清除临时文件　　D. 屏蔽插件和脚本

【答案】 AB

【解析】为实现 Windows 操作系统安全，应采取的应用安全策略有安装正版的 Windows 系统、使用安全防控工具 Windows Defender、及时更新和安装系统补丁、停止不必要的服务等。

10.7　移动互联网安全

移动互联网是移动通信和互联网融合的产物，继承了移动通信随时、随地、随身及互联网分享、开放、互动的优势，是整合二者优势的"升级版本"，即运营商提供无线接入，互联网企业提供各种成熟的应用。

随着智能终端的普及，智能终端及移动互联网安全变得越来越重要。智能终端与生俱来的用户紧耦合性决定了其所包含信息的敏感性，而"移动"的特性又对信息安全的保护提出了更高的要求。

10.7.1　移动互联网的安全

移动互联网逐渐渗透到人们的工作和日常生活中，在丰富了人们的沟通、娱乐体验的同时，垃圾短信、手机病毒等一系列问题也在凸显。防范移动互联网中存在的安全威胁，是一个综合的社会问题，需要各方共同协作，从而促进移动互联网的健康发展。

对于普通用户来说，应该提高网络安全意识和防范技能，增加网络安全防护知识，改掉不良的上网习惯和不当的手机操作行为，及时安装杀毒软件、查补安全漏洞，不下载或安装内容不明的软件，学会辨别问题网站、恶意软件以及各种网络欺诈行为。

运营商、网络安全供应商、手机制造商等厂商，要从移动互联网整体建设的各个层面出发，分析存在的各种安全风险，联合建立一个科学的、全局的、可扩展的网络安全体系和框架。综合利用各种安全防护措施，保护各类软硬件系统安全、数据安全和内容安全，并对安全产品进行统一的管理，包括配置相关安全产品的安全策略、维护相关安全产品的系统配置、检查并调整相关安全产品的系统状态等。建立安全应急系统，做到防患于未然。移动互联网的相关设备厂商要加强设备安全性能研究，利用集成防火墙或其他技术保障设备安全。

网络信息提供商应进一步完善信息内容的预审管理机制，加强信息内容传播的监控手段，从信息源上阻断不安全因素的传播。要根据用户的需求变化，提供整合的安全技术产品，提高软件技术研发水平。整个产品类型要由单一功能的产品防护向集中管理过渡，不断提高安全防御技术。只有如此，才能更好地保障移动互联网的安全，进而推动其健康有序地发展。

政府的相关监管部门要协调好相互间的利益，建立并完善移动互联网相关监管机制，加快相关的法律、法规建设，加大执法力度，严惩移动互联网网络犯罪行为。同时，政府监管部门有义务开展对移动互联网相关安全知识的宣传教育活动，提高全社会的网络安全防范意识。

1. 移动联网存在的问题

移动通信网络的制式、技术体制和标准、终端的核心芯片、操作系统及其生态环境等一些核心技术目前未能实现自主可控，从而为国家网络空间信息安全埋下了巨大隐患。

以根域名服务器为例,虽由ICANN(Internet Corporation for Assigned Names and Numbers)托管,但根域文件(root zone file)却直接受美国商务部监管。而移动互联网几大巨头如苹果、谷歌、微软等更是在《美国爱国者法案》(*USA PATRIOT Act*)法案的管制范围内,该法案以反恐的名义赋予美国执法机关近乎无限制的获取信息的权力。

2. 移动互联网安全风险及防范建议

1) 短信链接

如果不小心单击手机短信恶意链接,手机就很容易感染木马病毒或安装恶意应用,这样就会导致个人信息泄露。

建议在收到可疑短信后,不要单击短信中的链接;在手机中安装安全防护软件,防范此类短信诈骗风险;及时更新手机操作系统版本,防止攻击者利用此类漏洞控制手机。

2) 应用安装

随着智能手机的普及,各类App接连涌现,其中不乏存在恶意行为的应用程序,这时就需要用户格外加强安全意识。

建议下载App时,要从官方认证的应用商店中下载,或前往应用程序的官方网站下载。在下载游戏辅助、系统优化、身份信息管理类型的App时,由于这些App通常需要较高权限,因此需谨慎选择信誉较好的产品,并从官方途径下载。

3) SIM卡安全

目前,许多平台都会使用短信验证码的方式进行用户身份验证。手机丢失后,如果没有对SIM卡及时进行挂失,就给了攻击者可乘之机。除了收取验证码外,攻击者还可能会拨打你亲友的电话进行诈骗。

建议在丢失手机后及时拨打运营商电话远程挂失SIM卡,为SIM卡设置PIN密码(个人识别密码),在重启手机或更换手机后,必须输入PIN码才能使用SIM卡。

4) 号码注销

在注销手机号后,一般间隔6个月左右,运营商会重新发放已注销的老号码。如果前一个用户没有及时将老号码绑定的支付软件、银行卡、应用程序解绑,新用户在拿到号码后,就很可能通过短信验证码的方式成功登录,从而产生风险。

建议换号前,务必修改银行卡、支付软件、常用应用程序绑定的手机号码。注销手机号后,如发现有平台未更换预留号码,通常可以通过联系人工客服的方式,在验证身份信息后进行修改。

10.7.2 手机安全

所有的智能手机都具有以下3个基本的安全要素,手机用户需要了解这些安全层,并在自己的设备中启用。

设备保护:如果你的设备丢失或被盗,允许执行远程数据“擦除”。

数据保护:防止企业数据传输到在同一设备或个人网络上运行的个人应用程序。

应用程序管理安全:保护你的应用程序内的信息免遭泄露。

智能手机安全不仅取决于手机,还取决于公司服务器上安装的移动设备管理(MDM)技术,该技术可控制和管理设备安全。这两方面必须协同工作,才能提供良好的安全保障。

1. 智能手机安全防范

近年来,智能手机在硬件处理能力和软件系统功能等方面获得了长足的进步,人们使用智能手机的概率越来越高,随着智能手机的普及,其安全保密问题也日益凸显。

2. 智能手机的安全保密威胁

智能手机是无线通信和计算机网络技术的融合体,具备高速联网、视频传输、导航定位等功能,相当于一台能够通话、随时上网的移动式计算机终端。它在给我们带来更多样功能、更便捷使用的同时,也更容易遭受攻击、感染病毒、泄露信息等。

1）信道攻击

和其他无线电通信设备一样,手机的信道也是开放的电磁空间。目前,信道攻击主要有两种方式:一种是信号截收,即窃密者利用相应的设备,直接截获空中的手机通信信号,通过数据处理还原出语音和数据;另一种是基站欺骗,即窃密者在手机和基站之间设立一个假基站,同时骗取双方信任,接收、转发双方的信息,不但能达到窃密的目的,还可以篡改目标手机通信的内容。

2）硬件攻击

硬件攻击是直接对手机硬件进行攻击,达到窃密的目的。其攻击方式主要有三种:一是在目标手机内安装专门的窃听装置,不仅能窃听用户的通话内容,还能通过远程控制,使处于待机状态的手机在用户毫不知情的情况下自动转变为通话状态,窃听到周围环境的通话内容;二是复制目标手机的SIM卡,安装到其他手机中,也可以直接获得进出目标手机卡号的数据;三是利用手机不间断地与移动通信网络保持信息交换的特性,通过相应的设备,达到对目标手机进行识别、监视、跟踪和定位的目的。

3）软件攻击

由于智能手机使用的是开放式操作系统,方便用户自行安装程序,给窃密者提供了可乘之机。窃密者利用手机操作系统的漏洞编写手机病毒、木马等恶意程序,窃取手机的控制权,直接导致通话外泄、信息泄露、数据丢失、话费损失等严重后果。智能手机较强的上网功能和部分用户不安全的上网习惯,给了手机病毒、木马乘虚而入的机会。此外,彩信、邮件等也是手机病毒传播的重要途径。

3. 手机泄密后果

1）通话内容外泄

通话是手机最基本的功能之一,手机被安装窃密硬件或软件,均可导致通话内容外泄。据报道,希腊政府在数年前曾爆出一起手机窃听丑闻,包括总理在内的100多名政府高官的手机被非法窃听长达一年之久。其原因就是他们所使用的手机中被安装了一款名为“休眠者”的窃听软件。

2）敏感数据外泄

智能手机拥有较大的存储容量,可以存储海量数据。手机中存储的重要信息,如通讯录、短信、银行密码、涉密文件等,都是窃密者觊觎的重要目标。有一种名为“X卧底”的手机窃密软件一旦在目标手机中安装,就能够下载通信录、通话记录,随时调阅短信内容,还能通过特定的电话号码实现远程监听,具有很大危害。

3）“摆渡”攻击窃密

智能手机具有较强的数据交互能力,大部分智能手机与计算机相连时,就相当于一个大容量U盘。如果插入的是涉密计算机，计算机又被木马病毒所控制，手机就会成为木马病毒"摆渡"攻击窃密的载体，在涉密计算机与国际互联网之间"摆渡"涉密文件，其过程可在瞬间完成，当事人毫无察觉。

4）暴露所在位置

对智能手机的定位，通常采用两种方法。一种是利用移动通信网络自身的功能进行定位，通常精度可达数百米；另一种是窃取目标手机的GPS数据，这样对目标手机的定位精度可达数米。

5）录音拍照泄密

智能手机普遍具有很强的多媒体功能，如录音时间很长，声音效果清晰，拥有千万像素的镜头，拍照、摄像效果良好。如果在涉密场所拍照、摄像并流传出去，一定会造成严重泄密。一旦手机被植入木马程序，很容易导致在使用过程中，将涉密图表、文件或重要设施等的图像传输出去。

10.7.3 手机安全防范

1. 防范措施

1）遵章守纪

对关键岗位人员进行手机安全保密常识教育和保密法规制度教育，增强其保密意识，提高其遵章守纪的自觉性、主动性，做到不在手机中谈论秘密和敏感事项，不在手机中存储涉密数据，不将手机带入重要涉密场所，不使用手机拍照、摄录涉密内容，不将手机连接涉密计算机等。

2）严防病毒

要及时安装和升级手机安全软件，主动防御外来侵袭，对手机内的数据进行加密存储；不随意打开陌生短信和彩信发来的链接，防止联入"陷阱"网站；及时关闭蓝牙、Wi-Fi等功能，不要接受陌生的蓝牙设备请求，尤其是接收蓝牙传送的文件时要特别谨慎，以免收到病毒文件；养成良好的上网习惯，避免浏览不正规网站和下载软件；坚持在正规的通信运营商处维修、维护手机，防止被植入病毒、木马程序。

3）技术防范

可采取三种技术手段加强防范。一是在重要涉密场所安装覆盖手机信号干扰器或采取电磁屏蔽措施，切断手机与外界交换信息的途径。二是配置门禁检测系统，防止将手机带入涉密场所违规使用。三是模拟基站发出通联信号，诱使手机应答，发现、定位已带入重要涉密场所的手机，防止发生泄密问题。

4）自我保护

养成良好的自我保护习惯，可以有效防止发生手机泄密问题。一是维修手机时要全程监管，防止被人安装窃密硬件和软件；二是在涉密场所时要将手机关闭；三是不随意安装来历不明的软件程序；四是要禁止自动上网功能，防止手机在用户不知情的情况下长时间挂在网上。

2. 防止感染手机病毒

我们可以从以下几方面来预防手机感染病毒。

（1）不随意下载手机应用，要从正规应用商店或官方网站下载。

（2）不轻易打开陌生人发的信息。

（3）不添加陌生人的微信或 QQ 好友。

（4）不随意连接陌生 Wi-Fi。

（5）安装安全防护软件。

3. 手机快捷支付需谨慎，密码安全防范要留心

如今生活节奏日益加快，越来越多快速便捷的服务模式受到消费者的青睐，如支付宝、微信支付、百度钱包、财付通等。手机绑定变 POS 机，轻轻一点钱款到账，省心又省事，有的人设置为免密快速付款模式，在短短几年里，这种付款模式深得人心，但安全问题也让人担忧。

1）快捷支付不安全

目前手机上的支付宝、淘宝等 App 都可以在一定时间内免登录，只要上网，就可以消费购物，而部分用户为了方便，把付款方式设成小额免输密码、免验证，殊不知这既方便了自己，也方便了别有用心者。

2）安全防范须留心

部分使用快捷支付的用户认为，虽然在不设密码的情况下，快捷支付存在漏洞，但有了手机锁屏密码和支付宝登录密码的双重保护，就可以高枕无忧了，其实不然。手机支付要注意以下几点。

（1）不轻信陌生人发来的二维码信息或抢红包链接，如果扫描二维码或单击不明来历的抢红包链接后打开的网站要求安装新应用程序，不要轻易安装。网上购物时，遇到交易对方有明显古怪行为的，应当提高警惕，不轻信对方的说辞。

（2）保持设置手机开机密码的习惯，在手机中安装可以加密的软件，对移动支付软件增加一层密码，这样，即使有人破解了开机密码，支付软件仍有密码保护，登录密码和支付密码也要设置为不同的。

（3）出门不要将银行卡、身份证及手机放在同一个地方。一旦丢失，应立刻向公安机关或银行挂失，因为他人可使用支付软件的密码找回功能更改密码，危险程度极高。一旦发生被盗用账户资金的情况，应立刻拨打 110 报警。

 巩固训练

多选题

下列关于手机安全防范正确的是(　　)。

A. 不轻信陌生人发来的二维码信息或抢红包链接

B. 保持设置手机开机密码的习惯

C. 在手机中安装安全防护软件

D. 出门尽量不要将银行卡、身份证及手机放在同一个地方

【答案】ABCD

【解析】略。

10.8 电子商务与电子政务安全

电子商务和电子政务是现代信息技术、网络技术的应用，它们都以计算机网络为运行平台，在现代社会建设中发挥着越来越重要的作用。它们综合利用了通信技术、网络技术、安全技术等先进技术，为个人、企事业单位以及政府提供便利服务。

10.8.1 电子商务安全

1. 电子商务概述

电子商务出现于20世纪90年代，与传统商务相比，电子商务具有快速、便捷、高效的特点。世界贸易组织(WTO)给电子商务做出如下定义：电子商务是指以电子方式进行的商品和服务的生产、分配、市场营销、销售或交付。

2. 电子商务的安全性要求

从传统商务与电子商务的不同特点来看，要满足电子商务的安全性要求，至少需要解决如下几个问题。

(1) 交易前交易双方身份的认证问题。电子商务是建立在网络平台上的虚拟空间中的商务活动，交易的当事人并不直接见面，再也无法用传统商务中的方法来保障交易的安全。

(2) 交易中电子合同的法律效力问题以及完整性、保密性问题。电子商务中的合同是电子合同，与传统的书面形式存在很大的不同，其法律效力如何取决于法律的有关规定。而且，由于电子商务所依赖的互联网平台本身具有开放性的特点，交易双方的数据如何避免被他人截取和篡改，以保证其完整性和保密性，都是电子商务发展必须面对和解决的问题。

(3) 交易后电子记录的证据效力问题。要保证交易双方的交易记录具有法律效力。

3. 电子商务采用的主要安全技术

(1) 加密技术。保证电子商务安全的最重要的一点就是使用加密技术对敏感信息进行加密，用来保证电子商务的保密性、完整性、真实性和非否认服务。

(2) 数字签名。数字签名是公开密钥加密技术的另一类应用，通过数字签名能够实现对原始报文的鉴别和不可抵赖性。

(3) CA。CA是专门提供网络身份认证服务，负责签发和管理数字证书，且具有权威性和公正性的第三方机构。CA类似于现实生活中公证人的角色，具有权威性，是一个普遍可信的第三方。

(4) 安全套接层协议(SSL)。SSL是Netscape公司在网络传输层之上提供的一种基于RSA和保密密钥的用于浏览器和Web服务器之间的安全连接技术，它通过数字签名和数字证书可实现浏览器和Web服务器双方的身份验证。在用数字证书对双方的身份进行验证后，双方就可以用保密密钥进行安全的会话了。

(5) 安全电子交易规范(SET)。SET协议是针对开放网络上安全、有效的银行卡交易，由Visa和Mastercard联合开发，为Internet上信用卡支付交易提供高层的安全和反欺诈保证。它保证了电子交易的机密性、数据完整性、身份的合法性和抗否认性，是专门为电子商务而设计的协议。

(6) Internet 电子邮件的安全协议。电子邮件是 Internet 上主要的信息传输手段，也是电子商务应用的主要途径之一，但它并不具备很强的安全防范措施。Internet 工程任务组(IEFT)为提高电子邮件的安全性能已起草了相关的规范。

10.8.2　电子政务安全

1. 电子政务概述

电子政务是一国的各级政府机关或有关机构借助电子信息技术而进行的政务活动，其实质是通过应用信息技术，转变政府传统的集中管理、分层结构运行模式，以适应数字化社会的需求。电子政务主要由政府部门内部的数字化办公、政府部门之间通过计算机网络而进行的信息共享和实时通信以及政府部门通过网络与公众进行的双向交流三部分组成。

2. 电子政务的安全问题

从安全威胁的来源来看，可以分为内、外两部分。所谓"内"，是指政府机关内部，而"外"，则是指社会环境。国务院办公厅明确把信息网络分为内网(涉密网)、外网(非涉密网)和因特网三类，而且明确内网和外网要物理隔离。

电子政务安全中普遍存在着以下几种安全隐患。

(1) 窃取信息。由于未采用加密措施，调制解调器之间的信息以明文形式传送，入侵者使用相同的调制解调器就可以截获传送的信息。

(2) 篡改信息。当入侵者掌握了信息的格式和规律之后，通过各种方式方法，将网络中的数据进行修改，然后发向另一端，严重破坏了原信息的完整性与有效性。

(3) 冒名顶替。由于掌握了数据的格式，并可以篡改通过的信息，攻击者可以冒充合法用户传送假冒的信息或者主动获取信息，而远端用户通常很难分辨。

(4) 恶意破坏。由于攻击者可以接入网络，因此可能对网络中的信息进行修改，掌握网络中的机密信息，甚至可以潜入两边的网络内部，其后果是非常严重的。如果政府内部人员与外部不法分子勾结或由于发泄私愤，从而破坏重要信息的数据库或其他软硬件，后果更是不堪设想。

(5) 失误操作。由于缺乏明确的操作规程和必要的备份措施，如果工作人员的安全意识不强或安全技术有限，一旦出现失误操作，重要的信息将无法恢复。

3. 电子政务安全的对策

根据国家信息化领导小组提出的"坚持积极防御、综合防范"的方针，建议从以下三个方面解决我国电子政务的安全问题，即"一个基础(法律制度)，两根支柱(技术、管理)"。

电子政务的安全技术可以区别地借鉴电子商务在此方面的成功经验，加密技术、数字签名、认证中心安全认证协议等安全技术同样适用于电子政务。在电子政务的安全建设中，管理的作用至关重要，重点在于人和策略的管理，人是一切策略的最终执行者。

巩固训练

填空题

国务院办公厅把信息网络分为内网(涉密网)、外网(非涉密网)和因特网三类，而且提出内网和外网要________。

【答案】物理隔离

【解析】物理隔离可以保障电子政务系统的安全,消除一些安全隐患。

强化训练

请扫描二维码查看强化训练的具体内容。

强化训练

参考答案

请扫描二维码查看参考答案。

参考答案

第 11 章　新一代信息技术

思维导学

思维导图

请扫描二维码查看本章的思维导图。

明德育人

党的二十大报告指出："推动战略性新兴产业融合集群发展，构建新一代信息技术、人工智能、生物技术、新能源、新材料、高端装备、绿色环保等一批新的增长引擎。"习近平总书记在中共中央政治局第二次集体学习时强调，"要继续把发展经济的着力点放在实体经济上，扎实推进新型工业化，加快建设制造强国、质量强国、网络强国、数字中国，打造具有国际竞争力的数字产业集群。"

目前，我国新一代数字技术处于创新裂变释放阶段，产业转型升级和经济结构调整步伐加快。随着云计算、大数据、物联网、移动互联网、人工智能、区块链等新一代数字技术的成熟和应用，数字技术与实体产业的融合不断深化。数字技术是典型的通用目的技术，能够促进国民经济各产业部门在要素投入、产品架构、生产流程、商业模式等方面发生深刻变革，从而提高创新能力、生产效率、产品质量、经济效益、绿色水平。因此，数字化成为我国产业链供应链现代化水平提升的重要推动力量，引发了多领域、多层次和系统性的变革。

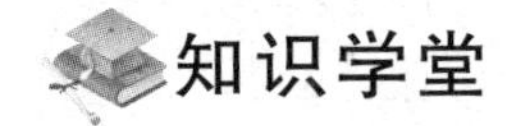

知识学堂

11.1　新一代信息技术概述

虚拟现实与增强现实技术

11.1.1　虚拟现实与增强现实

1. 虚拟现实

1）虚拟现实的概念

虚拟现实(virtual reality，VR)技术也称虚拟环境或人工环境，是一种可以创建和体验虚拟世界的计算机系统。它利用计算机技术生成一个逼真的具有视、听、触等多种感知的虚拟环境，用户通过使用各种交互设备，同虚拟环境中的物体相互作用，从而产生身临其境感觉的交互式视景仿真和信息交流。

2）虚拟现实技术的主要特征

(1) 沉浸性。虚拟现实技术最主要的特征，就是让用户成为并感受到自己是计算机系统所创造环境中的一部分。虚拟现实技术的沉浸性取决于用户的感知系统，当使用者感知到虚拟世界的刺激(包括触觉、味觉、嗅觉、运动感知等)时，便会产生思维共鸣，造成心理沉浸，感觉如同进入真实世界。

(2) 交互性。在虚拟现实系统中，人与虚拟世界之间要以自然的方式进行交互，如人的走动、头的转动、手的移动等，并且借助于虚拟系统中特殊的硬件设备(如数据手套、力反馈设备等)，实时产生与真实世界相同的感知。

(3) 构想性。构想性是指虚拟的环境是人想象出来的，用户沉浸在多维信息空间中，依靠自己的感知和认知能力，全方位获取知识，发挥主观能动性，寻求解答，形成新的概念。

(4) 多感知性。计算机技术应该拥有很多感知方式，如听觉、触觉、嗅觉等。理想的虚拟现实技术应该具有人所具有的一切感知功能。由于相关技术，特别是传感技术的限制，目前大多数虚拟现实技术所具有的感知能力仅限于视觉、听觉、触觉、运动等几种。

3) 虚拟现实系统的组成

虚拟现实系统由输入部分、输出部分、虚拟环境数据库和虚拟现实软件组成。

(1) 输入部分。虚拟现实系统通过输入部分接收来自用户的信息。其输入设备主要有：数据手套、三维球、自由度鼠标、生物传感器、头部跟踪器、语音输入设备。

(2) 输出部分。虚拟现实系统根据人的感觉器官的工作原理，通过虚拟现实系统的输出设备，使人在虚拟现实系统的虚拟环境中得到虽假犹真、身临其境的感觉。主要是由三维图像视觉效果、三维声音效果和触觉(力觉)效果来实现的。

(3) 虚拟环境数据库。虚拟环境数据库的作用是存放整个虚拟环境中所有物体的各方面信息，包括物体及其属性，如约束、物理性质、行为、几何、材质等。虚拟环境数据库由实时系统软件管理。虚拟环境数据库中的数据只加载用户可见部分，其余留在磁盘上，需要时再导入内存。

(4) 虚拟现实软件。虚拟现实软件任务是设计用户在虚拟环境中遇到的景和物。构建虚拟环境的过程分为两方面。一是三维物体的建模，典型的建模软件有 AutoCAD、Multigen、VRML 等；二是虚拟场景的建立及三维物体与虚拟场景的集成，典型的虚拟现实软件有 Vega、OpenGVS、VRT、Vtree 等。

4) 虚拟现实技术的应用

(1) 在教育中的应用。如今，虚拟现实技术已经成为促进教育发展的一种新型教育手段。利用虚拟现实技术可以帮助学生打造生动、逼真的学习环境，使学生通过真实感受来增强记忆，更容易激发学生的学习兴趣。此外，各大院校还利用虚拟现实技术建立了与学科相关的虚拟实验室来帮助学生更好地学习。

(2) 在工程设计领域的应用。例如，人们利用虚拟现实技术和计算机的统计模拟，在虚拟空间中重现现实中的航天器与飞行环境，使宇航员在虚拟空间中进行飞行训练和实验操作，极大地节约了实验经费，降低了实验的危险系数。虚拟现实技术在设计领域也小有成就，如室内设计，人们可以利用虚拟现实技术把室内结构、房屋外形通过虚拟技术表现出来，使之变成可以看得见的物体和环境。

(3) 在医学方面的应用。医学专家们利用计算机在虚拟空间中模拟出人体组织和器官，让学生在其中进行模拟操作，或者在虚拟空间中先进行一次手术预演，从而大大提高手术的成功率。

（4）在影视娱乐中的应用。通过 VR 技术，让体验者沉浸在影片所创造的虚拟环境之中。同时，随着虚拟现实技术的不断创新，其在游戏领域也得到了快速发展。虚拟现实技术是利用计算机产生三维虚拟空间，而三维游戏刚好是建立在此技术之上的，三维游戏几乎包含了虚拟现实的全部技术，使游戏在保持实时性和交互性的同时，也大幅提升了真实感。

（5）在军事方面的应用。由于虚拟现实的立体感和真实感，在军事方面，人们将地图上的山川地貌、海洋湖泊等数据通过计算机进行编写，利用虚拟现实技术，把原本平面的地图变成一幅三维立体的地形图，再通过全息技术将其投影出来，这更有助于进行军事演习等训练。

（6）在商业领域的应用。近年来，越来越多的商家开始尝试融合 VR 技术进行商品展示，如 VR 看房、VR 体验商品等，使消费者足不出户就可以体验商品，结合电商优势，直接在线完成交易。

另外，VR 技术在文物保护、旅游业、维修、自动驾驶等行业中也已经开始应用。

2. 增强现实

1）增强现实的概念

增强现实（augmented reality，AR）技术是一种将真实世界信息和虚拟世界信息“无缝”集成的新技术，是把原本在现实世界的一定时间空间范围内很难体验到的实体信息（视觉、声音、味道、触觉等），通过计算机技术，模拟仿真后再叠加，将虚拟的信息应用到真实世界，被人类感官所感知，从而达到超越现实的感官体验。真实的环境和虚拟的物体实时地叠加到同一个画面或空间，同时存在，从而实现对真实世界的“增强”。增强现实包括三方面的内容：将虚拟物与现实结合、即时交互和三维。

2）增强现实技术的系统组成

增强现实与硬件、软件以及应用层面息息相关。

（1）在硬件方面，由处理器、显示器、传感器以及输入设备等构成 AR 硬件平台。已上市的 AR 硬件包含光学投影系统、监视器、移动设备、头戴式显示器、抬头显示器、仿生隐形眼镜等。

（2）在软件方面，AR 系统的关键在于如何将扩增对象与现实世界结合。AR 算法软件必须要从输入设备中的影像中获取真实世界的坐标，再将扩增对象叠合到坐标上。为了能让增强现实更容易开发，市面上已有许多软件开发工具包，如 ARKit、ARCore、Unity 等。

（3）在应用层面，增强现实最早用于军事，而后扩及日常生活。

3）增强现实技术的应用

（1）在娱乐中的应用。增强现实在游戏和娱乐中的应用较多。加拿大麦吉尔大学研究人员开发出一种很神奇的地板砖，这些地板砖可以模仿沙地、雪地、草地的环境（包括视觉、听觉、触觉等）。2016 年推出的“精灵宝可梦 GO”也一度成为最热门的 AR 游戏。

（2）在教育中的应用。AR 技术也可应用于教育场景。例如，结合课本，使课本中的内容跃然纸上，增强学生对于知识的理解。

（3）在辅助驾驶中的应用。随着 AR 技术与智能技术的结合，现阶段智能驾驶助理技术日趋成熟，通过在驾驶街口叠加辅助信息，大大减少驾驶人员低头看仪表盘的频率，加之智能车速提醒、碰撞预警等技术，增强了安全性。

此外，AR 技术在军事领域、医疗领域等各个领域也有所应用。虚拟现实和增强现实技术在整体技术方面没有太大差异,其主要区别集中在应用层。简单来说,虚拟现实使用虚拟世界来取代用户的真实世界,而增强现实可以为真实世界提供额外的数字支持,将数字对象无缝集成到用户的现实世界当中,让人们感觉就像真实存在一样。

阅读延伸

随着计算机图形学、计算机系统工程等技术的高速发展,虚拟现实技术已经得到了相当的重视,引起了我国各界人士的兴趣和关注。研究与应用 VR 和 AR,建立虚拟环境,虚拟场景模型分布式 VR 系统的开发正朝着深度和广度发展。国家科学技术委员会、国家国防科技工业局已将虚拟现实技术的研究列为重点攻关项目,国内许多研究机构和高校也都在进行虚拟现实的研究和应用,并取得了一些不错的研究成果。

北京航空航天大学计算机系是国内最早进行 VR 研究、最有权威的单位之一,其虚拟现实与可视化新技术研究室集成了分布式虚拟环境,可以提供实时三维动态数据库、虚拟现实演示环境、用于飞行员训练的虚拟现实系统和虚拟现实应用系统的开发平台等。

巩固训练

一、多选题

有关增强现实与虚拟现实的说法正确的是(　　)。

A. 增强现实比虚拟现实更具虚拟性　　B. 增强现实比虚拟现实更具独立性

C. 增强现实比虚拟现实更加虚实结合　　D. 增强现实比虚拟现实更有临场感

【答案】 CD

【解析】 增强现实是将计算机生成的虚拟世界叠加在真实世界上,更注重虚实结合,因此增强现实比虚拟现实更有临场感。

二、填空题

Virtual Reality 的含义是________。

【答案】 虚拟现实

【解析】 略。

云计算

11.1.2　云计算

1. 云计算的概念

“云”是对计算机集群的一种形象比喻,每一群包括几十台甚至上百台计算机,通过互联网随时随地为用户提供各种资源和服务,类似使用水、电、煤一样(按需付费)。用户只需要一个能上网的终端设备(如计算机、智能手机、掌上电脑等),无须关心数据存储在哪朵“云”上,也无须关心由哪朵“云”来完成计算,就可以在任何时间、任何地点快速地使用云端的资源。

云计算(cloud computing)是基于互联网的相关服务的增加、使用和交付模式,通常涉及通过互联网来提供动态易扩展且经常是虚拟化的资源。现阶段广为接受的云计算的定义是:一种按使用量付费的模式,这种模式提供可用的、便捷的、按需的网络访问,进入可配置的计算资源共享池(资源包括网络、服务器、存储、应用软件、服务),这些资源能够被快速提供,只需投入很少的管理工作,或与服务供应商进行很少的交互。

云计算是分布式计算、并行计算、网格计算、网络存储、虚拟化等计算机技术和网络技术融合的产物，是继互联网、计算机后信息时代的一种革新，是信息时代的一个大飞跃。

2. 云计算的特点

云计算的主要特点有分布式、资源共享、跨地域等，除此之外还有如下特点。

(1) 超大规模。弹性伸缩"云"的规模和计算能力相当巨大，并且可以根据需求增减相应的资源和服务，规模可以动态伸缩。

(2) 资源抽象。虚拟化"云"上所有资源均被抽象和虚拟化了，用户可以采用按需支付的方式购买。

(3) 高可靠性。云计算提供了安全的数据存储方式，能够保证数据的可靠性，用户无须担心软件的升级更新、漏洞修补、病毒攻击和数据丢失等问题。

3. 云计算的分类

云计算分为公有云、私有云和混合云三类。

1) 公有云

公有云是一种对公众开放的云服务，由云服务提供商运营为最终用户提供各种 IT 资源，可以支持大量用户的并发请求，是目前最主流、最受欢迎的一种云计算部署模式。

公有云的优点是其所应用的程序及相关数据都存放在公有云的平台上，自己无须进行投资和建设；具有规模效应，运营成本比较低；只需为其所使用的服务付费，可节省使用成本。数据安全和隐私等问题是使用公有云时较为担心的问题。

2) 私有云

私有云是指组织机构建设的专供自己使用的云平台。与公有云不同，私有云不对公众开放，大多在企业的防火墙内工作，并且企业 IT 人员能对其数据、安全性和服务质量进行有效的控制。与传统的企业数据中心相比，私有云可以支持动态灵活的基础设施，从而降低 IT 架构的复杂度，使各种 IT 资源得以整合和标准化，降低企业 IT 运营成本。私有云的缺点是企业需要有大量的前期投资，需要采用传统的商业模型；规模相对于公有云来说一般要小得多，无法充分发挥规模效应。

3) 混合云

混合云是由私有云及外部云提供商构建的混合云计算模式。

在混合云中，每种云仍然保持独立实体，但用标准的或专有的技术将它们组合起来，具有数据和应用程序的可移植性，可通过负载均衡技术来应对突发负载等。

使用混合云计算模式，机构可以在公有云上运行非核心应用程序，而在私有云上支持其核心程序以及内部敏感数据。在混合云部署模式下，公有云和私有云相互独立，但在云的内部又相互结合，可以发挥出所混合的多种云计算模式各自的优势。使用混合云，可实现企业在私有云的私密性和公有云的低廉成本之间作一定的权衡。

4. 云服务的类型

云计算提供的服务分成 3 个层次：基础设施即服务、平台即服务和软件即服务，如表 11-1 所示。

5. 常用的云服务

1) 个人云

个人云是指微型计算机、智能手机利用互联网实现无缝存储、同步、获取并分享数据的

表 11-1 云服务类型

云服务类型	定　义	功　能
基础设施即服务 IaaS(infrastructure as a service)	IaaS 是指将云计算机集群的内存、I/O 服务、存储、计算能力整合成一个虚拟的资源池,为用户提供所需的存储资源和虚拟化服务器等服务,如云存储、云主机、云服务器等。IaaS 位于云计算三层服务的最底端	有了 IaaS,项目开展时不必购买服务器、磁盘阵列、带宽等设备,可以在云上直接申请,而且可以根据需要扩展性能
平台即服务 PaaS(platform as a service)	PaaS 是指将软件研发的平台作为一种服务提供给用户,如云数据库。PaaS 位于云计算三层服务的中间	有了 PaaS,项目开发时不必购买操作系统、数据库管理系统、开发平台、中间件等系统软件,而是可以在云上根据需要申请
软件即服务 SaaS(software as a service)	SaaS 是指通过互联网就直接能够使用软件应用,不需要本地安装,如阿里云提供的短信服务、邮件推送等。SaaS 是最常见的云计算服务,位于云计算三层服务的顶端	有了 SaaS,企业可以通过互联网使用信息系统,不必自己研发

一组在线服务。例如,某些智能手机服务商提供的个人云具有备份通讯录、短信、相册、录音等功能,这些功能有两种使用模式:一是申请开通后在 Wi-Fi 连接的情况下设备空闲时自动备份,不需要人工操作;二是在 PC 上通过 Web 浏览器访问。

个人云其实是云计算在个人领域的延伸,是以 Internet 为中心的个人信息处理。

2)云存储

从用户角度来说,云存储就是将数据存储在云端;从技术的角度来说,云存储就是将网络中大量不同类型的存储设备通过应用软件集合起来协同工作,共同对外提供数据存储和业务访问功能的一个系统。网盘就是一种简单的云存储服务,提供的功能有文件的上传、下载、分享等,如百度网盘。

3)云主机

云主机是指在一组集群主机上虚拟出多个类似独立主机的部分,集群中每个主机上都有云主机的一个镜像,具有非常高的安全稳定性。每一台云主机包含了 CPU、内存、操作系统、磁盘、带宽等。云主机一般通过域名或 IP 地址访问,可以部署 Web 网站、数据库等,因此也被称为云服务器。

云主机是一种最基本的云服务,不但不需要采购计算机硬件设备,而且可以根据业务需要扩容磁盘、增加带宽等。云主机是目前流行的主机租用服务,它具有高性能服务器与优质网络带宽等优点,租用服务成本低,可靠性高。国内有名的云有阿里云、华为云、百度云等。

阅读延伸

云计算作为信息技术发展和服务模式创新的集中体现,经过十余年的发展,已经从概念阶段演进到产品广泛普及、应用繁荣发展、商业模式清晰、产业链条完善的新阶段,成为承载各类应用、推进新一代信息技术发展的关键基础设施,也是推进信息化和工业化融合,打造数字经济新动能的重要驱动力量。

我国高度重视以云计算为代表的新一代信息产业发展,国务院发布了《关于促进云计算创新发展培育信息产业新业态的意见》等政策措施。

巩固训练

一、单选题

云计算是对(　　)技术的发展和运用。

A. 并行计算　　B. 分布式计算　　C. 网格计算　　D. 以上全是

【答案】 D

【解析】 略。

二、判断题

云计算模式中用户不需要了解服务器在哪里,不用知道如何运作,通过互联网就可以透明地使用各种资源。(　　)

A. 正确　　B. 错误

【答案】 A

【解析】 略。

三、填空题

________是私有云计算机基础架构的基石。

【答案】 虚拟化

【解析】 略。

11.1.3　大数据

大数据

互联网时代,电子商务、物联网、社交网络、移动通信等每时每刻产生着海量的数据,这些数据规模巨大,通常以 PB、EB,甚至 ZB 为单位,常被称为大数据(big data)。大数据隐藏着丰富的价值,目前挖潜的价值就像漂浮在海洋中的冰山一角,绝大部分还隐藏在表面之下。面对大数据,传统的计算机技术无法存储和处理,因此大数据技术应运而生。

1. 大数据的概念

大数据是一种规模大到在获取、存储、管理、分析方面大大超出了传统数据库软件工具能力范围的数据集合,是具有海量、高增长率和多样化特征的信息资产,它需要全新的处理模式来增强决策力、洞察发现力和流程优化能力。

2. 大数据的特征

大数据具有数据规模大、数据流转快、数据类型多样和价值密度低四大特征(4V)。

(1) Volume(大量)。数据的采集、计算、存储量庞大,至少以拍字节(PB,1PB=1024GB)、艾字节(EB,1EB=1024PB),甚至泽字节(ZB,1ZB=1024EB)为单位。

(2) Variety(多样)。多样包括网页、微信、图片、音频、视频、点击流、传感器数据、地理位置信息、网络日志等数据,数据类型繁多,大约 5%是结构性的数据,95%是非结构性的数据,使用传统的数据库技术无法存储这些数据。

(3) Velocity(高速)。要求处理速度快,时效性强。

(4) Value(价值密度低)。数据价值密度相对较低,只有通过分析才能实现从数据到价值的转变。

3. 大数据技术

面对大数据,数据处理的思维和方法有 3 个特点。

(1) 不是抽样统计,而是面向全体样本。抽样统计是过去在数据处理能力受限的情况下用最少的数据得到最多发现的方法,而现在人们能够在瞬间处理成千上万的数据,处理全体样本就可以得到更准确的结果。例如,若要统计某个城市居民的男女比例,过去是统计1000或者10000人的性别,但是现在处理的是全部居民的信息。

(2) 允许不精确和混杂性。例如,若要测量某一个地方的温度,当有大量温度计时,某一个温度计的错误显得无关紧要;当测量频率大幅度增加后,某些数据的错误产生的影响也会被抵销。

(3) 不是因果关系,而是相关关系。例如,在电子商务中,若想要知道一个顾客是否怀孕,可以通过分析顾客购买的关联物来评价顾客的"怀孕趋势"。通过对某地的历史受灾害情况和历年气候数据,以及该地的地理信息、森林覆盖、居住人口数据等分析,可以提前获悉在什么天气条件下,该地会出现洪涝灾害等,进而指导农作物种植、房屋建造等,从源头上防灾减灾。

大数据需要新一代的信息技术来应对,主要涉及基础设施(如云计算、虚拟化技术、网络技术等)、数据采集技术、数据存储技术、数据计算、展现与交互等。

4. 大数据应用

大数据与云计算的关系就像一枚硬币的正反面一样密不可分。大数据必然无法用单台的计算机进行处理,必须采用分布式架构。它的特色在于对海量数据进行分布式数据挖掘,但它必须依托云计算的分布式处理,分布式数据库和云存储、虚拟化技术。大数据技术的战略意义不在于掌握庞大的数据信息,而在于对这些含有意义的数据进行专业化处理。在当今的互联网时代,大数据技术已经成熟,大数据应用逐渐落地生根。应用大数据较多的领域有公共服务、电子商务、企业管理、金融、教育、娱乐、个人服务、物流和城市管理等。越来越多的成功案例相继在不同的领域中涌现,不胜枚举,如阿里信用贷款、京东慧眼等。

阅读延伸

大数据是以数字化、网络化和智能化为主要特征的新一轮科技革命的重要代表性技术之一,大数据重塑了传统的经济形态,以数据为关键要素的数字经济将成为未来经济发展的新模式。近年来,我国在大数据技术和应用等方面积极探索实践,成效显著。

以习近平同志为核心的党中央高度重视大数据发展。习近平总书记强调:各级领导干部要加强学习,懂得大数据,用好大数据,增强利用数据进行各项工作的本领,不断提高对大数据发展规律的把握能力,使大数据在各项工作中发挥更大作用。

巩固训练

一、单选题

大数据的最显著特征是(　　)。

A. 数据规模大　　B. 数据类型多样

C. 数据处理速度快　　D. 数据价值密度高

【答案】A

【解析】略。

二、多选题

1. 下列选项能体现大数据技术的有(　　)。

A. 广告精准推广　B. 智慧城市　C. 条形码　D. 系统个性化推荐

【答案】ABD

【解析】条形码属于射频识别技术的应用。

2. 下列关于大数据的说法中,错误的是(　　)。

A. 大数据具有体量大、结构单一、时效性强的特征

B. 处理大数据需采用新型计算架构和智能算法等新技术

C. 大数据的目的在于发现新的知识与洞察并进行科学决策

D. 大数据的应用注重因果分析而不是相关分析

【答案】AD

【解析】略。

11.1.4　物联网

物联网

1. 物联网的概念

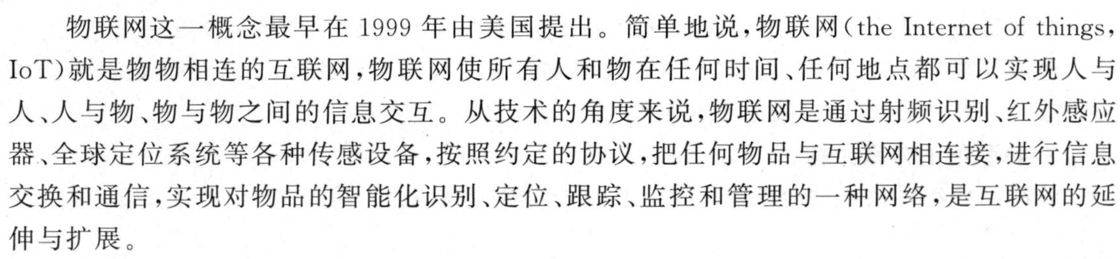

物联网这一概念最早在 1999 年由美国提出。简单地说,物联网(the Internet of things, IoT)就是物物相连的互联网,物联网使所有人和物在任何时间、任何地点都可以实现人与人、人与物、物与物之间的信息交互。从技术的角度来说,物联网是通过射频识别、红外感应器、全球定位系统等各种传感设备,按照约定的协议,把任何物品与互联网相连接,进行信息交换和通信,实现对物品的智能化识别、定位、跟踪、监控和管理的一种网络,是互联网的延伸与扩展。

2. 物联网的关键技术

物联网的实现主要依赖以下几个关键技术。

1) RFID 技术

RFID 即射频识别技术,俗称电子标签,通过射频信号自动识别目标对象,并对其信息进行标识、登记、存储和管理。RFID 是一个可以让物品"开口说话"的关键技术,是物联网的基础技术。RFID 标签中存储着各种物品的信息,利用无线数据通信网络采集并发送到中央信息系统,实现物品的识别。

2) 传感技术

传感技术是从自然信源获取信息,并对之进行处理和识别的一门多学科交叉的现代科学与工程技术,它涉及传感器、信息处理和识别技术。其中,传感器用于感知和测量,并按照一定规律将接收到的信号转换成可用的输出信号。如果把计算机看作处理和识别信息的"大脑",把通信系统看作传递信息的"神经系统",那么传感器就类似人的"感觉器官"。

3) 嵌入式技术

嵌入式系统将应用软件与硬件固化在一起,类似于 PC BIOS 的工作方式,具有软件代码小、高度自动化、响应速度快等特点,特别适合于要求实时和多任务的系统。嵌入式系统主要由嵌入式处理器、相关支撑硬件、嵌入式操作系统以及应用软件等组成,它是可独立工作的"器件"。嵌入式系统几乎应用在生活中所有的电器设备上,如掌上电脑、智能手机、数码相机等各种家电设备,工控设备、通信设备、汽车电子设备、工业自动化仪表与医疗仪器设

备、军用设备等。嵌入式技术的发展为物联网实现智能控制提供了技术支撑。

4）位置服务技术

位置服务技术就是采用定位技术，确定智能物体的地理位置，利用地理信息系统技术与移动通信技术向物联网中的智能物体提供与位置有关的信息服务。与位置信息密切相关的技术包括遥感技术、全球定位系统（GPS）、地理信息系统（GIS）以及电子地图等技术。GPS将卫星定位、导航技术与现代通信技术相结合，可实现全时空、全天候和高精度的定位与导航服务。

5）IPv6 技术

要构造一个物物相连的物联网，需要为每一个物体分配一个 IP 地址，大力发展 IPv6 技术是实现物联网的网络基础条件。IPv4 是采用 32 位地址长度，只有大约 43 亿个 IP 地址，随着互联网的发展，IPv4 定义的有限网络地址将被耗尽。IPv6 的地址长度为 128 位，地址空间是原来的 2^{96} 倍。这样大的地址空间在可预见的将来是不会用完的，几乎可以为地球上的每一个物体分配一个 IP 地址。

问：物联网技术有何特征？

答：全面感知是指利用 RFID、传感器、二维码等随时随地获取物体的信息。

可靠传递：通过无线网络与互联网的融合，将物体的信息实时准确地传递给用户。

智能处理：利用云计算、数据挖掘以及模糊识别等人工智能技术，对海量的数据和信息进行分析和处理，对物体实施智能化的控制。

3. 物联网的体系架构

物联网典型体系架构分为 3 层，自下而上分别是感知层、网络层和应用层，如图 11-1 所示。

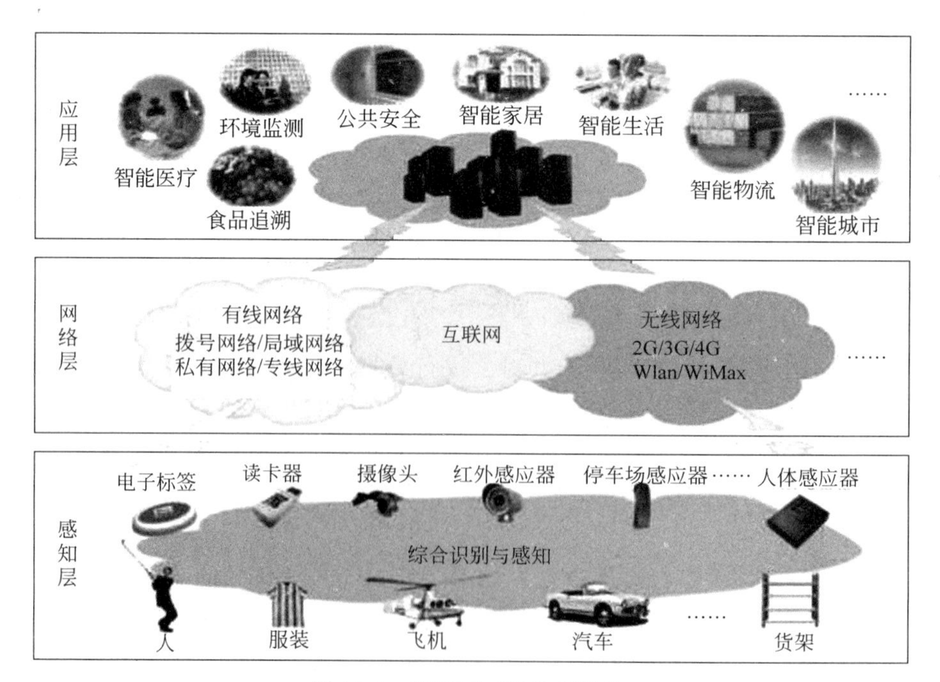

图 11-1　物联网三层体系结构

三个层次的功能如表 11-2 所示。

表 11-2　三个层次的功能

层　次	功　　能
感知层	实现对外界的感知、识别或定位物体、采集外界信息。主要包括二维码标签、RFID 标签、读写器、摄像头、各种终端、GPS 等定位装置、各种传感器或局部传感器网络等
网络层	解决的是感知层所获得的数据在一定范围内，通常是长距离的传输问题，主要完成接入和传输功能，是进行信息交换、传递的数据通路，典型传输网络包括电信网(固网、移动网)、广电网、互联网、电力通信网、专用网(数字集群)等
应用层	对感知层通过网络层传输的信息进行动态汇集、存储、分解、合并、数据分析、数据挖掘等智能处理，实现物联网的各种具体的应用并提供服务

4. 物联网的应用

目前物联网终端在生活中已经无处不在，监控、传感器、移动网络设备、家庭智能设备等都是物联网的终端。随着云计算、人工智能和 5G 技术的成熟与推广，我国物联网将在智能工业、智能物流、智能交通、智能家居、公共安全、智慧医疗、智慧制造和智慧农业等领域取得更大的进步。

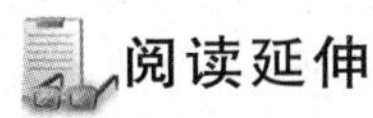

阅读延伸

自 2013 年《物联网发展专项行动计划》印发以来，国家鼓励应用物联网技术来促进生产生活和社会管理方式向智能化、精细化、网络化方向转变，这对于提高国民经济和社会生活信息化水平，提升社会管理和公共服务水平，带动相关学科发展和技术创新能力增强，推动产业结构调整和发展方式转变都具有重要意义。

巩固训练

一、单选题

1. 以下不属于物联网关键技术的是(　　)。

A. 全球定位系统　　B. 视频车辆监测　　C. 移动电话技术　　D. 有线网络

【答案】D

【解析】略。

2. 目前，物联网的核心和基础仍然是(　　)。

A. 云计算技术　　B. 互联网　　C. 计算机技术　　D. 人工智能

【答案】B

【解析】略。

二、填空题

物联网中感知被观测量，并按照一定规律转换成可用输出信号的器件是________。

【答案】传感器

【解析】略。

11.1.5　人工智能

1. 人工智能的概念

人工智能(artificial intelligence，AI)是研究、开发用于模拟、延伸和扩展人的智能的理论、方法、技术及应用系统的一门新的技术科学。

人工智能是计算机科学的一个分支，它企图了解智能的实质，并生产出一种新的能以与人类智能相似的方式做出反应的智能机器。1956年夏，麦卡赛、明斯基、罗切斯特和香农等科学家首次提出了“人工智能”这一术语，标志着这门新兴学科的正式诞生。人工智能自诞生以来，理论和技术日益成熟，应用领域也不断扩大。未来人工智能带来的科技产品将会是人类智慧的“容器”。人工智能不是人的智能，但可以对人的意识、思维的信息过程进行模拟，既能像人那样思考，也可能超过人的智能。

2. 人工智能的应用

1）机器人

机器人是一种可再编程的多功能的操作装置。电子计算机出现后，特别是20世纪60年代中期微处理机出现后，机器人便进入大量生产和使用的阶段。目前全世界有许多机器人在运行，其中大多数样子并不像人，它们只是在人的指挥下代替人工作的机器。

研究机器人一方面是为了提高工作质量和生产效率，降低成本，代替人从事繁重或危险的工作。另一方面是科学研究的需求，基于当今AI研究已使计算机部分成为新一代机器人，它能在一定程度上感知周围世界，进行记忆、推理、判断，会下棋、会写字绘画、能作简单对话、会操作规定的工具，从而能模仿人的智力和行为。

2）模式识别系统

模式识别是AI最早和最重要的研究领域之一。模式是一个内涵极广的概念。从广义上讲，一切可以观察其存在的事物形式都可称为模式，如图形、景物、语言、波形、文字和疾病等。

模式识别的广义研究目标是指应用电子计算机及外部设备对某些复杂事物进行鉴别和分类。通常，这些被鉴别和分类的事件或过程，可以是物理的、化学的或生理的对象。这些对象既可以是具体对象，如文字、声音、图像等；也可以是抽象对象，如状态、程度等，这些对象通常以非数字形式出现。

模式识别技术已逐渐在各种领域获得应用。

（1）染色体识别。识别染色体以用于遗传因子研究以及识别及研究人体和其他生物。

（2）图形识别。用于心电图、脑电图、射线、CAT医学视频成像技术，勘测地球资源，天气预报和自然灾害以及军事侦察等。

（3）图像识别。在图像处理及图像识别技术中，利用指纹识别、外貌识别和各种痕迹识别协助破案。

（4）语音识别。用于语言的识别与翻译、工业控制、医疗以及智能家居领域等。

（5）机器人视觉识别。用于景物识别、三维图像识别、语言识别，解决机器人的视觉、听觉问题，以控制机器人的行动。

3）自然语言处理程序

语言处理一直是人工智能研究的热门方向之一，人们很早就开始研制语言翻译系统。早期的自然语言理解多采用键盘输入自然语言，现已开发出文字识别和语言识别系统，能够配合进行书面语言和有声语言的识别与理解，而且以语义理解为特征的自然语言处理和机器翻译已取得突出进展。

4）智能检索系统

目前对数据库的检索技术有了很大的发展，有的具有智能化人机交互界面和演绎回答系统，还有一种称为自动个人助手的系统，主动帮助人们使用计算机网络查找信息，它可以搜索广告，过滤邮件，使人们只需阅读那些比较重要、感兴趣的广告和邮件。

**阅读延伸**

习近平总书记指出："人工智能是引领这一轮科技革命和产业变革的战略性技术，具有溢出带动性很强的头雁效应"，是"推动科技跨越发展、产业优化升级、生产力整体跃升的驱动力量"。

党的二十大对加快构建新发展格局，建设现代化产业体系做出了部署。梳理人工智能发展历史，对比人工智能应用现状，在新的伟大征程中充分发挥人工智能技术的示范和带头作用，有助于筑牢作为国家发展战略支撑的"科技自立自强"事业，维护国家安全，加快军队现代化，为第二个百年奋斗目标的实现提供不竭的创新动力。

巩固训练

一、单选题

关于人工智能的说法，错误的是（　　）。

A. 计算机视觉、自然语言处理属于人工智能研究领域

B. AlphaGo 战胜世界冠军李世石是人工智能的具体应用

C. 人工智能的研究目标是机器完全取代人类

D. 人工智能技术应该尊重和保护人的隐私、身份认同、能动性和平等性

【答案】C

【解析】人工智能（AI）是研究、开发用于模拟、延伸和扩展人的智能的理论、方法、技术及应用系统的一门新的技术科学。人工智能企图了解智能的实质，并生产出一种新的能以与人类智能相似的方式做出反应的智能机器。"机器完全取代人类"并不是人工智能的研究目标，故 C 项错误。

二、多选题

下列选项中能够体现人工智能应用的有（　　）。

A. 无人驾驶　　B. 语音输入　　C. 人脸识别　　D. 人机对弈

【答案】ABCD

【解析】人工智能（AI）是通过计算机来模拟人类的某些智能活动，目前研究的人工智能主要包括机器人、语言识别、图像识别、自然语言处理和智能检索系统等。A～D 项均属于人工智能的应用，故 ABCD 正确。

11.1.6　区块链

1. 区块链的概念

区块链（blockchain）的概念在 2008 年由中本聪提出，随后成为比特币的核心组成部分。狭义来讲，区块链是一种按照时间顺序将数据区块以顺序相连的方式组合成的一种链式数据结构，并以密码学方式保证不可篡改和不可伪造的去中心化分布式账本。广义来讲，区块链技术是利用块链式数据结构来验证和存储数据，利用分布式节点共识算法来生成和更新

数据，利用密码学的方式保证数据传输和访问的安全性，利用由自动化脚本代码组成的智能合约来编程和操作数据的一种全新的分布式基础架构与计算范式。

2. 区块链的基础技术

1）哈希运算

哈希算法即散列算法，它的基本功能概括来说，就是把任意长度的输入（如文本等信息）通过一定的计算，生成一个固定长度的字符串，输出的字符串称为该输入的哈希值。

哈希运算具有以下特性。

（1）正向快速：对于给定数据，可以在极短时间内得到哈希值。

（2）输入敏感：输入信息发生任何微小变化，重新生成的哈希值与原哈希值也会有天壤之别，可以用来验证两个文件内容是否相同。

（3）逆向困难：要求无法在较短时间内根据哈希值计算出原始输入信息，是哈希算法安全性的基础。

（4）强抗碰撞性：即不同的输入很难产生相同的哈希输出。

哈希运算的以上特性保证了区块链的不可篡改性。

2）数字签名

数字签名也称作电子签名，一般采用非对称加密算法实现类似传统物理签名的效果。数字签名的定义为："附加在数据单元上的一些数据，或是对数据单元所做的密码变换，这种数据和变换允许数据单元的接收者用以确认数据单元来源和数据单元的完整性，并保护数据，防止被人（如接收者）进行伪造。"区块链主要使用数字签名来实现权限控制，判断交易发起者的身份，防止恶意节点冒充身份。

3）P2P 网络

对等计算机网络（P2P 网络）是一种去中心化的服务节点，将所有的网络参与者视为对等者（peer），并在他们之间进行任务和工作负载分配，P2P 结构打破了传统的 C/S 式，去除了中心服务器，是一种依靠用户群共同维护的网络结构。P2P 网络的设计思想同区块链的理念完美契合。

4）共识算法

区块链系统的记账一致性问题，或者说共识问题，是一个十分关键的问题，它关系着整个区块链系统的正确性和安全性。当前区块链系统的共识算法主要可以归类为：①工作量证明类的共识算法；②Po * 的凭证类共识算法；③拜占庭容错类算法；④结合可信执行环境的共识算法。

5）智能合约

跨领域学者 Nick Szabo 对智能合约的定义为："一个智能合约是一套以数字形式定义的承诺，包括合约参与方可以在上面执行这些承诺的协议。"简单来说，智能合约是一种在满足一定条件时，就自动执行的计算机程序。

3. 区块链的特性

1）透明可信

人人记账保证人人获得完整信息，从而实现信息透明；节点间决策过程共同参与，共同保证可信性。

2）防篡改、可追溯

"防篡改"是指交易一旦在全网范围内经过验证并添加至区块链，就很难被修改或者抹除。"可追溯"是指区块链上发生的任意一笔交易都是有完整记录的。

3）"去信任"

区块链的去中心化特性决定了区块链的"去信任"特性，任意节点都不需要依赖其他节点完成区块链中交易的确认过程，使节点之间不需要互相公开身份，这为区块链系统保护用户隐私提供前提。

4）系统高可靠

区块链系统的高可靠体现在：①即使中某一个节点出现故障，整个系统也能够正常运转。②区块链系统支持拜占庭容错。拜占庭错误是指系统中的节点行为不可控，可能存在崩溃、拒绝发送消息、发送异常消息或者发送对自己有利的消息（即恶意造假）的现象。区块链可以有效地处理拜占庭错误。

区块链在促进数据共享、优化业务流程、降低运营成本、提升协同效率、建设可信体系等方面有着巨大技术优势，它将在金融、物联网、物流、公共服务、数字版权、保险和公益服务等领域有着潜在的巨大应用价值和应用前景。为了规范我国区块链技术和服务的健康发展，国家互联网信息办公室于 2019 年 1 月发布了《区块链信息服务管理规定》。

阅读延伸

2019 年 10 月习近平总书记在主持中央政治局第 18 次集体学习时强调："区块链技术的集成应用在新的技术革新和产业变革中起着重要作用。我们要把区块链作为核心技术自主创新的重要突破口，明确主攻方向，加大投入力度，着力攻克一批关键核心技术，加快推动区块链技术和产业创新发展。"

2020 年 4 月，中华人民共和国发展和改革委员会将区块链纳入新基建范围，作为未来数字社会的信息基础设施，区块链将对国家产业体系的优化升级发挥巨大的支撑作用。党的二十大报告提出："推进新型工业化，加快建设制造强国、质量强国、航天强国、交通强国、网络强国、数字中国。实施产业基础再造工程和重大技术装备攻关工程，支持专精特新企业发展，推动制造业高端化、智能化、绿色化发展。"区块链将为"十四五"规划的实施提供可靠的技术支撑。

巩固训练

单选题

1. 下列有关区块链的描述中，错误的是（　　）。

A. 区块链采用分布式数据存储

B. 区块链中数据签名采用对称加密

C. 区块链中的信息难以篡改，可以追溯

D. 比特币是区块链的典型应用

【答案】B

【解析】区块链中数字签名（也称作电子签名）一般采用非对称加密算法实现类似传统

物理签名的效果。

2. 区块链是一种按照时间顺序将数据区块以顺序相连的方式组合成的一种链式数据结构,并以密码学方式保证的不可篡改和不可伪造的分布式账本。主要解决交易的信任和安全问题,最初是作为(　　)的底层技术出现。

A. 电子商务　　B. 证券交易　　C. 比特币　　D. 物联网

【答案】C

【解析】略。

11.2 新一代信息技术的应用与发展趋势

1. 数字经济

数字经济是指以数字化的知识和信息作为关键生产要素、以现代信息网络作为重要载体、以信息通信技术的有效使用作为效率提升和经济结构优化的重要推动力的一系列经济活动。发展数字经济,就是要抓好大数据、互联网、云计算、人工智能等新一代信息技术与传统产业的深度融合,从而催生一系列的新技术、新产品、新产业、新业态和新模式,促进经济的发展。

数字经济时代面临“数字产业化”和“产业数字化”两大挑战。数字产业化就是通过现代信息技术的市场化应用,推动数字产业的形成和发展。数字技术产业作为数字经济发展的依托,目前正以互联网、移动互联网、云计算、大数据、人工智能和区块链等技术为发展热点,为数字经济发展提供技术条件和产业基础。发展数字产业化是手段,产业数字化才是目的。利用新技术、新业态来促进产业的创新发展,积极进行数字化转型,从适应到依赖数字技术并逐渐形成数字化思维,从而实现社会治理现代化。

2. 智慧城市

智慧城市是运用新一代信息技术促进城市规划、建设、管理和服务智慧化的新理念和新模式,是城市信息化发展的高级阶段,是对城市可持续发展理念的有效支撑。智慧城市需要实现数字和数字、数字和人的多向智慧互动,其核心内容一是以数字化的方式对所需信息的充分获取和广泛传递;二是对所得数字化信息的及时、智慧的处理与普遍应用。城市的每一个环节都是一个能够及时反应的智慧模块,如“智慧交通”“智慧能源”“智慧通信”等。所有的智慧模块又构成一个有机整体,交流互动并协同工作。

智慧城市运用了云计算、大数据、物联网等新型信息技术。智慧城市通过物联网终端将城市公共设施联成网,大大加快了互联设备和传感器的数据收集。大数据是实现数字城市向智慧城市转变的关键,大数据技术借助跨模块大数据平台和区块链技术快捷有效地将所有采集的单元数据进行整合分析,可以跟踪了解整个城市的运行情况,使整个城市的运行总体保持良好的状态。当然,数据不是天然就有价值的,只有通过计算才能使其变得可被利用,让数据在使用和流动过程中产生价值,这种能力只有云计算具备,要从根本上支撑这种巨大复杂的智慧城市系统的安全运行,必须建设基于云计算架构的智慧城市云计算数据中心。

3. 智能制造

智能制造是基于新一代技术，贯穿设计、生产、管理、服务等制造活动各个环节，具有与信息深度自感知、智慧优化自决策、精准控制自执行等功能的先进制造过程、系统与模式的总称。以智能工厂为载体，以关键制造环节智能化为核心，以端到端数据流为基础，以网络为支撑等特征。智能制造应具有感知、分析、推理、决策、控制等功能，是制造技术、信息技术和智能技术的深度融合。

智能制造是一种由智能机器和人类专家共同组成的人机一体化智能系统，通过人与智能机器的合作共事，去扩大、延伸和部分取代人类专家在制造过程中的脑力劳动，其特征具体表现在以下几方面：①重视工业基础，拓宽知识口径；②结合数字网络，提升智能效率；③节约产业资源，保护生态环境；④培养优势产业，创新高端装备。

智能制造与新一代信息技术息息相关。大数据进行数据处理和数据分析。云计算可以提供更强的网络和数据保护以及更强的数据存储和备份。人工智能可以确保生产过程可预期、可回应和零失误，可以使生产更加智能、实时和自动化，并做到全程可控。物联网用来连接各个生产环节，并通过智能物流将制作好的产品配送给客户。

强化训练

请扫描二维码查看强化训练的具体内容。

强化训练

参考答案

请扫描二维码查看参考答案。

参考答案

参 考 文 献

[1] 葛俊杰，纪志凤，等. 信息技术基础项目化教程[M]. 2版. 青岛：中国石油大学出版社，2022.
[2] 桂小林. 物联网技术导论[M]. 2版. 北京：清华大学出版社，2018.
[3] 李联宁. 物联网技术基础教程[M]. 3版. 北京：清华大学出版社，2019.
[4] 张健. 区块链定义未来金融与经济新格局[M]. 北京：机械工业出版社，2016.
[5] 陈欣. 云计算环境中虚拟化技术的研究与实践[D]. 北京：北方工业大学，2013.
[6] 王成红，陈伟能，张军，等. 大数据技术与应用中的挑战性科学问题[J]. 中国科学基金，2014，28(2)：92-98.
[7] 文杰书院. Office 2016 电脑办公基础教程(微课版)[M]. 北京：清华大学出版社，2020.
[8] 迈克尔·亚历山大，迪克·库斯莱卡. 中文版 Access 2019 宝典[M]. 张骏温，何宝锋，译. 9版. 北京：清华大学出版社，2022.
[9] 温哲，张晓菲，谢斌华，等. 信息安全水平初级教程[M]. 北京：清华大学出版社，2021.
[10] 明日科技. C语言从入门到精通[M]. 5版. 北京：清华大学出版社，2021.
[11] 山东省教育厅. 计算机文化基础[M]. 12版. 青岛：中国石油大学出版社，2020.
[12] 陈平，张叔平，储华. 信息技术导论[M]. 北京：清华大学出版社，2011.